확! 바뀐 PASS 타워크레인 운전기능사 필기

★ **불법복사는 지적재산을 훔치는 범죄행위입니다.**
　저작권법 제97조의 5(권리의 침해죄)에 따라 위반자는 5년 이하의 징역 또는 5천만원 이하의 벌금에 처하거나 이를 병과할 수 있습니다.

머리말

하늘 공간에 앉는 사람들

산업안전보건법 및 중대재해처벌법 등 산업재해와 안전에 대한 경각심이 높아지고 있는 상황에서 타워크레인운전기능사는 건설 현장, 조선소 등에서 줄걸이 작업자 및 신호자와 함께 중량물을 안전하게 설치, 해체작업 중 운전 등의 직무를 수행하므로 더욱더 안전과 관련성이 높은 자격이다.

이 문제집은 자격증이 신설된 원년에 국내 최초로 발행한 것을 필기(실기) 응시자/현장 종사자/ NCS는 물론 교육기관 전문 교재로도 손색이 없도록 표지부터 내용 및 편집까지 전면 개정한 것이다.

1. 필기시험 응시자를 위해 지금까지 출제된 문제를 중심으로 **요점 정리, 예상 문제, 기출 문제**들마다 **해설**적 팁을 달았다.
2. 시험에 출제되는 '**산업안전보건법**'을 최근 변경된 개정 법령으로 교정하였다.
3. 요즘 저층 작업을 위해 널리 쓰이는 '**무선 원격 타워크레인 조종**'을 위해 구조와 기능편을 추록하였다.
4. 필기 합격 후 실기 응시자를 위해 공개 문제를 수록하였다.
5. **과년도 기출문제**와 최근 출제된 기출문제를 복원하여 최신 출제경향을 파악할 수 있도록 **기출복원문제**를 수록하였다.

이렇지만 부족함이 숨어 있을 것이다. 독자 여러분들이 훨씬 잘 볼 것이다. 그 때마다 메일로 지적해 주시면 검토 후 개정에 반드시 반영하겠다.

끝으로 이 책의 발행을 위해 많은 정보와 충고를 아끼지 않은 경북대학교 기계공학과 교수분들께 고마움을 전한다.

류 중 북

출제 기준

- **시 행 처**   한국산업인력공단
- **자격종목**   타워크레인운전기능사
- **직무내용**   타워크레인을 이용하여 중량물의 인양과 이동작업을 수행하기 위한 가동준비를 하고, 작업 안전에 유의하여 조종에 필요한 전 과정을 수행하는 직무이다.
- **적용기간**   2025. 1. 1 ~ 2028. 12. 31
- **검정방법**   전과목 혼합, 객관식 60문항(1시간)
- **합격기준**   필기 · 실기 : 100점 만점 60점 이상
- **출제기준 [필기]**   타워크레인 구조 및 기능일반, 양중작업 일반, 타워크레인 설차해체 일반

주요항목	세부항목	세세항목
1. 구조	1. 타워크레인의 구조	1. 타워크레인의 주요 구조부 2. 타워크레인 주요 구조의 특성
2. 기능일반	1. 타워크레인의 기본원리	1. 기계일반, 기초이론에 관한 사항 2. 타워크레인 운전(조종)에 필요한 원리
	2. 타워크레인의 작업 기능	1. 인상 · 인하 2. 횡행(트롤리 이동작업) 3. 선회 4. 기복
3. 전기일반	1. 전기이론과 용어	1. 전기일반 2. 전기기계 기구의 외함 구조 3. 접지
4. 방호장치	1. 타워크레인의 방호장치	1. 타워크레인의 방호장치 종류 2. 타워크레인의 방호장치 원리 3. 타워크레인의 방호장치 점검사항
5. 유압이론	1. 타워크레인의 유압장치	1. 유압의 기초 2. 유압장치 구성
6. 인양작업일반	1. 인양작업	1. 인양작업 종류 2. 인양작업 보조용구
	2. 운전(조종) 개요	1. 운전(조종)자격 2. 운전자(조종사) 의무
	3. 운전(조종) 요령	1. 인상, 인하 작업 2. 횡행작업(트롤리 이동작업) 3. 선회작업 4. 기복작업
	4. 줄걸이 및 신호체계	1. 줄걸이 용구 확인 2. 줄걸이 작업 방법 3. 신호체계 확인 4. 신호방법 확인

출제 기준

주요항목	세부항목	세세항목
7. 설치·해체 작업 시 운전(조종)	1. 설치해체 작업 시 운전(조종)	1. 설치작업 시 조종 준수사항 2. 해체작업 시 조종 준수사항
8. 안전관리	1. 안전보호구 착용 및 안전장치 확인	1. 안전보호구 2. 안전장치
	2. 위험요소 확인	1. 안전표시 2. 안전수칙 3. 위험요소
	3. 작업안전	1. 장비사용설명서 2. 작업안전 3. 기타 안전 사항
	4. 장비 안전관리	1. 장비안전관리 2. 일상 점검표 3. 작업계획서 4. 장비안전관리교육 5. 기계·기구 및 공구에 관한 사항
	5. 관련 법규	1. 산업안전보건법령 2. 건설기계관리법령

○ 출제기준 [실기]

주요항목	세부항목	세세항목
1. 작업 전 안전교육	1. 개인 보호구 착용하기	1. 작업안전수칙에 따라 개인 보호구를 착용하고 활용할 수 있다. 2. 작업안전수칙에 따라 작업 전 안전교육 시 작업 방법에 맞는 지적확인(TBM)을 실시할 수 있다.
	2. 작업현장 안전사항 확인하기	1. 작업안전수칙에 따라 작업 중 기후조건에 따른 작업안전사항을 확인할 수 있다. 2. 작업안전수칙에 따라 작업반경 내 장애물 유무를 확인하고 안전거리를 확보할 수 있다.

주요항목	세부항목	세세항목
2. 신호체계 확인	1. 수신호 확인하기	1. 크레인작업 표준신호지침에 따라 크레인 작업 시 사용하는 신호체계를 확인할 수 있다. 2. 크레인작업 표준신호지침에 따라 표준 신호표식을 작업장과 운전석 옆에 게시, 비치하였는지 확인할 수 있다.
	2. 무선통신 확인하기	1. 장비관리기준에 따라 주파수 채널을 확인할 수 있다. 2. 장비관리기준에 따라 무선통신기 충전상태, 송수신 상태, 혼선 발생 유무를 확인할 수 있다. 3. 크레인작업 표준신호지침에 따라 신호수의 무선 음성신호를 상호 확인할 수 있다.
	3. 신호수 안전 확인하기	1. 작업안전수칙에 따라 선임된 신호수의 위치를 확인할 수 있다.
3. 중량물 운반	1. 작업장 주변 안전 확보하기	1. 육안으로 주변 장애물과의 안전거리를 확인할 수 있다. 2. 작업계획서에 따라 신호수 배치 및 선정 위치를 확인할 수 있다. 3. 작업계획서에 따라 안전 펜스 설치를 확인할 수 있다.
	2. 신호수 확인하기	1. 육안으로 신호수가 안전 지역에 있는지를 확인할 수 있다. 2. 육안으로 작업반경 내 근로자들이 안전 지역에 있는지를 확인할 수 있다. 3. 작업안전수칙에 따라 운전자의 작업에 지장을 주는 행위를 확인할 수 있다.
	3. 중량물 인상 상태 확인하기	1. 육안으로 모든 계기류 및 컨트롤의 작동 상태를 확인할 수 있다. 2. 중량물 인상시 육안으로 수평상태를 확인할 수 있다. 3. 육안으로 중량물이 완전히 인상됐는지 확인할 수 있다.
	4. 인상하기	1. 작업계획서에 따라 인상위치를 확인할 수 있다. 2. 육안으로 이동방향 및 신호수 위치를 확인할 수 있다. 3. 작업안전수칙에 따라 주변 장애물과의 안전거리를 확보할 수 있다.
	5. 중량물 위치 이동하기	1. 육안으로 중량물의 이동경로상의 장애물 여부를 확인하여 안전하게 조종할 수 있다. 2. 작업계획서에 따라 중량물을 목적지까지 인상 후 후속조치를 할 수 있다.
	6. 인하하기	1. 제작사지침서에 따라 선회 및 인하 시, 안전 속도로 조종하여 충격하중, 측면하중을 최소화 여부를 확인할 수 있다. 2. 제작사지침서에 따라 안전하게 중량물을 내려놓을 수 있다.

실기시험 안내 [크레인 운전 및 작업]

O **시험시간** 15~30분 정도 [크레인 높이, 지브길이에 따라 시간 적용]

1. 요구사항

(1) 작업 내용
  신호수의 신호에 따라 도면 A지점의 중량물을 권상하여, B장애물의 깃발 사이를 통과한 후, C지점의 원 안에 권하하여 중량물을 내려놓고, 다시 권상하여 B장애물의 깃발 사이를 통과하여 A지점의 원 안에 내려놓는다.
  - 권상 : 지면에서 약 30cm를 권상하여 일단 정지하고 이상 유무를 확인한 후 계속 작업하도록 한다.
  - 권하 : 줄걸이 로프가 장력을 유지한 상태에서 원 안에 내려놓는다.

(2) 작업 조건
  도면의 B(장애물)는 항상 타워 마스터 중심부의 길이방향(X + 6 ~ 8m)과 좌 30°, 우 30° 범위 내에서 수시로 이동시켜 반복작업이 이루어지지 않도록 작업한다.
  (단, 1부, 4부 등 수험자 교체 시는 B(장애물)를 반드시 이동하여 설치한다.)

(3) 작업시간 환산
  1) 탑승(올라가는 시간) : O분(시간 적용)
  2) 운전석에서(운전 전) 준비시간 : 3분
  3) 작업시간 : 6분 + α
  4) 하강(내려가는 시간) : O분(시간 적용)

> [시간 적용방법]
>
> ① 탑승 및 하강시간 : m당 12초를 가산 적용
> ② 작업시간 : 지브길이 40m를 기준으로 6분이며, 추가 2m당 10초 가산 적용
>
> - 탑승 및 하강시간 산출방법
>   【예시】 양정이 30m일 경우 : 30m× 12초 = 360초 = 6분
> - 작업시간(6분 +α) 산출방법
>   【예시】 지브길이가 50m일 경우 : 50m − 40m = 10m,
>
> $\frac{10}{2}$ m× 10초 = 50초를 추가 적용
>
>   기본시간(40m) 6분 + 50초(α시간) = 작업시간은 6분 50초

2. 수험자 유의사항

※ 다음 유의사항을 고려하여 요구사항을 수행하시오.
※ 항목별 배점은 '탑승 및 정방향작업 50점, 하강 및 역방향작업 50점'이다.
1) 휴대폰 및 시계류(손목시계, 스톱워치 등)는 시험시작 전 시험감독위원에게 제출한다.
2) 시험시간 측정은 수험자가 준비된 상태에서 시험감독위원의 호각신호에 의해 시작하고, 모든 작업 수행 후 중량물(운반물)을 지면에 완전히 내려놓았을 때 종료한다.
3) 시험위원의 지시에 따라 시험 장소에 출입 및 장비운전을 하여야 한다.
4) 음주상태 측정은 시험 시작 전에 실시하며, 음주상태이거나 음주 측정을 거부하는 경우 실기시험에 응시할 수 없다. (음주상태 : 혈중 알코올 농도 0.03% 이상 적용)
5) 장비조작 및 운전 중 이상 소음이 발생되거나 위험사항이 발생되면 즉시 운전을 중지하고, 시험위원에게 알려야 한다.
6) 장비조작 및 운전 중 안전수칙을 준수하여 안전사고가 발생되지 않도록 유의한다.
7) 타워크레인 운전반경 내에는 일체 접근해서는 안 된다.
8) 다음 사항은 실격에 해당하여 채점대상에서 제외된다.
   가) 기 권 : 수험자 본인이 수험 도중 기권 의사를 표시하는 경우
   나) 실 격
      (1) 시험 전 과정을 응시하지 않은 경우
      (2) 운전조작이 극히 미숙하여 안전사고 발생 및 장비손상이 우려되는 경우
      (3) 시험시간을 초과하는 경우
         • 탑승 : 출발신호(사다리 앞에서 탑승 준비된 상태) 시점부터 사다리 상단 답단에 두발을 올려놓을 때까지
         • 하강 : 출발신호(상단 답단에서 하강 준비된 상태) 시점부터 지상에 두발을 내려놓을 때까지
         • 작업 : 시험감독위원의 호각신호부터 작업과정을 수행하고 A지점 지면에 운반물이 닿는 시점까지
      (4) 출발신호로부터 탑승, 작업, 하강을 3분 이내에 출발하지 못한 경우
         ※ 운전석에서(운전 전) 준비시간 초과 적용방법
            예 주의 환경을 위한 3분을 초과한 경우, 연이어 작업 시작시간으로 적용
               (단, 출발신호로부터 3분 이내에 출발하지 못한 경우를 적용)
      (5) 하강 시 점프하여 지상으로 뛰어내리는 경우
      (6) 요구사항 및 도면대로 운전하지 않은 경우
      (7) 중량물, 훅, 로프가 폴(pole), 오버스윙제한선 등 장애물을 건드리는 경우
         (단, 폴(pole)과 오버스윙제한선은 연장선이 있는 것으로 간주하고, 깃발은 건드려도 무방함)

(8) 중량물이 장애물 폴의 상단 및 밖을 통과하는 경우
(9) 적하장소 A, C의 내측(도면ⓓ) 라인을 완전히 벗어난 경우
(10) 중량물이 작업 중 지면에 닿는 경우(단, 적하장소 A와 C에서는 제외)
(11) 안전장구(안전대, 안전블록 등) 착용지시를 불복하는 경우

※ 도면은 큐넷 홈페이지(http://www.q-net.or.kr) 고객지원 / 자료실 / 공개문제에서 볼 수 있습니다.

타워크레인의 높이에 따른 원의 직경

양정(m)	양정(mm)	원의 직경[도면ⓓ](mm)
20m	20,000	1,680
21m	21,000	1,764
22m	22,000	1,848
23m	23,000	1,932
24m	24,000	2,016
25m	25,000	2,100
26m	26,000	2,184
27m	27,000	2,268
28m	28,000	2,352
29m	29,000	2,436
30m	30,000	2,520
31m	31,000	2,604
32m	32,000	2,688
33m	33,000	2,772
34m	34,000	2,856
35m	35,000	2,940
36m	36,000	3,024
37m	37,000	3,108
38m	38,000	3,192
39m	39,000	3,276
40m	40,000	3,360

※ 도면 ⓓ : 원의 직경은 내측치수 기준임

차 례

PART 01 타워크레인의 구조

Chapter 01 용어의 정리 ···18

Chapter 02 타워 크레인의 주요 구조부 ···19
    2-1 T형 타워 크레인 ···19
    2-2 L형 러핑 타워 크레인 ···20
    2-3 T형과 L형의 차이점 ···20
    2-4 설치 형식 ···21
    2-5 구조 명칭도 ···23

Chapter 03 주요 구조의 특성 ··24
    3-1 타워 마스트 ···24
    3-2 메인 지브 ···25
    3-3 카운터 지브 ···26
    3-4 카운터 웨이트 ···26
    3-5 타이 바 ···27
    3-6 타워 헤드 ···27
    3-7 선회장치 ···28
    3-8 트롤리 ···28
    3-9 훅 블록 ···29
    3-10 텔레스코핑 케이지 ···29
    3-11 유압 상승장치 ···30
    3-12 운전실 ···30
    3-13 레일 및 정지기구 ···31
    3-14 차륜 ···32
    3-15 사다리 ···32
    3-16 보도 ···32
    3-17 기초앵커 설치순서와 확인사항 ·························33
    적중예상문제 ···36

PART 02 기능 일반

Chapter 01 타워크레인의 기본 원리 ·· 42
  1-1 기계일반, 기초 이론에 관한 사항 ·· 42
  1-2 타워 크레인 운전(조종)에 필요한 원리 ·· 73

Chapter 02 타워 크레인의 작업 기능 ·· 87
  2-1 인상 · 인하 ·· 87
  2-2 횡행(트롤리 이동작업) ·· 94
  2-3 선회 ··· 98
  2-4 기복 ··· 100
  2-5 원격조종(무선 원격제어) ··· 100
  적중예상문제 ··· 101

PART 03 기능 일반

Chapter 01 전기이론과 용어 ·· 110
  1-1 전기 일반 ·· 110
  1-2 전기기계·기구의 외함 구조 ··· 114
  1-3 접지 ··· 129
  적중예상문제 ··· 134

PART 04 방호장치

Chapter 01 타워 크레인의 방호장치 ··· 140
  1-1 타워 크레인이 방호장치 종류 ··· 140
  1-2 타워 크레인의 방호장치 원리 ··· 141
  1-3 타워 크레인의 방호장치 점검사항 ··· 149
  적중예상문제 ··· 153

PART 05 유압 이론

Chapter 01 타워크레인의 유압장치 ···160
- 1-1 유압의 기초 ··160
- 1-2 유압장치의 구성 – 유압 펌프 ·······························164
- 1-3 유압장치의 구성 – 텔레스코핑 유압장치 ···············166
- 1-4 공기빼기 작업 ··178
- 1-5 유압력 조정 사항 ···179
- 1-6 유압 상승장치 주요 점검사항 ·····························180
- 1-7 유압 상승장치 작동불량 현상 ·····························181
- 적중예상문제 ··185

PART 06 인양작업일반

Chapter 01 인양작업 ··196
- 1-1 인양작업 종류 ··196
- 1-2 인양작업 보조 용구 ··201

Chapter 02 운전(조종) 개요 ··207
- 2-1 운전(조종) 자격 ··207
- 2-2 운전자(조종사) 의무 ···207

Chapter 03 운전(조종) 요령 ··209
- 3-1 인상, 인하 작업 ··209
- 3-2 황행작업(트롤리 이동작업) ·································212
- 3-3 선회작업 ··212
- 3-4 기복작업 ··213

Chapter 04 줄걸이 및 신호체계 ··214
- 1-1 줄걸이 용구 확인 ···214
- 1-2 줄걸이 작업 방법 ···218
- 1-3 신호체계 확인 ··224

　　　　1-4　신호방법 확인 ……………………………………………225
　　　　적중예상문제 ……………………………………………………230

PART 07 설치·해체 작업시 운전(조종)

Chapter 01 설치 · 해체 작업시 운전(조종) ……………………………………………244
　　　　1-1　설치 작업시 조종 준수사항 ……………………………244
　　　　1-2　해체 작업시 조종 준수사항 ……………………………261
　　　　적중예상문제 ……………………………………………………274

PART 08 인양작업일반

Chapter 01 안전보호구 착용 및 안전장치 확인 ……………………………………284
　　　　1-1　안전보호구 ………………………………………………284
　　　　1-2　안전장치 …………………………………………………287

Chapter 02 위험요소 확인 ………………………………………………………………289
　　　　2-1　안전표시 …………………………………………………289
　　　　2-2　안전수칙 …………………………………………………292
　　　　2-3　위험요소 …………………………………………………293

Chapter 03 작업안전 ……………………………………………………………………294
　　　　3-1　장비사용설명서 …………………………………………294
　　　　3-2　작업안전 …………………………………………………298
　　　　3-3　기타 안전 사항 …………………………………………299

Chapter 04 장비 안전관리 ………………………………………………………………300
　　　　4-1　장비 안전관리 ……………………………………………300
　　　　4-2　일상 점검표 ………………………………………………302
　　　　4-3　작업 계획서 ………………………………………………304
　　　　4-4　장비안전관리교육 …………………………………………305
　　　　4-5　기계 · 기구 및 공구에 관한 사항 ……………………309

Chapter **05 관련 법규** ·· 316
   5-1 산업안전보건법령 ·· 316
   5-2 건설기계관리법령 ·· 318
   적중예상문제 ·· 322

PART 07 기출문제(2016년) CBT기출복원문제

   기출문제 2016년 4월 2일 ·· 330
   기출문제 2016년 7월 10일 ·· 338
   CBT기출복원문제 [2017년] ·· 346
   CBT기출복원문제 [2018년] (1) ··································· 354
   CBT기출복원문제 [2018년] (2) ··································· 363
   CBT기출복원문제 [2019년] ·· 372
   CBT기출복원문제 [2020년] ·· 381
   CBT기출복원문제 [2022년] ·· 389
   CBT기출복원문제 [2024년] ·· 397

Craftsman Tower Crane Operating

PART 01
타워크레인의 구조

01. 용어의 정리
02. 타워크레인의 주요 구조부
03. 주요 구조부의 기능

CHAPTER 01 용어의 정리

크레인의 정의에 대하여 학문적으로 단정한다면 하물을 이동하고자 하는 방향에 따라 X축, Y축, Z축 방향으로 운동을 하는 **인양기계**라고 말할 수 있다.

타워크레인과 관련된 용어의 정의를 알아보면 다음과 같다.

용어	설명
타워크레인 (Tower Crane)	지브붙이 크레인의 한 종류로 한국산업규격(KS B 0127)에 의한 용어 정의에 따르는 클라이밍 크레인(climbing crane)을 말하며, 일반적으로 통용되고 있는 타워 크레인은 수직타워 상부에 위치한 지브를 선회시키는 크레인을 말한다.
고정식 크레인 (Fixed Base Crane)	콘크리트 기초(foundation) 또는 고정된 베이스(base) 위에 설치된 크레인을 말한다.
상승식 크레인 (Climbing Crane)	건축 중인 구조물위에 설치된 크레인으로서 구조물의 높이가 증가함에 따라 자체의 상승장치에 의해 수직방향으로 상승시킬 수 있는 크레인을 말한다.
지브형 크레인 (Jib Type Crane)	지브나 지브를 따라 움직이는 크래브에 매달린 달기기구에 의해 하물을 이동시키는 크레인을 말한다.
호이스트 (Hoist)	훅이나 기타의 달기기구 등을 사용하여 하물을 인상 및 횡행 또는 인상 동작만을 행하는 인양기를 말하며, 정치식, 모노레일식, 이중레일식 호이스트로 구분한다.
정격하중 (Rated Load)	크레인의 인상(호이스팅)하중에서 훅, 크래브 또는 버킷 등 달기기구의 중량에 상당하는 하중을 뺀 하중을 말한다. 다만, 지브가 있는 크레인 등으로서 경사각의 위치에 따라 인상능력이 달라지는 것은 그 위치에서의 인상하중으로부터 달기기구의 중량을 뺀 하중을 말한다.
인상하중 (Hoisting Load)	들어 올릴 수 있는 최대의 하중을 말한다.
원격조종식 타워크레인	조종석이 설치되지 않고 유선(팬던트) 또는 무선으로 제어하는 타워크레인을 말한다.
정격속도 (Rated Speed)	크레인에 정격하중에 상당하는 하중을 매달고 인상, 주행, 선회 또는 횡행할 수 있는 최고속도를 말한다.
스팬(Span)	주행레일 중심 간의 거리를 말한다.
주행(Travelling)	크레인 일체가 이동하는 것을 말한다.
횡행(Traversing)	크래브가 거더, 트랙, 로프, 지브 등을 따라 이동하는 것을 말한다.
기복(Luffing)	수직면에서 지브 각(angle)의 변화를 말한다.
수평 기복 (Level Luffing)	하물의 높이가 자동적으로 일정하게 유지되도록 지브가 기복하는 것을 말한다.
원격조종식 타워크레인	조종석이 설치되지 않고 유선(팬던트) 또는 무선으로 제어하는 타워크레인을 말한다.

CHAPTER 02 타워 크레인의 주요 구조부

2-1 T형 타워 크레인

　국내 건설현장에 가장 많이 보급되어 있는 형식으로 작업반경 이내에 간섭의 영향이 없는 경우 사용되며, 정격하중이 소형은 3톤 미만, 중형은 5톤 미만, 대형은 5톤 이상으로 널리 보급되어 있다.

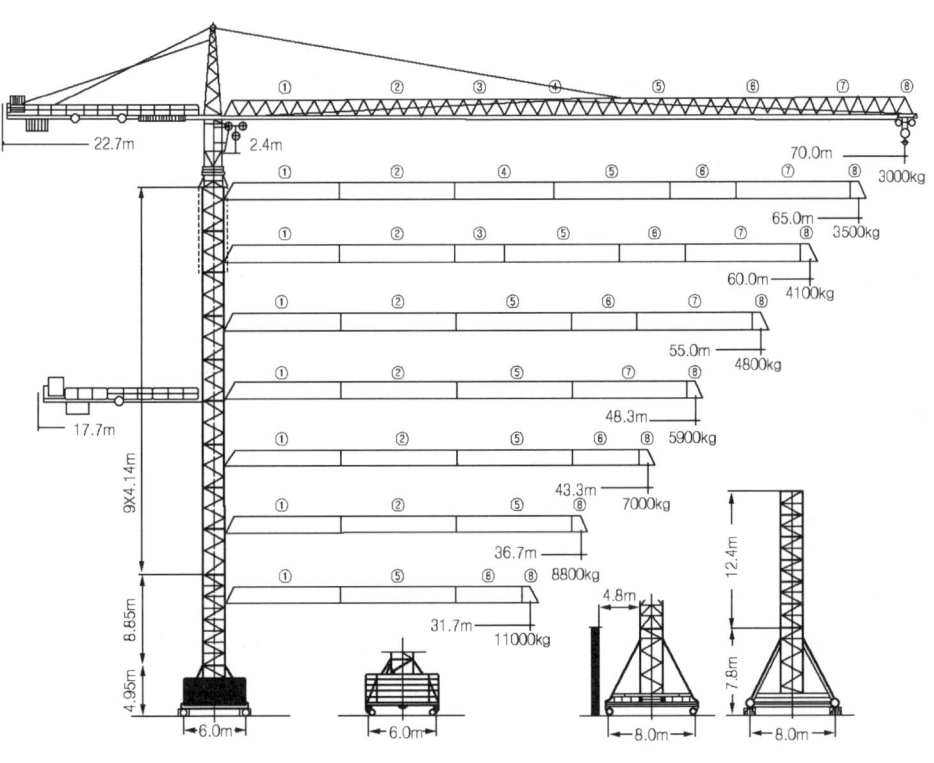

T형 타워 크레인

2-2 L형 러핑 타워 크레인

① 주로 주거지역, 상업지역 협소한 공간에 맞게 수요가 늘어나고 있는 기종으로 **러핑**(luffing) **타워 크레인**을 말한다.

② 본 크레인은 소형에서 대형에 이르기까지 국내에 보급되어 있으나, T형 타워 크레인에 비해 보급대수가 적은 편이며 고공권 침해 또는 다른 건축물의 간섭의 영향이 있는 경우 선택되는 장비로 지브를 수직면에서 상하로 기복시켜 하물을 인양할 수 있는 형식이다.

③ 정격하중 3톤 미만의 소형과 8톤 이상 130톤 범위까지 다양한 모델이 국내에 보급되어 있지만, 현재 사용되고 있는 주종은 12~40톤급이 대부분이며 60~130톤급의 대형 러핑 크레인은 조선소, 항만 및 제철소 등의 제한적인 장소에서 중량물 운반을 목적으로 사용되고 있다.

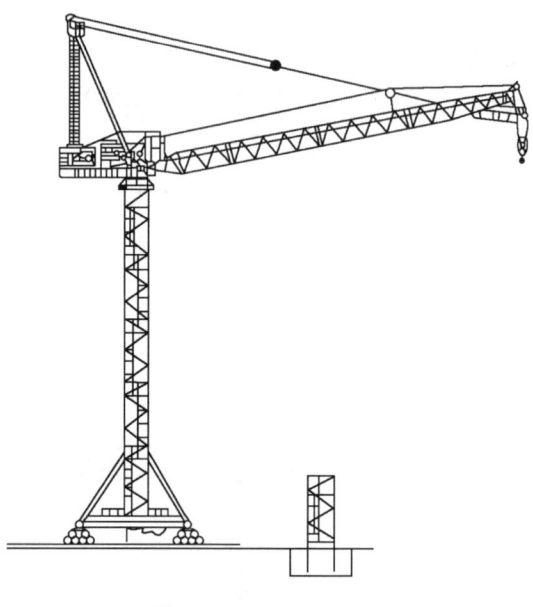

L형 러핑 타워 크레인

2-3 T형과 L형의 차이점

① T형은 아파트 현장이나 주변의 간섭물이 없는 공사현장에서는 그 기능이나 성능을 최대한 발휘할 수 있고, 가장 많이 설치되는 형식이지만 대형 철 구조물 현장 또는 도심의 빌딩지역에서는 많은 제약을 받을 뿐만 아니라, 운전이 불가능한 지역에서 사용이 제한되는 단점도 있다.

② L형은 T형의 단점을 보완한 장비로서 지브의 기복이 가능하여 최근에 자주 발생하는 크레인 운전 반경 내에서의 도심지 민원까지도 해결할 수 있으며, 근접거리에서 2대 이상의 크레인이 설치되어도 상호 간섭의 영향을 받지 않고 독자적인 작업을 수행할 수 있는 장점을 가지고 있다.

2-4 설치 형식

1 고정식(Stationary Type)

콘크리트 기초(foundation)에 앵커를 콘크리트로 타설 또는 고정된 베이스(base) 위에 설치되는 형식으로 가장 광범위하게 사용되고 있다.

① 고정식 중에는 현장의 여건에 따라 설치형식을 다르게 해야 하는 경우가 많으며, 이러한 경우 기초 부재의 구조와 타워 크레인에 대한 구조계산 및 검토가 되어 설치되어야 한다.
② 특히 구조 검토 결과, 문제점이 발생되면 보수, 보강 등을 통하여 사전 보완대책을 수립한 후 시공을 하여야 한다.
③ 또한, 기초앵커 부위는 반드시 구조검토가 요망되는 부분임을 감안하여야 한다. 특징으로는 설치비용이 저렴하며, 자립고(free standing) 이상 설치할 때에는 반드시 건축구조물에 월 브레이싱(wall bracing)으로 지지한다.

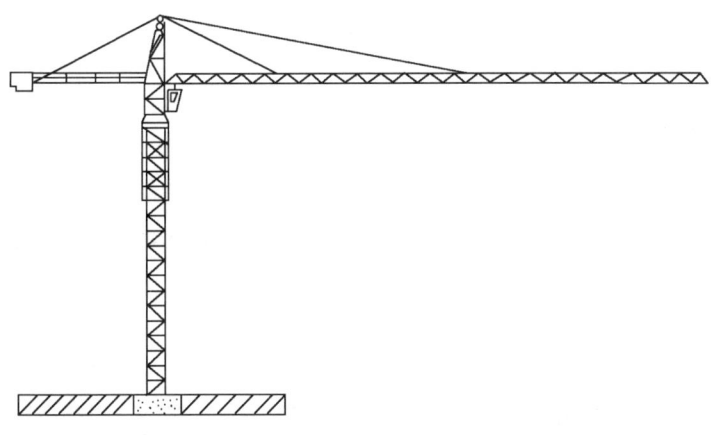

고정식 타워 크레인

2 상승식(Climbing Type)

건축 중인 구조물 위에 설치된 크레인으로서 구조물의 높이가 증가함에 따라 자체의 상승장치에 의해 수직방향으로 상승시킬 수 있는 형식으로 텔레스코핑과는 유사하게 구별된다.

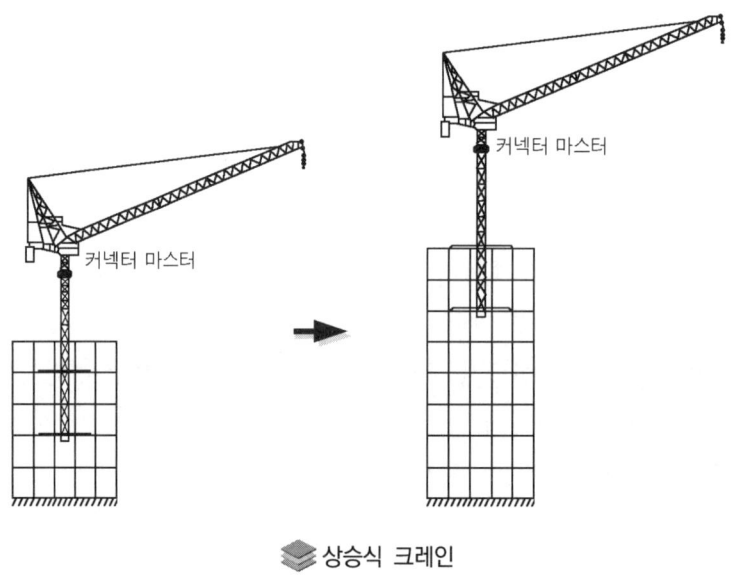

📚 상승식 크레인

3 주행식(Travelling Type)

작업장과 나란히 레일을 설치하여 타워크레인 자체가 레일을 타고 주행하면서 작업할 수 있는 방식으로 아파트 건설공사, 조선소 등에서 사용되는 형식이며, 작업반경을 최소화 할 수 있는 장점이 있다.

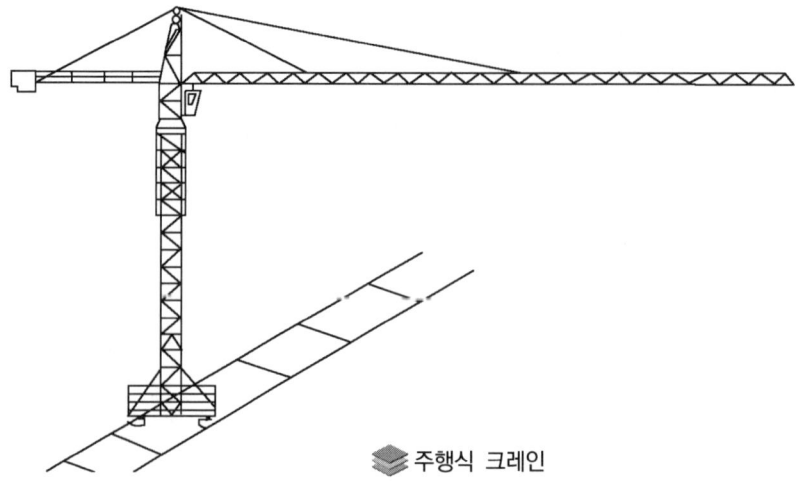

📚 주행식 크레인

2-5 구조 명칭도

1 T형

2 L형

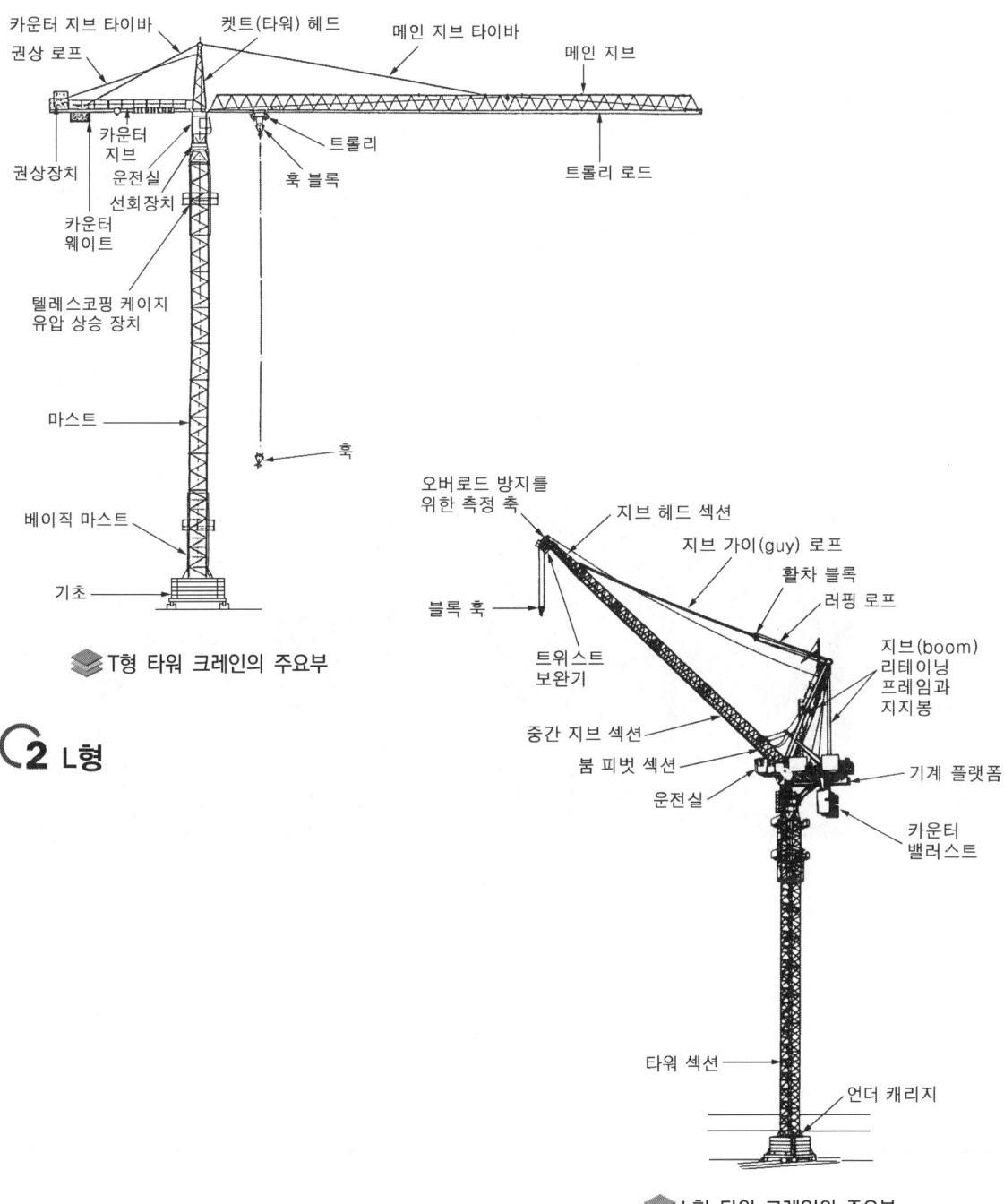

📚 T형 타워 크레인의 주요부

📚 L형 타워 크레인의 주요부

CHAPTER 03 주요 구조의 특성

3-1 타워 마스트

① 타워크레인을 지지하는 기둥이며, 한 부재의 단위 길이가 약 3~8m인 마스터 핀 또는 연결 볼트를 연결시켜 나가면서 설치높이를 높일 수 있다.
② 마스트는 고장력강을 사용한 앵글 또는 박스 방식 용접구조이거나 개방형 앵글과 H-빔(beam)을 사용하기도 한다.
③ 특히 재료강도가 검증된 제품을 사용하기 위해 마스트 표면에는 정품을 식별하기 위하여 그림과 같이 인증표시가 각인되어 있다.

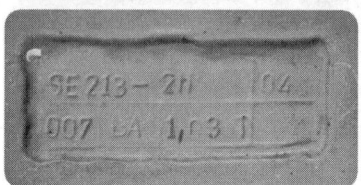

타워 마스트

3-2 메인 지브

① 선회 축을 중심으로 한 외팔보 형태의 구조물이며, 지브의 길이 즉, 선회반경에 따라 인상 용량이 결정된다. 바람 하중 및 중량 감소를 위해 트러스(truss) 구조로 되어 있고, 트러스 내부에 트롤리 로프 안내를 위한 보조 풀리와 트롤리 윈치(trolly winch)점검을 위한 보도 판이 설치된다.

메인 지브

② 삼각형의 구조는 전체의 T형 타워 크레인에 적용하고 있으나, 외국의 KROLL, LINDEN 등의 모델은 역삼각형의 구조로 제작하여 보급되고 있다.

③ L형 타워 크레인은 주로 삼각형 구조를 적용하고 있으나, 여기에는 삼각 지브가 이미 생산되어 사용하고 있다. 따라서 삼각형과 역삼각형은 각각 장단점은 있으나, 횡부하시에 관성 및 풍압의 영향에는 삼각형의 구조가 유리한 것으로 나타나 있다.

④ 또한, 삼각형 구조는 부재가 적게 소요되므로 지브 자중의 경량화 및 전체 구조부분의 경량화를 가져올 수 있으며 반경 제원에 있어 다소 유리할 수 있다. 이러한 결과는 러핑 형에서 이미 입증되고 있다. 그러므로 요즈음에는 삼각형의 지브를 제작하고 있는 추세이다.

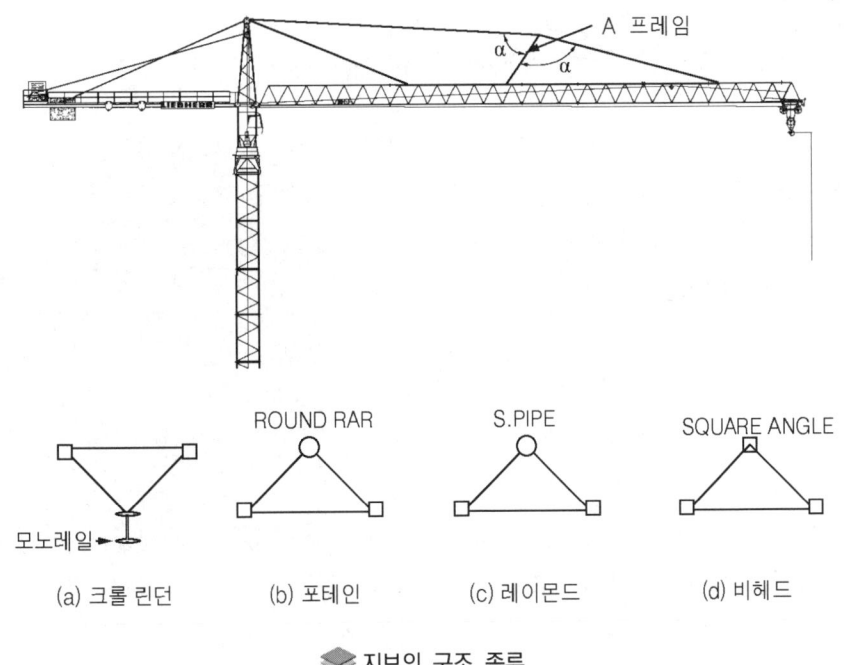
지브의 구조 종류

3-3 카운터 지브

① 타워크레인 앞·뒤 균형유지를 위하여 메인 지브 반대쪽에 설치되는 지브이며, 카운터 웨이트와 윈치를 이용한 인상장치가 설치된다.
② 카운터 지브는 장비의 크기에 따라 정해지는 특별한 구조이다.
③ 메인 지브에 인가된 하중 전체와 비례되는 구조물로서 카운터 웨이터와 카운터 지브의 길이에 의해 타워 크레인의 제원을 판단할 수 있다.
④ T형과 L형은 모두 저울과 같은 개념으로 메인 지브의 부하는 카운터 지브에서 발생되는 모멘트와 균형이 맞아야 하기 때문이다.
⑤ 기종에 따라 다소의 차이는 있으나 호이스팅 구조는 대부분이 카운터 지브의 끝단 부에 있고, 기계의 중량 및 권취되는 와이어로프의 중량도 타워 크레인의 구조 설계에 반영된다.

🔹 카운터 지브

3-4 카운터 웨이트

① 메인 지브의 길이에 따라 크레인의 균형 유지에 적합하도록 선정된 여러 개의 콘크리트 등으로 만들어진 블록을 카운터 지브에 설치한다.
② 카운트 웨이트(밸러스트 블록)는 제조사에서 공급받지 않고 자체 제작한다면, 제작사에서 제시된 도면에 의해 정확히 제작되어야만 조립 및 부하작업, 유지 등에서 안전이 확보될 수 있다.
③ 특히, 카운터 웨이드 제작시 주의할 사항은 정확한 철 배근, 밀도, 강도가 제시된 자료와 동일한 콘크리트 및 체적으로 맞춰야 한다.
④ 리프팅 러그는 철근 및 플레이트를 재질에 맞게 사용하여야 한다.

🔹 카운터 웨이트

⑤ 러그는 현장에서 사용되는 철근을 사용하는 경우가 있으며, 이는 설치, 해체, 운반시 항상 굽힘이 발생하는 취약한 부분이므로 반드시 제조사에서 강도가 입증된 재질과 동급의 재질을 사용하여야 한다.

3-5 타이 바

① 메인 지브와 카운터 지브를 지지하면서 각각의 캣트 헤드(cat head) 혹은 타워 헤드(tower head)에 연결해 주는 바(Bar)이며, 인장력이 크게 작용하는 부재이다.
② T형은 지브의 길이가 길어지면서 지브의 횡부하 관성 및 수직부하의 분담을 위하여 타이 바는 이중 구조로 구성된다. 대형의 지브 구조에서는 첫번째 지브의 끝단부에는 A프레임을 설치하는 데 이것은 지브의 끝단부에 부하가 걸리는 경우 타이 바의 각도로 인하여 타워 헤드가 지탱하는 부하량의 분담을 첫번째 지브의 끝단에 유도하기 위한 구조이다.
③ 모델별 타이 바의 종류를 보면, PEINER는 Wire 타입, LIEBHERR는 Square Pipe타입, POTAIN은 Round Bar 타입, B.K.T는 Square Bar 타입이며, 모델별로 체결방법은 핀 및 볼트의 체결방법으로 구성되어 있다.

◈ 타이 바

3-6 타워 헤드

① 메인 지브와 카운터 지브의 연결 바를 상호 지탱해주기 위해 설치되며 트러스 또는 A 프레임의 구조로 되어있다.
② 제조사의 모델이 마스트와 함께 독특하게 제작되는 구조물이다.
③ 고정방식에 있어 1-Point 1-Pin 타입이 있고, 1-Point 2-Pin 타입, 1-Point 3 Bolt -6 Bolt 타입 등이 있으며 이러한 방식은 대부분이 카운터 지브 및 메인 지브의 타워

헤드에 의해 지지되어 있는 방식이다.
④ 이와는 반대로 대부분 카운터 지브가 먼저 고정되고, 타워 헤드를 설치한 후 메인 지브를 설치시 타워 헤드(2 Pin)가 설치되는 모델도 있다.
⑤ 상기 두 종류에서 타워 헤드 부재를 비교한다면, 후자 ④항 보다는 전자 ③항이 훨씬 튼튼한 구조임을 알 수 있다. 타워 헤드에는 대부분이 모멘트 리미트, 로드 리미트 등 타워 크레인의 구조물에 영향을 미칠 수 있는 안전 계측장치가 설치된다.

타워 헤드

3-7 선회장치

① 마스트 가장 위쪽에 위치하며 메인 지브와 카운터 지브가 이 장치 위에 부착되고, 캣트 헤드가 고정된다. 상하 두 부분으로 구성되어 있으며, 그 사이에 스윙 테이블이 들어있다.
② 이것은 흔히, 텔레스코핑 테이블이라고도 불린다.
③ 구동방식은 제조사마다 상이하다. 우리나라에 대표적으로 많이 사용되고 있는 두 종류의 모델에 대하여 소개하기로 한다.

선회 장치

3-8 트롤리

① 메인 지브를 따라 훅에 걸린 하물을 수평이동하며, 원하는 위치로 하물을 이적, 조립, 인상, 인하 작업 및 선회반경을 결정하는 횡행장치이다.
② 트롤리의 구동에 설치되는 전동기의 종류에는 극변환 전동기와 E.C 전동기, 인버터 전동기 등이 적용되고 있다.

트롤리

3-9 훅 블록

트롤리에서 내려진 와이어로프에 부착되어 상하운동을 하며 인상작업을 하는 달기 기구이다.

훅 블록

3-10 텔레스코핑 케이지

① 텔레스코핑 작업을 하기 위한 작업공간을 제공하고 유압실린더, 유압 펌프, 제어밸브, 유압전동기, 플랫폼 및 가이드 레일 등이 부속되어 있다.
② 제조사 모델마다 구조, 형태 및 방법에 따라 상이하다.
③ 특수한 구조를 제외하고는 대표적으로 LIEBHERR, POTAIN 등은 마스트 외부를 감싸는 형식으로 제작되어 유압 실린더에 의해 마스트가 상승하는 구조로 되어 있지만, SIMA, F.M, KROLL 등은 구조 및 방법 자체가 다르다.

텔레스코핑 케이지의 핀, 롤러

3-11 유압 상승장치

유압실린더, 유압펌프, 제어밸브, 유압모터를 이용한 유압 구동 상승 장치이며, 마스트의 상승작업시 마스트의 높이를 높이고자 할 때 사용된다.

참고로, 유압 상승장치는 텔레스코픽 장치 조작에 대비하여 오일 레벨의 점검을 비롯하여 유압 전동기의 회전방향의 점검, 상승 압력 점검, 공기 밸브(Air Vent)의 열림 여부를 확인하여야 한다.

유압 상승 장치

3-12 운전실

선회장치의 위쪽, 메인 지브 바로 아래쪽에 작업위치 및 선회반경 표지판이 잘 보이는 위치에 설치된다.

특히, 운전실에는 타워 크레인을 조종하기 위한 조종장치(컨트롤러)가 시설되어 있으며, 조종장치를 이용하여 타워 크레인의 주행, 횡행, 선회, 기복 방향의 조작을 비롯한 운전 속도 제어와 하중 제어를 통제하는 중요한 장치라 할 수 있다.

유압상승장치

운전실

3-13 레일 및 정지기구

① 주행레일은 아래와 같은 사용 한계기준에 적합하여야 한다.
  - 균열, 두부의 변형이 없고, 레일의 부착볼트는 풀림, 탈락이 없을 것
  - 연결부위의 볼트는 풀림 부판의 빠짐이 없을 것
  - 완충장치는 손상, 어긋남이 없고, 부착볼트의 이완, 탈락이 없을 것
  - 타워 크레인의 연결부의 틈새는 5mm 이하일 것
  - 레일 연결부의 엇갈림은 상하 0.5mm 이하, 좌우 0.5mm 이하일 것
  - 레일 측면의 마모는 원 치수의 10% 이내일 것
  - 주행레일의 스팬 편차한계는 스팬이 10m 이하인 경우 ±3mm범위일 것
  - 주행레일의 높이편차는 기준면으로부터 최대 ±10mm 이내이고, 좌우레일의 수평차는 10mm 이내, 레일의 구배량은 주행길이 2m당 2mm를 초과하지 않을 것
  - 주행레일의 진직도는 전 주행길이에 걸쳐 최대 10mm이내이고, 수평방향의 휨량은 주행길이 2m당 ±1mm 이내일 것

② 횡행레일은 아래와 같은 기준에 적합하여야 한다.
  - 차륜 정지장치는 균열, 손상 또는 탈락이 없을 것
  - 볼트는 탈락이 없어야 하고, 용접부에는 균열이 없을 것
  - 레일에는 균열, 변형, 측면의 마모 및 두부의 이상마모가 없을 것

③ **횡행레일**에는 양끝부분에 완충장치, 완충재를 설치하고, 해당 크레인 횡행 차륜 지름의 4분의 1이상 높이의 정지기구를 설치한다.

④ **주행레일**에는 양끝부분에 완충장치, 완충재를 설치하고, 해당 크레인 주행 차륜 지름의 2분의 1이상 높이의 정지기구를 설치한다.

⑤ 특히, 주행레일에는 차륜정지기구에 도달하기 전의 위치에 리미트스위치 등 전기적 정지장치가 설치한다.

⑥ 또한, 횡행 속도가 매분당 48m이상인 크레인의 횡행레일에는 차륜정지 기구에 도달하기 전의 위치에 리미트스위치 등 전기적 정지장치가 설치한다.

⑦ 주행레일에는 반드시 접지 시공한다.

⑧ 콘크리트 슬리퍼를 사용한 레일에도 반드시 지내력 구조검토에 따라 시공한다.

3-14 차륜

차륜의 사용한계 및 관리기준은 다음과 같다.
① 플랜지는 균열, 변형, 손상 등이 없고 마모가 원 치수의 50% 이내일 것
② 보스 및 웨브는 균열, 변형 또는 손상 등이 없을 것

3-15 사다리

크레인에는 점검 등에 용이하게 접근하기 위해 사다리를 구비하여야 한다.

사다리는 아래와 같이 적합한 구조를 갖추어야 한다.
- 발판은 25cm 이상 35cm 이하의 등 간격의 구조일 것
- 발판과 지브 또는 기타 다른 물체와의 근접 수평거리는 15cm 이상일 것
- 발이 미끄러지거나 빠지지 않는 구조일 것
- 높이가 15m를 초과하는 것은 10m 이내마다 계단참을 설치할 것
- 높이가 6m를 초과하는 것은 방호울을 설치하여야 할 것(단, 띄우는 높이는 약 2.2m정도 유지할 것)

트로리 휠

3-16 보도

타워 크레인 등의 지브에는 폭 40cm 이상의 보도를 전길이에 걸쳐서 설치한다.
다만, 점검대 등이 구비되어 있는 것은 제외할 수 있다.
보도는 아래와 같이 관리한다.
- 수평 지브 위에 설치된 트롤리 및 기타 장치의 횡행 및 수평지브의 선회에 설치되는 보도부분은 보도면으로 부터 높이 90cm 이상의 튼튼한 손잡이로 된 난간이 설치되어야 하고 중간대 및 보도면으로 부터 높이 3cm 이상의 덧판을 설치할 것
- 보도면은 미끄러지거나 넘어지는 등의 위험이 없는 구조일 것

3-17 기초앵커 설치순서와 확인사항

1 기초앵커 설치

타워크레인 용량, 기종에 따라 필요시 지반 보강 공사

(1) 터파기

① 터파기 후 밑면 고르기는 깊이 파인 부분을 절대로 되메우기 하지 말 것
(가로 7m, 세로 7m, 길이 1.5m 이상)
② 콤팩트 등으로 지반 다지기
③ 지반의 지내력 보강공사(파일을 최소한 5본 이상 항타)

(2) 버림 콘크리트

① 강도 210kg/cm^{2}의 콘크리트 20cm 이상 두께로 타설

터파기

버림 콘크리트

② 타워크레인 기초 앵커의 4개 기준점의 수평을 위한 철근 또는 말뚝 고정
• 콘크리트 타설시 기초 앵커의 밀림 및 부양현상을 방지하도록 철근, 말뚝 고정
• 기초 앵커와 용접
• 타워 크레인을 정확하게 설치하기 위해 버림 콘크리트에 앵커의 중앙 및 기초 앵커 위치 표시

(3) 기초앵커 조립

1) 기초앵커 조립

① 기초에 맞는 앵커 준비
② 마스트 또는 템플리트
③ 볼트 및 핀(기종에 맞게 준비)
④ 접지봉 1.5m, 6개 및 접지선 32SQ 30m
⑤ H/D 크레인 25톤급 이상 1대
⑥ 레미콘 강도 240kg/cm²
⑦ 철근 19mm/ton, 10mm/0.6ton
⑧ 거푸집
⑨ 용접기 5kW 1대(용접봉, 용접면, 용접장갑 포함)
⑩ 산소 절단기
⑪ 앵커 기초 도면

2) 기초앵커 설치

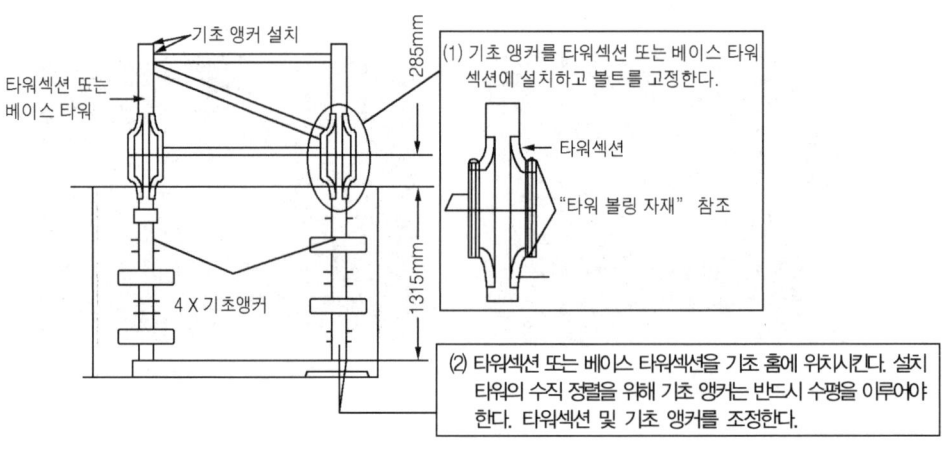

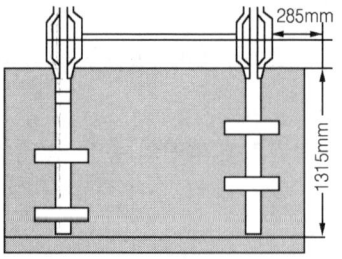

(3) 콘크리트 타워 중 기초 앵커를 쐐기로 적당한 위치에 견고하게 체결한다. 강철 보강 바를 기초 앵커 주위에 위치시킨 다음 기초 콘크리트를 채워 넣는다.
위의 그림은 콘크리트 타설(285mm)을 마친 상태로 설치깊이(1315mm)는 반드시 정확하게 유지되어야 한다.

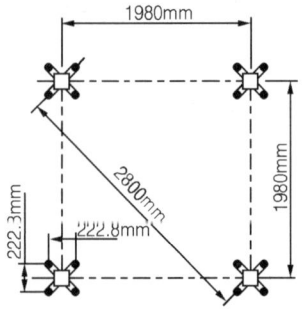

주의 : 타워섹션의 상승쪽을 백라인에 90°로 위치시켜 크레인이 상승할 때 지브가 빌딩의 벽면이 평형을 이루도록 한다.

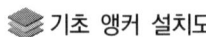
기초 앵커 설치도

3) 기초 앵커 수평레벨 확인

최종 확인 및 고정시까지 이동식 크레인으로 정확히 인양한 상태이어야 한다.

4) 기초 앵커의 용접

강관 말뚝과 기초 앵커간의 용접 시공은 반드시 안전한 용접 계획에 따라 실시한다.

5) 기초 앵커 접지

① 일반 접지(프레임) : 1곳
② 낙뢰 방지용 접지 : 2곳
③ 접지 저항은 10Ω 이하일 것

6) 철근 배근

① 기초 철근 배근 도면에 의해 시공
② 인장 철근과 압축 철근을 균형 있게 시공
③ 철근은 구조적 안전성이 확인된 규격으로 시공

7) 철근 배근 후 최종 수평 레벨 확인

철근 배근 후 기초 앵커의 수평레벨을 확인

(4) 콘크리트 타설

① 콘크리트 타설 강도는 240kg/cm^2
② 콘크리트 타설시 반드시 펌프카를 사용한다.
③ 바이브레타 사용 시 기초 앵커에 직접적으로 닿지 않게 주의한다.
④ 한 번에 한곳에 집중적으로 타설하지 않고 충분한 시간차로 골고루 돌아가면서 타설한다.
⑤ 거푸집 조립은 콘크리트 타설시 밀림현상이 없도록 정확히 조립해야 한다.

1) 타워 크레인 기초 앵커부 보강 공사

① 설치 위치가 지하층인 경우 반드시 고려
② 기초 앵커부위 강도·하중을 검토하여 조치

2) 기초 앵커 설치 및 완료 순서 요약

① 현장 내의 타워 크레인 설치위치 선정   ② 지내력을 확인(구조 강토 검토 포함)
③ 터파기 작업   ④ 버림 콘크리트 타설 작업
⑤ 기초 앵커 세팅 및 접지 시공   ⑥ 철근 배근 및 거푸집 조립 작업
⑦ 콘크리트 타설 작업   ⑧ 양생

PART 1 타워크레인의 구조

적중예상문제

01 타워크레인의 운동 특성으로 적합하지 않은 것은?
① 선회+횡행
② 선회+주행
③ 선회+기복
④ 선회+굽힘

해설 타워크레인의 운동 특성 : 주행, 횡행, 선회 및 기복운동 등의 조합으로 작동되는 장비

02 타워크레인 운동방향에 대하여 가장 올바르게 설명한 것은?
① 엔진장치의 힘으로 짐을 들어올리는 장비이다.
② 정격하중 이하의 짐을 달아올려 주행, 횡행 또는 선회하는 방향으로 운동하는 장비이다.
③ 정격하중 이하의 짐을 달아올려 선회, 기복 또는 굽힘 하는 방향으로 운동하는 장비이다.
④ 유압장치의 힘으로 짐을 들어올리는 장비이다.

해설 타워크레인은 정격하중 이하의 짐을 매달고 주행, 횡행 또는 선회하는 방향으로 운동하는 장비를 말한다.

03 "T"형 타워크레인과 "L"형 타워크레인에 대한 설명으로 틀린 것은?
① "T"형은 "L"형에 비해 국내 건설현장에 가장 많이 보급되어 있다.
② "L"형은 "T"형의 단점을 보완한 장비이며, 운전반경 내에서의 민원까지 해결이 가능하다.
③ "T"형은 아파트 현장이나 주위 간섭물이 없는 공사현장에 사용되고 있다.
④ "L"형은 근접거리에 2대 이상의 크레인이 설치되어도 상호 간섭의 영향으로 독자적인 작업 수행이 어렵다.

해설 "L"형은 근접거리에 2대 이상의 크레인이 설치되어도 상호 간섭을 일으키지 않고 독자적인 작업을 수행할 수 있는 장점을 가지고 있다.

04 타워 크레인을 지지해 주는 기둥(몸체)역할을 하는 구조물은?
① 마스트(Mast)
② 지브(Jib)
③ 카운터 웨이트(Counter Weight)
④ 캣트 헤드(Cat Head)

해설 타워 크레인을 지지해 주는 기둥 역할을 하는 구조물은 마스트이다.

05 타워크레인에서 "기복"의 의미를 가장 올바르게 설명한 것은?
① 수평면에서 지브 각(angle)의 변화를 말한다.
② 수평면에서 와이어로프 각(angle)의 변화를 말한다.
③ 수직면에서 지브 각(angle)의 변화를 말한다.
④ 수직면에서 와이어로프 각(angle)의 변화를 말한다.

해설 타워크레인에서 기복(luffing)이라 함은 수직면에서 지브 각(angle)의 변화를 말한다.

01.④ 02.② 03.④ 04.① 05.③

06 타워크레인의 기초 앵커(Anchor)를 설치하기 위한 설명으로 틀린 것은?

① 기초 작업은 반드시 응력 분석 및 도면을 준비한다.
② 기초 앵커는 타워섹션 또는 베이스 타워섹션에 설치하고 볼트를 고정한다.
③ 설치 마스트의 수직 정렬을 위해 기초 앵커는 수평 위치와 무관하게 조정한다.
④ 강철 보강 바(Bar)를 기초 앵커 주위에 위치시킨 다음 콘크리트를 채워 넣는다.

해설 타워크레인은 설치 마스트의 수직 정렬을 위해 기초 앵커는 반드시 수평을 이루게 한 후 조정하여야 한다.

07 지내력이 부족한 지반의 지역에 설치되는 타워크레인의 기초 시공방법으로 옳은 것은?

① 프릭션 파일(Friction Pile) 등의 시공방법으로 보강한다.
② 일반 토목 시공방법 등으로 보강한다.
③ 기초 앵커 등의 시공방법으로 보강한다.
④ 콘크리트 다지기 시공방법으로 보강한다.

해설 지내력이 부족한 지역에서는 타워크레인의 기초가 침하되어 타워크레인의 안전성에 위험이 따르므로 프릭션 파일(Friction Pile) 등의 시공방법으로 보강한다.

08 카운터 지브(Counter Weight)의 역할을 올바르게 설명한 것은?

① 메인 지브의 길이에 따라 크레인의 균형을 유지하는 역할
② 메인 지브의 폭에 따라 크레인의 균형을 유지하는 역할
③ 카운터 지브의 폭에 따라 크레인의 균형을 유지하는 역할
④ 카운터 지브의 길이에 따라 크레인의 균형을 유지하는 역할

해설 카운터 지브는 메인 지브의 길이에 따라 크레인의 균형을 유지하는 역할을 한다.

09 카운터 지브(Counter Jib) 위에 설치되는 구조물은?

① 균형추 + 인상장치
② 와이어로프 + 트롤리
③ 시브 + 유압장치
④ 시브 + 마스트

해설 카운터 지브위에 설치되는 구조물은 균형추와 인상장치이다.

10 타이 바(Tie Bar)에 대한 설명이다. 옳은 것은?

① 구조 기능상 압축력이 작용한다.
② 구조 기능상 인장력이 작용한다.
③ 구조 기능상 전단력이 작용한다.
④ 구조 기능상 선회력이 작용한다.

해설 타이 바는 구조 기능상 인장력이 크게 작용하는 부재이다.

11 크레인의 전, 후방 균형유지를 위해 메인 지브의 반대편에 설치하는 구조물은?

① 호이스트 기어 ② 와이어 드럼
③ 카운터 지브   ④ 타워 헤드

해설 크레인의 전, 후방 균형유지를 메인지브의 반대편에 설치하는 구조물은 카운터 지브이다.

12 메인 지브를 따라 왕복 이동하며, 인상작업을 위한 선회 반경을 결정하는 장치는?

① 트롤리(Trolley) ② 와이어 드럼
③ 시브   ④ 훅

해설 트롤리는 메인 지브를 따라 왕복 이동하며, 인상작업을 위한 선회 반경을 결정하는 횡행장치이다.

정답 06.③ 07.① 08.① 09.① 10.② 11.③ 12.①

13 유압 실린더를 작동시켜 실린더 행정에 의해 확보되는 공간에 새로운 마스트를 끼워 넣어 상승시키는 장치는?

① 유압 하강장치　② 유압 상승장치
③ 솔레노이드 밸브　④ 안전밸브

해설 유압 상승장치는 설치된 마스트를 들어올린 후 삽입하고자 하는 마스트를 끼어 넣어 들어올리는 장치이다.

14 타워 크레인의 기초설치 작업시 고려해야 할 안전사항이 아닌 것은?

① 미리 산출된 응력에 견딜 수 있도록 설치할 것
② 기초 시공시 부등침하가 없을 것
③ 기둥형 기초 앵커는 충분한 인장력과 압축력을 얻도록 할 것
④ 기초 상단은 부분적인 캠버(Camber)를 잡을 것

해설 기초 설치 작업시 기초 상단은 정확한 레벨(Level)을 잡은 후 수직도를 고려하여야 한다.

15 타워 크레인 기초앵커의 설치순서가 아닌 것은?

① 위치 및 각도 확정 → 지내력 측정
② 지내력 측정 → 파일 항타
③ 먹 메김 → 앵커 세팅
④ 철근 배근 → 접지

16 고정식 타워 크레인의 기초 앵커 설치작업 방법으로 틀린 것은?

① 기초 앵커 템플리트(Template)를 사용하여 정확하게 위치를 잡는다.
② 수평 레벨을 확인 후 보조새를 넣고 나짐작업을 한다.
③ 콘크리트 양생은 최소 2일 이상실시한다.
④ 고정 앵커용 콘크리트 블록의 강도는 일반적으로 240kg/cm²이상으로 한다.

해설 콘크리트 양생은 최소 10일 이상 실시하여 완전 양생하도록 한다.

17 타워 크레인 기초앵커 설치 작업시 최소한의 접지 시공 개소는?

① 1개소　② 2개소
③ 3개소　④ 4개소

18 타워 크레인 기초앵커 설치 작업시 콘크리트 타설작업의 적정 강도치는 얼마인가?

① 200kg/cm²　② 220kg/cm²
③ 240kg/cm²　④ 300kg/cm²

19 동절기에 타워 크레인 기초앵커 설치 작업 후 최소한의 양생이 요구되는 적정 기간은?

① 1일 이상　② 3일 이상
③ 5일 이상　④ 10일 이상

20 타워 크레인 기초에서의 지내력 조건은 무엇에 의해 지배되는가? 다음 중 해당되지 않은 것은?

① 흙의 성질
② 접촉압력
③ 부등침하
④ 기초의 크기, 깊이

21 타워 크레인 기초에서 토질에 대한 허용지지력을 나타내었다. 다음 중 모래 섞인 점토층의 허용지지력(kg/cm²)은?

① 1.5　② 2.5
③ 3.5　④ 4.5

13.② 14.④ 15.④ 16.③ 17.③ 18.③ 19.④ 20.③ 21.③

22 고정형(Stationary Type) 타워크레인의 경우 설치기초 위치의 검토 시 가장 중요한 사항은?
① 앵커 위치　　② 장비의 위치
③ 작업자의 위치　④ 케이블의 위치

해설 정형 타워크레인의 경우에는 앵커링의 위치선정을 정확히 해야 설치 후에는 작업반경, 인양능력을 확보할 수 있고 해체 후에는 해체장비의 작업위치 등에서 원활한 작업이 이루어질 수 있다.

23 고정형 타워크레인의 기초작업에 대한 준비조건으로 콘크리트 블록의 범위와 강도를 결정하는 직접 요소가 아닌 것은?
① 하중과 압력의 상관 테이블
② 고정 볼트 및 너트
③ 고정 앵글의 범위 특성
④ 고정 앵커의 적합성

해설 고정 볼트와 너트는 기초 작업에 관계되는 기계 요소이기는 하나, 콘크리트 블록의 범위와 강도를 결정하는데 직접적인 관계가 없다.

24 타워 크레인의 기초 판에 작용하는 힘이 아닌 것은?
① 전단력　　② 모멘트
③ 수평력　　④ 수직력

해설 기초 판에 작용하는 힘은 크레인을 가동 또는 비가동 조건으로 나누어 볼 때 모멘트, 수평력, 수직력 등으로 나타난다.

25 기초 앵커의 안전도를 확인하기 위한 중요 자료로서 틀린 것은?
① 거래확인서　② 검사증명서
③ 제작증명서　④ 구조검토서

해설 앵커의 안전도를 확인하기 위한 중요자료로는 검사증명서, 제작증명서, 구조검토서, 비파괴검사보고서 등으로 확인하여야 한다.

26 타워 크레인의 주요 구조부가 아닌 것은?
① 베이직 마스트
② 텔레스코핑 케이지
③ 운전실
④ 전원 케이블

해설 전원 케이블은 전기장치의 부품에 속한다.

27 타워크레인의 구조부분에 적용되는 하중으로 틀린 것은?
① 수직하중
② 수평하중
③ 풍하중
④ 전달하중

28 타워크레인은 정격하중이 걸리는 방향과 반대 방향으로 수직동하중이 걸릴 때, 전도 모멘트 값 이상의 후방 안정도를 갖추어야 하는 데 이때, 수직동하중의 몇 배에 상당하는 하중이 걸리는가?
① 0.3배　　② 0.5배
③ 1.0배　　④ 1.5배

해설 타워크레인은 수직동하중의 0.3배에 상당하는 하중이 정격하중이 걸리는 방향과 반대방향으로 걸렸을 때, 당해 크레인 각각의 전도지점에 있어서의 안정모멘트 값은 전도지점에서의 전도 모멘트 값 이상의 후방 안정도를 가져야 한다.

정답　22.① 23.② 24.① 25.① 26.④ 27.④ 28.①

PART **02**

기능 일반

01. 타워크레인의 기본 원리
02. 타워크레인의 작업 기능

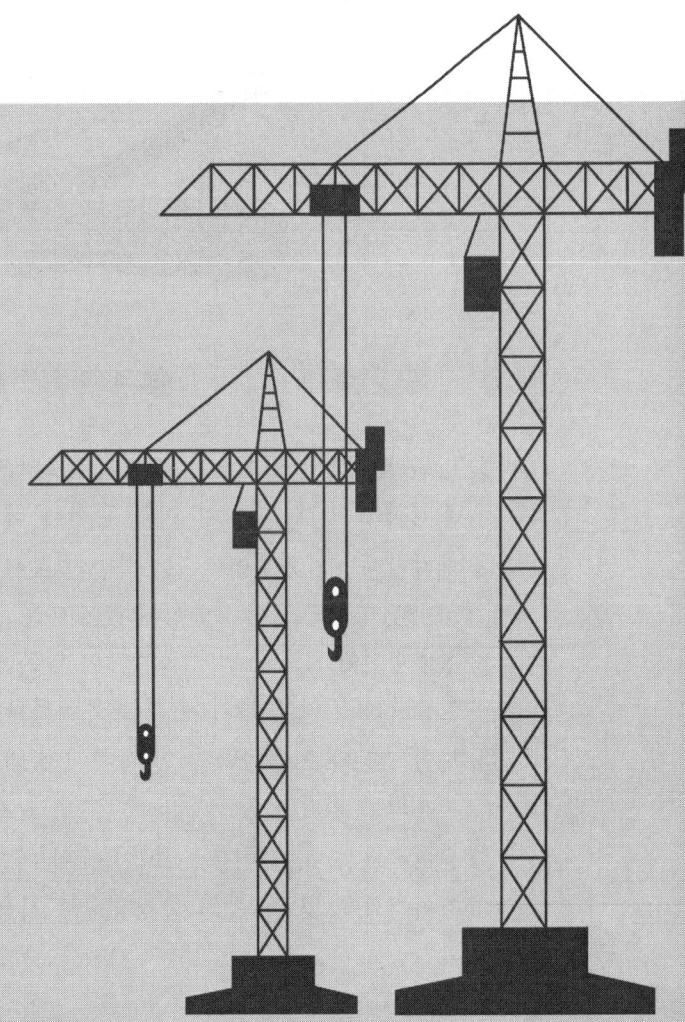

CHAPTER 01 타워크레인의 기본 원리

1-1 기계일반, 기초 이론에 관한 사항

1 와이어 로프

와이어 로프는 소선을 여러 개 꼬아서 스트랜드(strand)를 만들고, 중심부분에 심강을 넣고 스트랜드를 다시 꼬아서 합친 구조이다.

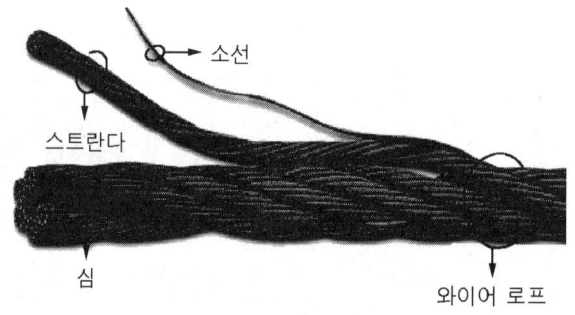

와이어 로프 각 부분의 구조도

① 타워 크레인에 설치되는 와이어로프의 호칭은 대부분 헤라클레스형의 와이어로프를 설치하고 있다. 따라서 이와 관련된 국내 규격은 KS D 3514에서 정하고 있다.
② 헤라클레스형 와이어로프는 다층연 로프로서 특성을 살펴보면, 비교적 표면이 평활하고 절단하중도 크며 유연성이 있어 다른 둥근 스트랜드 로프나 스파이럴 로프에 비하여 상층소선이 로프 표면에 노출되어 있는 길이가 짧기 때문에 만약의 경우, 단선되어도 돌출하는 일이 드물어 운전상 유리하다.
③ 또한 스트랜드 층마다 꼬임 방향이 반대이기 때문에 자전이 적어 비자전성 로프로서 사용되고 있다.
④ 용도로는 색도, 케이블, 크레인 등의 메인 호이스트용과 크레인, 기타 기계 등의 보조 호이스트용 및 붐 등의 고정용으로 사용되고 있다.

다음 표는 타워 크레인용 구조에 설치되는 헤라클레스형의 와이어로프에 대한 규격이다.

표 2-1-1 타워 크레인용 헤라클레스형의 와이어로프 규격표

용도	색도용, 크레인용, 기계용					
지름 (mm)	절단하중(t)				단위무게(kg/m)	
	A종		B종			
	FC	IWRC	FC	IWRC	FC	IWRC
8	3.90	4.14	4.21	4.50	0.254	0.268
9	4.94	5.24	5.33	5.69	0.321	0.339
10	6.06	6.47	6.58	7.02	0.396	0.418
11.2	7.60	8.11	8.25	8.80	0.497	0.506
12	8.73	9.31	9.48	10.10	0.570	0.602
12.5	9.47	10.10	10.30	11.00	0.619	0.653
14	11.9	12.70	12.9	13.80	0.776	0.819
16	15.5	16.60	16.8	18.00	1.01	1.07
18	19.7	21.00	21.4	22.80	1.28	1.35
20	24.3	25.90	26.3	28.10	1.58	1.67
22	30.5	31.30	31.9	34.00	1.92	2.10
22.4	31.6	32.5	33.1	35.3	1.99	2.18
24	34.9	37.2	37.9	40.4	2.28	2.41
25	37.8	40.4	41.1	43.9	2.48	2.61
28	47.6	50.7	51.6	55.0	3.10	3.28
30	54.6	58.2	59.3	63.2	3.56	3.76
32	62.1	66.3	67.4	72.0	4.06	4.28
35	74.6	79.2	80.1	86.0	4.85	5.12
38	87.6	93.4	95.1	101.0	5.72	6.04
40	97.0	103.0	105	112.0	6.34	6.69
42	107.0	114.0	116	124.0	7.02	7.37

(1) 소선(素膳)

소선은 탄소강에 특수 열처리하여 사용하며 표준 인장강도는 135 ~ 180kg/mm²이다. 스트랜드를 구성하고 있는 소선의 결합에는 **점·선** 및 **면** 접촉구조의 3가지가 있다. 그리고 소선의 마모 원인은 다음과 같다.

① 외부 소선은 다른 물체와 접촉하기 마모가 크다.
② 내부 소선은 과다한 하중·무리한 굽힘, 주유 부족 등에 의해 마모가 일어난다.

③ 시브(활차)의 지름이 적다.
④ 와이어로프와 시브의 접촉면이 불량하다.

(2) 스트랜드(Strand)

소선을 꼬아서 합친 것이며, 스트랜드의 수는 3줄에서 18줄까지 있으나 **6줄**을 주로 사용한다.

(3) 심강(또는 중심선)

심강의 종류에는 섬유심·공심 및 와이어심 등 3가지가 있으며, 사용목적은 충격하중 흡수, 부식방지, 소선끼리의 마찰에 의한 마모방지 및 스트랜드의 위치를 올바르게 한다.

① 섬유심 : 와이어로프의 심강으로 가장 많이 사용되며, 재료는 마(麻)나 화학섬유이며 부식을 방지하는데 사용된다.

② 공심(또는 강심) : 스트랜드 1줄을 심강으로 사용한 것이며, 가소성이 부족해 굽힘 하중이 반복되는 부분에서는 부적당하다. 공심은 다음과 같은 곳에서 사용한다.
- 큰 절단 하중이 작용하는 경우
- 신율(늘어남)을 적게 할 필요가 있는 경우
- 고온일 경우

③ 와이어심 : 심강을 와이어로프를 사용하는 것이다.

(4) 와이어로프 꼬임 방법

1) 보통 꼬임(Ordinary Lay)

스트랜드와 와이어로프의 꼬임 방향이 서로 반대인 것이다. 특징은 다음과 같다.
① 꼬임이 튼튼해 모양이 잘 흐트러지지 않는다.
② 킹크(kink) 발생이 적고 취급이 쉽다.
③ 소선 꼬임의 경사가 급하기 때문에 외부와의 접촉이 작아 마모가 크다.

2) 랭 꼬임(Lang's lay)

스트랜드와 와이어로프의 꼬임 방향이 같은 것이다. 특징은 다음과 같다.
① 소선과 외부 접촉 면적이 길기 때문에 마모에 의한 손상이 적다.
② 유연성이 크고, 수명이 길다.
③ 풀리기 쉽고, 킹크 발생이 쉬워 사용에 신중을 기해야 한다.

(5) 와이어로프 지름 측정

지름측정은 와이어로프 끝으로부터 약 1.5m 정도 떨어진 부분으로부터 버니어캘리퍼스로 임의의 점 2군데 이상을 측정하여 평균값으로 한다. 이때 와이어로프 외접원의 가장 큰 부분의 지름으로 한다.

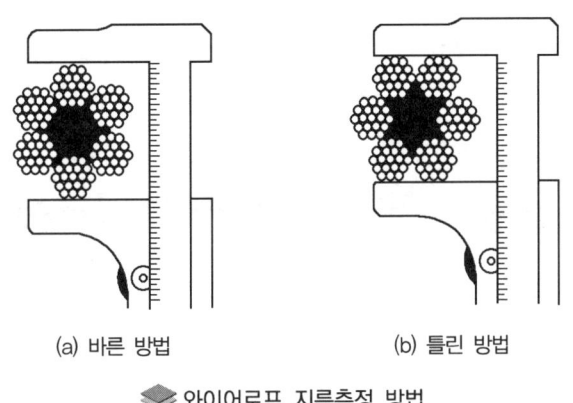

(a) 바른 방법 (b) 틀린 방법

와이어로프 지름측정 방법

(6) 와이어로프 가공 및 고정방법

① 시징(seizing) : 와이어로프를 절단하였을 때 소선의 꼬인 부분이 풀리는 것을 방지하기 위해 절단 부분의 양끝을 철사 등으로 묶는 것을 말하며, 시징의 길이는 와이어로프 지름의 3배 정도가 좋다.

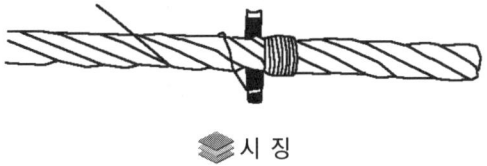

시 징

② 클립 고정방법 : 가장 널리 사용하는 방법이며, 와이어로프의 한쪽 끝을 구부려 심블(thimble)을 넣고, 구부린 부분을 원래의 줄과 합친 후 클립으로 조여 붙이는 방법이다. 클립 수는 로프 지름이 16mm 이하인 경우에는 4개, 16mm 초과 ~ 28mm 이하인 경우에는 5개, 28mm 초과인 경우에는 6개 이상이다. 그리고 클립 간격은 와이어로프 지름의 6배 이상으로 한다.

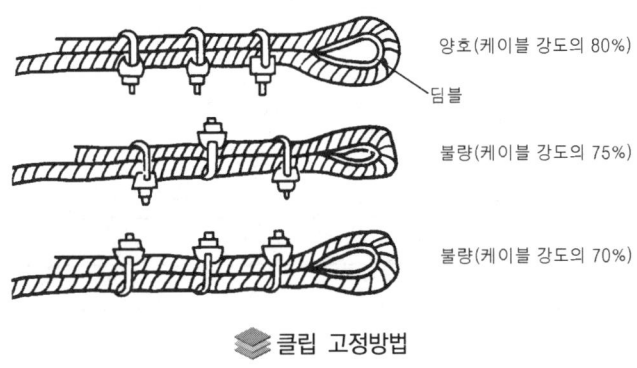

양호(케이블 강도의 80%)
딤블
불량(케이블 강도의 75%)
불량(케이블 강도의 70%)

클립 고정방법

③ 엮어 넣기(Splice) : 벌려 끼우기와 감아 끼우기가 있으며, 1줄로 매달 경우에는 꼬임이 풀리는 것에 주의해야 한다.
④ 합금 고정방법 : 와이어로프의 한쪽 끝을 풀어서 소켓에 끼우고 소켓 내에 납이나 아연으로 융착시키는 방법이며, 합금고정에 필요한 와이어로프의 길이는 지름의 5~6배 이상 되어야 한다.
⑤ 쐐기 고정방법 : 끝을 시징한 와이어로프를 소켓 속에서 접고 그 속에 쐐기를 넣어 고정시키는 방법이며, 작업은 간단하나 절단 하중은 65~70% 정도 저하한다.

(a) 엮어 넣기 고정법

(b) 합금 고정법

(c) 쐐기 고정법

● 와이어로프 고정방법

(7) 와이어로프의 안전계수

안전율은 와이어로프의 절단하중의 값을 당해 와이어로프에 걸리는 하중의 최대값으로 나눈 값으로 한다. 이 경우 인상용 및 지브의 기복용 와이어로프에 있어서는 이들 와이어로프의 중량 및 시브의 효율을 포함하여 계산하는 것으로 한다.

와이어로프의 안전율은 다음 표와 같다.

또한, 인상용 및 러핑 타워 크레인 지브의 기복용 와이어로프에 있어서 달기구 및 지브의 위치가 가장 아래쪽에 위치할 때 드럼에 2회 이상 감기는 여유가 있어야 한다. 그리고 현저한 고열장소에 사용하는 크레인의 와이어로프는 철심이 들어있는 와이어로프를 사용하여야 한다. 다만, 차열판을 설치하는 등 150℃ 이하에서 사용되는 로프는 제외할 수 있다.

표 2-1-2 와이어로프 종류별 안전율

와이어로프의 종류	안전율
• 인상용 와이어로프 • 지브의 기복용 와이어로프 • 횡행용 와이어로프 및 케이블 크레인의 주행용 와이어로프	5.0
• 지브의 지지용 와이어로프 • 보조로프 및 고정용 와이어로프	4.0
• 케이블 크레인의 주 로프 및 레일로프	2.7
• 운전실 등 인상용 와이어로프	9.0

안전율은 와이어로프의 절단하중의 값을 해당 로프에 걸리는 최대 하중값으로 나눈 값이 된다. 다만, 인상용 및 지브의 기복용 와이어로프는 이들 로프의 중량과 시브의 효율을 포함하여 산정한다. 특히, 운전실에 인상용 와이어로프가 사용되고 화물과 같이 승강하는 방식의 크레인은 당해 운전실에 2 이상의 인상용 와이어로프로 시공한다. 그리고 운전실에 인상용 와이어로프가 사용되고 화물과 같이 승강하는 방식의 크레인에 연결하는 와이어로프가 절단되는 경우 해당 운전실의 강하를 자동적으로 제동하는 장치를 설치한다. 다만, 운전실의 양정이 2.5m이하의 크레인은 설치에서 제외한다.

> **예제**
> 로프의 안전계수 5, 최대 부하하중 25,000kgf 조건일 때 안전하중은?
> **정답** 25000 / 5 = 5000kgf

(8) 와이어로프와 드럼 및 시브와의 관계

와이어로프의 굽힘 각도가 큰 경우에는 드럼 및 시브의 지름이 큰 것을 사용하거나 시브 수를 증가시켜 서서히 구부려야 한다. 따라서 드럼 및 시브의 지름 D와 소선 지름 d와의 관계는 다음과 같다.

> ① D/d < 200 : 영구 늘어남이 발생하여 빨리 피로하게 된다.
> ② D/d = 300 : 필요한 최소한도
> ③ D/d = 600 : 최적값

드럼과 시브의 지름은 와이어로프 지름의 20배 이상 크게 하는 것이 수명을 연장시킬 수 있다.

(9) 와이어로프의 사용 중 점검사항 및 관리기준

① 와이어로프 한 꼬임 사이에서 소선수의 10% 이상 소선이 절단된 경우
② 마모로 인하여 지름 감소가 공칭 지름의 7% 이상인 경우
③ 킹크가 발생한 경우
④ 심한 부식이나 변형이 발생한 경우
⑤ 와이어로프의 지름 허용오차는 +7~0%이다.
⑥ 단말고정은 풀림, 손상, 탈락이 발생한 경우
⑦ 로프에 급유가 안된 경우
⑧ 소선 및 스트랜드가 돌출된 경우

⑨ 국부적인 로프 지름의 증가 혹은 감소가 있는 경우
⑩ 부풀림, 바구니 모양의 변형이 있는 경우
⑪ 꺾임 등 영구변형이 있는 경우
⑫ 로프 교체 시 제작당시의 동급 규격이상으로 시공되지 않는 경우

(10) 이어로프 선택 시 주의사항
① 용도에 따라 손상이 적은 종류를 선택할 것
② 하중의 중량이 감안된 강도를 갖는 로프를 선택할 것
③ 심강은 사용 용도에 따라 선택할 것
④ 내파단강도, 내굽힘 피로성, 내진동 피로성, 내마모성, 내형파괴성, 잔류강도 등을 최대한 고려하여 선택할 것

2 드럼

① 와이어로프에 의해 하물을 인상, 주행, 트롤리 횡행 등의 작동을 하는 장치의 드럼피치원 직경과 당해 드럼에 감기는 와이어로프 지름의 비 또는 인상장치 등의 시브 피치원 직경과 당해 시브를 통과하는 와이어로프 지름과의 비는 다음의 표에서 정하는 값 이상이어야 강성을 보장할 수 있다.
② 다만, 인상장치 등의 이퀄라이저 시브 피치원 직경과 당해 이퀄라이저 시브(sheave)를 통과하는 와이어로프 지름과의 비는 10 이상으로 하고, 과부하방지 장치용의 시브 피치원 직경과 당해 시브를 통과하는 와이어로프 지름과의 비는 5 이상으로 할 수 있다.

표 1-3 와이어로프 지름과의 비

와이어로프 구성 성분	값
19본선 6꼬임 와이어로프	25
24본선 6꼬임 와이어로프	20
37본선 6꼬임 와이어로프	16
필라형 25본선 6꼬임 와이어로프	20
필라형 29본선 6꼬임 와이어로프	16
워링톤 시일형 26본선 6꼬임 와이어로프	16
워링톤 시일형 31본선 6꼬임 와이어로프	16

③ 드럼의 크기는 가능한 한 로프의 전 길이를 1열에 감을 수 있는 것으로 하여야 한다.
④ 또한, 와이어로프의 감기에 있어 인상장치 등의 드럼에 홈이 있는 경우 플리트(fleet) 각도(와이어로프가 감기는 방향과 로프가 감겨지는 방향과의 각도)는 4도 이내이어야 하며, 인상장치 등의 드럼에 홈이 없는 경우 플리트 각도는 2도 이내이어야 한다.

⑤ 권상용 및 지브의 기복용 와이어로프에 있어서 달기구 및 지브의 위치가 가장 아래쪽에 위치할 때 드럼에 2회 이상 감기는 여유가 있어야 한다.

일반적인 브레이크의 형식

3 브레이크

우리나라의 크레인 제작기준·안전기준 및 검사기준(노동부고시 제2001-57호)에서 정하는 내용을 소개하면 아래와 같다.

① 인상장치 및 기복장치 브레이크는 제동토크 값(인상 또는 기복장치에 2개 이상의 브레이크가 설치되어 있을 때는 각각의 브레이크 제동토크 값을 합한 값)은 크레인에 정격하중에 상당하는 하중을 걸고 인상시 당해 크레인의 인상 또는 기복장치의 토크 값(당해 토크 값이 2 이상 있을 때는 그 값중 최대의 값)의 1.5배 이상이어야 한다.

② 또한, 인력에 의한 것으로 페달식의 스트로크 값은 30cm이하, 수동식은 60cm이하이어야 하며, 페달식은 30kg이하, 수동식은 20kg이하의 힘으로 작동할 수 있어야 하고, 라체트 폴식(Ratchet pawl type)을 구비하여야 한다.

③ 인력에 의한 것 이외에는 크레인의 동력이 차단되었을 때 자동적으로 작동하는 것이어야 한다.

④ 제2항제1호의 인상 또는 기복장치의 토크 값은 저항이 없는 것으로 계산한다. 다만, 당해 인상 또는 기복장치에 75%이하 효율의 웜, 웜기어 기구가 채용되고 있는 경우에는 당해 기어 기구의 저항으로 발생하는 토크 값의 1/2에 상당하는 저항이 있는 것으로 계산한다.

⑤ 크레인은 주행을 제동하기 위한 브레이크를 설치하여야 하나, 인력으로 주행되는 크레인에는 적용하지 아니한다.

⑥ 주행을 제동하기 위한 제동토크 값은 전동기 정격토크의 50%이상이어야 한다.

⑦ 크레인은 횡행을 제동하기 위한 브레이크를 설치하여야 한다. 다만, 횡행속도가 매분 20m 이하로서 옥내에 설치되거나 인력으로 횡행운전되는 크레인에는 적용하지 아니한다.

⑧ 동력에 의하여 작동되는 선회부를 갖는 크레인은 브레이크를 설치하여야 한다.
⑨ 일반적으로 브레이크의 사용시 관리기준은 아래와 같아야 한다.
  • 라이닝은 편마모가 없고 마모량은 원치수의 50%이내일 것
  • 디스크의 마모량은 원치수의 10%이내일 것
  • 유량은 적정하고 기름누설이 없을 것
  • 볼트, 너트는 풀림 또는 탈락이 없을 것

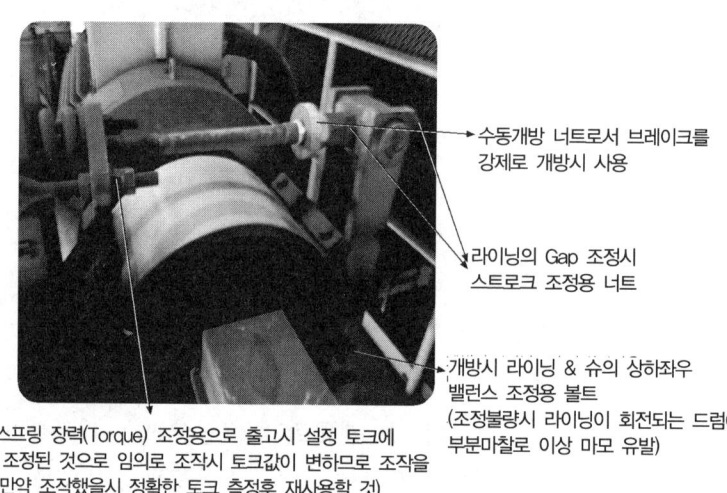

🔸 브레이크 구조별 사용 용도

(1) 와전류 브레이크(Eddy Current Brake)

본 장치는 인상장치의 속도를 제어하는 데 사용되며, 구조가 간단하고 마모 접촉부분이 없어 비교적 낮은 속도를 얻는데 적용되고 있다. 작동 원리는 금속제 원판이 회전하면 이 회전을 정지하려는 방향쪽으로 제동력이 작용한다.

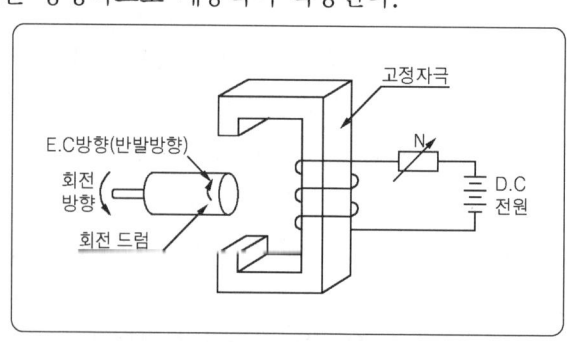

🔸 와전류 브레이크

1) 와전류의 제동력 발생원리

① 와전류 브레이크는 고정자 측에 여러 개의 N극 S극이 교차하도록 계자 코일을 배치하고 직류 전압을 여자하면 회전자 드럼이 회전할 때 드럼은 고정자극의 자속을 쇄교하게 되는데 이때, 드럼 표면에는 회전 방향과 반대방향으로 와전류가 생겨 흐르게 된다.

② 와전류(E.C)는 드럼 회전방향에 대하여 반발력으로 작용하므로 제동 토크가 발생하게 된다. 결과적으로 모터의 구동력을 받아 회전하려는 드럼이 정격 속도로 회전하지 못하고 와전류 브레이크에서 발생한 회전 반발력만큼 상쇄되어 감속된다.

2) E.C 브레이크의 특징

① E.C.B는 전기적인 자장의 밀도를 변화시켜 속도 제동을 하는 장치이므로 기계적인 마모가 없어 장시간 사용하여도 조정이나 소모품의 교환이 필요 없다.

② 적은 여자 전류(≤10A)로 제어되기 때문에 대용량의 제어 설비가 필요 없다.

③ 기계적인 마모가 없는 대신 사용 시간에(사용률 15% ED) 따른 많은 양의 줄열* (joule heating)이 발생하므로 방사 축류방식의 냉각 팬을 내장하여 냉각 효과를 증대시켰다.

> **용어해설 Tip** 줄열(joule heating) : 저항이 큰 도선에 전류가 흐를 때 생기는 열

④ 정지시 브레이크의 기계적인 응답시간 지연으로(제동시작에서 제동 완료될 때까지의 시간, 통상 0.5초 이내)부족 되는 정지 토크를 보상하기 위해 약 1초간 최대 여자 전류를 인가하여 정지용 브레이크의 부담을 덜어주고 라이닝 등의 마모를 방지한다.

⑤ E.C.B는 고정 자극에 여자 전류를 인가하여도 드럼이 회전하지 않으면 제동 토크가 발생하지 않으므로 반드시 기계적인 브레이크를 정지용으로 병행하여 사용하여야 한다.

(2) 다이나믹 브레이크(Dynamic Brake)

본 장치는 직류 전동기의 인하 속도를 제어하는 데 사용되며, 이 형식은 운동 에너지를 전기 에너지로 변화시키며, 이 때 전기 에너지를 소모시켜 제어 하고 있다.

(3) 마그네틱 슈 브레이크(Magnetic Shoe Break)

1) 작동 원리 및 구조

① 여자 코일에 직류 전류가 여자되면 전자석의 자력에 의해 타이로드의 스프링 압력을 이기며 디스크가 아마추어에 흡착되어 타이로드가 뒤로 후퇴한다. 타이로드가 뒤로 후퇴하면 기계적인 변환 과정을 거쳐 드럼을 감싸고 있는 슈 브레이크 라이닝이 벌어지게 되어 제동력을 상실하므로 드럼은 자유롭게 회전할 수 있게 된다.

② 여자 전류를 OFF하거나 정전되면 디스크를 흡입하던 전자력이 소멸되어 타이로드의 스프링 압력에 의해 슈 브레이크 라이닝이 드럼을 감싸게 되므로 제동 토크가 발생하여 드럼을 구속한다.

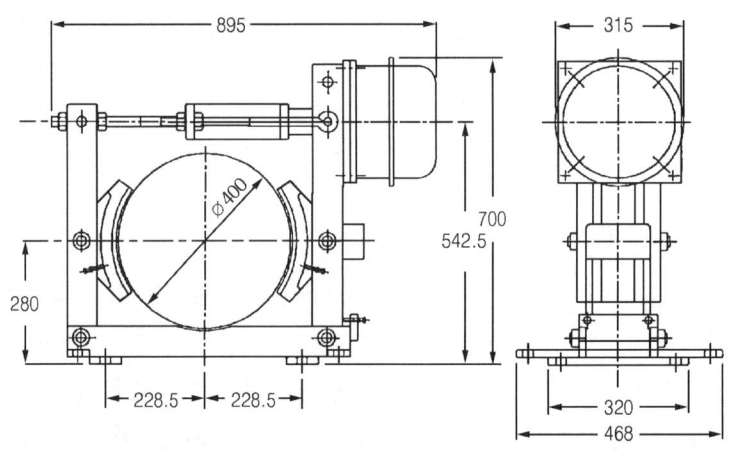

● 마그네틱 슈 브레이크

2) 브레이크의 특징

브레이크의 신속하고 확실한 개방을 위해 여자 코일에 통전 초기에는 강여자 전압을 인가하여 강한 전자력으로 디스크를 흡입하고 약 1초(타이머 설정시간) 후 정격 여자 전압으로 전환하여 운전 상태(브레이크 개방)를 유지하는 제어 방식을 채택하였다.

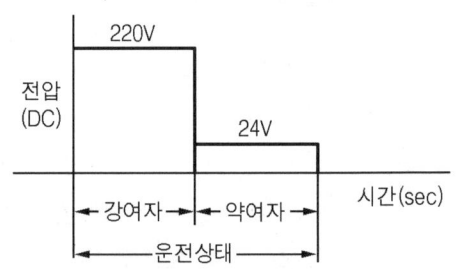

① 강여자 : 입력 – AC 440V
           출력 – DC 200V

② 약여자 : 입력 – AC 440V
           출력 – DC 24V

출력 전압이 너무 높으면 여자 코일이 소손될 수 있고 반대로 너무 낮으면 브레이크가 작동되지 않는 수가 있으므로 내장된 직렬 저항 값을 변화시켜 전압을 조절한다.

③ 전환시간 : 약 1초

타이머 설정시간이 너무 길면 코일이 소손되거나 인칭(inching) 동작이 안 되는 경우가 있고 반대로 너무 짧으면 브레이크가 작동되지 않는 경우가 있으므로 시운전시 정확한 설정이 필요하다.

④ 여자 전압이 차단된 후 전자석의 잔류 자기 현상으로 약 0.2 ~0.3초 정도의 제동지연 현상이 있다.

3) 브레이크의 사양

입력 전원	AC 440V	최대제동토크	132kg-m
최대사용빈도	300회/HR	강여자 전압	DC 200V, 18.7A
사용률	40%ED	강여자 전류	18.7A
절연등급	B종	약여자 전압	DC 24V
주위 온도	-10~+40℃	약여자 전류	2.2A
형식	TBMD-280	코일 저항	10.7Ω

4) 브레이크 용량 선정

$$BTr = K \cdot MTr (\text{Kg}-\text{m})$$

$$MTr = \frac{102 \times 60}{2\pi} \times \frac{KW}{N} = 974 \frac{KW}{N} (\text{kg}-\text{m})$$

BTr : 브레이크 토크 MTr : 모터 토크
KW : 모터 POWER   N : 모터 속도   K : 상수(0.8~2.0)

정지용 제동기의 최대 정격 제동 토크는 전동기 출력의 150%를 기준으로 적용하여 설계 제작하였다.

예 61KW×8P 모터의 경우

$$MTr = 974 \frac{61}{885} \text{kg·m} = 67 \text{kg·m}$$

$$BTr = 1.5 \times 67 \text{kg·m} ≒ 100 \text{kg·m}$$

∴ 100kg·m의 상향등급 132kg·m(TBMD-280)급 선정

5) 점검 및 보수 요령

① 에어 갭(Air Gap) : 라이닝과 드럼 사이의 에어 갭은 상·하, 좌·우 균일하게 유지하여야 한다(브레이크 조정법 참조).
② 라이닝과 드럼의 표면에는 이물질 특히 그리스나 오일이 묻지 않도록 주의한다.
③ 제동 토크 조정용 스프링의 장력은 최대부하(14톤)에서 슬립이 발생하지 않도록 (130kg·m)조정한다.
④ 라이닝은 마모가 1/2정도 진행되면 좌우 동시에 정품으로 교환한다.
⑤ 강·약 여자 전환시간 - 1초(타이머)
   약여자 전압 - DC 24(SR 저항)

(4) 마그네틱 디스크 브레이크(Magnetic Disc Break)

1) 작동 원리 및 구조

여자 코일에 직류전류가 여자되면 전자석의 자력에 의해 제동 토크 조정용 스프링의 장력을 이기며 디스크가 아마추어에 흡착된다.

디스크가 흡착되면 라이닝과 고정 디스크 사이에 틈새가 생기고 구동 부의 회전축은 자유롭게 회전할 수 있게 된다. 여자전류를 OFF하거나 정전이 되면 디스크를 흡입하던 전자력이 소멸되어 제동 토크 조정용 스프링의 장력에 의해 라이닝과 고정 디스크가 밀착되어 구동 부의 회전축을 구속한다.

2) 점검 및 보수 요령

① 에어 갭(Air Gap)
- 라이닝과 디스크 사이의 에어 갭은 고르게 조정이 되어야 한다(브레이크 조정법 참조).
- 틈새 게이지를 이용하여 0.5mm 정도의 갭이 유지되도록 아마추어 지지용 너트를 조정한다.
- 제동 토크는 스프링 받침용 원판을 회전시켜 조정한다.
- 라이닝 간격이 일정치 않으면 작동시 소리가 불규칙하거나 작동 불량의 원인이 되므로 정확한 조정을 하여야 한다.

② 라이닝과 디스크 표면에는 이물질(특히 그리스나 오일)이 들어가면 제동시 슬립이 생겨 제동기의 역할을 상실하므로 특히 주의한다.

3) 스러스트 브레이크(유압 압상기 브레이크)

본 장치는 전기를 투입하여 유압으로 작동하는 방식이다. 주로 주행과 횡행장치 운동에 사용된다. 특히 유압으로 작동되는 특성인 점을 고려 오일은 최소한 6개월에 1회 이상은 교환할 필요가 있다.

본 장치는 제동시 전동기에 전류가 통전되지 않으면 압상력이 전달되지 않으므로 포스트에 고정된 슈가 드럼을 양쪽에서 가압함으로써 제동 토크가 발생한다. 또한 제동력이 해제되는 경우에는 전동기에 전류가 통전되어 유압력에 의해 압상력이 발생하며 스러스트 봉이 위로 작동되면서 그 힘이 레버와 타이로드를 통과하며 양쪽 포스트가 위쪽으로 개방되면서 제동 토크가 해제 된다.

4 시브

① 타워 크레인에 설치되는 시브는 크게 주강제 시브, 탄소강재 시브와 비금속 재료인 플라스틱 시브 등 고분자 재료가 설치되어 사용되고 있다.
② 시브는 와이어로프의 방향전환 및 역률을 증가시키기 위하여 사용하는 것이며, 재질은 주철이나 강판을 사용한다.
③ 홈 바퀴의 지름 D는 와이어로프 지름 d에 대해 D ≧ 20d 이며, 평행 홈 바퀴나 풀리는 D ≧ 10d를 사용한다.
④ 시브의 점검사항으로는 본체에 균열, 변형 등이 없어야 하며, 시브 홈은 이상 마모가 없어야 하고, 마모한도는 와이어로프 지름의 20% 이하이어야 한다.

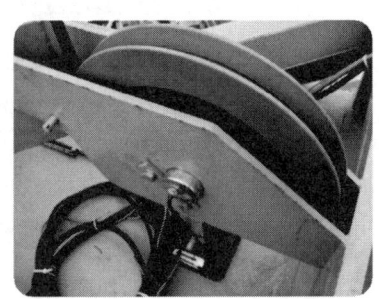
▣ 타워 크레인용 고분자재료 시브

▣ 타워크레인 로프 가이드 시브

5 훅(Hook)

(1) 훅의 재질

훅의 재질은 탄소강 단강품이나 기계 구조용 탄소강이며, 강도와 연성이 큰 것이 좋다. 이것은 훅을 사용할 때 파손되는 것보다 변형되어 늘어나는 것이 안전상 유리하기 때문이며, 안전율은 5 이상으로 한다.

(2) 훅의 강도

훅의 절단하중을 그 훅에 걸리는 하중의 최대값으로 나눈 값을 안전계수라 하며, 안전계수는 5 이상으로 되어있다. 그리고 훅에 정격하중의 2배에 해당하는 정적하중을 작용시켰을 때 훅의 입이 벌어지는 영구 변형량은 0.25% 이하이어야 한다.

▣ 타워 크레인용 훅

(3) 훅의 점검 및 관리

① 훅의 마모는 와이어로프가 걸리는 부분에 홈이 발생하며, 이 홈의 깊이가 2mm 이상 되면 그라인더로 편평하게 다듬질하여야 하며 마모가 본래 치수의 20% 이상 되면 교환한다.

② 훅의 균열은 아래 그림의 A와 B부분에서 주로 발생하므로 년1회 균열검사를 하여야 한다. 그리고 오랫동안 사용하면 응력의 반복으로 가공경화가 발생하므로 1년에 1회 정도 풀림 열처리를 하는 것이 좋다.

③ 또한 입구의 벌어짐이 본래치수의 5% 이상 벌어진 것은 교환하여야 한다.

④ 훅의 본체는 균열 또는 변형이 없어야 한다.

⑤ 훅 블록에는 정격하중이 표기되어야 한다.

⑥ 볼트, 너트 등은 풀림, 탈락이 없어야 한다.

⑦ 해지장치는 균열, 변형이 없어야 한다.

훅과 해지장치

6 기어

① 동력을 전달시키는 방법의 하나로 기어는 확실한 속도 비로써 아주 작은 구조로서 좋은 효율로 전달할 수 있으므로, 작은 것은 계기 등에 사용되며, 큰 것은 수만 마력의 선박용 터빈, 타워 크레인의 비롯한 산업용 기계에 이르기까지 극히 넓은 범위 내에서 사용되고 있다.

② 서로 물리는 기어 중에서 구동축으로부터 운동을 전달하는 쪽의 기어를 **구동기어** 또는 **드라이빙 기어**라 부르고, 서로 물리는 기어 중에서 구동기어에 의해서 운동전달을 받는 기어를 **피동기어** 또는 **드리븐 기어**라고 부른다.

다음은 타워 크레인과 관련된 기어에 대하여 설명하였다.

표 1-4 기어의 종류(KS B 0102참조)

2축의 상대위치	명칭			이와 이와의 접촉	설 명
	한 국 어	영 어	독 일 어		
평행	① 스퍼 기어 202번지	spur gears	Stirnräder mit gerden Zähnen, Geradstirnräder	직선	이 끝이 직선이며 축에 평행한 원통 기어를 스퍼 기어라 한다.
	② 래크 203번	rack	Zahnstange	직선	원통기어의 피치원통의 반지름을 무한대로 한 것을 래크라 한다.
	③ 헬리컬 기어 204번	helical gear	Stirnräder mit schragen Zähnen, Schrägstirnräder		이 끝이 헬리컬선을 가지는 원통기어를 말하고, 보통 평행한 2축 사이에 회전운동을 전달한다.
	④ 헬리컬 래크 205번	helical rack	Schrägzahnstange	직선	헬리컬 기어의 피치원통의 반지름을 무한대로 하여 얻어지는 래크를 헬리컬 래크라 한다.
	⑤ 헤링본 기어 2중 헬리컬 기어 206번	herringbone gears double helical gears	Pfeilzahnräder	직선	양쪽으로 나선형으로 된 기어를 조합한 것을 '해링 본 기어'라 하고 평행 2축 간에 운동을 전달한다.
	⑥ 안기어 208번	internal gears	Innenräder	직선 (곡선)	원통 또는 원뿔의 안쪽에 이가 만들어져 있는 기어를 안기어라 한다. 또 안기어와 이에 물리는 바깥기어와를 합해서 안기어라고 할 수도 있다.
두 축 이 어 느 각 도 로 써 만 날 때	⑦ 베벨 기어 209번	bevel gears	Kegelräder	직선	교차되는 2축 간에 운동을 전달하는 원뿔형의 기어를 베벨 기어라 한다.
	⑧ 마이터 기어 210번	miter gears		직선	선각인 2축 간에 운동을 전달하는 잇수가 같은 한 쌍의 베벨 기어를 말한다.
	⑨ 앵귤러 베벨기어 211번	angular bevel gears		직선	직각이 아닌 2축 간에 운동을 전달하는 베벨기어의 한 쌍을 앵귤러 베벨기어라 말한다.
	⑩ 크라운기어 212번지	crown gears	Planrad Zahnscheibe	직선	피치면이 평면인 베벨 기어를 말하고 스퍼기어에서 래크에 해당한다.

2축의 상대위치	명칭			이와 이와의 접촉	설 명
	한 국 어	영 어	독 일 어		
두 축 이 어 느 각 도 로 써 만 날 때	⑪ 직선 베벨 기어 213번	Straight bevel gear	Stirnke gelräder	직선	이 끝이 피치원뿔의 母直線 과 일치하는 경우의 베벨기어를 직선 베벨기어라 한다.
	⑫ 스파이럴 베벨 기어 214번	spiral bevel gear	Kurvenzahnkegel äder	곡선	이 기어는 이것과 물리는 크라운 기어의 이 끝이 곡선으로 된 베벨 기어를 말한다.
	⑬ 제롤 베벨기어 215번	zerol bevel gear	Zerolkegelräder	곡선	나선 각이 0인 한 쌍의 스파이럴 베벨 기어를 제롤 베벨 기어라 말한다.
두 축 이 만 나 지 도 않 고 평 행 하 지 도 않 은 경 우	⑭ 스큐베벨 기어 216번	skew bevel gear	Schrägzahnkegel rader	직선	이 기어는 이것과 물리는 크라운 기어의 이 끝이 직선이고, 꼭지 점에 향하지 않은 베벨 기어를 말한다.
	⑮ 스큐기어 217번	skew gear	Schraubgetriebe	직선	교차하지 않고, 또 평행하지도 않는 2축(스큐 축)간에 운동을 전달하는 기어를 총칭하여 스큐 기어라 한다.
	⑯ 나사기어 218번	crossed helical gear	Schraubräder mitgekreuzten Achsen, Schraubgetriebe	점	헬리컬 기어의 한 쌍을 스큐 축 사이의 운동전달에 이용할 때에 이것을 나사 기어라 한다.
	⑰ 하이포이드 기어 219번	hypoid gear	Hypoidkegelräder	곡선	스큐 축 간에 운동을 전달하는 원뿔형 기어의 한 쌍을 하이포이드 기어라 한다.
	⑱ 페이스기어 220번	face gear	Planradgetriebe Planrad Zahnscheibe	점	스퍼 기어 또는 헬리컬 기어와 서로 물리는 원판상의 기어의 한 쌍을 페이스 기어라 한다. 2축이 교차하는 것도 있고 스큐하는 것도 있는데, 보통은 축각이 직각이다.
	⑲ 웜 기어 221번	worm gear	Schneckenräder, Schneckengetriebe	곡선	웜과 이와 물리는 웜 휠에 의한 기어의 한 쌍을 총칭하여 웜기어라 한다. 보통은 선 접촉을 하고 또 축각은 직각으로 된 것이 많다.
	⑳ 웜 222번	worm	Schnecke	–	한 줄 또는 그 이상의 줄 수를 가지는 나사 모양의 기어를 웜이라 하고, 일반적으로 圓筒形이다.
	㉑ 웜 휠 223번	worm wheel	Schneckenräder	–	웜과 물리는 기어를 웜 기어라 말한다.
	㉒ 장고꼴 기어장치 224번	hourglass worm gear	Globidschnecken räder Globidschnecken getriebe	곡선	장고꼴 웜 기어와 물리는 웜 기어 장치를 장고 꼴 웜 기어장치라 말한다.

7 감속기어

감속기는 슬루잉(slewing), 트래버싱(traversing)과는 달리 다음과 같은 특수 기능이 추가되어 있다.

① 다판 습식 클러치 내장

모터의 속도를 2단계로 변환하여 2차 측(첫 번째 기어)에 전달한다.

② 클러치 사양(예시)
- 고속 : MCWO 80K1(SHINKO)
- 저속 : MCWO 160K1(SHINKO)

인상감속기어를 포함한 인상장치

③ 고속 또는 저속 클러치의 선택은 Operating Board의 선택 스위치를 조작함으로써 이루어진다. 운전 중 선택 스위치를 조작하면 기계가 갑자기 정지하고 슬립이 발생하여 클러치의 디스크가 급격히 마모되거나 파손되므로 특히 주의한다.

④ 저속과 고속의 속도 변환 비율 및 허용하중 관계(예시)
- ㉮ 저속 21 : 57 ≒ 0.37
- ㉯ 고속 35 : 43 ≒ 0.81
- ㉰ 저속 : 고속 0.37 : 0.81 = 2.2(피니언과 스퍼 기어의 잇수 비율임)

a. 속도 비율(예시)
- VL×2.2 = VH(VL - 저속, VH - 고속)
- 고속 클러치를 선택하면 저속 클러치를 선택할 때보다 속도가 2.2배 증가한다.

b. 최대 허용하중(예시)
- ML×1/2.2 = MH(ML - 저속최대허용중량, MH - 고속최대허용중량)
- 고속 클러치를 선택하면 저속 클러치를 선택할 때보다 최대허용 하중이 1/2.2배로 감소한다(14 TON × 1/3.2 ≒ 6.3 TON).

∴ 모터의 토크는 일정하기 때문에 속도와 하중이 서로 반비례하여 전체적으로 운동량 총합은 같아진다.

8 축과 축 커플링

① 축등은 아래와 같이 관리하여야 한다.
- 축은 변형 또는 마모가 없을 것
- 축심은 축을 회전시켰을 때 진동이 없을 것
- 키는 풀림, 빠짐 및 변형이 없을 것
- 키홈은 균열 또는 변형이 없을 것

② 커플링은 아래와 같이 관리하여야 한다.
- 커플링을 회전시켰을 때 원주방향 및 축방향의 이상진동이 없을 것
- 플렉시블 커플링의 경우 고무부시는 풀림, 변형 또는 마모가 없을 것
- 치차형 커플링의 경우 급유상태가 양호하고 기름누설이 없을 것
- 체인형 커플링의 경우 급유상태가 양호할 것
- 볼트, 너트는 풀림 또는 탈락이 없을 것

(1) 축(Shaft)

축이란 회전운동으로 동력을 전달시키는 부분이며, 2개 이상의 베어링으로 받쳐져 있고 단면 모양은 대부분 원형이다.

1) 작용하는 힘에 의한 분류

① 차축(Axle) : 주로 휨을 받는 회전축 또는 정지축이다.
② 스핀들(Spindle) : 주로 비틀림 작용을 받으며, 모양이나 치수가 정밀하고 변형량이 작은 짧은 축이다.
③ 전동축 : 주로 비틀림과 힘을 받으며 전동을 주목적으로 한다. 그리고 전동축은 주축, 선축, 중간축 등으로 나눈다.

2) 형상에 따른 분류

① 직선축　　　② 크랭크축　　　③ 플렉시블 축

(2) 커플링(Coupling)

① 플렉시블 커플링 : 두 축의 중심선을 정확히 맞추기 어렵고, 기계의 진동 전달방지를 목적으로 사용 된다. 또 축의 평행오차, 각도오차, 거리오차가 있어도 사용이 가능하며, 완충제로는 고무나 가죽을 사용한다.
② 플랜지 커플링 : 플랜지를 키로 고정하고, 이 플랜지 들을 여러 개의 볼트로 이음한 것이다. 주로 고속으로 회전하는 부분에서 사용하며 비교적 보수가 쉽고 신뢰성이 있다.
③ 유니버설 조인트 : 두 축이 30°정도의 교차 각도로 연결할 때 사용한다.
④ 올덤 커플링 : 서로 평행한 두 축사이의 회전을 전달할 때 사용한다.
⑤ 머프 커플링 : 주행장치 등 큰 하중 저속용으로 사용된다.
⑥ 유체 커플링 : 일부 장비에 채택되어(LIEBHERR) 사용되는 시스템으로 슬루잉 기구의 구동 모터 유성 감속기 사이의 변속장치에 사용되는 오일이다. 특히 이러한 시스템은 오일 량에 따라 발생하는 토크가 변하므로 사용조건에 따라서 적정량을 유지해야 한다. 한편, 국내 사용조건으로는 MOBIL 社(MOBIL DTE 13.24), ESSO 社(NUTO 32), SHELL 社(TELLUS 32) 등이 추천된다.

9 베어링

베어링에 대한 사용상의 관리기준은 아래와 같다.

① 베어링은 균열, 손상 등이 없고, 급유상태가 양호할 것
② 미끄럼 베어링은 무부하, 부하상태에서 이상발열 및 타붙음이 없고, 부시에는 현저한 마모가 없을 것
③ 구름 베어링은 무부하, 부하상태에서 이상음, 이상진동 및 이상발열이 없을 것

(1) 접촉방법에 따른 분류

1) 미끄럼 베어링(Sliding Bearing)

① 미끄럼 베어링의 종류

㉮ 부시(부싱) : 파이프 모양으로 된 베어링이다.
㉯ 분할형 : 교환 및 조립을 간간하게 할 수 있도록 둘로 갈라지게 만든 것이다.

② 미끄럼 베어링의 구비조건

㉮ 마모에 견딜 정도로 단단한 반면 축이 상하지 않도록 축 재료보다 연해야 한다.
㉯ 축과의 마찰계수가 작아야 한다.
㉰ 열전도성 및 내부식성이 커야 한다.

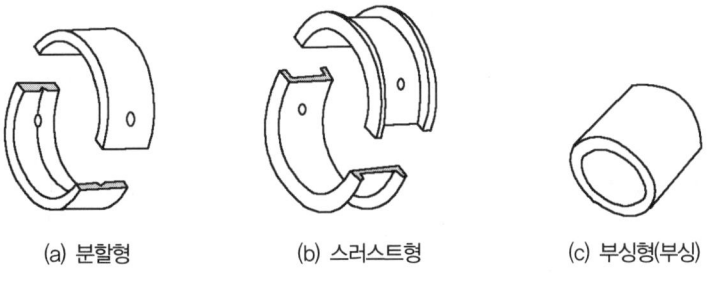

(a) 분할형   (b) 스러스트형   (c) 부싱형(부싱)

미끄럼 베어링의 종류

③ 미끄럼 베어링의 재료

화이트 메탈, 청동, 인청동, 켈밋합금 등이 있다.

④ 미끄럼 베어링의 특징

㉮ 구조가 간단하고 값이 싸다.
㉯ 베어링 교환이 간단하다.
㉰ 충격에 견디는 힘이 크다.
㉱ 시동저항이 크고, 급유에 주의하여야 한다.

2) 구름 베어링(Rolling Bearing)

내륜(이너 레이스), 외륜(아웃 레이스), 전동체, 리테이너 등으로 구성되어 있다.

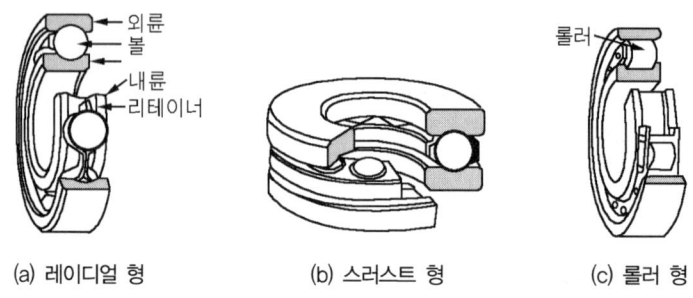

(a) 레이디얼 형   (b) 스러스트 형   (c) 롤러 형

◈ 구름 베어링의 종류

① 구름 베어링의 특징
  ㉮ 마찰손실이 작고, 윤활이 쉽다.
  ㉯ 베어링 선택과 교환이 쉽다.
  ㉰ 베어링 길이가 작아도 되므로 기계의 소형화가 가능하다.
  ㉱ 과열 위험이 적고, 마모가 적으므로 빗나감도 적다.
  ㉲ 충격에 약하며, 값이 비싸다.
  ㉳ 소음과 진동이 생기기 쉽다.

② 구름 베어링의 급유
  베어링 공간을 모두 채우고 하우징에 1/3정도 주입하면 2,000시간 정도는 보충하지 않아도 된다.

③ 베어링 온도상승 범위
  실온 +20℃이며, 베어링 자체온도가 100℃까지는 사용이 가능하며 온도가 상승하는 원인은 다음과 같다.
  ㉮ 과다하게 그리스를 주입하였다.
  ㉯ 과다한 하중 및 속도계수를 초과하였다.
  ㉰ 높은 점도의 그리스를 사용하였다.
  ㉱ 베어링의 유격이 너무 작다.

④ 베어링을 축에 끼우는 방법
  베어링 내륜에 접촉면이 평탄한 파이프를 대고 두드려 끼우거나 베어링을 오일 속에서 가열하여 축에 끼운 후 냉각시킨다.

10 키

키는 기어, 벨트 풀리 등을 회전축에 고정할 때 토크를 전달함과 동시에 축 방향으로 미끄럼 운동을 할 수 있도록 사용하는 것이다. 주로 전단력을 받으므로 축의 재질보다 강한 강철을 사용한다.

키의 종류는 다음과 같다.

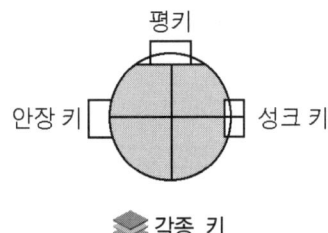

각종 키

① 안장키(새들키) : 축에는 홈을 가공하지 않고, 보스에만 키 홈을 파고 키를 박아 마찰력에 의해 토크를 전달한다.

② 평키 : 키가 닿는 축을 편편하게 깎아내고 보스에 홈을 판 키이다.

③ 묻힘 키 : 축과 보스에 모두 홈을 판 것이며, 가장 널리 사용된다.

④ 접선키 : 역회전이 가능하도록 하기 위해 120°의 각도를 두고 2군데에 키를 둔 것이다.

⑤ 페더 키(미끄럼 키) : 토크를 전달함과 동시에 보스를 축 방향으로 미끄럼 이동시킬 필요가 있을 때 사용한다.

⑥ 스플라인 : 축과 보스의 원둘레에 4 ~ 20개의 요철을 파고 토크를 전달함과 동시에 보스를 축 방향으로 이동시킬 때 사용한다.

⑦ 세레이션 : 축과 보스에 삼각형의 돌기와 홈을 판 다음 고정시키는 것이다.

⑧ 반달 키(우드러프 키) : 축에 홈을 깊게 파서 강도는 약해지나 키와 키 홈의 가공이 쉽고 키가 자동적으로 자리를 잡을 수 있어 테이퍼 축에서 주로 사용한다.

⑨ 원뿔키 : 축과 보스에 모두 홈을 파지 않고 축 구멍을 테이퍼로 하고 속이 빈 원뿔을 박아 마찰력만으로 밀착시키는 것이다.

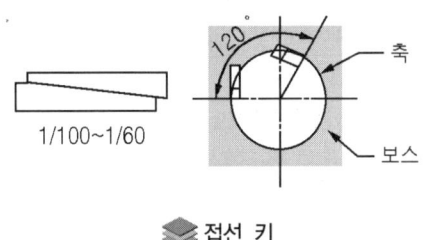

접선 키

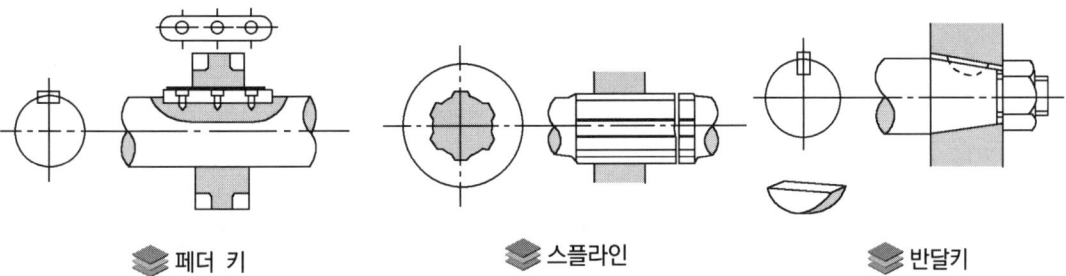

페더 키   스플라인   반달키

11 나사

마스트 체결부나 링 기어 연결부 등에는 주로 나사가 체결된다.

(1) 리드와 피치

나사를 1회전시켰을 때 나사 산의 1점이 축 방향으로 진행한 거리를 **리드**(lead)라 하고, 서로 인접한 나산 산의 축 방향 거리를 **피치**(pitch)라 한다.

$$\ell = nP, \quad P = \frac{\ell}{n}$$

여기서, ℓ : 나사의 리드, n : 나사의 줄 수, P : 나사의 피치

(2) 나사의 종류

1) 체결용 나사

① 미터나사 : 나사 산의 정점이 편평하고, 골은 둥글며, 나사 산의 각도는 60°이다. 피치는 mm로 표시하고, 바깥지름으로 호칭치수를 표시한다.

② 유니파이 나사 : 나사 산의 각도가 60°이며, 바깥지름을 인치로 표시한 값과 1인치 사이의 산수로 호칭을 표시한다.

③ 휘트워드 나사 : 나사 산의 각도는 55°이며, 호칭치수는 수나사의 바깥지름으로 표시한 값과 1인치 사이의 산 수로 표시한다.

④ 관용 나사 : 파이프용 나사이며, 피치가 적고, 나사 산의 각도는 55°이며, 테이퍼과용나사와 평행관용 나사가 있다.

2) 동력전달용 나사

① 사각나사 : 나사 프레스, 나사 잭, 바이스 등에서 사용된다.

② 사다리꼴 나사 : 공작기계의 이송용, 나사 프레스, 바이스 등에서 사용된다.

③ 톱니 나사 : 힘이 한쪽방향으로만 작용하는 곳에서 사용하며 나사 산의 각도는 30°와 45°가 있다.

④ 둥근 나사(너클 나사) : 나사 산과 골 부분이 둥글게 되어 있어 먼지나 모래 등이 나사 산에 들어갈 염려가 있는 곳이나 격동하는 힘이 작용하는 곳에서 사용한다.

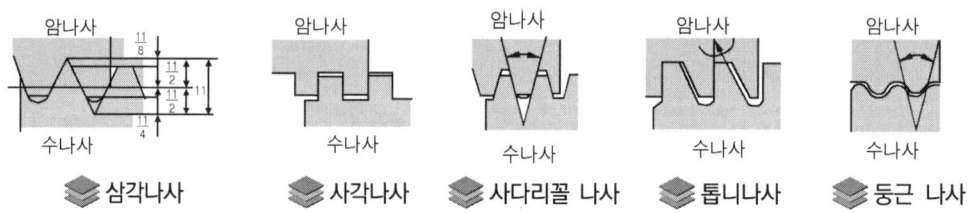

12 볼트 및 너트

(1) 볼트

1) 일반볼트의 종류

① 관통 볼트 : 연결할 두 부분을 관통으로 구멍을 뚫고 볼트를 끼운 후 반대쪽을 너트로 조이는 것이다.

② 탭 볼트 : 관통을 할 수 없는 경우 한쪽에만 구멍을 뚫고 다른 한쪽에는 중간 정도까지만 구멍을 뚫은 후 탭으로 나사를 내고 볼트를 끼우는 것이다.

③ 스터드 볼트 : 자주 분해·결합하는 부분에 사용하며, 양끝에 나사 산을 내고 나사구멍에 끼우고 연결할 부품을 관통시켜 합친 후 너트로 조이는 것이다.

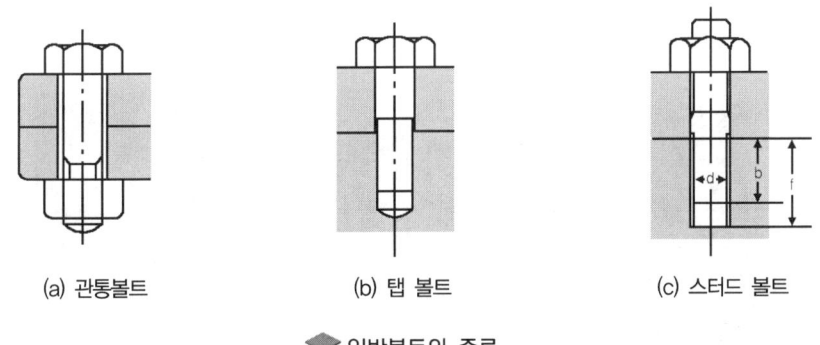

(a) 관통볼트　　　(b) 탭 볼트　　　(c) 스터드 볼트

일반볼트의 종류

2) 특수볼트

① 기초볼트 : 기계나 구조물의 토대 고정용 볼트이다.

② 스테이(Stay) 볼트 : 부품을 일정한 간격을 두고 고정할 때 사용하는 볼트이다.

③ 아이(Eye)볼트 : 물건을 들어올릴 때 사용하는 볼트이다.

④ T 볼트 : T형의 홈에 볼트 머리를 끼우고 위치를 이동하면서 임의의 위치에 물체를 고정할 때 사용하는 볼트이다.

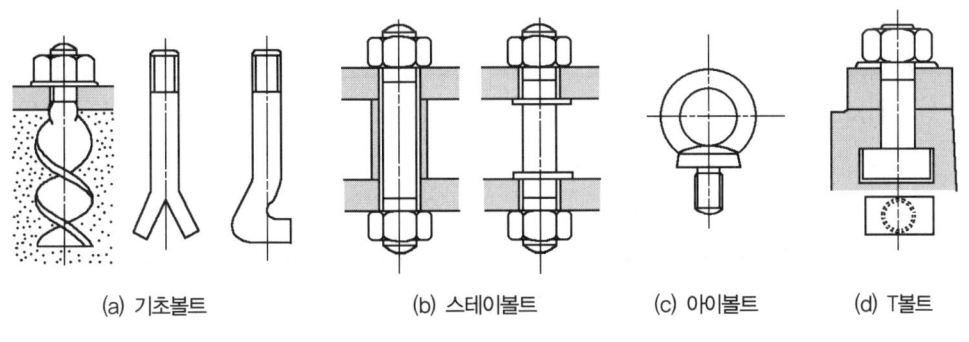

(a) 기초볼트　　　(b) 스테이볼트　　　(c) 아이볼트　　　(d) T볼트

특수볼트의 종류

다음은 타워 크레인의 마스트 등에 체결하는 고장력 볼트, 너트 및 와셔 등에 대한 체결방법 및 순서이다.

3) 고장력 볼트 체결 및 검사

- **고장력 볼트 연결** : 압축 응력 고장력 볼트는 토크 렌치 또는 유압 토크 렌치를 이용하여 체결하여야 한다. 요구 체결 토크는 체결 토크 표를 참조한다.
- **타워 크레인 고장력 볼트의 연결 요소** : 슬로잉 플렛폼과 볼 슬로잉 링간, 볼 슬로잉 링과 볼 슬로잉 링 서포트간, 볼 슬로잉 릴 서포트와 타워 섹션간, 타워섹션과 타워섹션간, 타워섹션과 베이스 타워간, 베이스 타워와 기초앵커간, 베이스 타워와 언더 캐리어간, 앞 지브와 앞 지브간, 뒤 지브와 뒤 지브간, 타이바와 타이바간, 슬로잉 플렛폼과 타워 헤드 마스트간, 타워 헤드와 타이바간 등으로 연결되며, 제조회사 장비 모델별로 연결 부위가 약간씩 차이가 있을 수 있다.

타워 크레인용 고장력 볼트와 너트

① **타워섹션의 고장력 볼트** : 타워섹션의 고장력 볼트는 하중이 가해지지 않은 상태에서 체결 및 점검되어야 하며 붐의 최소반경으로 이동해야 한다. 볼트를 체결할 부위 위로 카운트 밸러스트를 위치하여야 한다.

② **볼 슬루잉 링의 고장력 볼트** : 고장력 볼트를 볼 슬루잉 링에 재조임시, 크레인의 슬루잉 부분은 반드시 균형을 이루어야 한다.

③ **고장력 볼트 연결의 정기 검사** : 재질의 성질 상 검사는 크레인 초기 설치 후 3주 이내에 실시해야 한다. 이 검사는 반드시 토크렌치를 이용해 실시한다. 추가적인 정기 검사는 3개월에 한번 실시한다(육안검사). 또한 볼트 연결 상태는 나사산 변형 및 부식 상태를 검사하기 위해 최소 매년 볼트를 풀어 검사하여야 한다.

④ **고장력 볼트 재사용** : 고장력 볼트는 규정된 토크 값으로 체결된 경우에는 후속 크레인 설치 작업시 재사용이 가능하다. 나사산 및 헤드 표면은 손상 되어서는 안 되며 볼트에는 이물질이 없어야 한다.

⑤ 고장력 볼트 들은 유압식 드라이브 등으로 단단히 조여야 한다. 특히, 강도 등급 수는 볼트머리, 너트, 열처리 와셔(washer) 위에 표시되어 있다.
⑥ 볼트의 접촉면과 모든 볼트의 구멍에는 오물, 페인트나 다른 불필요한 물질이 묻어 있어서는 안 된다.
⑦ 도금형 고장력 볼트는 슬로잉 플렛폼에서 사용되며, 일부 제조사의 장비에는 마스트에서 극히 제한적으로 사용되고 있다. 고장력 볼트는 하중을 지지하는 구성 요소이므로 이에 관계되는 볼트, 너트는 동일한 강도가 표시된 재료를 사용해야 한다.

가령, 볼트 머리부가 10.9이라면, 너트에는 10에 상당하는 강도 등급을 가져야 강성을 유지할 수 있으며, 또한 적정한 토크를 적용하여 단단히 조여야 한다. 또한, 볼트 나사부와 너트 접촉면에 그리스를 도포한 경우에도 적정한 토크 값으로 조여야 한다.

특히, 도금된 볼트와 도금되지 않은 너트 또는 반대로 고장력 볼트를 조립하였다면 도금된 고장력 볼트를 위해 반드시 제조사가 정하는 토크 값을 적용하여 조인다. 여기서 독일 국가 규격의 DIN 6914에서 정하는 토크 값 표를 예를 들면, M16의 경우 9.8(mkp), M22-48.3, M 24-83.0으로 조임력이 유지되어야 한다.

특히, 비 도금 고장력 볼트의 연결을 위한 토크 값은 상기 규격에서도 정하고 있으며, 예를 들면, M16의 경우 30.9(mkp), M22-82.6, M24-104.5로 조임력이 유지되어야 한다.

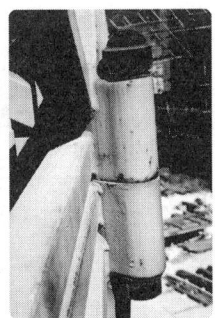

타워크레인에 적용되는 볼트머리의 제조사의 로그와 기호 및 구성품

(2) 너트

1) 너트의 종류

① 6각 너트 : 가장 많이 사용되는 너트이다.

② 4각 너트 : 건축용이나 목공용으로 사용한다.

③ 나비너트 : 손으로 풀고 조일 수 있는 너트이다.

④ 둥근 너트 : 6각 너트를 사용하기 곤란한 부분에 사용한다.

⑤ 플랜지 너트 : 너트가 풀리지 않도록 와셔를 댄 모양의 너트이다.

⑥ 캡(cap)너트 : 유체의 누출방지용으로 사용하는 너트이다.

⑦ 홈 붙이 너트 : 풀림 방지용 핀을 꽂을 수 있는 홈이 있는 너트이다.

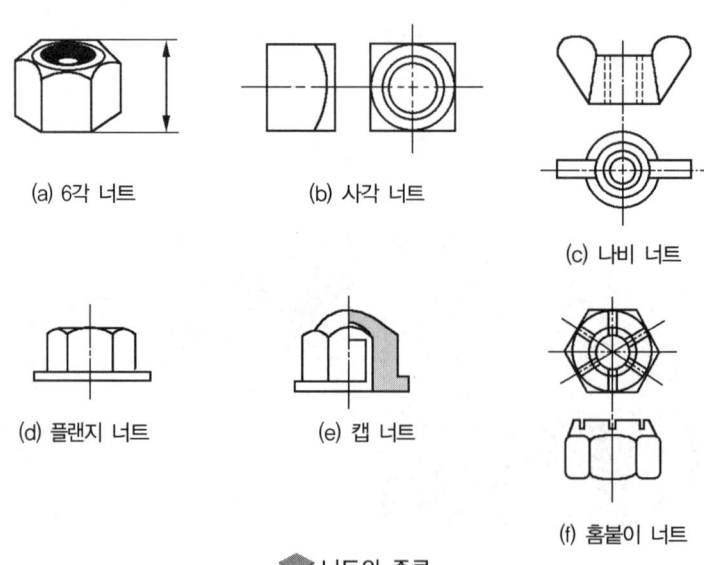

🔸 너트의 종류

2) 너트의 풀림 방지법

① 로크너트(이중너트)를 사용한다.

② 분할 핀을 사용한다.

③ 세트 스크루를 사용한다.

④ 특수와셔(스프링 와셔, 혀붙이 와셔)를 사용한다.

⑤ 철사를 사용한다.

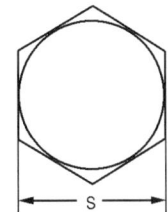 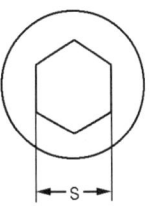

공칭 나사경	평면거리 "S" for BOLTS to DIN 931/ISO 4014 DIN 933/ISO 4017 and NUTS to DIN 934/ISO 4032/ISO 4033	평면거리 "S" for BOLTS to DIN 6914/ISO 7412 and NUTS to DIN 6915/ISO 7414	평면거리 "S" for HEXAGON SOCKET SCREWS to DIN 912/ISO 4762
M 12	19(DIN) 18(ISO)	22	10
M 14	22(DIN) 21(ISO)	–	12
M 16	24	27	14
M 18	27	–	14
M 20	30	32	17
M 22	32(DIN) 34(ISO)	36	17
M 24	36	41	19
M 27	41	46	19
M 30	46	50	22
M 33	50	–	24
M 36	55	60	27
M 39	60	–	–
M 42	65	–	32
M 45	70	–	–
M 48	75	–	36
M 56	85	–	–

※ DIN 6914에 의한 볼트와 DIN 6915에 의한 너트의 평면거리는 DIN 931이다.
※ DIN 933에 의한 볼트와 DIN 934에 의한 너트의 평면거리보다 크다.
※ 평면거리 "S"는 위쪽 표에 나타나 있다.

(3) 볼트 및 너트에 대한 사용 중 관리기준

① 주요부분의 조립에 사용되는 볼트, 너트는 고장력 또는 동등 이상의 기계적 성질을 가진 재질을 사용하여야 하며, 풀림방지조치를 한다. 그러나 구조부분에 대하여 고장력 볼트를 사용한 마찰접합의 경우에는 제외한다.

② 볼트의 길이는 너트 등을 조립 후 2산 이상의 여유 나사산을 가져야 한다.

③ 각 부품과 조립후의 상태는 크레인의 사용 및 유지, 보수시의 위험을 예방할 수 있도록 모서리 부분과 주요 접촉부분에 날카로운 모서리 또는 튀어나온 부분이 없어야 한다.

13 핀 및 키이

① 핀은 근본적으로 핀 구멍에서 핀이 빠지지 않도록 하기 위한 것으로 하중을 직접 받는 것은 아니다.
② 핀의 규격에 따라 분할 핀 등의 규격이 다를 뿐이다.
③ 타워 크레인의 마스트 등 구조물에 체결되는 핀은 주로 분할 핀과 스프링 핀이 체결된다.
④ 분할 핀을 사용시는 반드시 양쪽 끝단을 구부려야 한다.

핀의 여러 형상도

⑤ 스프링 핀은 설치, 해체시 편리성 때문에 사용한다. 국내에서는 스프링 핀의 보급이 상용화되어 있지 않아 주문 생산하고 있으며, 스프링 핀의 분실시는 분할 핀으로 대체 사용하여도 무방하다.

- **평행 핀** : 기계 부품을 조립 및 고정할 때, 부품의 위치를 결정할 때 등에 사용하며 기계 부품의 간단한 분해조립용이다.
- **테이퍼 핀** : 1/50의 테이퍼를 지닌 핀으로 축에 보스를 고정시킬 때 사용한다.
- **분할 핀** : 2가닥을 접어서 만든 핀이며, 너트 풀림 방지용이다.
- **스프링 핀** : 핀이 세로방향으로 개져 있어 구멍의 크기가 정확하다.

 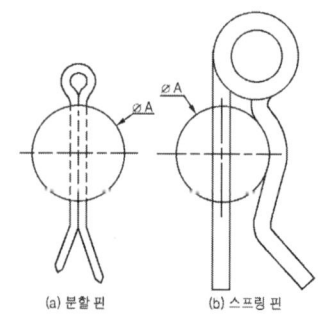

마스트체결 핀(大)과 분할 핀(小)   핀의 종류

⑥ 핀 고정 요크
- 요크(yoke)를 핀(pin)으로 고정하는 방식의 타워크레인은 태핏의 홀 변형 여부를 마스트 사용하기 전 필히 확인해야 한다. 홀의 변형은 이미 구조의 마모로 진행되었기 때문에 이러한 마스트는 절대로 사용하면 안 된다.
- 요크의 핀도 같은 맥락에서 관찰해야 한다. 태핏의 홀이 타원형(계란형)으로 변형된 마스트에 사용된 핀은 이미 휘어진 상태가 됐을 확률이 많다. 특히 핀은 고장력 재질로 제작하여 템퍼링(tempering) 과정을 거쳐 용도에서 요구되는 성질(항복, 인장, 연신율)에 만족해야 하므로 핀 교환시는 제조사에서 공급을 받든가 공인기관에서 인증된 성적에 준하여 제작된 것을 사용해야 한다.
- 마스트에 용접된 태핏은 한번 형체 변형이 진행된 것은 절대 사용해서는 안 된다. 태핏 재질은 설계상 제시된 재질의 동급 이상을 사용해야 한다(전문가와 상의한 후 결정, 전문 업체에서 수정). 상기의 내용은 사고 사례가 여러 번 있었고, 향후에도 지속적으로 발생할 수 있는 개연성이 있으므로 이는 실무 종사자가 사전에 지식을 가지고 예방 조치하는 것이 사고를 없애는 유일한 길이다.

⑦ 키의 종류
- 새들 키(saddle key, 안장 키) : 축은 그대로 두고 보스(boss)에만 키홈을 파서 키를 박아 마찰에 의해 회전력을 전달하며, 큰 힘의 전달에는 부적합함
- 평키(flat key) : 키의 닿는 축면을 평평하게 깎고 보스에 키홈을 파서 키를 끼우는 방식
- 묻힘키(sunk key, 성크키) : 축과 보스에 키홈을 가공하여 키를 끼우는 방식으로 가장 널리 사용
- 미끄럼키(sliding key) : 회전력과 동시에 보스를 축방향으로 이동시킬 필요가 있을 때 사용하며, 안내 키 또는 페더키(feather key)라고도 함

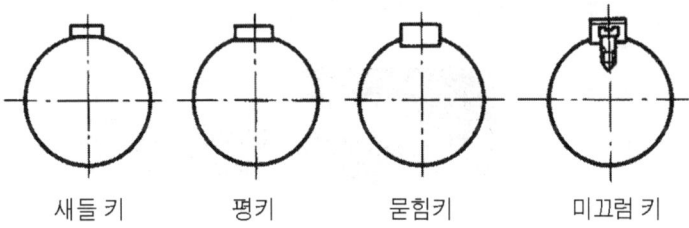

새들 키   평키   묻힘키   미끄럼 키

- 접선키(tangential key) : 키가 전달하는 힘은 축 둘레의 접선 방향으로 작용하므로 큰 힘을 전달 함
- 반달 키(woodruff key) : 반달모양의 키로서 키와 키 홈을 가공하기 쉽고 보스의 키홈과 접촉이 자동 조정되는 이점이 있으나 축의 키 홈이 깊어 축의 강도가 약해짐. 이 키는 테이퍼 축, 자동차, 공작기계 등 작은 지름(보통 60mm 이하)의 축에 사용

- 원뿔 키(cone key) : 축과 보스의 양쪽에 모두 키 홈을 파지 않고 보스 구멍을 테이퍼 구멍으로 하여 몇 곳이 갈라진 원뿔 통을 끼워 마찰만으로 밀착시키는 키, 바퀴가 편심되지 않으며 축의 어느 위치에나 설치할 수 있는 특징이 있음

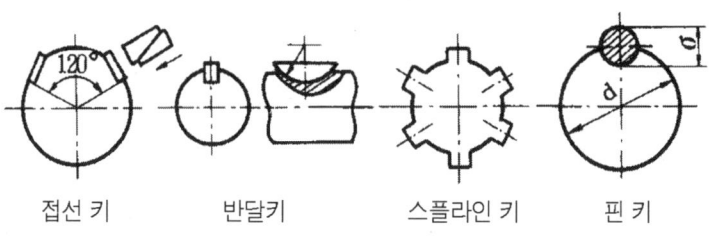

접선 키   반달키   스플라인 키   핀 키

키의 종류

14 가이드 롤러

텔레스코핑시 타워크레인 상부 구조물 파트의 모든 중량은 실린더 하나에 집중되고, 상승 중에 밸런싱 된 타워크레인은 가이드섹션 상·하부에 장치는 롤러에 의해 안내된다.

롤러는 큰 중량의 사용 용동에 맞는 부싱(베어링 부)으로 처리하므로, 주기적인 윤활이 반드시 필요한 부분이다. 부싱 부는 장기간 사용을 하지 않는 경우 고착이 되므로 사용 전·후 정기적인 점검이 필요하다.

소형장비는 거의 고정 형으로 제작되지만, 대형 장비에서는 갭을 조정할 수 있게 제작이 되어 있다. 갭 조정 타입은 호환용 마스트 사용을 할 수 있도록 한 취지이므로, 단일 기종에 사용한다면, 반드시 갭을 정확히 조정하여 단단히 고정할 필요가 있다.

텔레스코핑시 갭이 많으면 전·후 흔들림이 크고, 갭이 적으면 부하가 많이 걸리고, 파손이 일어날 수 있으므로 롤러 정렬에 신경 써야 한다. 적당한 갭은 타워크레인 부싱이 정확한 상태에서 마스트와 롤러 외륜 사이에 각 3mm 이격이 가정 안정적이다.

텔레스코픽 케이지 가이드 롤러

15 가이드 레일

실린더 행정이 여러 번(2~6회) 끝나면 가이드 레일 상의 마스트를 끌어들이게 된다. 소형은 주로 인력에 의해 레일에 매달리거나, 안착된 상태의 마스트를 끌어들이지만, 대형은 수동 윈치 혹은 전동 윈치 구동으로 이동시킨다. 이때 마스트는 좌·우 방향이 동일한 힘으로 이동이 되게끔 힘 조절이 필요하다.

무리하게 좌 또는 우 부분 중 편심이 작용하면, 롤러 이탈 및 파손이 되기 때문에 마스트 추락 등의 원인이 되며, 이때는 항상 작업자가 주위에 있게 되므로 충격에 의한 동반 낙하하는 사고가 발생한다. 주위가 협소하고 항시 고공에서 이루어지는 작업인 만큼 상당한 주위가 필요하며, 인력으로 힘을 가하는 상황에서는 안전대를 꼭 착용하고 일의 진행을 염두해 두어 방어적인 자세로 작업해야 한다.

가이드 레일 타입은 가이드 지지 와이어 혹은 로드를 조정하여, 가이드의 수평상태를 조정할 수 있으므로 텔레스코핑 혹은 다운시 기울기 각도 하는 것은 사고의 큰 원인이다. 작업 전 가이드 레일, 롤러 등 변형 및 베어링의 원활한 구동 등을 집중 점검해야 한다.

1-2 타워 크레인 운전(조종)에 필요한 원리

1 힘과 관련

(1) 힘의 3요소

힘을 표시하기 위해서는 힘의 **크기**, 힘의 **작용점**, 힘의 **작용방향**을 명시하여야 하며, 이들을 힘의 3요소라 한다.

여기서 힘에 대한 이론을 분석해 보면, 힘은 내력과 외력으로 구분할 수 있다. 힘의 **내력**은 주어진 계에 속한 물체들 사이의 상호작용으로 작용되는 힘을 말하고, **외력**은 계 외부의 물체가 계 내부의 물체에 작용하는 힘을 말한다. 특히, 크레인에서 대표적으로 힘이 작용되는 와이어 로프의 장력에 대하여 알아보면, 이 장력은 사실상 힘의 법칙으로 정의 되는 힘은 아니다.

즉, 로프에 작용되는 장력은 외부조건 때문에 운동의 제한을 받아 작용되는 힘으로 일종의 구속력으로 보면 된다. 물체가 로프를 팽팽히 당기지 않는 다면 장력이 작용하지 않는다. 그러나 물체가 로프의 길이 에서 보다 멀어지게 되면 로프를 잡아당기는 장력이 작용하여 물체를 더 이상 멀리 못가게 막는다. 그러므로 장력이 작용할 때 로프는 팽팽하게 당겨져 있는 것이다. 그리고 장력은 로프의 중심부를 향한 방향으로 작용한다. 그래서 물체가 로프의 장력을 받아서 운동한다면 움직이는 방향은 항상 장력의 방향과 수직을 이룬다. 힘의 방향과 움직이는 방향이 수직이므로 장력은 그 힘을 받고 움직이는 물체에 일을 하지 않는다. 장력의 크기는 힘의 법칙으로 미리 정해지는 것이 아니라 물체가 움직이는 데로 정해진다. 따라서 물체가 강한 힘의 작용으로 거리가 멀어지면 그만큼 더 큰 장력이 작용된다는 의미이다.

(2) 힘의 합성 및 분해

그림과 같이 한 점 O에 작용하는 2개의 힘 F_1, F_2를 두 변으로 하는 평행사변형 OA, OB를 만들고 그 대각선 OC에 상당하는 힘 F는 F_1과 F_2가 동시에 작동에 작용하였을 경우와 같은 작용을 한다. 이 때 F를 구하는 것을 힘의 **합성**이라 한다. 그리고 하나의 힘과 이것과 작용하는 2개 이상의 힘이 나누어지는 것을 힘의 **분해**라 한다.

특히, 동일 직선상의 두 힘의 합성에서 같은 방향은 힘의 크기를 더하고, 반대 방향은 빼준다.

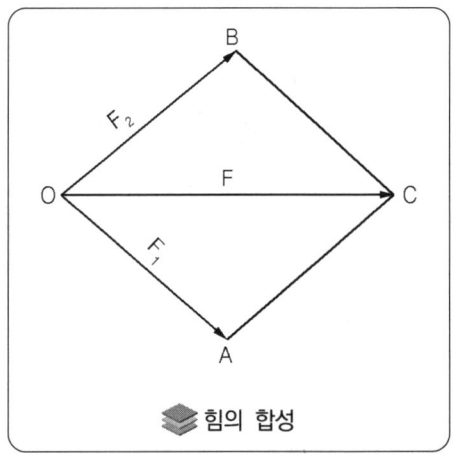

힘의 합성

(3) 중량물 산출방법

중량은 물체의 체적에 비중을 곱하면 된다. 그리고 현장에서 실제로 취급하는 화물의 형태는 일정치 않으므로 각종 화물의 중량 산출방법으로 소개하면 다음과 같다.

1) 목측 방법에 있어 비중은 물체 1m³당 기준 중량을 표시한다.

예를 들면, 물 : 1ton, 강(鋼) : 5.5ton, 동(銅) : 8.5ton을 의미한다.

2) 1m당 중량 계산에 대한 산술식을 알아보면 다음과 같다.

- 각재 : 가로× 세로× 길이× 비중
- 강관 : $\dfrac{\pi(d_2^2 - d_1^2)}{4}$ ×길이×비중
- 환봉 : $\dfrac{\pi d^2}{4}$ ×길이×비중

(4) 물체의 중심을 구하는 방법

물체의 중심은 과학적으로 질량의 중심과 같다고 볼 수 있다. 질량을 가진 물체는 물리적으로 부피도 가지게 된다. 물체가 운동 할 때, 물체의 부피가 차지하는 어떤 위치를 기준으로 삼아야 하는 기준 점이 그 물체의 질량중심이 된다. 즉 물체의 부피에 퍼진 질량을 어느 한 점에 집중하여 계를 파악하고자 할 때, 하나의 점이 질량 중심이다.

그림에서 삼각형의 무게중심을 정의한다면 세 중선의 교점으로 무게중심은 중선을 2 : 1로 내분한다.

즉, △AGF =△AGE = △BGF = △BGD = △CGD = △CGE = 1/6△ABC로 구해진다.
따라서, △ABG =△BCG = △CAG = 1/3△ABC로 나타내어진다.

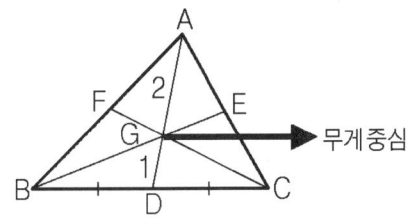

(5) 힘의 평형

1) 한 지점에 작용하는 힘의 평형

힘의 평형이란 한 지점 이상에 힘이 물체에 작용하여도 물체가 움직이지 않을 때 이 힘들은 서로 평형을 이룬다고 볼 수 있다.

예를들어, 타워 크레인의 경우 줄걸이 와이어 로프에 물체를 매달아 감아올리는 경우 각 로프 줄수에 작용하는 힘이 같다면 이 물체는 요동하지 않는다. 따라서, 물체에는 힘이 작용되고 있지만 사실상 정지하는 힘이 존재하기 때문에 이는 힘의 평형상태로 말할 수 있다. 이와 같이 힘의 평형 정리는 한 물체에 작용하는 여러 힘의 합이 '0'이 되었을 때와, 평형상태에는 정지상태와 등속도 운동의 상태가 존재하고, 운동상태는 변하지 않는 특성을 나타낸다. 즉, 평형의 표현은 $\sum F = 0$ 으로 나타낼 수 있다.

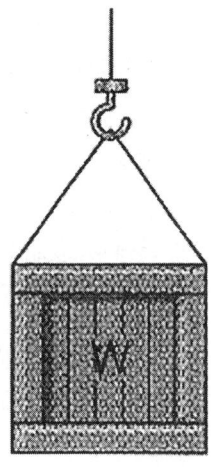

2) 평행력의 균형에서의 힘의 관계

평행력의 균형에서의 힘의 관계를 알아보면, 대표적으로 타워 크레인의 지브 외팔보에 작용하는 휨 모멘트의 형상이다.

오른쪽 그림에서 보는 바와 같이 운반 물체가 보에 의해서 하중이 지지점으로부터 더 멀리 옮겨 갈수록 보에 작용하는 모멘트는 점점 더 커짐을 알 수 있다. 즉, 보가 길수록 저항해야 하는 모멘트는 더욱더 커지게 된다.

지브의 과도한 휨이나 파괴없이 필요한 평형력 모멘트를 제공하기 위해서보는 그 두께범위 내로 힘을 제공해야한다.

즉, 물체에 가한 힘의 합력이 0일 때 물체는 평형상태에 있으며, 이때 물체는 정지 또는 등속도 운동을 한다.

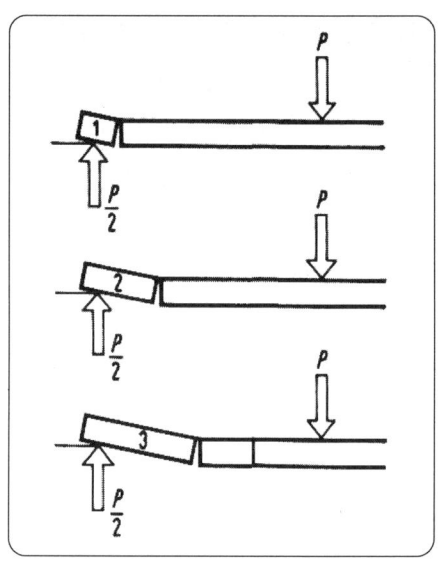

- 두 힘의 평형조건은 동일 작용선상에서 크기가 같고 방향이 반대인 두 힘의 합력은 0이다.
- 세 힘의 평형조건은 세 힘 중에서 두 힘의 합력이 나머지 한 힘과 크기가 같고 방향이 반대이며, 같은 작용선상에 있다.

(6) 힘의 모멘트

힘의 모멘트(토크)란, 물리적으로 물체가 움직이게 힘이 작용한 효과 또는 그것을 나타내는 양을 의미한다.

일반적으로 모멘트는 힘의 회전효과로 간단히 정의된다. 타워 크레인의 와이어 가잉 방식으로 볼트를 조이는 경우에 많이 사용되는 토크 렌치는 볼트에 정확한 회전효과를 전달시키는 힘의 원리로 고안된 것이다.

이 밖에도 우리들의 일상생활과 밀접한 관련이 있는 손톱깎이, 드라이브를 이용하여 페인트 뚜껑을 열 때, 숟가락을 이용하여 소주병 뚜껑을 열 때 등을 이용한 "**지레의 힘**"은 좋은 예라 할 수 있을 것이다. 일명, "**지레의 팔**"에 대한 의미는 수직방향으로 힘이 작용할 때 회전축으로부터 힘이 작용하는 점까지의 거리를 말한다. 힘이 지레의 팔에 수직방향으로 작용하지 않을 때는 힘의 수직 성분만이 회전력에 기여하게 될 것이다.

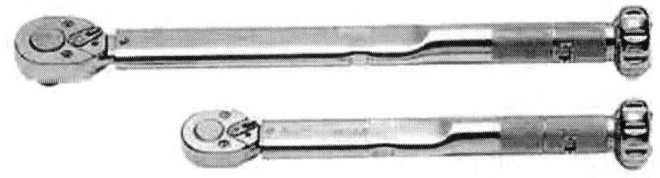

힘의 회전효과에 관계되는 토크 렌치

즉, 회전력(torque)은 어떤 물체를 회전하였을 때의 일로서, 힘(kg) × 지레의 팔, 거리(m) = **회전력**(kg·m)의 관계식으로 정리할 수 있다.

따라서, 작용하는 힘은 크고 지레의 팔이 작은 경우와 작용하는 힘은 작고 지레의 팔이 큰 경우에 회전력도 같을 수 있다. 만약, 작용하는 힘과 지레의 팔이 커진다면 큰 회전력이 발생한다.

2 하중 및 속도와 관련

(1) 하중

크레인 구조에 작용하는 외력을 하중이라고 하며, 운전하중의 종류에 따라 구조 재료가 변형하는 정도가 다르게 나타난다. 하중상태에 따라 정하중과 동하중으로 크게 구분된다.

가령, 타워 크레인의 순수 지브의 전 길이에 걸쳐 작용되는 분포하중은 굽힘 모멘트와 밀접한 관계가 있다.

즉, 굽힘 모멘트 M = 작용하중 P × 지브의 전 길이 L로 표시된다.

1) 정하중

크레인이 정적으로 작용하거나 아주 서서히 운전이 개시되면서 변화하는 하중을 말한다. 특히, 크기와 방향이 일정한 하중을 **사하중**(dead load)이라 한다.

2) 동하중

하중의 크기와 방향이 변화하는 하중으로 **활하중**(live load)이라고도 하며, 여기에는 반복하중(일정 방향으로 반복 작용), 교번하중(방향을 바꾸면서 작용), 충격하중(충격적으로 작용), 풍압하중(바람에 의해 작용), 지진하중(지진에 의해 작용) 등이 있다. 그리고 하중이 작용하는 분포에 따라 집중하중과 분포하중으로 분류할 수 있다.

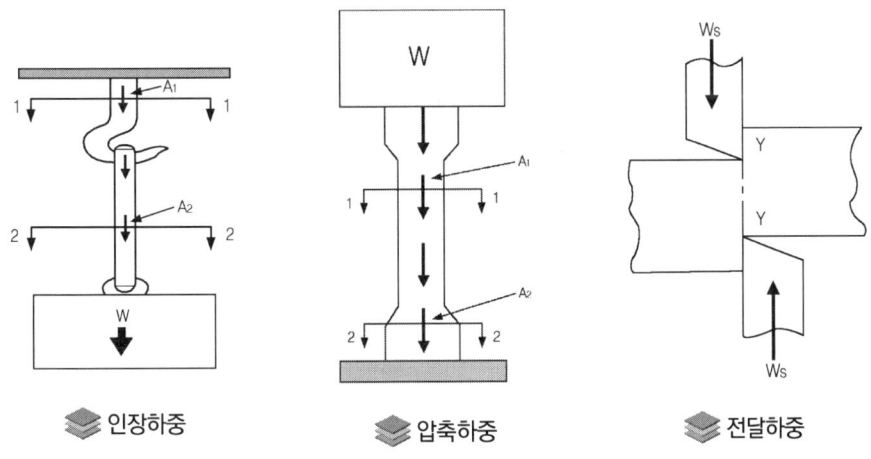

  🞖 인장하중   🞖 압축하중   🞖 전달하중

3) 집중하중

하중에 부재의 한곳에만 집중적으로 작용한다.

4) 분포하중

하중이 어느 범위에 걸쳐서 분포 적으로 작용하는 것으로 균일 분포 하중, 비 균일 분포하중, 이동 하중 등이 있다. 또한, 하중이 미치는 상태에 따라 인장 하중, 압축 하중, 전단 하중으로 나눈다.

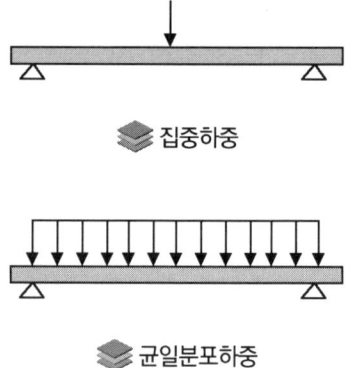

(2) 응력

크레인 구조 및 장치에 외력이 작용하면 그 물체는 변형이 되나, 어느 한계까지 변형이 되지 않으려고 저항하는 힘이 생긴다. 이 저항력을 내력이라고 하며, 보통 저항력이 생기는 단면의 단위 면적당의 내력의 크기를 응력(stress)이라 부른다. 응력에는 수직 응력과 접선 응력으로 크게 나눈다.

① **수직 응력** : 크레인 부재의 단면에 직각으로 발생하는 응력으로서 인장 응력, 압축 응력이 있다.

② **접선 응력** : 크레인 부재의 단면에 접선 방향으로 발생하는 응력으로서 전단 응력이라고도 한다.

(3) 변형률

변형률은 크레인 재료에 하중이 작용하여 그 재료가 변형될 때에 변형 량을 원래의 길이로 나눈 것을 말한다. 이것은 원래의 길이의 단위 길이당의 변형 량을 의미한다.

변형률은 무차원 양이므로 단위를 갖지 않는다. 종류에는 종 변형률, 횡 변형률, 전단 변형률, 체적 변형률 등이 있다.

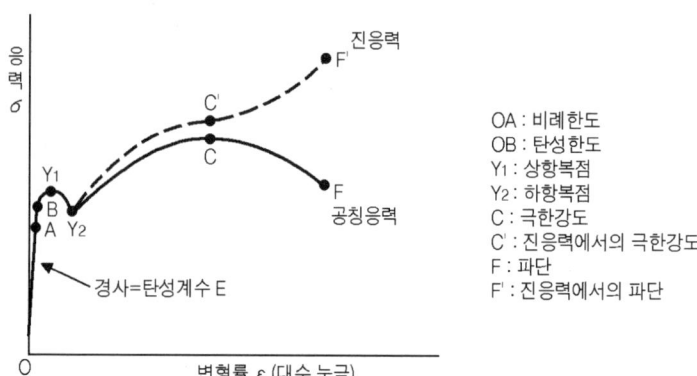

연강재료에서 인장응력과 변형율의 관계

① **비례한도** : 직선 부위 O-P
② **항복강도**(S_y) : 변형된 재료가 원래대로 복원되지 않는 강도
③ **인장강도**(S_u)
- 곡선에서 응력의 최대 값(M점)
- M점 이후는 외력 증가 없이 늘어남
④ **파괴강도**(S_t) : 재료가 최종적으로 파괴되는 응력(F점)
⑤ **탄성계수**
- 비례한도 내에 적용됨
- 하중과 변형이 비례
- 직선의 기울기를 탄성계수라 함
- 종탄성계수 : E
- 횡탄성계수 : G
- 단위 : kg/mm^2, $Pa(N/m^2)$

단위 : kgf/mm^2

재료	종탄성계수	횡탄성계수	탄성한도	항복점	인장강도	압축강도	전단강도
연강	21000	8100	18~23	20~30	37~45	37~45	30~38
반경강	21000	8100	28~38	30~40	48~62	48~62	40~
경강	21000	8100	50~	–	100~	100~	65~70
니켈강(2.35%)	20900	–	33~	38	56~67	–	–
주강	21500	8300	20~	21~	35~70	35~70	–
주철	10000	3800	없음	없음	12~24	60~80	13~26
황동	8000	–	6.5	–	15	10	1.5
알루미늄(압연)	7300	–	4.8	–	15	–	–

(4) 크레인 운전과 관련 훅(Hooke)의 법칙

① Robert Hooke(영국 1678년)는 탄성체에 인장력을 가하면 신장 량은 가한 인장력에 비례한다는 것을 실험에 의하여 증명하였다. 이와 같은 식을 크레인에 적용해 보면, 매우 자명한 사실로서 크레인 운전역학에 있어 기초가 되는 중요한 관계식을 나타내면 다음과 같다.

② 즉, $P \propto \lambda$를 나타낼 수 있는데 여기서 단면적 A와 길이 L로 각각 나누면, $\dfrac{P}{A} \propto \dfrac{\lambda}{\ell}$

따라서, $\sigma \propto \epsilon$ 이므로 응력과 변형률은 서로 비례한다.

이와 같은 이론에 따라 크레인의 부하 재현 실험을 하면, 무부하 또는 부하운전조건으로 급조작, 급출발 운전을 행하는 경우에는 마스트 본체와 지브 등에 가해지는 응력은 증가되면서 변형률도 동시에 증가되는 현상이 발생된다.

③ 그러므로 운전자는 정속운전을 반드시 행해야 함을 이론적으로 증명하고 있다. 일반적으로 훅의 법칙은 다음과 같이 표현한다.

$$응력 / 변형률 = 일정(비례상수)$$

(5) 크레인 운전과 관계되는 재료 안전율

① **안전율**(safety factor)은 극한 강도를 허용 응력으로 나눈 값을 안전율이라 한다. 식으로 나타내면 다음과 같이 표현한다.

$$S = \frac{\sigma_u}{\sigma_a} \quad 여기서, \sigma_u : 극한\ 강도,\ \sigma_a : 허용\ 응력$$

② **허용 응력**이란 크레인의 마스트 등 재료가 탄성 한도 이내에서 안전하게 허용할 수 있는 최대의 응력을 말한다.

③ 외력이 마스트 등 재료에 작용하여 탄성 한도를 넘는 응력이 생기면 재료는 영구 변형이 되어 언제 파손될지 모르는 위험한 상태로 된다.

④ 탄성 한도 이내의 응력일지라도 하중이 반복해서 작용하는 경우에는 피로 현상을 일으키므로 위험하다. 예를 들어 정격 하중 조건의 운전 작업 중 탄성 한도 내에서 마스트에 체결된 볼트가 파손되는 경우에는 피로 현상이 원인일 수 있다.

⑤ 이와 같은 위험 현상을 배제하기 위해 재료에는 적당한 안전율을 정하고 재료의 극한 강도를 안전율로 나눔으로써 허용 응력을 얻는다.

⑥ 항상 사용되는 응력은 허용 응력값을 넘지 않는 범위가 되도록 설계하여야 한다.

⑦ 안전율을 결정하기 위해서는 재료의 품질, 하중 및 응력 계산의 정확성, 하중의 종류에 따르는 응력의 성질, 부재의 형상 및 사용 장소, 공작 방법 및 정밀도 등을 고려하여야 한다.

(6) 속도

1) 속도와 속력

① 물리학에서 속도와 속력은 구분된다. 속도는 방향이 주어진 속력이라 할 수 있으며 속력은 단지 빠르기를 나타내고 속도는 어느 방향으로 얼마의 빠르기로 운동하는지를 나타내는 점에서 각각 구별된다.

② 크레인에 분당 12m로 운동을 한다면 이는 크레인의 속력을 말하는 것이나, 크레인이 주행방향으로 12m로 운동한다고 하면 이는 속도를 의미한다.

③ 여기서 크레인이 일정한 속도로 운동하고 있다고 하는 것은 일정한 속력으로 직선위에서 운동하는 것을 말한다.

④ 속력의 크기나 운동의 방향이 변하고 있다면 속도가 변하고 있다는 증거이다. 일정한 속력과 일정한 속도는 서로 다른 의미를 갖는다. 가령, 운동하는 물체가 일정한 속력으로 곡선 위를 운동할 수 있지만, 일정한 속도로는 곡선 위를 운동할 수는 없다. 이는 매 순간마다 방향이 계속 변하기 때문이다.

⑤ 참고로 속도(speed)에 대한 SI단위를 예를 들면, m/sec, m/min, m/hour, km/sec, km/hour, knots(노트) 등이 있으며, 크레인의 경우 통상적으로 속도의 단위는 m/min이 사용된다.

2) 크레인 운동의 합성

① 크레인의 훅이 움직이면 인하 + 횡행 + 인하와 횡행 직각면을 기준으로 경사지게 운동하는 등 세 가지의 운동면이 합성되거나 분해를 통하여 운동하게 된다.

② 즉, 운동의 합성에 의한 속도는 힘과 동일하게 평행사변형의 법칙에 따라 합성과 분해를 반복하여 이루어진다.

③ 이것은 달리 크레인의 운동방향이 인하와 횡행 운동을 동시에 실행하므로써 하물이 인하하는 방향과 속도를 알 수 있으며, 횡행과 주행운동을 동시에 실행한다면 역시 트롤리의 진행방향과 속도를 알 수 있을 것이다.

3) 관성

① 과학자 아리스토텔레스는 운동을 자연적인 운동과 강제적인 운동으로 구분하였다. 자연적인 운동은 지구상으로 떨어지는 돌멩이로 생각하였으나 강제적인 운동은 외부의 원인에 의해 만들어 진다고 하였다.

② 크레인이 움직이거나 와이어로프에 하물을 매달아올리는 것은 분명 견인력 혹은 끌어당기는 힘이 작용했기 때문으로 볼 수 있다. 중요한 것은 외적인 힘이 전달되어 이들 물체에 강제적인 운동이 일어난 것이다.

③ 정지한 물체는 계속 정지해 있으려고 하며, 운동하는 물체는 직선을 따라 계속 등속도 운동을 하려고 한다. 특히, 크레인의 기계 및 전기장치 부품의 경우 어떤 축에 대해 회전하고 있는 물체는 그 축에 대해 계속 회전하려고 한다. 이러한 회전상태가 변하는 것에 저항하려는 물체의 성질을 "**회전관성**"이라고 한다.

④ 또한, 회전관성도 관성처럼 질량과 관계있다. 이 회전축과 질량이 집중되어 있는 물체사이의 거리가 클수록 회전관성도 커진다. 즉, 회전축과 물체사이의 간격 차가 클수록 회전시키기 어렵다는 의미이다.

(7) 원운동 및 마찰·윤활

1) 원운동

① 크레인에서 대표적으로 원운동을 하는 기계부품은 드럼이다. 드럼이 고정축을 중심으로 원운동을 할 때, 이 회전계에서는 모든 부분의 회전 속도가 같다. 그러나 선속도는 다르다. 선속도는 회전 속도와 회전축으로 부터의 거리와 관계가 있다.

② 이것은 회전 원통의 중심 즉, 회전축 가까이에서 선속도는 0이지만, 회전 속도는 0이 아니다. 다만, 회전하고 있는 것으로 볼 수 있다. 회전 중심에서 멀어질수록 더욱 더 빨라진다. 즉, 회전 속도는 같지만, 선속도는 증가된다. 가령, 회전 중심으로부터 거리가 2배 커진다면, 선속도는 2배가 된다.

2) 마찰

① 크레인의 여러 기계부품은 서로 상대운동을 하며 접촉하는 부품이 많이 존재한다. 그 곳에는 필연적으로 마찰, 마멸이 생기고 표면이 손상된다.

② 마찰운동의 형태에는 정마찰(정지 또는 시동)과 동마찰(운동)로 분류한다. 정마찰은 정지한 상태에 있는 물체를 움직이려고 할 때 생기는 저항을 말하고, 동마찰은 움직이고 있는 물체에 작용하는 저항을 각각 말한다. 일반적으로 정마찰이 동마찰보다 더 크다. 마찰계수는 마찰력을 표현하기 위하여 도입한 상수이며, 식으로 나타내면, 최대 정지 마찰력 또는 운동 마찰력과 수직항력의 비로 표현된다. 마찰계수는 이론적으로 구해지지 않는다. 이 밖에도, 미끄럼 마찰, 구름 마찰, 구름과 미끄럼 마찰, 충돌 마찰 등이 있다.

③ 일반적으로 금속의 마찰계수는 대기중, 무윤활하에서는 1범위 내이고, 윤활하에서는 0.1이하이다.

④ 차륜의 마찰력을 간단히 고찰해 보면, 차륜의 주된 목적은 마찰을 줄이는 것이지만, 차륜의 구름운동이 성립하려면 충분한 정지 마찰력이 필요하다. 차륜의 운동은 외부로 부터의 견인력 또는 내부로부터 발생된 토크에 의해 일어날 수 있다. 차륜이 레일위에서 제대로 추진력(롤링 운동)을 발휘하려면 레일과의 정지 마찰력이 필수요소이다. 정지 마찰력이 구동력과 균형을 이룰 정도로 충분하지 않다면 차륜은 미끄러짐(슬립)이 생기게 된다. 바퀴가 지면에서 제대로 추진력을 발휘하려면(Rolling) 지면과의 정지마찰력이 필수요소이다. 정지마찰력이 구동력과 균형을 이룰 정도로 충분치 않다면 바퀴는 헛돌게(sliding) 될 것이다.

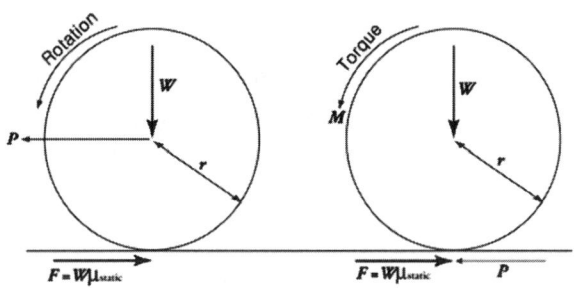

◈ 차륜의 노면 마찰력

3) 윤활

① 크레인에서 대표적으로 감속기 치면과 와이어로프 등에 대하여 윤활은 필수적이다. 윤활은 상호 접촉물체 사이에 적당한 방법으로 윤활제를 공급하여 마찰을 감소시키는 작업을 말한다.

② 윤활의 작용으로는 감마작용, 냉각작용, 밀봉작용, 방수작용, 청정작용, 응력분산작용 등이 있다.

3 와이어 로프 관련

(1) 와이어로프에 의한 하물 올리기 이론

① 타워 크레인의 와이어로프로 하물을 끌어 올리는 경우에 와이어로프는 장력을 받고, 올리는 방향으로 수직으로 올리는 경우와 경사면을 따라 끌어 올리는 비정상적인 경우가 있다.

② 여기서는 하물을 수직으로 올리는 경우에 대하여 소개하기로 하겠으며, 견인력 등은 다음과 같이 간략하게 계산해도 좋다.

③ 그림에서 W : 올리는 하물의 무게(kg), w : 와이어로프의 무게(kg/m), L : 와이어로프의 길이(m)라 하면, 그림의 A점에 있어서의 전 하중 W_t는 $W_t = W + w\ell$이다.

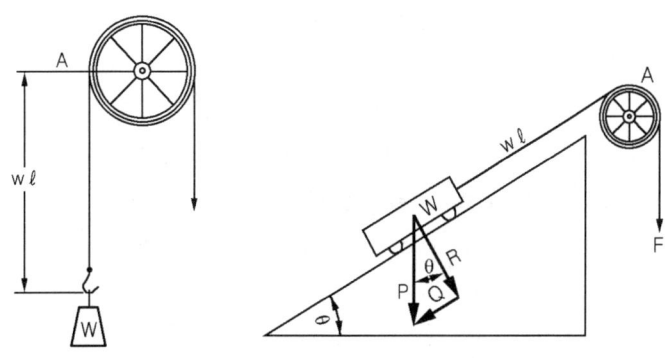

그런데 와이어로프는 시브의 원주에서 굽힘 응력을 받고 있으므로 마찰저항이 존재한다. 그러므로 마찰 저항 비를 0.15~0.20으로 정한다면, 견인력 F(kg)은 다음 식으로 구해진다.

$$F = (1 + 0.15 \sim 0.20) W_t$$

이때 F에 대하여 사용상태에 따라 안전율을 결정하고 곱하면, 이것은 전단 응력이 되므로 와이어로프 직경에 따른 절단응력 값을 대입하면 견인력이 구해진다.

④ 와이어로프에 강도, 인상하중, 와이어 로프 1가닥에 걸리는 하중 등에 대한 요소를 산정하는 데는 아래와 같은 내용이 고려되어야 한다.
- 와이어 로프의 사양은 규격(로프의 지름), 절단하중, 단위중량, 로프의 구성, 꼬임 등이 고려되어야 한다.
- 인상하중은 정격하중 + 훅의 중량 + 와이어 로프의 중량이 합산되어야 하고 여기에 동하중의 계수가 곱하여 진다.
- 와이어 로프의 1가닥에 작용되는 하중은 인상하중과 훅에 걸리는 와이어 로프의 총 가닥수의 비로 산정된다.
- 특히, 인상 와이어 로프의 시브효율도 고려되어야 하는 데 이것은 구름베어링의 효율과 하중을 받는 시브의 수 그리고 손실계수로 정해진다.
- 와이어 로프의 안전율은 로프의 절단하중 값에 와이어 로프 1가닥에 작용되는 하중과 시브의 효율로 나누어 정해진다. 여기서 안전율은 5이상을 만족하여야 한다.

(2) 와이어로프와 시브에 걸리는 운전응력

① 크레인의 와이어로프와 시브에는 운전 작용시 응력은 운전횟수에 따라 비례하여 증가한다. 이때 여러 가지 하중과 접촉 조건에 따라서 재료의 변화는 여러 가지 형태로 나타난다.
② 특히, 로프와 시브간의 접촉조건에 있어 비금속 재료의 경우에는 항복점을 초과하는 경우에는 과대한 국부응력이 가해지면서 시브의 파괴가 발생되는데, 재료에는 열응력에 의한 표면균열의 전파 영향으로 마찰하중과 열적, 기계적 하중에 의해 열하중이 발생되면서 균열이 가속화 될 수 있다.
③ 로프와 시브 사이에 존재하는 응력은 크게 3가지로 정리할 수 있는데 첫째, 로프와 시브의 림 사이의 마찰력 때문에 로프에 작용하는 **인장 응력** 둘째, 로프가 시브의 림에 접촉할 때의 만곡작용 때문에 로프에 생기는 **굽힘 응력**, 셋째, 로프가 어느 속도로 시브의 림을 운동하기 때문에 받는 **원심 응력**이 항상 존재한다.
그러나 세 번째의 원심 응력은 비교적 작게 발생하고 속도가 느리면 파괴에는 큰 영향이 없다.

(3) 시브와 드럼간의 와이어 로프의 굽힘 관계

① 와이어로프는 시브와 드럼간의 작동에서 주기적인 굽힘응력을 받으므로 소선은 항상 피로상태에 놓여 있다. 따라서 굽힘응력이 일정하다고 가정하면, 로프의 지름은 지름과 드럼의 직경비에 따라 수명이 좌우된다.

② 로프가 시브에서 굽힘운동을 하게 되면 로프의 스트랜드와 소선은 상호간에 모멘트가 발생하게 된다. 이러한 모멘트는 로프의 상부와 하부의 지름차를 조절해 주는 역할을 하게 된다. 만일에 소선이 이러한 조절 역할을 못하면 로프의 수명은 단축하게 된다.

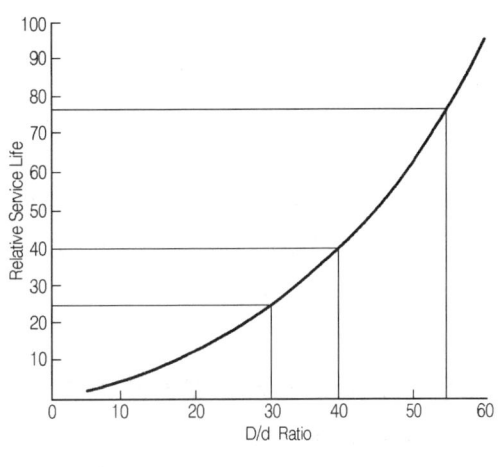

시브와 로프간의 상대 수명곡선

③ 만일, 시브의 홈 지름이 너무 작거나 로프에 그리스의 도포가 부족한 경우 굽힘의 과도한 압력으로 인해 시브 홈에는 심한 마멸을 일으키게 된다. 로프와 시브간의 지름 비는 D/d로 나타낼 수 있으며 이는 상대수명 혹은 내피로도 평가에 활용되기도 한다.

(4) 인양물체와 와이어로프간의 장력 및 각도

① 동일한 중량의 인양물체로 매달은 와이어로프의 각도가 달라지면 로프에 작용하는 장력은 달라진다.

② 가령 인양물체의 중량을 W라 하고, 4가닥의 로프에 잡아 당기는 장력을 각각 T1, T2, T3, T4로 가정하면 이들의 합력은 T가 된다.

③ 즉, 훅 마우스의 중심에서 걸리는 로프의 각도가 커지면 와이어로프가 당기는 각각의 장력 T1 ~ T4도 커지게 되며, 인양물의 중량이 동일하다면 매다는 각도가 증가될 수록 직경이 굵은 로프를 사용해야 한다.

(5) 크레인의 주요 재료에 대한 안전계수

① 허용응력은 부품설계시 사용하는 응력의 최대 허용치를 말한다.
② 안전율 또는 안전계수란 허용응력에 대한 기준강도를 의미한다.
③ 훅이나 줄걸이 와이어로프의 안전계수에 적용되는 산정식은 극한강도와 허용응력의 비로써 나타낸다.

> 안전율(안전계수) $S = \dfrac{\sigma_s}{\sigma_a}$ 여기서, S 는 안전계수(또는 안전율)
> σ_s : 기준 강도, σ_a : 허용 응력

④ 인양기의 와이어로프 또는 달기체인의 안전계수는 와이어로프 또는 달기체인의 절단하중의 값을 그 와이어로프 또는 달기체인에 걸리는 하중의 최대값으로 나눈 값으로 한다.
⑤ 근로자가 탑승하는 운반구를 지지하는 경우의 안전율은 10이상, 화물의 하중을 직접 지지하는 와이어로프, 체인, 훅, 샤클, 링 등의 경우에는 5 이상, 기타의 경우에는 4이상의 안전율을 가져야 한다.

(6) 안전계수(n) 결정시 고려할 사항
① 사용 재료의 기계적 성질
- 취성재료의 안전율은 크게
② 응력계산의 정확도
③ 하중의 작용상태
- 정하중
- 반복하중(크기가 반복 변화)
- 교번하중(크기와 방향이 변화)
④ 불연속 부분의 존재
- 노치효과 : 응력집중
⑤ 가공정도 및 조립상태

예제1
직경 2cm인 환봉에 1,000kg의 인장 하중이 작용하면 이 때 봉에 걸리는 인장응력은?

정답 $\sigma = \dfrac{P}{A}$ 에서 $P = 1,000\text{kg}$, $A = \dfrac{\pi}{4}d^2 = 318.5\text{kg/cm}^2$

예제2
길이 6m인 마스트 봉이 인장 하중을 받아 0.06cm 늘어났다. 변형률을 구하라.

정답 $\epsilon = \dfrac{\lambda}{\ell}$ 에서 $\lambda = 0.06\text{cm}$, $\ell = 600\text{cm}$, $\epsilon = 0.0001$

예제3
단면 3×4 cm의 각봉에 250kg/cm²의 압축 응력이 생겼다. 이 때의 압축하중은?

정답 $\sigma = \dfrac{P}{A}$ 에서 $P = \sigma A$, $\sigma = 250\text{kg/cm}^2$, $A = 12\text{cm}^2$, $P = 3,000\text{kg}$

CHAPTER 02 타워 크레인의 작업 기능

2-1 인상 · 인하

인상이란 화물을 달아 올리는 기능을 가진 것이며, **인하**란 화물을 내리는 기능을 가진 것을 말한다.

대표적인 장치들은 인상용 와이어로프, 인상용 드럼, 인상용 훅, 인상용 전동기, 인상용 감속기, 인상용 브레이크, 유압 상승장치(유압 전동기, 유압 실린더, 유압 펌프 등), 인상용 시브 등이 있다.

특히, 훅(hook)은 더블(double) 트롤리에 의해 더블 훅으로 구성되며, 분리사용이 가능하다. 훅에는 통상 1~3개의 시브로 구성되며, 훅에는 해지장치가 부착되어 로프의 이탈을 방지한다.

인상·인하 기계장치

1 수동 갭(Gap) 조정 브레이크

(1) 작동원리

① B형 브레이크로 전기가 요크(코일)에 공급됐을 경우 요크가 자화되어 아마추어 판을 흡수하면서 브레이크가 개방되어 원활한 운전을 한다. 전기가 차단되면 자기는 소멸되고

87

강력한 스프링에 의하여 아마추어 판이 원상 복귀되면서 라이닝을 압축하여 고정판과 마찰되면서 제동이 시작된다.

② 수동으로 브레이크를 개방할 때는 수동개방 레버를 손으로 들어 개발할 수 있다.

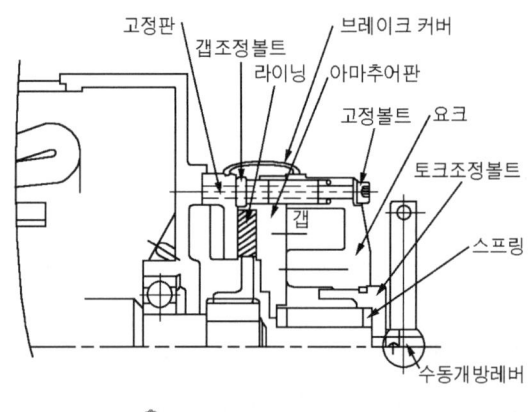

수동 갭 조정 브레이크

(2) 운전

① 조립을 하고 결선이 끝났을 경우 전원을 브레이크에만 공급하여 흡입 작동이 원활한지 확인하고 운전한다.

② 이상이 발견되어올 경우 즉시 정지시키고 다시 조정을 한 후 작동한다.

(3) 전원 및 결선

① 브레이크 전원은 동작시 DC 20V ± 10% 이내에 조작한다.

② 이상 전압은 성능 및 발열에 직접적 영향을 주므로 주의한다.

(4) 유지 및 보수

① 갭 조정
- 고정 볼트 및 갭 조정 볼트를 풀고 고정 볼트로 갭을 0.4mm로 조정하고 갭 조정 볼트를 조여 조정한다.
- 라이닝이 마모되어 갭이 1.2mm일 때에는 재조정(0.4mm) 한다.
- 갭(0.4mm) 조정시 두께 게이지를 사용하여 일정하게 조정한다.

② 토크 조정 방법 : 토크 조정 볼트를 시계 방향으로 회전시키면 스프링 장력에 의하여 토크가 커져 슬립이 감소되므로 적절히 조정한다.

③ 수동 개방 방법 : 수동 개방 레버를 들면 브레이크가 개방된다.

④ 라이닝 교환 시기 : 라이닝이 마모되어 10mm 정도 되었을 경우 신품으로 교환한다.

⑤ 라이닝 교환 방법 : 고정 볼트 4개를 풀면 요크 뭉치가 분해되고 라이닝을 분해할 수 있다(필요시 리드선 분해할 것).

※ 라이닝 교환 후 필히 갭 조정한다(0.4mm).

(5) 점검

① 브레이크 동작 상태(ON-OFF)를 정기적으로 점검한다.
② 이상한 소음 및 발열(100℃ 까지) 상태
③ 전압 DC 20V ± 10% 이내 확인
④ 볼트 풀림 상태 확인
⑤ 브레이크가 밀릴 때 토크 조정 볼트로 적절히 조정한다.
⑥ 동작이 원활하지 않을 경우 사용 중지하고 재정비하며 정비되지 않을 경우 전문요원에게 정비 의뢰한다.

(6) 주의 사항

① 전압은 DC 20V ± 10% 이내로 조정할 것
② 갭은 상시 1.2mm 이내로 조정할 것
③ 브레이크 동작 및 제동 후 고정판, 아마추어 판에 손을 대지 말 것(높은 열이 발생할 수 있음).
④ 빗물 및 기타 이물질이 들어가지 않도록 할 것.

2 자동 갭(Gap) 조정 브레이크

(1) 구조

회전부와 정지부로 구성되어 있다.

① **정지부** : 여자코일을 내장한 휠드 요크와 오토 갭 유닛, 아마추어, 고정디스크 및 엔드 브래킷 등으로 구성되어 있으며, 엔드 브래킷에 취부 되어 있는 토크 조절용 슬리브와 압축 코일스프링으로 아마추어 및 휠드 요크를 고정디스크 방향으로 강하게 밀고 있으며, 아마추어와 고정디스크 사이에 있는 라이닝이 마찰력에 의해 회전이 멈추게 된다. 또한 엔드 브래킷에 장치된 수동개방핸들은 편심 캠 구조로 되어 있어서 작은 힘으로도 쉽게 브레이크를 개방할 수 있다.

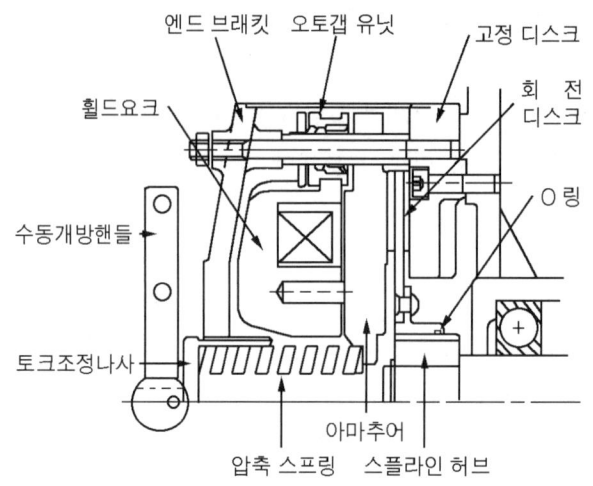

❖ 자동 갭 조정 브레이크

② 회전부 : 이너(Inner)디스크와 스플라인허브(Spline hub)로 구성되어, 이너디스크의 내측치 형과 스플라인허브는 서로 맞물려 있기 때문에, 이너디스크는 회전방향 쪽으로는 같이 돌며 축 방향 쪽으로는 자유로이 움직일 수 있도록 되어 있다. 특히 스플라인 내측에 설치된 오-링은 회전시 진동과 소음을 억제하며, 아마추어와 고정디스크 사이에서 회전하는 이너디스크의 간극을 유지하기 때문에 회전시 마찰음이 발생하지 않는다.

(2) 오토(Auto) 갭 조정유닛의 동작

여자코일을 내장한 요크(Yoke)와 아마추어(Armature)는 오토 갭 유닛(4 ~ 6세트)에 의하여 결합되어 있으며 이들은 가이드 튜브(Guide tube)에 지지되어 축 방향으로 자유로이 움직일 수 있습니다. 따라서 브레이크 스프링이 아마추어를 밀면 요크도 같이 밀려 나가게 된다. 브레이크 개방시에 요크가 여자되면 강한 자기력으로 아마추어를 흡인하려고 하나 아마추어는 스프링에 의해 반발하고 있어 요크가 먼저 아마추어 쪽으로 이동한다. 이때 오토 갭 유닛의 캐리어가 뒤로 밀리면서 오토 갭 콘과 가이드 튜브 사이에 있는 **"볼(ball)"**을 이 가이드 튜브를 압착하여 요크는 가이드 튜브에 고정 되고, 따라서 아마추어는 스프링 힘을 이기고 요크에 흡인된다.

(3) 브레이크의 동작

브레이크 동작시는 코일에 전원이 투입되지 않으며, 엔드 브래킷에 설치된 스프링에 의하여 아마추어와 요크를 고정디스크 쪽으로 항상 밀고 있으며 이 힘에 의하여 라이닝은 정지되어 있다. 따라서 이너디스크의 라이닝이 마모되더라도 마모된 양만큼 요크도 전진하게 되어 마모에 따른 갭(Gap)의 조정이 불필요하다.

3 브레이크의 사용상 주의 및 조정 사항

(1) 취급상 주의

① 브레이크 마찰 면을 건조 상태로 사용한다. 마찰 면에 물이나 기름 또는 그리스 등이 묻어 있으면 토크가 저하하여 슬립 현상이 일어나게 되므로, 이러한 이물질이 혼입되지 않도록 주의 한다.
② 리드 선을 무리하게 잡아당기거나 직각으로 꺾으면 리드선이 절단될 수가 있으니 주의한다.
③ 브레이크는 연질의 재료를 많이 사용하기 때문에 떨어뜨리거나 무리한 힘을 가하게 되면 변형이 생겨 작동이 안 될 수가 있으니 취급에 주의한다.

(2) 취부상 주의

① 스플라인허브의 축 공경 공차는 H7이다. 따라서 상대축의 공차는 k6, 또는 JS6으로 가공한다.
② 스플라인허브와 아마추어가 접촉하지 않도록 하고, 또 축 방향으로 움직이지 않도록 스냅 링이나 너트, 세트 스크루 등으로 고정하여 준다. 만약 축 자체가 움직일 때는 축이 움직이는 거리가 1mm 이내로 되도록 해준다.

(3) 조정

① 공극의 조정
  아마추어와 휠드 요크 사이의 공극은 제작시 2mm로 세팅되어 있으며, 라이닝이 마모되어도 항상 같은 공극(Gap)을 유지하므로 별도의 공극조정 작업이필요가 없다.
② 토크의 조정
  토크의 조정은 엔드 브래킷 뒤쪽에 있는 토크조정 나사로 압축코일 스프링의 변위 량을 조절하여 아마추어 판이 라이닝을 미는 압력을 가감함으로서 제동토크를 조정한다.
③ 브레이크를 장치 면에 부착시, 취부 면과 축과의 직각도는 0.1mm 이내에, 동심도는 0.15mm 이내에 들도록 한다.

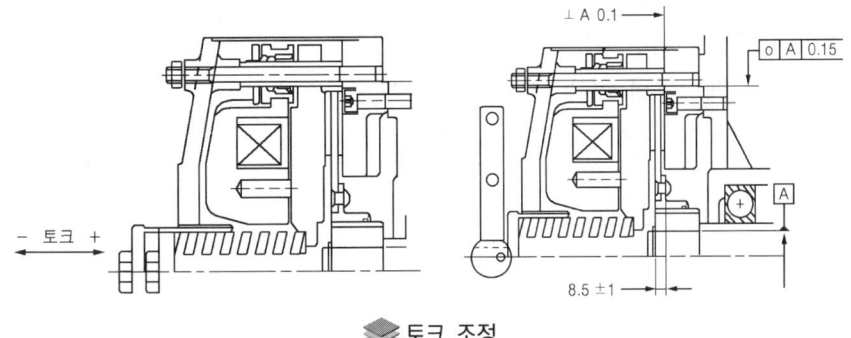

토크 조정

(4) 브레이크의 수동개방

① 개방 : 엔드 브래킷 뒤쪽에 설치된 수동개방용 핸들을 위쪽으로 들어올리면 아마추어와 요크가 스프링의 압축력을 이기고 엔드 브래킷 쪽으로 밀려 나가게 되어 이너디스크는 자유롭게 회전할 수 있다.

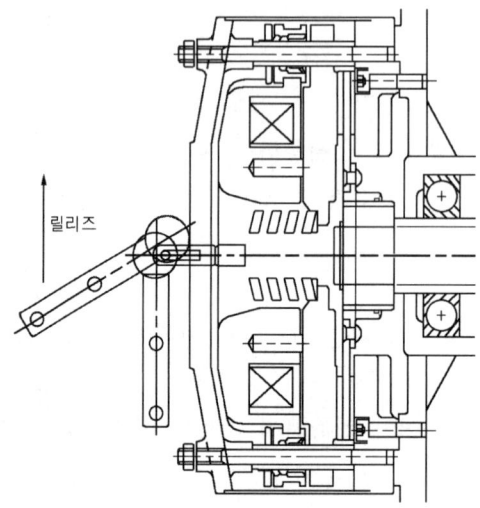

4 브레이크의 라이닝 교환 사항

라이닝의 마모에 따라 아마추어와 휠드 요크가 자동으로 마모된 만큼 라이닝 쪽으로 이동하게 되나, 마모량이 라이닝 총 두께의 약 1/2정도 진행되면 라이닝을 교환한다.

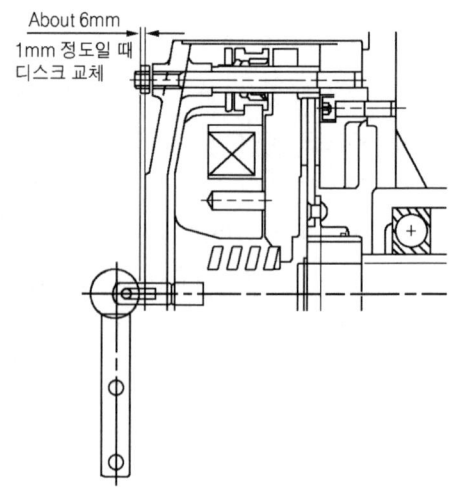

공장 출고시 브레이크 엔드 브래킷과 수동개방레버의 편심 캠과의 조립거리가 약 6mm 정도로 조정되어 있습니다. 마모에 따라 이 간격이 좁아지는데, 1mm 정도 되면 라이닝을 교환한다. 만약 편심 캠과 엔드 브래킷이 닿아있으면 브레이크의 제동력이 없어지게 되므로 주의한다

(1) 디스크의 교체

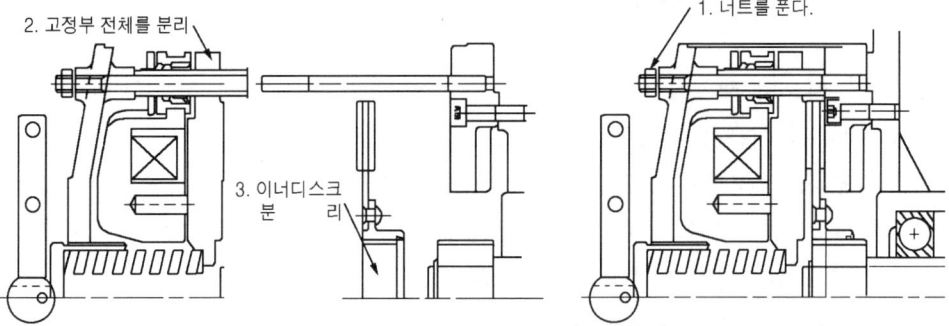

5 감속기어

(1) 분해 시 점검기준

① 개방된 기어는 연/1회 이상 실시 원칙
② 충격이 많은 감속기는 치면이 안정 마멸이 될 때 까지 분기별 점검을 실시
③ 모든 기어는 최대 3년 내 분해점검을 원칙
④ 가동중 육안점검, 마멸된 입자의 점검, 진동, 윤활유 온도 등 이상 발견 시 분해점검 실시 원칙
⑤ 치면, 용접부위, 키홈, 충격부위, 응력집중 부위 등은 액체침투탐상 및 자분탐상시험을 실시

(2) 정비시 이행기준

① 과부하 문제 발생 시 부하에 견딜 수 있는 기어로 교체 및 임의로 기어의 재료를 변경 금지
② 용접, 그라인딩 등 열 가함방법은 주의하여 작업
③ 첨가제를 넣어 피팅, 용착, 부식현상을 개선할 수 있으나 베어링의 운동 등을 감한하여 검토 조치
④ 잔류응력의 제거 열처리는 뒤틀림이 발생되지 않도록 주의
⑤ 기어 형상과 작은 틈새로 기어 손상 발생시는 엄격한 점검과 보수가 필요
⑥ 한 쌍의 기어중 한 쪽이 손상시 치합 등을 고려 양 기어를 동시에 교체 필요

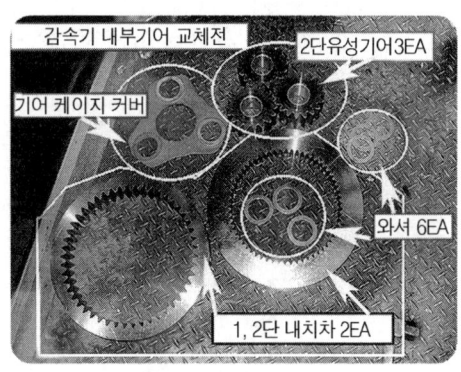

인상 감속기 부품도

2-2 횡행(트롤리 이동작업)

① **횡행**이란 지브의 레일을 따라 트롤리가 이동하는 기능을 가진 것을 말한다.
② 일반적으로 횡행운동 기능은 주행기능에 대하여 직각이다.
③ 주요 구조 및 장치들을 보면, 메인 지브, 카운터 지브, 횡행용 트롤리, 트롤리 전동기, 트롤리 감속기, 트롤리 브레이크, 트롤리 로프, 트롤리 시브 등이 있다. 특히, 트롤리는 롤러와 시브로 구성되며 주요 부재는 직사각관과 원형관이다.
④ 트롤리는 메인 트롤리와 보조 트롤리로 구성된다.
⑤ 횡행용 시브에는 횡행 이동 목적에 맞게 여러 개의 시브가 설치되어 있다. 즉, 보조 트롤리 아웃 시브, 보조 트롤리 이너 시브, 메인 트롤리 아웃 시브, 보조 트롤리 이너 시브 등이 설치되어 있다.
⑥ 트롤리 구동 와이어로프의 경우 트롤리 한쪽의 로프는 감기고, 다른 한쪽의 로프는 풀어 드럼을 통하여 트롤리 전동기에 의해 구동되어 진다. 참고로, 인상 및 횡행 트롤리용으로 설치되어 있는 시브에 대한 설치 위치도를 참고로 나타내었다.

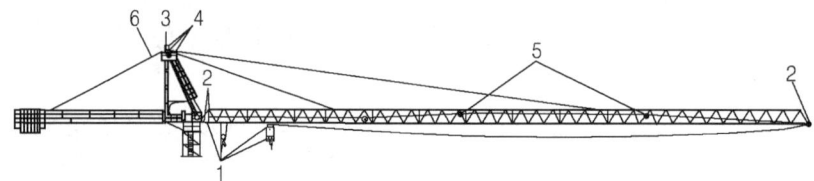

⑦ 다음은 임의의 모델을 선정, 주요 구성 품에 대한 부속품별 명칭을 열거하였다.

⑧ 주 트롤리(Main Trolley)

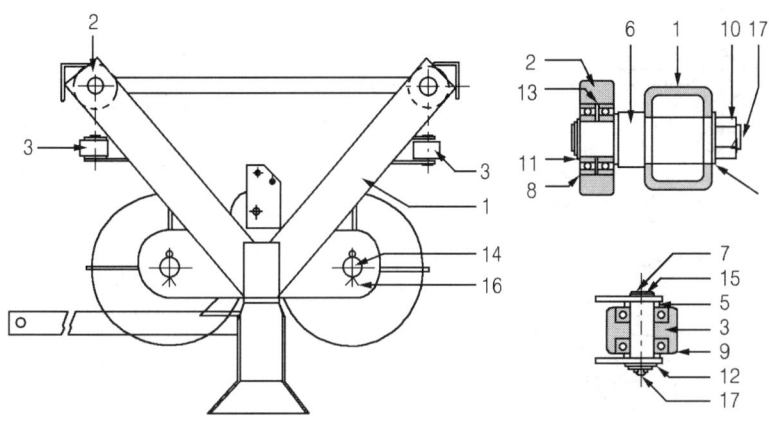

위치번호 POS NO.	사 양 DESCRIPTION	수량 PIECES	코드번호 CODE NO.	비고 REMARKS
1	MAIN JIB TROLLEY	1	51190001	
2	ROLLER	4	53190060	
3	ROLLER	4	53190062	
4	PLANE WASHER	4	S5011403	
5	DISTANCE	8	53190093	
6	PIN	4	53190061	
7	PIN	4	53190063	
8	6208 RS BEARING	8		
9	6206 RS BEARING	8		
10	HEXAGONAL NUT	4	S4011533	
11	RETAINING RING	4	S6500400	
12	RETAINING RING	4	S6500301	
13	RETAINING RING	4	S6510800	
14	PIN	2	53190059	
15	SPLIT PIN	4	S5735931	
16	SPLIT PIN	2	S5736261	
17	GREASE NIPPLE	8	S6700011	

⑨ 보조 트롤리(Auxiliary Trolley)

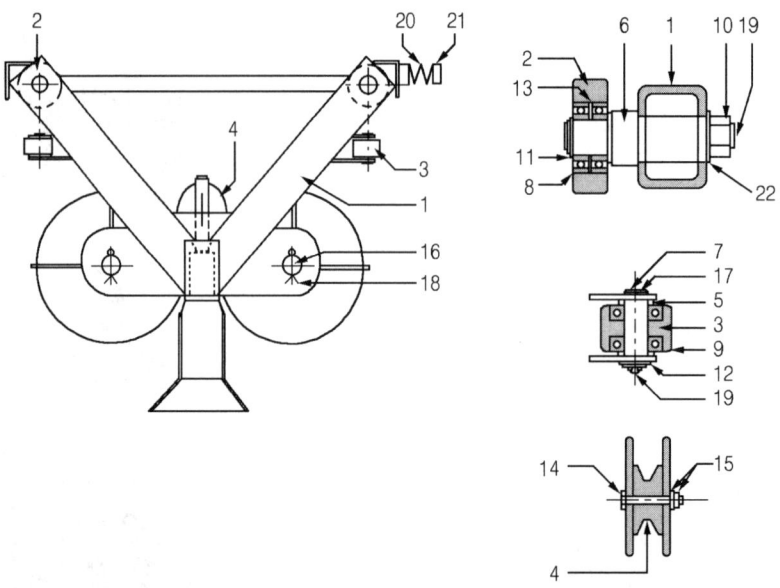

위치번호 POS NO.	사양 DESCRIPTION	수량 PIECES	코드번호 CODE NO.	비고 REMARKS
1	AUXILIARY TROLLEY	1	51190005	
2	ROLLER	4	53190060	
3	ROLLER	4	53190062	
4	ROLLER	1	53190065	
5	DISTANCE	8	53190093	
6	PIN	4	53190061	
7	PIN	4	53190063	
8	6208 RS BEARING	8		
9	6206 RS BEARING	8		
10	HEXAGONAL NUT	4	S4011533	
11	RETAINING RING	4	S6500400	
12	RETAINING RING	4	S6500301	
13	RETAINING RING	4	S6510800	
14	BOLT HEX	1	S0014043	
15	NUT HEX	2	S4012633	
16	PIN	2	53190059	
17	SPLIT PIN	4	S5735931	
18	SPLIT PIN	2	S5736261	
19	GREASE NIPPLE	8	S6700011	
20	RUBBER COCK ASS'Y	2	22430046	
21	PLAIN WASHER	4	S5011403	

⑩ 트롤리 감속기

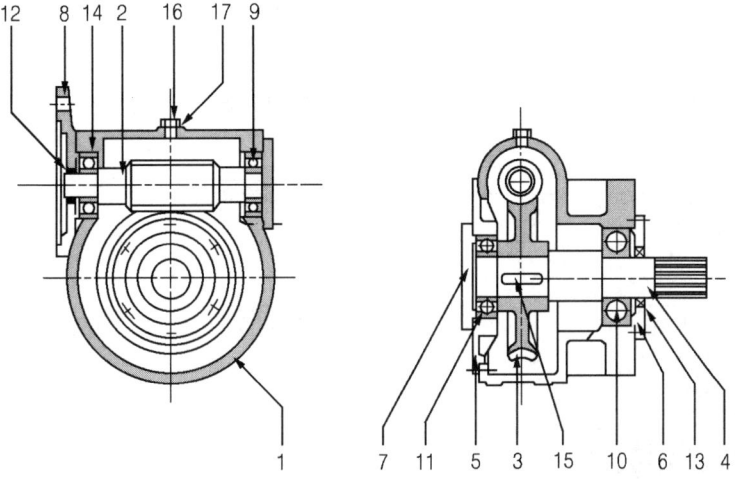

위치번호 POS NO.	사양 DESCRIPTION	수량 PIECES	코드번호 CODE NO.	비고 REMARKS
1	GEARBOX BOXY	1		
2	WORM	1		
3	HERBICIDAL GEAR	1		
4	OUTPUT SHAFT	1		
5	CAP	1		
6	CAP	1		
7	CAP	1		
8	MOTOR CONNECTION FLANGE	1		
9	3227 TYPE BALL BEARING	1		
10	6312 TYPE BALL BEARING	1		
11	6310 TYPE BALL BEARING	1		
12	50×68×8 GROMMET	1		
13	60×80×10 GROMMET	1		
14	32010 BEARING	1		
15	FEATHER KEY	1		
16	PLUG	1		
17	SEAL	1		

⑪ 트롤리 구동 시스템

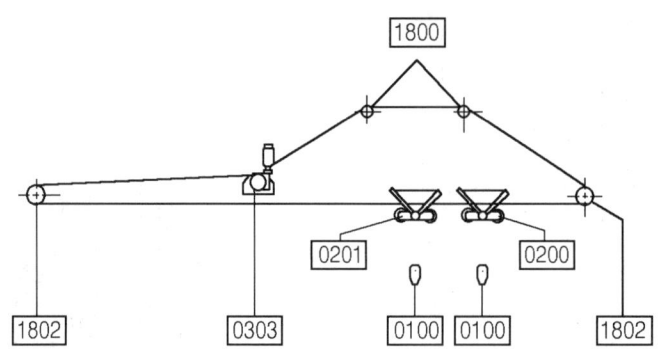

2-3 선회

① 수직축을 중심으로 지브가 회전운동을 하는 기능을 가진 것을 말한다.
② 선회장치는 상·하 두 부분으로 구성되며, 그 사이에는 회전 테이블(turn table)이 있다.
③ 선회장치는 최소한 베이직 마스트 2개, 표준 마스트가 1개씩 최상부에 놓인다.
④ 지브와 카운터 지브가 그 위에 부착되고, 타워 헤드가 고정된다.
⑤ 선회 기능을 가진 구성 품에는 대표적으로 턴테이블, 슬루잉 링 서포트 및 감속기, 선회용 전동기, 선회용 브레이크 등이 이에 해당된다.
⑥ 특히, 넓은 범위에서 보면, 운전실도 선회장치에 포함된다 할 수 있겠다.
⑦ 운전실은 주로 사다리꼴 박스형으로 작업방향으로 유리창이 나와 있으며, 우천시는 작업 중 안전한 작업이 가능토록 윈도우 와이퍼가 설치되어 있다.
⑧ 운전실 내부에는 조종레버가 좌, 우로 위치하며, 각종 지시계(indicator)가 부착되어 있다.
⑨ 참고로 D사의 경우 일부 모델에 대해 운전실 내부에 관계되는 부품에 대한 운전기능 등에 대하여 살펴보면 다음과 같다.

1 운전실 내부에 관계되는 부품에 대한 운전기능

(1) 운전실 내에서 운전조작에 필요한 레버(Lever), 버튼(Button) 및 방호장치 등이 있다.
- POWER OFF BUTTON + EMERGENCY STOP SWITCH
- POWER ON BUTTON
- TROLLEY IN AND HOOK - UP LIMIT BY - PASS BUTTON
- 2PLY / 4PLY CHANGE SWITCH

- ELECTRICAL WEATHERVANING BUTTON
- OVERLOAD WARNING LIGHT
- BRAKE PEDAL
- HAND LEVER 1 : TROLLEY AND SLEWING
- HAND LEVER 2 : LIFTING AND TRAVELLING

(2) 운전

1) 전원차단버튼 + 비상 정지 스위치

제어회로에 대한 전원을 차단한다. 이것은 타워크레인 동작 시 예기치 못한 상황에서 모든 제어회로를 차단시키는 비상정지스위치(Emergency Stop Switch)의 역할을 겸용한다.

2) 전원 공급 버튼(Power on button)

제어회로에 대해 전원을 공급하여 이때 작업장에 타워크레인의 작업시작을 알리는 경보음이 울린다.

3) TROLLEY-IN 제한 및 HOOK-UP 제한의 해제 버튼(겸용)

TROLLEY-IN의 차단과 HOOK의 UP 차단을 해제하여(겸용버튼이며 동시작동불가) 특수한 작업 수행시(예 : CLIMBING 작업시) 작업의 용이성을 보장한다.

> **주의**
> T/CRANE 사용시 "비상시 멈춤 장치"의 사용을 가급적이면 피하는 것이 좋다. 왜냐하면 급격한 제동으로 인해 T/CRANE의 구조물에 무리를 주기 때문이다.

4) 인상로프 수 선택 스위치

2PLY/4PLY CHANGE SWITCH 주권 및 주권과 보권을 동시에 사용하는 경우에 따라 인상 로프 수를 선택하며 각각에 대해 인상제한위치가 달리 결정된다.

5) 좌측 레버 : TROLLEY 및 SLEWING

① 전방 : 트롤리를 제외한 지브의 외곽 끝단 쪽으로 주행시키며 이것은 3단계로 작동하여 각각의 속도를 조절한다. 또한 1단에서 3단으로 즉시 조작하여도 속도는 안전율을 고려하여 점차 증가한다.

② 후방 : 트롤리를 마스트 쪽으로 주행시킨다.

③ 좌측 : 좌방향(반시계방향)으로 지브를 선회시키며 3단계로 속도를 조절한다. 트롤리와 마찬가지로 1단에서 3단으로 즉시 조작하여도 속도는 안전을 고려하여 점차 증가한다.

④ 우측 : 우 방향으로 지브를 선회시킨다.

6) 우측 레버 : 리프팅 및 트레버링
  ① **좌측** : 주행식일 경우 전방으로 타워크레인을 주행시킨다.
  ② **우측** : 주행식일 경우 후방으로 타워크레인을 주행시킨다.
  ③ **전방** : 인양 물을 하강시키며 이때 속도는 5단계로 조절된다. 1단에서 5단으로 속도를 급속히 증가시켜도 자동적으로 속도는 서서히 증가하도록 조절된다.
  ④ **후방** : 인양 물을 인양시키며 이때의 속도는 5단계로 조절된다.

2-4 기복

① **기복**이란 수직면에서 지브가 상하운동을 하는 기능을 말한다.
② 대표적인 구조 및 장치를 들면, 러핑형 지브, 기복용 유압전동기, 기복용 감속기, 기복용 유압실린더, 기복용 유압펌프, 기복용 브레이크, 기복용 와이어로프, 기복용 드럼 등이 있다.

기복 장치의 부품에 대한 상세한 기능 설명은 제1편을 참고하기 바란다.

2-5 원격조종(무선 원격제어)

① 타워 크레인의 제어 영역범위는 마스트(붐), 트롤리, 훅이다.
② 작업수용 범위는 반복, 비반복 작업을 구분하지 않는다.
③ 작업시 문제점 발생요인으로는 작업지시 오류 및 사각지대 등이 발생할 수 있다.
④ 사각지대 발생시 작업이 지연된다.
⑤ 인양할 화물 위치와 파지 위치간 거리가 멀거나 높이차이가 심하여 한눈에 작업 파악이 곤란한 경우 작업 제한성이 존재한다.

무선 리모콘 송신기

적중예상문제

01 타워크레인의 구조부분에 체결되는 고장력 볼트에 대한 설명으로 틀린 것은?

① 볼트의 머리부분에는 강도를 나타내는 기호가 표기된다.
② 볼트의 나사산 및 너트 접촉면은 반드시 그리스로 도포한다.
③ 고장력 볼트의 연결은 고장력 볼트, 2개의 와셔 및 고장력 너트로 구성된다.
④ 고장력 볼트의 체결은 임의의 토크 값으로 조인다.

해설 타워크레인에서 그리스가 도포된 고장력 볼트의 체결방법은 유압 토크 렌치 등으로 정해진 토크 값에 따라 조여야 풀림을 예방할 수 있다.

02 타워크레인 구조부에 체결되는 고장력 볼트에 대한 설명으로 틀린 것은?

① 볼트 접촉면 및 볼트 구멍에는 먼지, 페인트 등의 이물질이 없어야 한다.
② 볼트 헤드의 접촉면은 반드시 그리스를 도포한다.
③ 볼트 헤드 및 너트를 향해 내경 면 취부가 외부를 향하도록 와셔를 설치 한다.
④ 고장력 볼트 체결 후 보호 마개를 주로 볼트에 장착한다.

해설 고장력 볼트 체결 후 보호 마개를 너트에 위치시켜 외부 기후로부터 보호한다.

03 고장력 볼트를 재사용할 수 없는 경우는?

① 나사산이 손상된 경우
② 규정된 토크 값으로 사용된 경우
③ 도금볼트로 사용된 경우
④ 볼트에 이물질이 있는 경우

해설 고장력 볼트의 나사산은 재 사용시는 손상, 마멸된 것을 사용해서는 안 된다.

04 마스트 조립에 사용되는 고장력 볼트의 사용 기준이다. 틀린 것은?

① 고장력 또는 동등이상의 재질을 사용할 것
② 볼트에 너트를 조립 후 2산 이상의 여유 나사산을 가질 것
③ 와셔를 삽입할 것
④ 로크너트는 반드시 사용할 것

해설 고장력 볼트로 조립시는 로크너트를 반드시 사용하지 않아도 기계적 강도가 유지된다.

05 훅(Hook)에 대한 설명으로 틀린 것은?

① 홈의 변형 깊이가 2mm정도 진행되면 평활하게 다듬질 후 사용가능
② 목부분은 10°이상 비틀리면 사용금지
③ 목부분이 20% 이상 벌어지면 사용금지
④ 균열된 훅은 용접 후 재사용 가능

해설 훅을 사용하다가 균열이 발생하면 용접시공을 실시해도 재사용을 제한하고 있다.

06 선회 기어 브레이크 풀림장치에 대한 설명으로 틀린 것은?

① 비 가동시에 선회 기어 브레이크 풀림장치를 작동한다.
② 작동시 지브가 바람에 따라 자유롭게 움직인다.
③ 크레인 본체가 바람에 영향을 받는 면적을 최소로 하여 보호한다.
④ 컨트롤 볼 테이지(Control Voltage)가 투입된 상태에서 동작된다.

해설 선회 기어 브레이크 풀림장치는 컨트롤 볼 테이지(Control Voltage)가 차단된 상태에서 동작된다.

07 선회 기어 브레이크 풀림장치 작동에 대하여 옳은 것은?

① 브레이크 마그넷에 전류 공급시 브레이크가 비 해제되는 기능
② 컨트롤 볼 테이지(Control Voltage)가 미 차단된 상태에서 동작되는 기능
③ 지상에서 브레이크 해제레버를 당겨서 브레이크를 해제할 수 있는 기능
④ 시간지연 커넥터(Time Delay Connector)의 동작에 관계없이 동작되는 기능

해설 선회 기어 풀림장치는 컨트롤 볼 테이지를 차단한 상태에서 동작되며, 이때 전원이 차단되어도 시간지연 커넥터의 동작에 의해 브레이크의 마그넷 전류가 공급되어 브레이크를 해제시켜 주며, 이 동작은 지상에서 브레이크 해제레버를 당겨서 선회 브레이크를 해제시킬 수 있다.

08 타워 크레인의 고장력 볼트 또는 핀 체결 부분이 아닌 것은?

① 볼 슬루잉 - 슬루잉 링 서포트
② 볼 슬루잉 서포트 - 타워 섹션
③ 타워 섹션 - 타워 섹션
④ 와이어로프 - 트롤리

09 타워 크레인의 연결부에 대한 설명으로 틀린 것은?

① 여러 개의 부품이 조립되어 설치
② 부품은 고장력 볼트 또는 핀으로 체결
③ 상부 회전체 부분은 볼트로 연결
④ 볼트 체결은 아래에서 위로 체결

해설 상부 회전체의 부품은 핀으로 연결되어 있다.

10 러핑 타워 크레인의 고장력 볼트 연결부가 느슨해지는 원인이 아닌 것은?

① 부정확한 프리 로드(Free Load)
② 볼트 나사부의 그리스 처리
③ 크레인의 과부하
④ 부적절한 구조부의 설치

11 타워 크레인에 체결되는 고장력 볼트의 구성부품 및 체결방법에 대한 설명이다. 틀린 것은?

① 구성부품은 고장력 볼트, 너트, 와셔 등이 있다.
② 체결방법은 아래에서 위로 체결한다.
③ 볼트 접촉면과 볼트 구멍에는 오물, 이물질이 없어야 한다.
④ 체결 볼트 규격별로 조임 토크값과 임의 토크값을 병행하여 체결한다.

12 타워 크레인에 작용되는 하중으로 설명하였다. 틀린 것은?

① 360° 모든 방향에 수평력 작용
② 360° 모든 방향에 수직력 작용
③ Over Turning Moment(오버 터닝 모멘트)
④ Slewing Torque(슬루잉 토크)

13 타워 크레인 전체에 작용되는 부하 하중으로 큰 충격력이 전달되면 주로 균열 등이 나타날 수 있는 부분은 다음 중 어느 곳인가?

① 메인 지브 부분
② 와이어로프 부분
③ 볼트 및 너트 부분
④ 기초 콘크리트 슬래브 부분

14 크레인의 구조부분의 하중계산에 있어 적용되는 하중의 종류로서 해당되지 않은 것은?

① 수직 동하중   ② 수직 정하중
③ 사하중   ④ 수평 동하중

15 보통의 운전 중에 위치 및 크기가 변하지 않는 수직 하중은?

① 수직 동하중
② 자중
③ 사하중
④ 수평 동하중

16 타워 크레인에서 풍하중의 값을 산출하는데 있어 관계없는 요소는?

① 속도압   ② 풍력계수
③ 충돌 하중계수 ④ 압력을 받는 면적

17 타워 크레인의 재료나 구조물의 외력에 대한 변형저항을 무엇이라 하는가?

① 처짐(Deflection)
② 캠버(Camber)
③ 강성(Stiffness)
④ 불안정(Un-stable)

18 타워 크레인의 와이어로프에 걸리는 총하중의 의미로써 맞는 것은?

① 정하중   ② 동하중
③ 정하중+동하중 ④ 임계하중

19 축에 홈을 가공하지 않고 보스(Boss)에만 홈을 가공하여 축의 표면과 보스의 홈에 모양이 일치하도록 가공하여 박은 키는?

① 성크 키   ② 반달 키
③ 안장 키   ④ 접선 키

해설 안장 키: 축에 홈을 가공하지 않고 보스에만 홈을 가공하여 때려 박는 키

20 브레이크 제동장치의 라이닝에서 발열로 인하여 갑자기 연기가 발생할 때는 어떠한 응급조치를 취해야 하는가?

① 라이닝의 틈새를 작게 조인다.
② 브레이크 드럼만 교환한다.
③ 라이닝을 즉시 교환한다.
④ 브레이크 드럼과 라이닝의 틈새를 고루 조정한다.

21 다음 중 나사의 크기는 어느 것으로 나타내는가?

① 안지름   ② 바깥지름
③ 골지름   ④ 유효지름

22 감속기어의 특성으로 틀린 것은?

① 운동전달이 확실하다.
② 충격을 흡수한다.
③ 낮은 속도에서 전동력이 크다.
④ 베어링에 미치는 압력이 작다.

해설 기어는 충격을 흡수하지 못하므로 소음이 발생한다.

정답 13.④ 14.③ 15.② 16.③ 17.③ 18.③ 19.③ 20.④ 21.② 22.②

23 베어링의 온도가 상승하는 원인을 기술하였다. 틀린 것은?
① 속도계수가 윤활제의 한계를 초과함
② 기본하중에 비해 사용하중이 큼
③ 윤활제의 점성이 낮음
④ 베어링의 조립 불량임

해설 윤활제의 점성이 높으면 베어링의 온도가 올라간다.

24 훅 재료와 같이 장기간 사용시 반복 응력에 의한 경화를 방지하기 위한 열처리 방법은?
① 구상화 처리 ② 고용화 처리
③ 풀림 처리   ④ 오일 담금질

25 러핑 타워 크레인의 선회 감속기 브레이크의 정비사항을 설명한 것으로 옳지 않은 것은?
① 매일 작동상태를 확인할 것
② 브레이크 효과가 감소하면 확인할 것
③ 브레이크 디스크가 최대값이면 교환 할 것
④ 에어 갭이 최대값이면 조정할 것

해설 브레이크 디스크는 최소값이면 교환하여야 한다.

26 와이어로프에서 소선을 꼬아서 합친 것은?
① 스트랜드 ② 공심
③ 심강   ④ 트래드

27 토크 렌치로 볼트를 돌리는 경우에 작용되는 힘의 모멘트의 관계식이 올바른 것은?
① M=T×W(전단턱×작용하중)
② M=T×L(전단력×작용 길이)
③ M=P×W(힘의 크기×작용하중)
④ M=P×L(힘의 크기×작용 길이)

28 훅에 힘이 가해질 때의 요소역학과 관계없는 것은?
① 크기   ② 작용점
③ 길이   ④ 방향

29 타워 크레인의 메인 지브에 화물을 매달았을 때 힘의 모멘트가 가장 크게 작용하는 지점은?
① 지브의 최 외측단
② 지브의 최 내측단
③ 지브의 중간
④ 지브의 3분의 2지점 외측단

30 힘의 합성원리를 틀리게 설명한 것은?
① 힘의 합성은 하나의 물체에 여러 힘이 작용하더라도 하나의 힘을 받는 효과를 가진다.
② 합력에 대해서 물체에 작용하는 둘 이상 각각의 힘은 분력이다.
③ 몇 개에 작용되는 힘의 합력을 구하면 합성이다.
④ 두 힘이 일직선상에 작용할 때의 합력의 크기는 합(合) 또는 차(差)로서 표시될 수 없다.

31 힘의 분해 및 모멘트의 작용원리를 설명하였다. 틀린 것은?
① 힘의 분력은 같은 하나의 힘을 서로 어떤 각을 이루는 두개 이상의 힘으로 나눈다.
② 힘의 평형사변형 법칙을 반대로 조작하면 두개 이상의 힘으로 나눈다.
③ 자루가 긴 토크 렌치의 끝을 잡고 조이면 작은 힘으로 조인다.
④ 자루가 긴 토크 렌치 끝의 사용 예는 힘의 회전 작용이 힘의 크기에만 관계한다.

해설 자루가 긴 토크 렌치 끝의 사용 예는 힘의 회전 작용이 힘의 크기에만 관계하는 것이 아니라 힘의 작용선과 회전축과의 거리 또는 회전축에서 힘의 작용선에 내린 수직선의 길이에도 관계하고 있다.

32 유압식 클러치가 있는 선회 기어에 대한 설명이다. 틀린 것은?

① 토크를 부드럽게 전달한다.
② 갑자기 회전시키는 것을 방지한다.
③ 토크는 5단계로 변화될 수 있다.
④ 바람의 상태에 따라 영향을 받으며, 훅에는 관계없다.

33 고장력 볼트의 조임 토크 값에 대하여 가장 적합한 조임 값은?

① 조임 압력이 최대가 된 값
② 제조사가 제시한 값
③ 필요 한 수치에 의해 계산 된 값
④ 임의로 조임 값

34 타워 크레인의 구조부분 보관시 점검사항을 설명하였다. 틀린 것은?

① 동절기에 마스트, 지브의 방수여부
② 구동부에 대한 비파괴 검사실시 여부
③ 각 부분 연결부에 대한 규격치 초과 여부
④ 훅에 대한 정밀 도장실시 여부

35 선회 기어의 풍압제어 방법이다. 틀린 것은?

① 바람이 불 때 예정된 위치에서 지브를 멈추게 한다.
② 선회 기어가 작동된 후 풍압이 지브에 전혀 가해지지 않으면 브레이크는 즉시 해제된다.
③ 풍압이 있으면 선회 기어의 작동으로 지브가 반대쪽으로 회전되도록 한다.
④ 바람에 의해 가해지는 힘을 초과하면 브레이크는 작동 유지된다.

해설 풍압이 존재하는 경우에 선회 기어의 작동체계는 크레인의 지브가 반대쪽으로 회전되지 못하게 한다.

36 타워 크레인에 체결되는 고장력 볼트의 점검 및 관리사항으로 틀린 것은?

① 조립 후 초기점검은 3주 이내 실시
② 추가적인 정기점검은 최소 3개월 마다 실시
③ 점검은 부하상태에서 실시
④ 볼트 나사선이 파손되었거나 녹이 생긴 것은 사용 금지

37 타워크레인의 주요구성 장치가 아닌 것은?

① 인상장치   ② 신호장치
③ 횡행장치   ④ 주행장치

해설 신호장치는 타워 크레인의 주요 구성장치와는 무관하다. 한편 주행 장치는 주행식 타워크레인에 해당된다.

38 훅(Hook)의 관리기준이다. 폐기해야 하는 것으로 맞는 것은?

① 훅 입구의 벌어짐이 원치수의 5% 가 변형되었을 때
② 훅 입구의 벌어짐이 원치수의 10% 가 변형되었을 때
③ 훅 입구의 벌어짐이 원치수의 15% 가 변형되었을 때
④ 훅 입구의 벌어짐이 원치수의 20% 가 변형되었을 때

정답 32.④ 33.② 34.④ 35.③ 36.③ 37.② 38.①

39 타워크레인 인상장치의 주요 구성요소로 틀린 것은?
① 충돌방지장치 ② 브레이크
③ 감속기 ④ 커플링
해설 충돌방지장치는 안전장치의 구성요소이다.

40 훅 재료의 안전계수로 가장 알맞는 것은?
① 3 이상 ② 4 이상
③ 5 이상 ④ 6 이상
해설 훅 재료의 안전계수는 5 이상이 적당하다.

41 와이어로프의 재질로서 적당한 것은?
① 주철 ② 합금
③ 특수강 ④ 탄소강
해설 와이어로프의 재질은 탄소강이 기본을 이룬다.

42 5톤의 하물을 4줄걸이 하여 조각도 60°매달 았을 때 한쪽 로프에 걸리는 하중은?
① 1.44톤 ② 0.44톤
③ 1.54톤 ④ 0.54톤
해설 로프 한 줄에 걸리는 하중은
=부하 하물/(줄걸이 수×조각도)이므로,
5/(4×0.866)=1.44톤이다.

43 감속기 급유의 목적으로 틀린 것은?
① 슬라이딩 방지 ② 냉각작용
③ 유막형성 ④ 진동방지
해설 슬라이딩(미끄러짐)방지는 급유의 목적과는 무관하다.

44 베어링을 점검하는 방법으로 틀린 것은?
① 이상음 확인 ② 발열 유무 확인
③ 진동 유무 확인 ④ 점검망치로 확인
해설 베어링 점검요소에는 이상음, 발열, 진동 등이 없어야 한다.

45 체인의 중점 점검사항으로 틀린 것은?
① 마멸 ② 크랙
③ 변형 ④ 주유
해설 체인은 마멸, 균열, 변형 유무 등을 점검한다.

46 와이어 로프의 소선을 꼬아 합친 것은?
① 킹크 ② 심강
③ 강선 ④ 스트랜드
해설 로프의 구성 중 소선을 꼬아 합친 것을 스트랜드라 한다.

47 타워크레인의 시브(Sheave)에 대한 설명 중 틀린 것은?
① 재질은 주로 철강 또는 고분자재료가 사용된다.
② 더블(Sheave)도 설치된다.
③ 시브 직경이 클수록 로프 수명은 길다.
④ 홈에 걸친 로프는 직경이 작아야 한다.
해설 시브 홈에 걸쳐진 로프 직경은 작거나 너무 커도 안 되며 적당하게 물려져야 수명이 오래간다.

48 드럼을 사용하는 기준으로 틀린 것은?
① 균열이 없을 것
② 변형이 없을 것
③ 주철제는 홈이 로프지름의 20% 이내일 것
④ 용접제는 필요시 비파괴시험을 할 것

39.① 40.③ 41.④ 42.① 43.① 44.④ 45.④ 46.④ 47.④ 48.③ **정답**

해설 드럼의 홈 부위 마모한도는 주철제가 25%, 용접제가 20%이내에서 관리되어야 한다.

49 크레인의 기복장치 브레이크는 정격하중에 상당한 하중을 걸고 인상하는 경우 토크의 값은 몇 배 이상에 달해야 하는가?
① 1.0배 이상 ② 1.5배 이상
③ 1.8배 이상 ④ 2.0배 이상

해설 크레인의 기복장치의 토크 값은 1.5배 이상이어야 한다.

50 우리나라 크레인의 관리기준상 인력으로 소형 타워 크레인을 주행 제동하는 경우 적합한 브레이크로 옳은 것은?
① 유압 브레이크
② 마그넷 브레이크
③ 기계식 브레이크
④ 적용하지 않음

해설 크레인의 검사기준에 의하면 인력으로 주행되는 크레인에는 주행 제동용 브레이크는 설치하지 아니한다.

51 타워 크레인에서 와전류 브레이크의 기능은?
① 주행 속도용으로 사용
② 횡행 속도용으로 사용
③ 인상, 횡행 속도용으로 사용
④ 인상 속도용으로 사용

해설 인상장치의 속도를 제어하는 데 사용된다.

52 인하속도를 제어하는 데 사용되는 브레이크는?
① 마그넷 브레이크
② 압상기 브레이크
③ 유압 브레이크
④ 다이나믹 브레이크

해설 다이나믹 브레이크는 직류 전동기의 인하속도를 제어하는 데 사용된다.

53 스러스트 브레이크의 기능설명으로 맞는 것은?
① 전기에너지를 투입하여 공압으로 작동한다.
② 전자에너지를 투입하여 공압으로 작동한다.
③ 전기에너지를 투입하여 유압으로 작동한다.
④ 기계에너지를 투입하여 유압으로 작동한다.

해설 스러스트 브레이크는 전기에너지를 투입하여 유압력으로 작동되는 브레이크이다.

54 훅의 점검 및 관리사항이 틀린 것은?
① 균열유무
② 하중 표기 유무
③ 풀림 유무
④ 도색 유무

55 기어의 점검 및 관리사항이 틀린 것은?
① 이상음 발생유무
② 이상 발열 유무
③ 균열 유무
④ 도색 유무

56 축의 점검 및 관리사항이 틀린 것은?
① 변형이 없을 것
② 키는 풀림이 없을 것
③ 축심은 진동이 없을 것
④ 회전시 급유가 적정 할 것

정답 49.② 50.④ 51.④ 52.④ 53.③ 54.④ 55.④ 56.④

57 베어링에 대한 점검 및 관리사항이 아닌 것은?
① 균열이 없을 것
② 손상이 없을 것
③ 급유가 잘될 것
④ 빠짐이 없을 것

58 키홈을 파서 치를 박은 다음 마찰에 의해 회전력을 전달하는 키이는?
① 새들 키이
② 평 키이
③ 묻힘 키이
④ 미끄럼 키이

59 동일 직선상에서 두 힘의 합성에 대한 설명으로 옳은 것은?
① 같은 방향의 힘의 크기는 뺀다.
② 같은 방향의 힘의 크기는 더한다.
③ 반대방향은 더한다.
④ 방향변화가 없다.

> 해설 같은 방향은 힘의 크기를 더하고, 반대방향은 뺀다.

60 힘의 모멘트에 있어 지레의 기구가 아닌 것은?
① 손톱깍기
② 토크렌치
③ 함머
④ 병 두껑 따기 기구

61 원격 조종식 타워크레인이 갖추어야할 기능으로 틀린 것은?
① 제어영역 범위는 붐, 훅, 카운터 지브이다.
② 작업은 반복, 비반복을 구분하지 아니한다.
③ 작업지시 오류가 발생할 수 있다.
④ 사각지대가 발생할 수 있다.

> 해설 타워 크레인의 제어 영역범위는 마스트(붐), 트롤리, 훅이다.

정답 57.④ 58.① 59.② 60.③ 61.①

PART 03
전기 일반

01. 전기이론과 용어

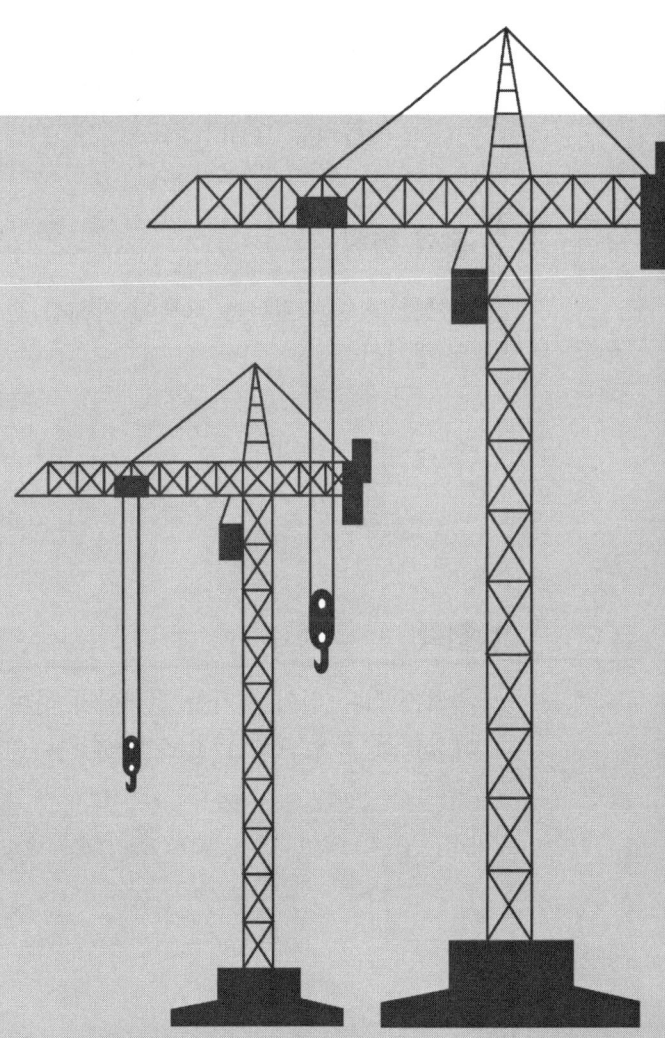

CHAPTER 01 전기이론과 용어

1-1 전기 일반

1 전류·전압 및 저항

① 전류 : 전자의 이동을 전류라 하며 단위는 **암페어**(Ampere, A)이다. 그리고 전류는 **발열작용, 화학작용, 자기작용** 등 3가지 작용을 한다.

② 전압 : 전류를 흐르게 하는 전기적인 압력을 말하며 단위는 **볼트**(Volt, V)이다.

③ 저항 : 물질 속을 전류가 흐르기 쉬운가 또는 어려움의 정도를 표시하는 것으로 단위는 **옴**(Ohm, Ω)이다.

2 옴의 법칙

도체를 흐르는 전류는 도체에 가해진 전압에 비례하고, 그 도체의 저항에 반비례한다는 법칙이다.

$$I = \frac{E}{R}, \quad E = IR, \quad R = \frac{E}{I}$$

여기서, I : 도체를 흐르는 전류(A) E : 도체에 가해진 전압(V) R : 도체의 저항(Ω)

3 전력

전기가 하는 일의 크기를 전력이라 하며 E (V)의 전압을 가하여 I(A)의 전류를 흐르게 할 때 전력 P는 다음과 같이 나타낸다.

$$P = EI, \quad P = \frac{E^2}{R}, \quad P = I^2 R$$

4 퓨즈

단락(short) 때문에 전선이 타거나 과대 전류가 부하에 흐르지 않도록 하는 부품이며, 회로에 직렬로 연결된다. 퓨즈의 재질은 납과 주석의 합금이다.

5 플레밍의 법칙

(1) 플레밍의 왼손법칙

왼손의 엄지, 인지, 중지를 서로 직각이 되게 펴고, 인지를 자력선의 방향에, 중지를 전류의 방향에 일치시키면 도체에는 엄지 방향으로 전자력이 작용한다는 법칙으로 전동기의 원리이다.

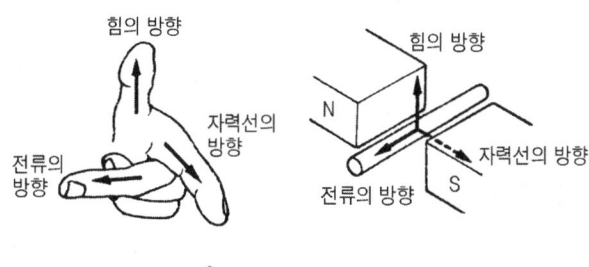

※ 플레밍의 왼손법칙

(2) 플레밍의 오른손법칙

오른손 엄지, 인지, 중지를 서로 직각이 되게 펴고, 인지를 자력선의 방향에, 엄지를 운동방향에 일치시키면 중지가 유도 기전력의 방향을 표시한다는 법칙으로 발전기의 원리이다.

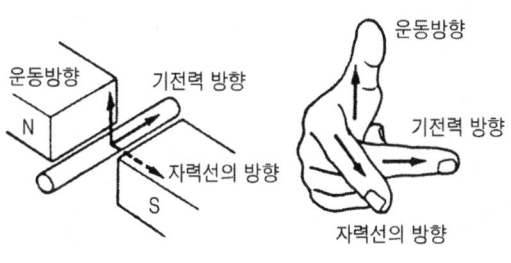

※ 플레밍의 오른손법칙

6 직류와 교류

(1) 직류와 교류의 구분 및 와류

전기에는 동전기와 정전기가 있으며, 동전기에는 직류(DC)와 교류(AC)가 있으며, 이 두 가지에 속하지 않는 것이 **와류** 또는 전동 전류이다. **직류**란 시간의 경과에 따라 전압 또는 전류가 일정값을 가지며, 그 방향이 일정한 것을 말하며, **교류**란 시간의 경과에 따라 전압 또는 전류가 시시각각 변화하며, 그 방향이 정방향과 역방향으로 번갈아 반복하는 것을 말한다.

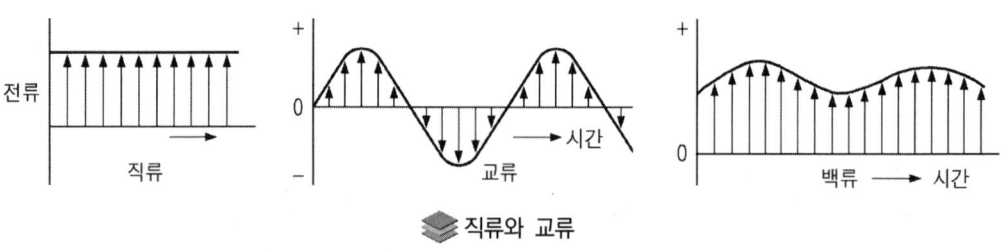

🞋 직류와 교류

(2) 단상 교류와 3상 교류

교류 발전기는 자석을 회전시키고 도체를 고정시켜 발전을 시작하는 발전기이며, 그림(단상 교류의 발생)과 같이 자석이 1회전하였을 때 도체에 발생하는 기전력의 크기 및 방향을 나타낸다.

이와 같이 기전력이 발생하는 도체가 전선 1조로 된 것을 단상 교류라고 하며, 이 단상교류와 같은 식의 도체를 120°간격으로 3개 고정하고 그 내부에서 자석을 회전시키면 각 권선마다 전류가 유도되며, 이를 3상 교류라고 한다.

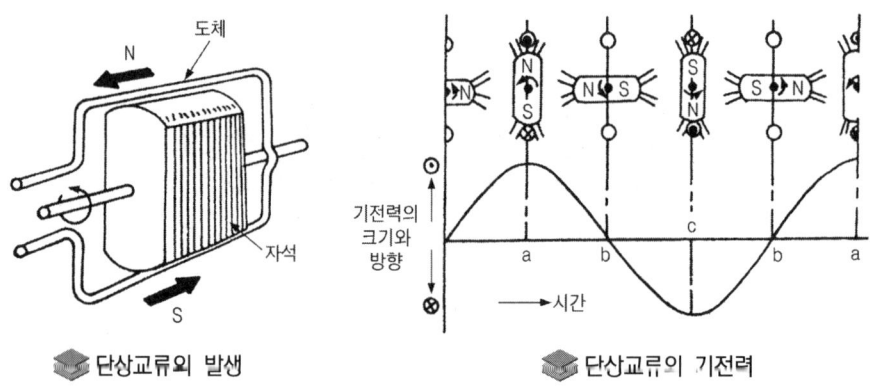

🞋 단상교류의 발생　　　🞋 단상교류의 기전력

3상 교류는 단산 교류에 비해 고능률이며, 경제성이 우수하다. 현재의 한국 전력은 발전소에서 3상 교류 발전기로써 전류는 변전소를 통하여 공급한다고 할 수 있다.

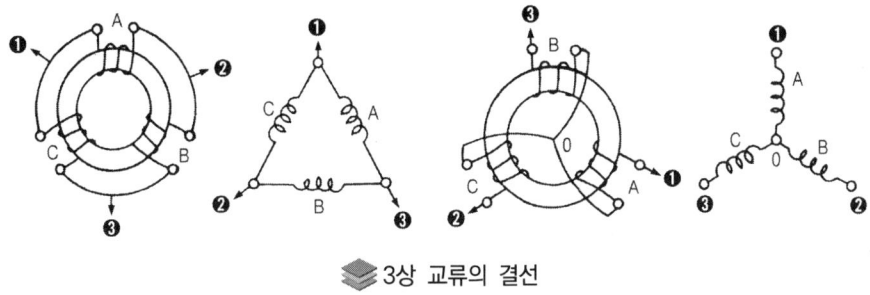

🔲 3상 교류의 결선

(3) 맴돌이 전류(Eddy Current)

도체 중에 자력선이 통과하고 있을 때 그림(맴돌이 전류)과 같이 자력선이 변화하거나(그림에서는 자력선이 증가), 그림(맴돌이 전류제동)과 같이 도체와 자력선이 서로 상대적으로 운동할 때는 도체 내에 전자유도 작용에 의한 기전력이 발생하며, 이것 때문에 흐르는 유도전류는 도체 중에서 가장 저항이 작은 통로를 선택하여 마치 맴돌이와 같이 작은 회로를 만들어 흐른다.

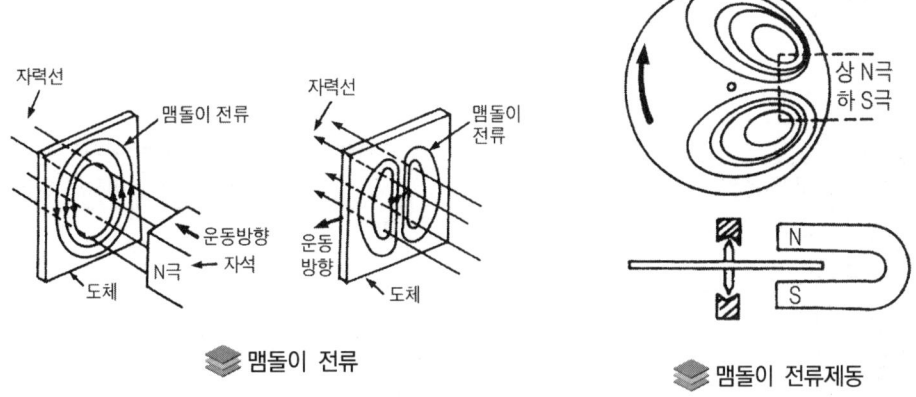

🔲 맴돌이 전류 🔲 맴돌이 전류제동

이와 같은 전류를 맴돌이 전류라고 하며, 맴돌이 전류가 흐르고 있는 도체에는 그 도체의 저항에 따른 열이 발생하는데 이것을 맴돌이 전류손실이라고 한다. 교류 회로에 사용되는 변압기의 철심이 사용 중에 서서히 온도가 상승하는 것은 맴돌이 전류 때문이며, 이 원리를 이용한 맴돌이 전류 제동기가 이동성 장비(자동차 또는 건설장비)의 제3브레이크인 맴돌이 전류 감속기(Eddy Current Retarder)로 이용되고 있다.

1-2 전기기계·기구의 외함 구조

1 배선

배선은 다음과 같아야 한다.

① 배선의 피복상태는 손상, 파손, 탄화부분이 없을 것.

② 배선의 단자체결 부분은 전용의 단자를 사용하고 볼트 및 너트의 풀림 또는 탈락이 없을 것.

③ 배선의 절연저항은
- 대지전압 150V 이하인 경우 0.1MΩ
- 대지전압 150V 초과 300V이하인 경우 0.2MΩ
- 사용전압 300V 초과 400V미만인 경우 0.3MΩ
- 사용전압 400V 이상인 경우 0.4MΩ

이상이어야 한다.

④ 배선은 KS C 3602에 정해진 규격에 적합한 캡타이어 케이블 또는 이것과 동등이상의 절연내력, 내유성, 강도 및 내구성을 갖고 있어야 하고 전선의 굵기는 당해 전기기계·기구에 적합한 것을 갖추어야 한다. 전선의 종류 및 주된 용도는 다음 표와 같다.

표 3-1-1 전선의 종류

종 류	번 호	규 격	최고허용온도	주된 용도
600V 고무 절연전선	RB	JIS C3304	60℃	주위온도 40℃ 이하의 일반 크레인
600V 비닐 전선	IV	JIS C3307	60℃	〃
고무 절연 크로로 크렌시스 케이블	RN	JIS C3313	60℃	〃
부틸 고무 전력 케이블	BN	JIS C3603	80℃	주위온도 60℃ 이하의 크레인
그라스 캔브릭크선	GCA	–	F종 155℃ F정 180℃	고온에 지지 되어지는 크레인
캡 타이어 케이블	CT	JIS C3302	60℃	주위온도 40℃ 이하의 일반 크레인
크로로프렌 캡 타이어 케이블	RNCT	JIS C3311	60℃	〃
부철 고무절연 그로로프렌 캡 타이어 케이블	BNCT	–	80℃	주위온도 60℃ 이하의 크레인

2 제어기

① 타워 크레인의 운전실에는 운전자가 보기 쉬운 위치에 제어하는 크레인의 작동종류, 방향, 비상정지 등에 관한 내용을 표시하여야 한다.
② 다만, 운전자가 제어기에서 손을 떼면 자동적으로 크레인의 작동을 정지하는 위치로 복귀하는 경우에는 그러하지 아니하다.
③ 러핑 타워 크레인에 사용되는 무선 원격제어기는 다음과 같이 적합한 구조이어야 한다.
　㉮ 크레인의 작동종류, 방향과 일치하는 표시를 하여야 하며 정해진 작동 위치가 아닌 중간위치에서는 작동 되지 않도록 할 것.
　㉯ 무선 원격제어기는 주위에 설치된 다른 크레인용 제어기의 조작 주파수 또는 주위의 유사 설비용 조작기구의 간섭을 받아서 오동작, 작동불능 상태가 되지 않도록 할 것.
　㉰ 무선 원격제어기는 사용 중 충격을 받으면 곧바로 작동이 정지되는 구조로 할 것
　㉱ 운전실과 무선 원격제어기를 겸용 시에는 선택스위치를 부착할 것
　㉲ 무선 원격제어기는 관계자 이외의 자가 취급할 수 없도록 잠금 스위치 등이 설치될 것
　㉳ 각각의 제어기에는 제어 대상 크레인이 표기가 되어 있을 것.
　㉴ 지정된 제어기 이외의 신호에 의해서는 크레인이 작동되지 아니할 것.
　㉵ 무선 원격제어기가 다음 사항에 해당하는 경우 크레인이 자동으로 정지하거나 위험한 작동을 유발시키지 않는 구조이어야 하며, 특히, 정지신호를 수신한 경우에는 자동정지하여야 한다.

- **정지신호를 수신한 경우**
- **계통상 고장신호가 감지된 경우**
- **지정시간 이내에 분명한 신호가 감지되지 아니한 경우**
    - 제어기가 2개 이상인 경우에는 하나의 제어기에 의해서만 작동이 통제되도록 할 것.
    - 배터리 전원을 이용하는 제어기의 경우 배터리 전원의 변화로 인해 위험한 상황이 초래되지 않을 것.
    - 무선 원격제어기를 사용한 조작반에 표시된 크레인의 작동방향과 동일한 방향의 표지판을 크레인의 운전자나 조작자가 보기 쉬운 위치에 부착하여야 한다.

3 전동기

전동기는 전기적 에너지를 기계적 에너지로 변환하는 장치이며, 직류 전동기와 교류 전동기가 있다.

(1) 전동기 일반

1) 전동기의 구비조건

① 기동 토크가 클 것
② 속도조정 및 역회전이 가능할 것
③ 기동·정지 및 역회전 등에 충분히 견딜 수 있을 것
④ 용량에 비해 소형일 것
⑤ 전원을 얻기 쉬울 것

2) 전동기 회전속도

전동기의 회전속도는 자극 수와 전원 주파수에 의해 다음 공식으로 결정된다.

$$Ns = \frac{120f}{P}$$

여기서, Ns : 전동기 회전속도(동기속도) f : 주파수 P : 자극 수

그리고 실제 전동기 회전속도는 부하가 걸리면 동기속도보다 느려지는데 이 느린 정도를 미끄럼이라 하며 다음 공식으로 표시된다.

$$S = \frac{Ns - N}{Ns} \times 100$$

여기서, S : 미끄럼 N : 실제 전동기 회전속도

따라서, 전동기의 실제 회전속도는 다음 공식으로 표시한다.

$$N = \frac{120f}{P}(1-S)$$

3) 인상 전동기 소요용량(출력)

$$소요용량 = \frac{(정적하중 + 훅의 자중) \times 권상속도}{6.12 \times 권상기\ 효율}$$

4) 전동기의 정격

① 전동기를 작동하면 열이 발생하므로 외부온도(표준 규격 40℃)에서 50 ~ 60℃까지는 허용되며, 이 온도 이상으로 온도가 상승하면 전동기가 손상된다.

② 따라서 정격부하로 장시간 연속 운전하여 온도상승이 허용 값에 도달할 때까지의 시간으로 표시한다.

③ 정격의 선정은 연속 작업시간, 부하 시간율, 작동 및 정지 빈도 등에 의해 결정되므로 30분 또는 1시간의 정격 부하 연속 운전으로 온도 상승이 50~60℃ 이하이면 양호하다.

5) 전동기의 절연저항

절연 저항의 단위는 메가 옴(MΩ)을 사용하며, 전압에 따라 변화한다. 220V에서는 0.2MΩ, 440V에서는 0.4MΩ, 3,300V에는 3MΩ 이상 되어야 한다. 그리고 전기 기기의 절연재료는 다음 표와 같다.

표 3-1-2 전선의 종류(전기 기기의 절연 종류와 허용 온도)

절연 종류	최고허용온도(℃)	절연종류	최고허용온도(℃)
Y종	90	A종	105
E종	120	B종	130
F종	155	H종	180
C종	180 초과		

(2) 전동기의 종류

직류 전동기의 종류에는 직권식, 분권식, 복권식 등이 있고, 교류 전동기에는 권선형과 농형이 있다. 그리고 직류 전동기는 전원 공급이 불편하여 교류 전동기를 주로 사용하므로 여기서는 교류 전동기만 설명한다.

1) 권선형 전동기

타워 크레인에 주로 사용되는 이 전동기는 고정자 및 회전자 양끝에 권선을 지니고 있으며, 회전자의 권선에 슬립 링을 통하여 외부 저항을 증감시키면 부하를 걸었을 때 속도를 조절할 수 있으며, 특히 시동할 때 기계에 충격을 주지 않고 서서히 가속시킬 수 있다. 즉 2차 저항기를 이용하여 전동기의 전류제한 및 속도를 제어한다.

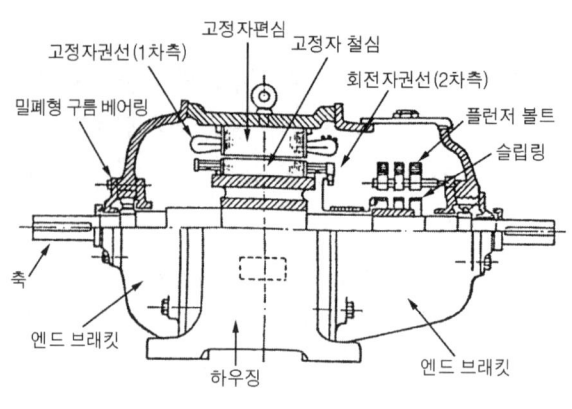

※ 권선형 전동기의 구조

2) 농형 전동기

이 전동기는 고정자, 회전자, 베어링, 냉각 팬, 엔드 브래킷으로 구성되어 있으며 고정자는 철심과 철심 안쪽에 파여진 홈에 감겨있는 권선으로 되어있다. 농형은 구조가 간단하고 튼튼하며 운전 중 성능은 좋으나 시동할 때 성능이 좋지 않아 슬로 스타터(slow starter)제어가 필요하며 브러시를 사용하지 않는다.

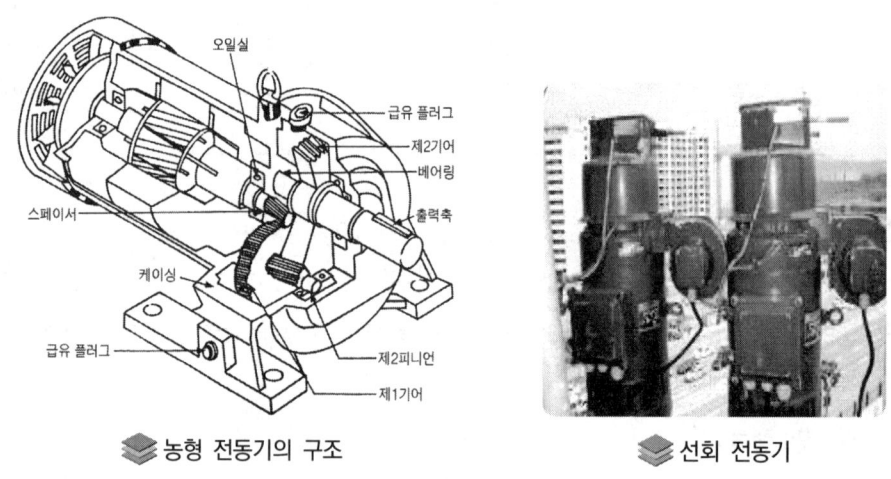

※ 농형 전동기의 구조 　　　　　　　※ 선회 전동기

4 저항기

① 타워 크레인의 권선형 유도 전동기의 시동 및 속도제어는 2차 회로에 저항기를 장입하여 작동된다.
② 이 경우 저항기를 **2차 저항기**라 하며, 저항체는 주철로 된 캐스트 그리드, 권선형의 철선 저항기, 액체나 탄소판 등을 이용한 강판 저항기로 나누어지나, 점진적으로 그리드 형 저항기가 많이 사용된다.

③ 권선형 전동기에 사용되는 2차 저항 제어방식의 특징은 다음과 같다.
- 2차 저항 값의 변화에 의해 속도가 조절된다.
- 시동할 때 쿠션 스타트(cushion starter)로도 사용된다.
- 부하변동에 따른 속도변동이 크고, 효율이 제어방식 중 가장 우수하다.
- 어떤 용량의 전동기에도 제어가 가능하다.

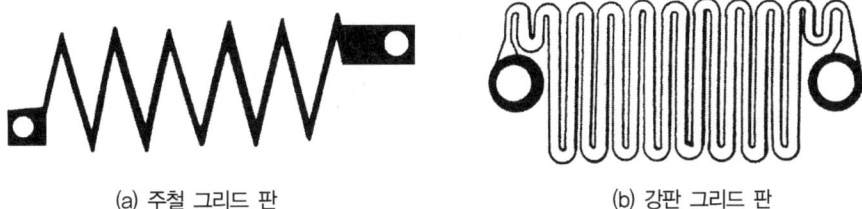

(a) 주철 그리드 판　　　　　(b) 강판 그리드 판

그리드 판의 종류

④ 저항기는 다음과 같아야 한다.
- 단자 체결부분은 풀림이 없을 것.
- 그리드는 균열, 손상 등의 이상이 없어야 하고, 그리드 상호간의 접촉이 없고, 체결부분은 풀림이 없고, 단자부근 부속 배선부분 및 절연 피복의 과열에 의한 열화가 없어야 하며, 절연물 위에 분진 등이 없을 것.
- 애자는 깨짐, 오염 등의 이상이 없을 것.

5 인버터

① 전기를 구성하는 요소 중 주파수(Hz), 전압(V), 전류(A)가 있는데, 일반적으로 전동기는 전압이 일정하다는 조건하에서 내부 스테이터(stator)의 속도를 권선과 극에 의하여 회전수를 고정시켜 부품을 제조하기 때문에 전동기는 회전수가 고정되게 마련이다. 따라서 회전수를 가변한 방법을 채택한 부품이 인버터이다.

② 일부 모델의 타워 크레인에도 인버터를 적용하고 있다. 회전수를 가변제어 하는 방법에는 간접변속과 직접변속이 있다.

③ 인버터는 제어 프로그램에 의해 작동되는 것이 기본인 만큼, 제어 프로그램이 부실하다면 다양한 부하 변동에 대처하기가 곤란해진다.

④ **인버터의 사용시 이점**으로는
- 속도를 제어 특성상 필요에 따라 속도 및 위치제어 등으로 정밀 제어할 수 있다.
- 감속이 되면 감속 비율에 따라 30 ~ 80%의 전력이 절감된다.
- 기동/정지시 안정적인 기동(soft start)과 느린 정지(slow stop)로 기동 전류의 소

모를 줄일 수 있다.
- 정상 운전시 30~60%의 가동으로 소음감소 효과가 있다.

6 리미트 스위치

리미트 스위치는 배전판, 제어판의 전자 접촉기를 작동시켜 전동기 운전을 제어하며, 인상용은 훅이 인상 드럼의 일부와 접촉하여 발생하는 위험을 방지한다. 리미트 스위치의 종류에는 스크루 방식(screw type), 캠 방식(cam type), 중추 방식(weight operated type) 등이 있다.

(1) 스크루 방식(Screw Type)

이 방식은 스크루가 인터록에 의해 회전하면 이것과 물리는 너트가 이동하여 개폐기의 레버를 움직여 접점을 개폐한다. 즉 인상 드럼에 의해 작동되며 예정된 드럼의 회전수에 따라 작동된다.

(2) 캠 방식(Cam type)

이 방식은 드럼으로부터 회전을 받아 원판 상의 캠 판에 배치된 스위치 축에 붙어 움직여 접점을 개폐한다.

(3) 중추 방식(Weight Operated Type)

이 방식은 훅의 접촉으로 인해 작동되는 비상용 리미트 스위치이며, 훅의 과다 상승 방지용으로 사용된다.

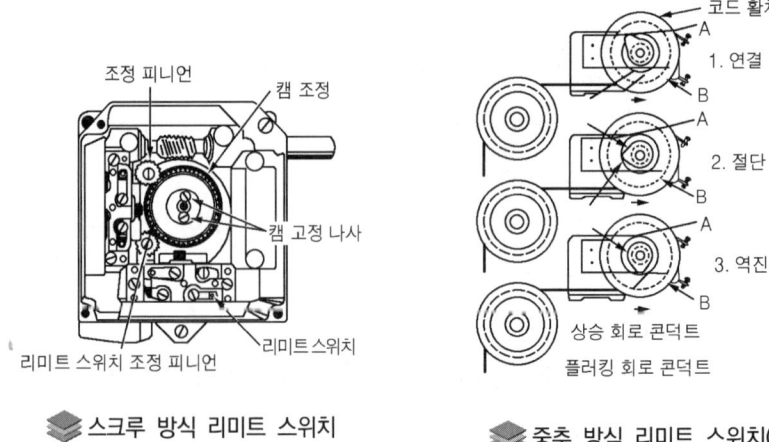

스크루 방식 리미트 스위치

중추 방식 리미트 스위치(1)

2) 인상용 리미트 스위치에 대한 구조와 관리사항

아래 그림에서 보여 지는 인상용 리미트 스위치는 트롤리 구동장치의 그것과 구조에 있어서 동일하다. 이것은 기어박스 반대 면에서 인상 드럼에 직결되어 있다. 기어박스의 스크루우는 드럼 그 자체의 회전속도로 구동된다. 설치를 위해서는 커버를 제거하고 다음 과정을 따른다.

① 훅을 가장 높은 위치에 가져다 두고, 위쪽 캠의 세트 스크루우를 느슨하게 풀고, 그 캠이 마이크로 스위치의 슈우와 접촉되어 "클릭"소리가 날 때까지 돌린다. 세트 스크루를 다시 조임으로써 제 위치에 캠을 고정시킨다.

② 훅을 가장 낮은 위치에 두고 아래쪽 캠도 같은 방법으로 조정한다.

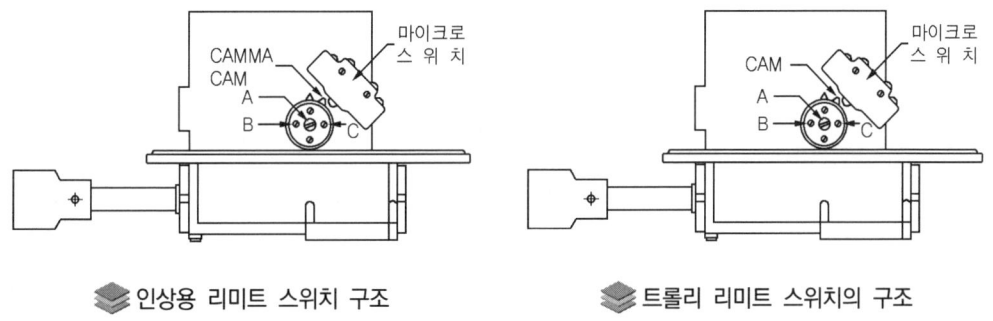

　　인상용 리미트 스위치 구조　　　　　트롤리 리미트 스위치의 구조

3) 트롤리용 리미트 스위치에 대한 구조와 관리사항

① 완충기에 트롤리가 부딪치는 것을 피하기 위해 트롤리 구동 드럼 위에 장착된다.

② 박스 안에는 네 개의 캠이 있고, 한 쌍은 트롤리의 안쪽위치, 다른 한 쌍은 바깥쪽 위치를 제어하기 위함이다.

③ 두 쌍에 있어서, 첫 번째 캠은 두 번째 네 개의 캠이 완전히 멈추었을 때 고속력을 차단한다(저속은 내버려둠). 보호커버를 때어 내어, 아래와 같은 방법으로 세팅한다.

④ 트롤리를 첫 번째 지브 섹션의 완충기로부터 0.5m 지점에 놓는다. 스크루우(A)를 풀고, 스크루우(B)를 마이크로 스위치의 "클릭"소리가 들릴 때까지 돌린다. 트롤리를 이제 뒤로 가져가 완충기로부터 약 0.5m 떨어지게 하여, 스크루우(C)를 돌린다.

⑤ 바깥쪽 트롤리 위치에 대해서는 두 번째 캠의 쌍들에 대해 똑같은 동작을 행한다.

⑥ 크레인 작동시의 위험을 피하기 위해 이 제한장치들을 떼어내지 않는 게 좋다. 크레인 설치 후 허가된 사람에 의한 설치 및 세팅은 가장 좋고 안전한 크레인 작업을 보장한다.

⑦ 이 크레인에 장치된 리미트 스위치는 정확히 같은 작업원리와 같은 설치 모드를 가지는 것은 아니다.

4) 선회용 리미트 스위치에 대한 구조와 관리사항

지브가 한 방향으로 만들 수 있는 회전수는 피딩 케이블의 위험한 유동을 막기 위한 회전제어 스위치에 의해 제한 통제된다. 리미트 스위치 안에는 4개의 캠이 있어 전기적으로 쌍으로 연결된다. 각 쌍은 한쪽 회전 방향을 각각 제어한다(시계방향과 반시계방향).

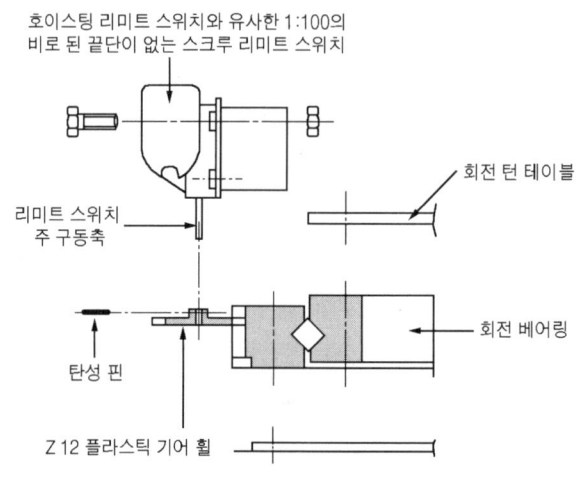

🔷 선회용 리미트 스위치에 대한 구조

설치순서는 다음과 같다.

① 시계방향으로 두 번 지브를 돌린다. 지브를 멈추고 "클릭"소리가 날 때까지 캠을 느슨하게 하여 마이크로 스위치가 접속되도록 한 다음 제 위치에서 리셋 시킨다.

② 두 번째 캠을 느슨하게 하여 첫 번째 캠 아래 450°만큼 돌려서 정 위치에서 다시 조인다. 이 두 번째 캠은 첫 번째 캠이 동작을 못할 때 지브를 멈추게 하기 위한 안전용 캠이다.

③ 지브를 반시계방향으로 두 번 회전시켜 남아 있는 두 캠들로 같은 방면으로 리셋시킨다. 크레인이 동작 중일 때, 세 개의 마이크로 스위치들을 빼주어서는 안된다.

5) 타워크레인 등은 트롤리 기구가 지브의 최대 바깥쪽과 안쪽에 접근 시 작동이 정지되는 트롤리 이동한계 스위치 등의 정지장치를 구비하여야 한다.

6) 타워크레인 등 선회장치를 갖는 크레인은 선회에 의한 구조 및 회전부와 고정부분 사이의 전기배선 등을 보호하기 위한 선회각도 제한스위치를 부착하여야 한다. 다만, 구조상 부착치 않아도 되는 경우는 예외로 할 수 있다.

7 조명장치

조명장치 등은 다음과 같아야 한다.
① 운전석의 조명상태는 운전에 지장이 없을 것.
② 야간작업용 조명은 운전자 및 신호자의 작업에 지장이 없을 것.
- 옥외에 지상 60m 이상 높이로 설치되는 크레인에는 항공법 제41조에 따르는 항공장애등을 설치하여야 한다.

8 과전류 차단기

① 과전류 차단기에는 대표적으로 누전 차단기(E.L.C.B; Earth Leakage Current Circuit Breaker)를 들 수 있으며, 일명 ELB로 불린다.
② 기능은 배선용 차단기(MCCB)의 기능을 가지면서 누전감지기능을 추가적으로 가지고 있다.
③ 누전 차단기는 배선용 차단기보다 더한 고기능을 가지고 있다.
④ 누전 차단기는 과전류 차단기능을 가진 것으로 개폐기구, 트립 장치 등을 절연물 용기 내에 일체로 조립되어, 통전 상태의 전로를 수동 또는 전기 조작에 의해 개폐할 수 있으며, 과부하, 단로 및 누전 발생시 자동적으로 전류를 차단하는 기구를 말한다.
⑤ **누전 차단기의 설치 목적**
  교류 600V 이하의 저압전로에서 누설 전류(누전)로 인한 감전사고와 전기화재 등을 방지하기 위하여 사용되는 차단기로 누전으로 인한 재해가 예상되는 전로에서는 반드시 설치하여야 한다.
⑥ **설치 필요성**
  일반적으로 가로등 공사의 접지봉을 타설하여 제3종 접지공사의 최저 접지 저항값인 100Ω 이하이면 누전차단기 설치 필요성이 없는 것으로 판단하고 있으나 접지저항이 1Ω 이상일 경우에 누설전류가 흐르면 사람이 금속제 외함 등에 접촉시는 감전사고가 발생할 수 있다. 만일 1Ω 이하의 저항값을 얻었다 해도 그 값을 계속 유지하기 어렵고, 또한 누전으로 인한 화재보호 대책을 강구하여야한다. 따라서 누설전류가 흐를 때 전로를 차단하는 기기를 설치하여야 한다.
⑦ **누전 차단기의 원리 및 구조**
  검출방식에 따라 전류 동작형과 전압 동작형이 있으나 전압 동작형은 접지 선정의 어려운 점으로 사용을 않는다. 전류 동작형은 누전발생시 지락전류를 영상변류기(ZCT)로 검출하여 차단기를 동작시키는 방식이다. 전자식과 기계식이 있는데, 전자

식은 ZCT의 2차 출력을 집적회로를 이용 증폭하여 사이리스터 게이트(thyristor gate)에 입력하여 전자장치가 작동하여 트립(trip)시키는 방식이다.

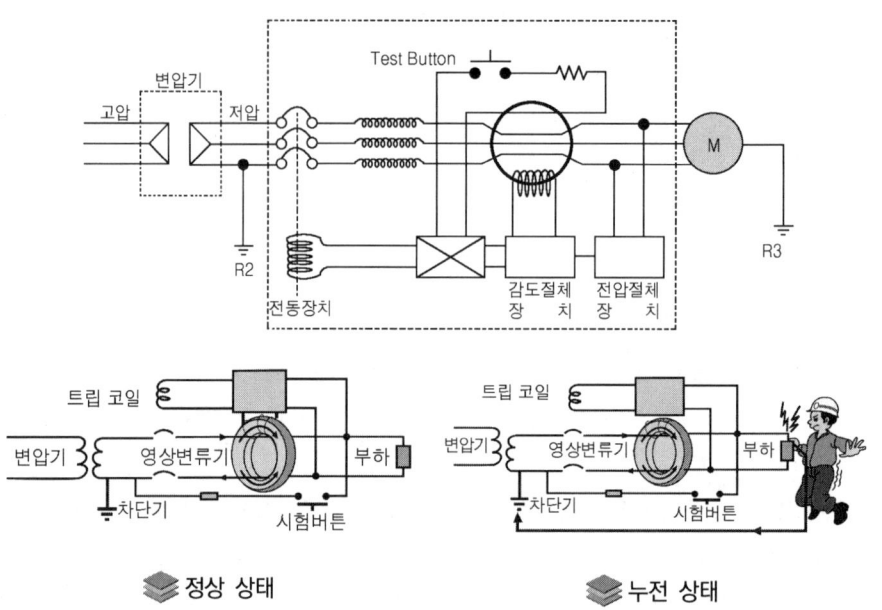

⑧ **누전 차단기 설치시 유의 사항**
- 병렬 설치시 내부 저항 차이로 오동작 발생으로 설치가 불가능 하다.
- 누전차단기 설치된 전동기와 설치 안 되어진 전동기의 어스선을 공용하지 말아야 한다(공용할 경우 누전차단기 설치 안 되어진 전동기에 누전이 될 경우 대지전압 상승으로 어스선 공용되고 있는 모든 전동기에 위험전압이 발생되며 이때 누전차단기는 동작하지 않는다).
- 거리가 긴 케이블 사용시 대지 정전 용량에 의한 충전전류로 오동작 우려가 있으므로 가급적 부하 가까이 설치한다.

⑨ **누전차단기의 설치 장소**
- 사람이 쉽게 접촉될 우려가 있는 장소에 시설하는 사용 전압이 60V를 초과하는 저압의 금속제 외함을 가지는 기계 기구
- 특별고압 또는 고압 변압기에서 저압으로 강압하는 300V 이상의 저압전로
- 주택 내 대지 전압 150V 초과 300V 이하의 저압전로
- 수영장 조명 공급 절연 변압기 2차 측 사용전압 30V 초과하는 것에 대해 2차 측 전로
- 대지 전압 150V 초과하는 이동형 또는 가반형 전동기

- 습기가 많은 장소에 시설하는 전로
- 옥외에 시설하는 전로나 사람이 닿기 쉬운 장소에 시설한 전로
- 아케이드 조명설비
- 건축 공사 등으로 가설한 전로

누전차단기 설치

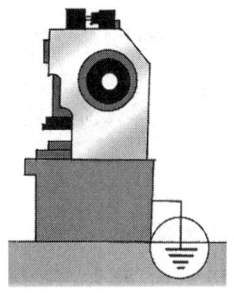
외함 접지

9 배선용 차단기

① 배선용 차단기는 일명 N.F.B(No Fuse Breaker)의 약자로서 본 장치의 정식명칭은 MCCB(Mold Case Circuit Breaker)로 정해져 있다.

② MCCB는 전기회로에 이상 상태를 감시하여 규정치 이상의 전기를 사용시 회로를 보호하기 위하여 설치하는데 전선의 단락이나 과부하시 회로를 차단하는 역할을 수행한다.

③ 이것은 개폐기구, 트립 장치 등을 절연물 용기 내에 일체로 조립한 것으로 통전상태의 전로를 수동 또는 전기 조작에 의해 개폐할 수 있으며, 과부하 및 단로 등의 이상 상태시 자동적으로 전류를 차단하는 기구를 말한다.

④ 따라서 배선용 차단기는 교류 600V 이하 또는 직류 250V 이하의 저압 옥내전로의 보호에 사용되는 몰드케이스(Mold Case)차단기를 말한다.

배선용 차단기 구성도

   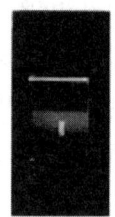

ON(켜짐)　　OFF(꺼짐)　　TRIP(트립)

배선용 차단기 스위치

> **핸들에 의한 동작표시**
> - **트립표시** : 사고전류에 의해 자동차단하였을 경우 핸들이 ON(켜짐) OFF(꺼짐) 중간 위치에 표시된다.
> - **리셋** : 사고 전류에 의해 자동차단되었을 경우 핸들을 OFF(꺼짐) 위치로 완전히 리셋시킨 후 ON(켜짐)위치로 재투입한다.

(1) 배전용 차단장치의 종류 및 동작원리

배선용 차단기의 핵심 부분인 과전류 트립 장치의 종류 및 동작원리에 대하여 알아보고자 한다. 통상 트립 장치는 열동전자식(TM), 완전전자식(ODP, HM), 전자식으로 나누어지는데 이들의 차이점에 대하여 알아보도록 한다. 먼저, 완전전자식(ODP, HM)이란 단어의 한자를 보면, 完全電磁式으로 표기하여 완전한 전기자기식이라는 의미를 갖는다. 즉, 그림과 같이 전자석의 원리에 의해 동작한다.

1) 완전전자식 구조

① **ODP**라는 용어는 오일 대시 포트(oil dash pot)의 약자로 글자 그대로 해석하면 '용기 내부에 기름을 넣은 장치'로 이상전류를 감지하는 장치이다.

② **HM**이란 용어도 같이 사용되는 말로 하이드롤릭 마그네틱(hydraulic magnetic)의 약자이다.

③ 동작원리를 보면 그림의 코일(coil) 부분을 통해 전류가 흐르는데, 만약 기준치 이상의 전류가 흐르게 되면 전자석의 원리에 의해 자속이 생성되어 오일 대시 포트 내부의 플런저(plunger)가 이동하고 상부에 있는 아마추어(armature)를 흡인하게 된다.

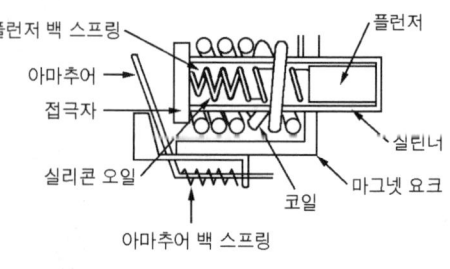

완전전자식의 구조

④ 이러한 동작으로 앞서 설명한 트립 크로스 바(trip cross bar)를 움직이게 하여 차단기를 트립하게 된다. 이 경우는 **시연 트립**이라고 하며, 일반적인 과전류가 인가 시 동작하는 원리이다.

⑤ 만약, 순간적으로 차단기에 정격전류의 8 ~ 10배 이상의 대전류가 인가시에는 위와 같이 동작하면 시간적으로 너무 늦어질 수가 있다.

⑥ 이 경우에는 흐르는 전류가 대전류이므로 ODP 내부의 플런저가 이동하기 전에 상부의 아마추어를 흡인하여 동작하게 된다. 이것을 순시 트립이라고 한다.

2) 열동전자식 구조

① 한자로는 **熱動電磁式**으로 표기되며 의미는 열에 의해 동작되는 방식임을 알 수 있다. 열동전자식의 명칭은 TM이라고도 표기하는데 서멀 마그네틱(thermal magnetic)의 약자이다.

② 그림에서는 열동전자식의 구조에 대하여 나타내고 있다. 열동전자식의 동작원리에 대하여 이해하기 위해서는 먼저, 바이 메탈(Bi-Metal)에 대한 이해가 필요하다. 바이 메탈이란, 서로 특성이 다른 두 가지 금속을 접합시킨 것으로 이 금속에 열을 가하면 열 특성이 적은 금속 쪽으로 금속이 휘는 성질을 말한다.

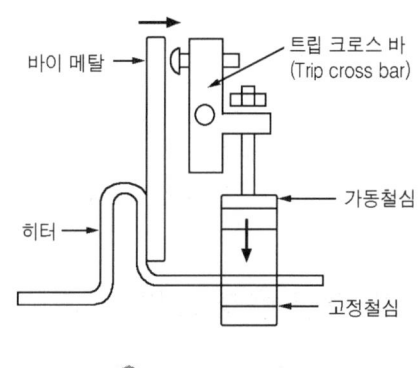

≋ 열동전자식의 구조

③ 열동전자식 구조는 그림에서와 같이 전류는 히터(heater)로 흐르게 되는데, 규정치 이상의 전류가 흐르면 열이 발생된다.

④ 이때 상부의 바이 메탈이 한쪽으로 휘게 되어 결국은 트립 크로스 바(trip cross bar)를 움직이면서 차단기가 트립 된다. 이 경우는 앞서 설명한 ODP와 같이 시연 트립이 동작이다. 마찬가지로 대전류 인가시에는 바이 메탈이 동작하기 전에 고정철심이 가동철심을 흡인하게 된다.

⑤ 전자석의 원리에 의해 바이 메탈이 감지하여 동작하는 시간보다 빠르게 동작하여 마찬가지로 트립 크로스를 동작시켜 차단시켜 준다. 이 경우를 **순시 트립**이라고 한다.

3) 전자식 구조

① 전자식은 전류 검출부를 전자화한 것이다.

② 내부에 CT(current transformer)를 통하여 감지된 전류를 전자회로를 통하여 감지하여 이상전류로 판단시 석방 마그넷을 이용하여 트립 크로스 바를 동작시켜 차단기를 트립 시켜 준다.

③ 전자식의 기본동작원리 구성도는 그림과 같다.

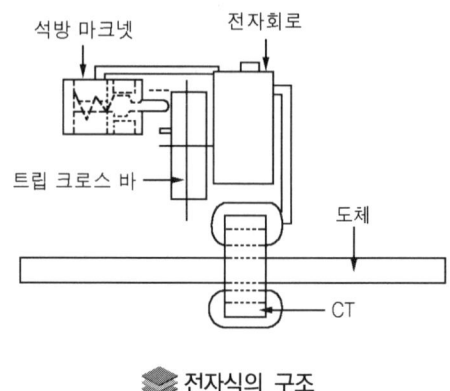

🔷 전자식의 구조

④ 전자식의 경우에는 앞서 거론된 완전전자식, 열동전자식 방식에서는 구현이 어려운 기능 구현이 가능하여 보다 정밀하고 다양한 기능이 필요한 경우에 사용된다.

10 무선 원격조정기

(1) 정보통신부 소관 전파관리법에 의한 무선 원격조정기 표기형식

형식승인 번호와 인증마크, 인증서 상의 제조업체명 및 제품모델, 인식번호 등을 제품에 명기하도록 규정하고 있다.

(2) 고용노동부 소관 산업안전보건법에 의한 무선 원격조정기 기본 부가장치

① 송신기 : 비상정지버튼과 잠금 스위치가 있을 것, 비상정지 버튼은 적색 돌출형 수동복귀형식일 것, 잠금 스위치는 착탈식 일 것 등으로 규정하고 있다.

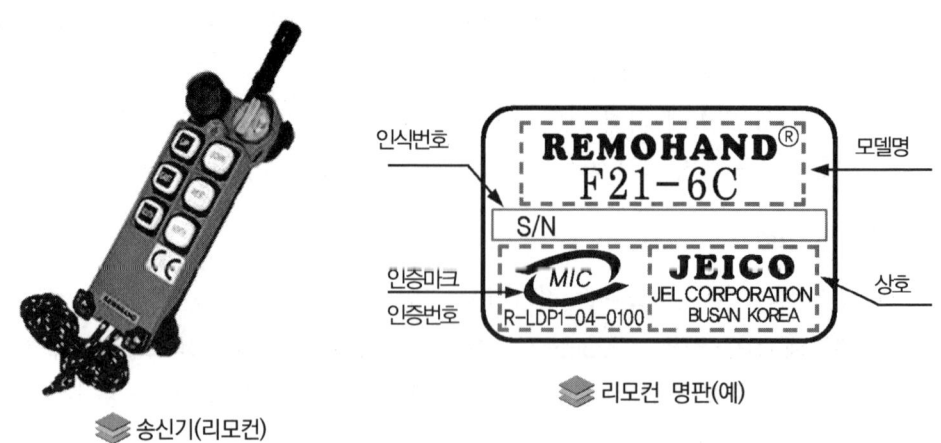

🔷 송신기(리모컨)   🔷 리모컨 명판(예)

② **수신기** : 비상정지 회로와 유무선 선택 스위치가 있을 것, 비상정지 회로는 비상정지 및 별도 회로 형식일 것, 유무선 선택 스위치는 펜던트와 겸용의 경우 각각 갖출 것
③ 무선 원격 조정기는 반드시 크레인의 비상회로와 연동되는 회로로 구성되어야 한다. 그러므로 수신기에는 별도의 회로를 구성해야 한다. 또한 팬던트 스위치와 운전실을 함께 사용할 경우, 유무선 절환 스위치를 설치해야 한다.

1-3 접지

1 접지의 원리

전기기계 기구, 금속제 외함을 충분히 낮은 접지 저항치 이하로 만드는 방법을 말한다.

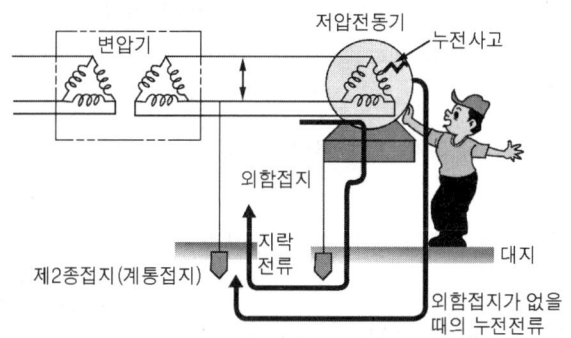

저압기기 누전시 지락전류가 흐르는 방향

2 접지의 종류와 특성

(1) 계통접지
고저압 혼촉 사고시 저압측 대지전압이 비교적 안전한 150V 이하가 되도록 설치하는 접지를 말한다.

(2) 외함접지(전기기계 기구의 철대 및 외함의 접지)
접지선을 연결한 접지 극을 땅속에 매설하여 누전사고시 누전전류의 대부분을 땅으로 흘려보내 감전재해를 방지한다.

(3) 낙뢰방지용 접지

낙뢰전류를 안전하게 대지로 흘려줌으로써 전기설비를 보호하기 위한 접지(피뢰침, 피뢰기 접지)를 말한다.

(4) 정전기방지용 접지

정전기로 인한 화재 폭발 위험이 있는 설비에 하는 접지를 말한다.
① 위험물 주입 및 저장설비
② 위험물 건조설비
③ 인화성 유기용제 취급설비
④ 가연성가스 저장 취급설비

(5) 잡음방지용 접지

① 외부잡음에 의하여 기계 기구 및 장치가 오동작하거나 통화품질이 저하되는 것을 방지
② 내부 잡음이 외부로 방사되어 다른 기기에 장해를 주는 것을 방지한다.

(6) 접지의 3대 구성요소

① 피접지체 : 전기설비의 금속제 외함이나 금속관 등
② 접지선 : 피접지체와 접지극을 전기적으로 연결하는 전선
③ 접지극 : 접지선을 대지에 연결하는 접지봉, 접지판 등

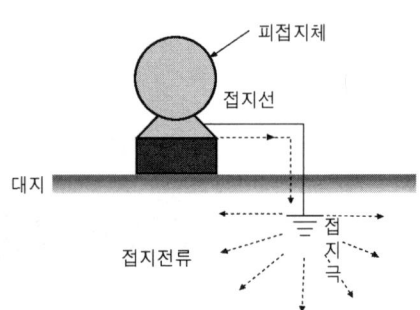

(7) 전기기계 기구의 외함 및 철대의 접지 사례

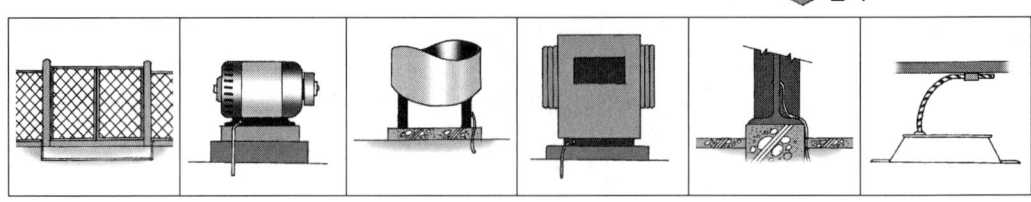

(8) 배전반에서의 접지

(9) 접지 저항 측정법

1) 포인트 측정법
① 가장 많이 사용되는 접지저항 측정방법
② 접지 극 이외에 보조전극 2개를 사용

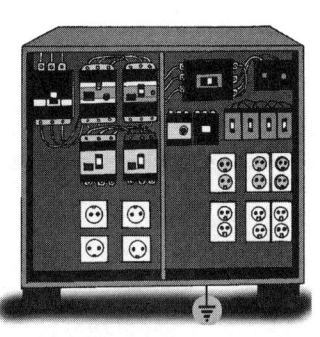

▶ 배전판에서의 접지

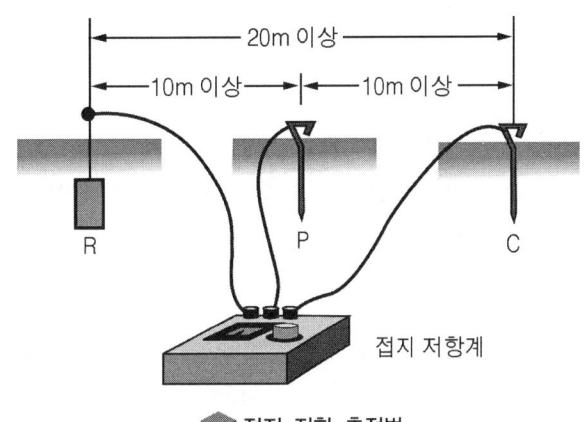

▶ 접지 저항 측정법

(10) 접지설비의 관리방법 및 기준

모든 전기기계·설비는 구조물에 잘 접지되어 있는지 조사하고 접지저항을 측정하여야 한다. 접지설비는 다음과 같아야 한다.

1) 전동기 외함, 제어반의 프레임 등은 접지하여 그 접지저항은

- 400V 이하일 때 100Ω
- 400V 초과할 때는 10Ω

이하이어야 한다.

다만, 방폭 지역의 저압 전기기계·기구의 외함은 전압에 관계없이 10Ω 이하이어야 한다.

2) 접지전용 트롤리선 및 접지선

당해 전기기계·기구에 대하여 충분한 용량 및 전기적, 기계적 강도를 가져야 한다.

3) 옥외에 설치되는 타워 크레인 등에 대한 접지공사

마스트 철 구조물의 단면적이 300mm²이내일 때에는 피뢰침 및 도선 등을 설치하여야 하고 300mm²이상이며, 마스트의 연결 상태가 전기적으로 연속적일 경우에는 다음 각호와 같이 피뢰용 접지공사를 하여야 한다.

4) 위험한 장소 및 지상높이 20m 이상의 크레인에는 충분한 용량 및 강도를 가지는 피뢰접지를 하여야하며 접지저항은 10Ω 이하일 것.

5) 접지판 혹은 접지극과의 연결도선은 동선을 사용할 경우 30mm²이상, 알루미늄 선을 사용한 경우 50mm²이상일 것.

6) 피뢰도선과 피접지물 혹은 접지극과는 용접, 볼트 등에 의한 방법으로 견고히 체결되고 현저한 부식이 없는 재료를 사용하여야 한다.

   ① 인하도선
   - 절연전선으로 단면적 38mm²이상 또는 동등한 재질 이상으로 하여야 한다.
   - 인하도선은 길이가 짧도록 설치되어야 하며 부득이한 경우는 직각으로 구부려도 지장이 없다.

   ② 접지 극
   - 접지 극은 인하도선에 1개 이상 접속한다.
   - 접지 극은 두께 1.4mm 이상으로 면적 0.35m²(평면) 이상의 강판 또는 3mm 이상으로 면적 0.35m²(평면) 이상의 용융아연 도금 철판 또는 이와 동등 이상의 접지효과가 있는 금속체를 사용한다.

7) **타워 크레인의 검사 및 보수**

   ① 타워크레인이 설치 중이라도 접지설비가 완성되면 접지검사를 행해야 한다. 이 때 접지저항은 10Ω 이하이어야 한다.
   ② 접지설비는 매년 정기적으로 아래 사항의 검사를 자체적으로 행하여 안전한가를 확인하여야 하며 적합하지 않을 경우는 재시공을 실시해야 한다.
   - 접지 저항의 측정
   - 각 접속부의 검사
   - 인하도선의 단선, 용융 등 기타 손상된 곳이 있는가를 점검

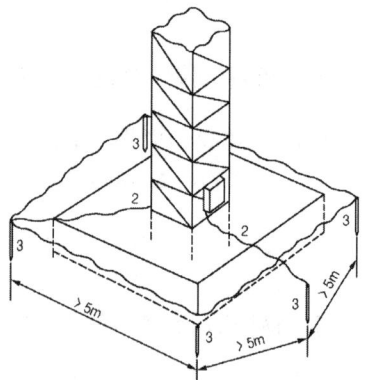

8) **타워크레인의 접지방법**

   ① 타워 크레인 레일경로는 자국표준에 따라 접지 되어야 한다.
   ② 정상적으로 모든 레일들은 접지 되어야 하고 최소 동선 38mm² 를 사용하여 아이와 볼트를 연결하여 조인다.

③ 접지 플레이트는 최소 ø50mm 가져야 하며 길이변화는 2~4m, 그리고 저항 20Ω 이상 가지지 않도록 한다.

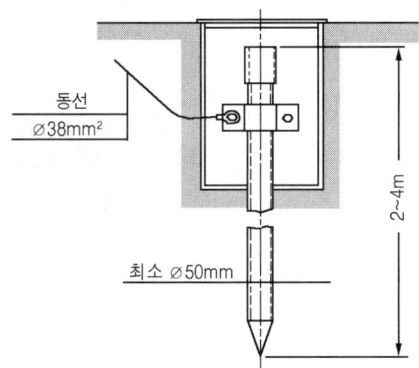

9) 특히, 제어용 변압기 2차 측의 1선이 접지되는 제어회로에서 전자접촉기 등의 조작회로를 접지하였을 때에 전자접촉기 등이 폐로될 우려가 있는 것은 다음과 같이 전로에 접속되어야 한다.

① 코일의 한 끝은 접지 측의 전선에 접속할 것.
② 코일과 접지 측 전선과의 사이에는 개폐기가 없을 것.

적중예상문제

01 전동기의 절연저항의 측정에 사용되는 장비는?
① 스모그 테스터
② 옴 메타
③ 라인 스피드 미트
④ 메가

02 다음 중 전기 스파크가 일어났을 때 가장 먼저 취해야 하는 조치는?
① 전동기 스위치를 끈다.
② 레버를 정 위치로 한다.
③ 퓨즈를 끊는다.
④ 주 전원 스위치를 차단한다.

03 크레인에서 전기적 스파크가 발생하기 어려운 곳은?
① 전자 접촉점   ② 전자 접촉기
③ 스위치 접점   ④ 전동기 베이스

04 타워 크레인의 배전반으로 스위치 접점에 대한 설명이다. 틀린 것은?
① 자주 점검을 하는 것이 좋다.
② 스위치 접점에는 그리스를 칠하면 안 된다.
③ 접점의 은판이 손상되면 새것으로 교환한다.
④ 접점이 검게 변색된 것은 손상된 것이다.

05 타워 크레인의 전기장치 보관 시 점검사항을 설명하였다. 틀린 것은?
① 리미트 스위치의 기능 체크
② 전장 패널 고장 및 손상 유무
③ 전동기의 변색여부
④ 전기 커넥터의 꼬임 여부

06 러핑 타워 크레인의 와전류 브레이크에 대한 설명으로 옳지 않은 것은?
① 디스크 브레이크로 설계되어 있다.
② 전압이 와전류를 생성하여 자극의 자기장과 작용하여 제동 토크를 발생시킨다.
③ 제동 토크는 활성 전류의 증가 속도와 수준이 증가함에 따라 감소한다.
④ 휠은 디스크에 열 발생을 제거하기 위해 송풍기 역할을 한다.

해설 제동 토크는 활성 전류의 증가 속도와 수준이 증가함에 따라 증가한다.

07 러핑 타워 크레인의 와전류 브레이크에 대한 설명으로 틀린 것은?
① 와전류 브레이크는 마모된다.
② 제동 모멘트는 자기장에 의해 생성된다.
③ 제동 토크는 활성 전류의 증가 속도와 수준이 증가함에 따라 증가한다.
④ 브레이크 스텝이 장시간 작동 시는 회전자 및 권선이 과열될 수 있다.

해설 제동 모멘트는 자기장에 의해 생성되므로 브레이크는 마모가 되지 않는다.

정답 01.④ 02.④ 03.④ 04.④ 05.③ 06.③ 07.①

08 타워 크레인의 작동시 권상기어 전동기가 1단에서 2단으로 작동하는 경우에 회전속도의 상태는?

① 저속으로 작동된다.
② 고속으로 작동된다.
③ 초 저속으로 작동된다.
④ 중속으로 작동된다.

09 타워 크레인 본체 설치 작업 전 전기부문에 대한 기본적인 설치조건을 설명 하였다. 틀린 것은?

① 크레인 규격별 설치조건은 대부분이 동일하다.
② 메인 케이블 용량은 마스트의 높이에 따라서 상이하다.
③ 변압기는 크레인 규격별로 다를 수 있다.
④ 소요전력은 크레인 규격별로 다를 수 있다.

10 타워 크레인의 지브 끝단과 전선로는 적정한 안전이격 거리를 두어야 한다. 다음 중 전로 전압이 345KV인 경우에 안전이격 거리는?

① 4.8m   ② 5.8m
③ 6.8m   ④ 7.8m

11 전기기계·기구의 적정설치 요건으로 틀린 것은?

① 충분한 전기적 용량 및 기계적 강도
② 높은 액체에 의한 습윤장소의 감도
③ 습기 등 사용 장소의 주위 환경
④ 전기적·기계적 방호수단의 적정성

12 누전차단기의 정격감도 전류의 기준치를 올바르게 설명한 것은?

① 5mA 이하   ② 10mA 이하
③ 20mA 이하   ④ 30mA 이하

13 과전류 보호 장치의 차단기준을 설명한 것으로 틀린 것은?

① 반드시 접지선외의 전로에 병렬로 연결할 것
② 차단기·퓨즈는 최대 과전류에 대해 충분히 차단하는 성능을 가질 것
③ 전기계통상에서 상호 협조·보완되도록 할 것
④ 과전류 발생시 전로를 자동으로 차단하도록 할 것

14 브레이크용 전자석에서 전압강하가 많이 나타나는 경우에 일어날 수 있는 요인으로 맞는 것은?

① 문제가 발생하지 않는다.
② 충격이 일어날 수 있다.
③ 작동시간이 매우 빨라질 수 있다.
④ 과열이 일어난다.

15 전동기가 오랜 시간 작동 중에 갑자기 심한 진동이 발생하였다. 틀린 것은?

① 절연상태의 불량
② 베어링의 마모
③ 볼트의 풀림
④ 전동기의 기초 베이스 고정 불량

정답 08.④ 09.① 10.③ 11.② 12.④ 13.① 14.④ 15.①

16 인체에 허용되는 안전 전압은 얼마인가?
① 30V ② 35V
③ 40V ④ 45V

17 인체에 미치는 위험 수준의 전류(mA)는 얼마인가?
① 20mA ② 30mA
③ 40mA ④ 50mA

18 작업자가 감전될 때 몸에 흐르는 전류는 무엇의 대소가 클 때 영향을 미치는가?
① 저항 ② 전원
③ 전압 ④ 전류

19 전기 배선작업을 할 때 전선의 굵기는 무엇에 의해 결정되는가. 틀린 것은?
① 절연저항
② 기계적인 강도
③ 허용전류
④ 전압강하

해설 전선의 굵기는 전선을 잘랐을 때 면적의 크기(mm^2)이다. 따라서 전선의 굵기는 전압(V)이 중요하지 않고 전류(A)가 중요하다.

20 제어 컨트롤러에서 인터록 시스템(Inter Lock System)을 설치하는 근본적인 이유는?
① 전자 접촉기의 원활한 동작을 위함
② 스파크 발생 방지를 위함
③ 원활한 전원의 공급을 위함
④ 전자접속의 안전을 확보키 위함

21 다음 중 전기장치 부품에서 스파크가 발생될 수 있는 경우를 예를 들었다. 맞는 것은?
① 주파수가 비교적 낮은 경우이다.
② 접촉점간에 전압이 낮을 때이다.
③ 접촉점에 흐르는 전류가 많을 때이다.
④ 전기회로를 ON상태로 한 경우이다.

22 타워크레인 권상장치 속도제어용으로 주로 사용되며 마모가 없고 저속도를 얻는 데 용이한 브레이크는?
① 디스크 브레이크
② 마그넷 브레이크
③ 스러스트 브레이크
④ E.C 브레이크

해설 E.C 브레이크는 와전류 브레이크라고 부르며, 권상속도 제어용 브레이크로 구조가 간단하고, 마모가 없으며 저속도를 얻을 수 있는 장점이 있다. 특히, 이것은 금속제 원판이 회전하면, 이 회전을 멈추고자 하는 쪽으로 제동이 작용하는 성질을 이용한다.

23 전력의 단위로 옳은 것은?
① W ② V
③ A ④ Ω

해설 V : 전압, A : 전류, Ω : 저항의 단위이다.

24 전동기의 용량 5마력(HP)을 kw로 환산하면 맞는 것은?
① 6.73kw ② 5.73kw
③ 4.73kw ④ 3.73Kw

해설 1HP=0.746kw, 5HP×0.746kw=3.73kw

25 우리나라에서 허용되는 전원공급 조건 중 공칭 주파수로 옳은 것은?

① 50cycle ② 60cycle
③ 70cycle ④ 80cycle

해설 국내에서 허용되는 전원 공칭주파수는 60사이클이다.

26 타워크레인의 제어반 부품으로 틀린 것은?

① 브레이크 실린더(brake cylinder)
② 터미널 블록(terminal tip)
③ 케이블 덕트(cable duct)
④ 콘덕트 팁(conductor tip)

해설 브레이크 실린더는 디스크 브레이크의 구성부품이다.

27 전동기 회로를 보호하는 장치로 틀린 것은?

① E.O.C.R
② 과전류 릴레이
③ 저항기
④ 과부하 계전기

해설 저항기는 권선형 유도 전동기의 2차측에 설치되어 저항값의 크기를 제어기로 제어하여 전동기의 속도를 조절하는 기구이다.

28 마그넷 브레이크 구조에서 스트로크(stroke)와 슈(shoe)를 동시에 조정할 수 있는 구조로 설계된 기구는?

① 여자코일
② 브레이크 슈
③ 포스트
④ 타이로드

해설 스트로크(브레이크 스프링 장력)와 브레이크슈 간격을 동시에 조절할 수 있는 기구는 타이로드이다.

29 마그넷 브레이크 라이닝 두께가 30%마모된 경우 조치방법으로 옳은 것은?

① 스트로크를 조정한다.
② 마그넷 코일을 교환한다.
③ 마모한계 까지 사용한다.
④ 라이닝을 교환한다.

해설 라이닝 두께가 마모한계(50%) 이내 범위인 경우에는 스트로크를 조정한다.

30 브레이크 드럼의 구비조건으로 틀린 것은?

① 마찰계수값이 작을 것
② 내마모성이 클 것
③ 내열성이 클 것
④ 제동효과가 좋을 것

해설 브레이크 드럼은 마찰계수가 커야만 제동력이 우수하고 확실한 제동효과를 발휘할 수 있다.

31 전자브레이크의 전자석 부분과열 원인으로 틀린 것은?

① 권선 부분 단락
② 전원 전압 강하
③ 철심 부착 불량
④ 브레이크슈의 마모

해설 이밖에도 과열원인으로는 브레이크슈와 라이닝의 간극 과소 등이 있다.

32 전동기용 제동기로 전기로 구동하지 않고 유압으로만 구동되는 것은?

① 마그넷 브레이크
② 기계적 브레이크
③ 유압 압상기 브레이크
④ 오일 디스크 브레이크

해설 유압 압상기(스러스트)브레이크는 전기를 투입하여 유압으로 구동한다.

정답 25.② 26.① 27.③ 28.④ 29.① 30.① 31.④ 32.④

33 브레이크 드럼과 라이닝과의 관계 중 틀린 것은?

① 드럼과 라이닝 간격은 드럼직경의 1/150 ~ 1/200 범위이다.
② 드럼은 과열시 직경변화가 있다
③ 드럼 제동면 요철이 2mm 도달시 가공한다.
④ 드럼 제동면이 과열시 마찰계수는 증가한다.

해설 드럼 접촉면이 과열시 마찰계수는 감소한다.

34 제동시 브레이크 라이닝에서 발열로 연기가 발생시 조치방법은?

① 브레이크 드럼 교환
② 라이닝 간극 과소 조정
③ 브레이크 드럼과 라이닝 간극을 조정
④ 라이닝 교환

해설 브레이크 드럼과 라이닝의 틈새를 균형적으로 조정한다.

35 오일 등이 묻어서는 안 되는 곳은?

① 와이어로프
② 감속기어
③ 브레이크 드럼과 라이닝
④ 시브 홈

해설 브레이크 드럼과 라이닝에 오일이 묻어 있으면 제동시 슬립현상을 유발시켜 제동력이 상실된다.

36 무선 원격조정기로서 기본 부가장치가 아닌 것은?

① 비상정지버튼을 갖춘 경우 잠금 스위치는 선택사양이다.
② 비상정지 버튼은 적색 돌출형 수동복귀형식이다.
③ 잠금 스위치는 착탈식이다.
④ 비상회로와 연동되는 회로로 구성된다.

해설 송신기에는 비상정지버튼과 잠금 스위치를 동시에 갖추어야 한다.

PART 04
방호장치

01. 타워 크레인의 방호장치

CHAPTER 02 타워 크레인의 방호장치

1-1 타워 크레인의 방호장치 종류

타워 크레인으로 화물을 운반하는 도중 운전자의 실수 혹은 장치의 오작동, 미설치 등의 요인으로 인하여 사고를 미연에 방지할 수 있도록 방호장치는 항상 안전하고 확실하게 작동되고 관리되어야 한다. 이 때문에 장비 사양에 기록되어 있는 설비 능력을 충분히 숙지하고 올바른 운전(조종)을 해야 한다.

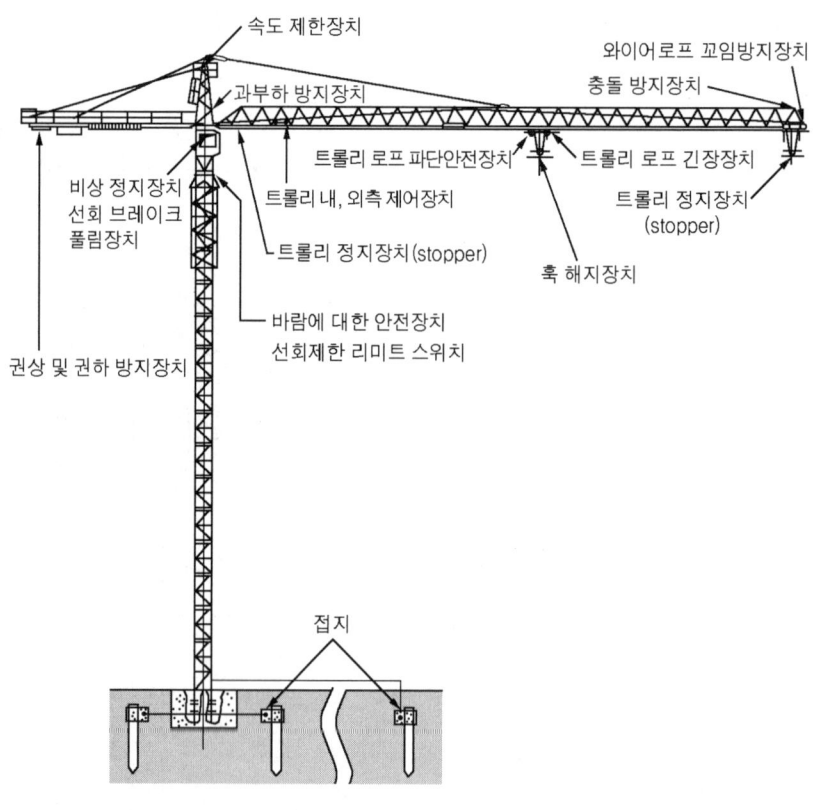

타워 크레인의 방호장치 종류

1-2 타워 크레인의 방호장치 원리

1 인상 및 인하방지장치

타워크레인으로 화물을 운반하는 도중 훅이 지면에 닿거나 인상 작업을 할 때 트롤리 및 지브와의 충돌을 방지하는 장치이다. 전원회로를 제어하며 인상 드럼의 축에 리미트 스위치를 연결하여 과다한 인상 및 인하 상태에서 자동적으로 전원을 차단하는 구조로 되어 있다.

권과방지장치

2 과부하방지장치

타워크레인의 각 지브 길이에 따라 정격하중의 1.05배 이상을 인상할 때 과부하 방지 및 모멘트 리미트 스위치가 작동하여 인상 동작을 정지시키는 장치이다.

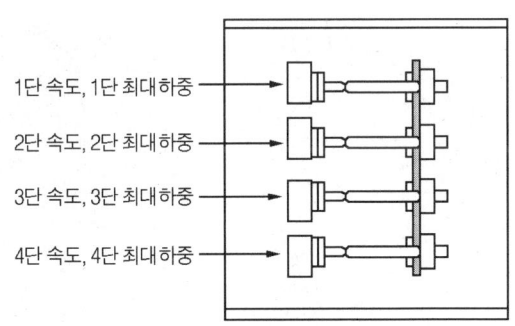

인상과부하 및 속도제한장치

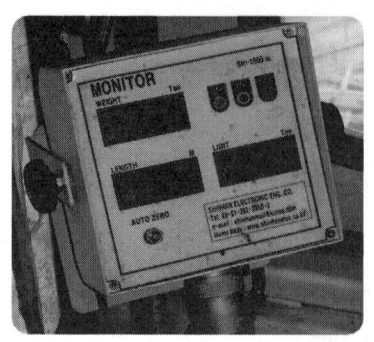 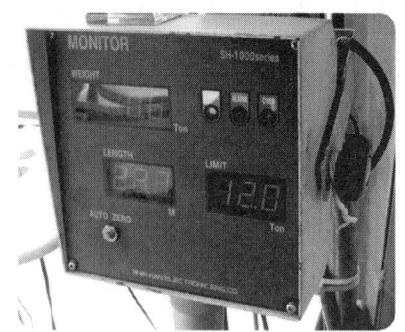

▧ 모멘트 리미터

3 속도제한장치

인상 속도를 단계별로 정해진 정격하중을 초과하여 타워 크레인을 운전할 때 안전 사고방지 및 인상 장치를 보호하는 장치로서 전원회로를 제어한다.

4 바람에 대한 안전장치

전동기가 작동할 때와 전동기에 토크가 발생할 때까지 약간의 시간이 필요한데 이때 바람이 불 경우 역방향으로 작동하는 것을 방지하는 장치이며, 회전기어 브레이크 주위에 부착된 리미트 스위치에 의해 전원 회로를 제어한다.

5 훅 해지장치

와이어로프가 훅으로부터 이탈되는 것을 방지하는 장치이다.

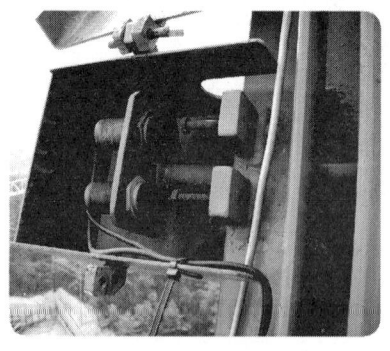 

▧ 기계식 과부하장치 　　　　▧ 훅 해지장치도

6 선회 제한 리미트 스위치

이 스위치는 선회장치 내부에 부착하여 회전속도를 검출하고, 주어진 범위 내에서만 선회작동이 가능하도록 구성되어 있다. 회전판에 의해 작동하며 제한 리미트 스위치가 연결되어 있는 1개의 피니언으로 이루어진다. 세팅은 선회 양방향으로 1.5바퀴(360° × 1.5)까지 지브 회전을 제한한다.

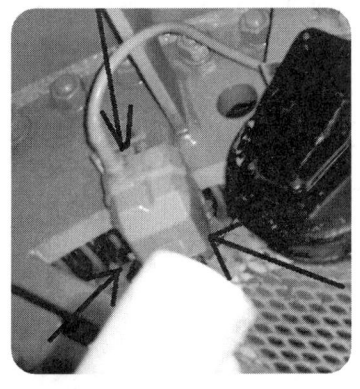
선회제한 리미트(1)

선회제한 리미트(2)

7 충돌방지장치

작업반경이 다른 크레인과 겹치는 구역 내에서 작업할 때 크레인간의 충돌을 자동적으로 방지하도록 하는 안전장치이다. 특히 같은 궤도상으로 주행하는 타워크레인이 2대 이상 설치되어 있을 때 크레인 상호간 근접으로 인한 충돌을 방지하는 장치이다.

충돌방지장치 외부

충돌방지장치 내부

8 선회 브레이크 풀림 장치

타워크레인을 가동하지 않을 때 선회기어 브레이크 풀림 장치를 작동시켜 지브가 바람에 따라 자유롭게 움직여 바람의 영향을 받는 면적을 최소로 하여 크레인 본체를 보호하고자 설치된 장치이다. 제어 전압(control voltage)을 차단한 상태에서 작동하며, 이 때 전원이 차단되어도 시간 지연 커넥터(time delay connector)의 작동에 의해 브레이크의 마그네트에 전류가 공급되어 브레이크를 해제시켜 주며, 이 작동은 지상에서 브레이크 해제레버를 당겨서 선회브레이크를 해제시킨다. 아래의 그림은 일반적인 모델을 나타내었다.

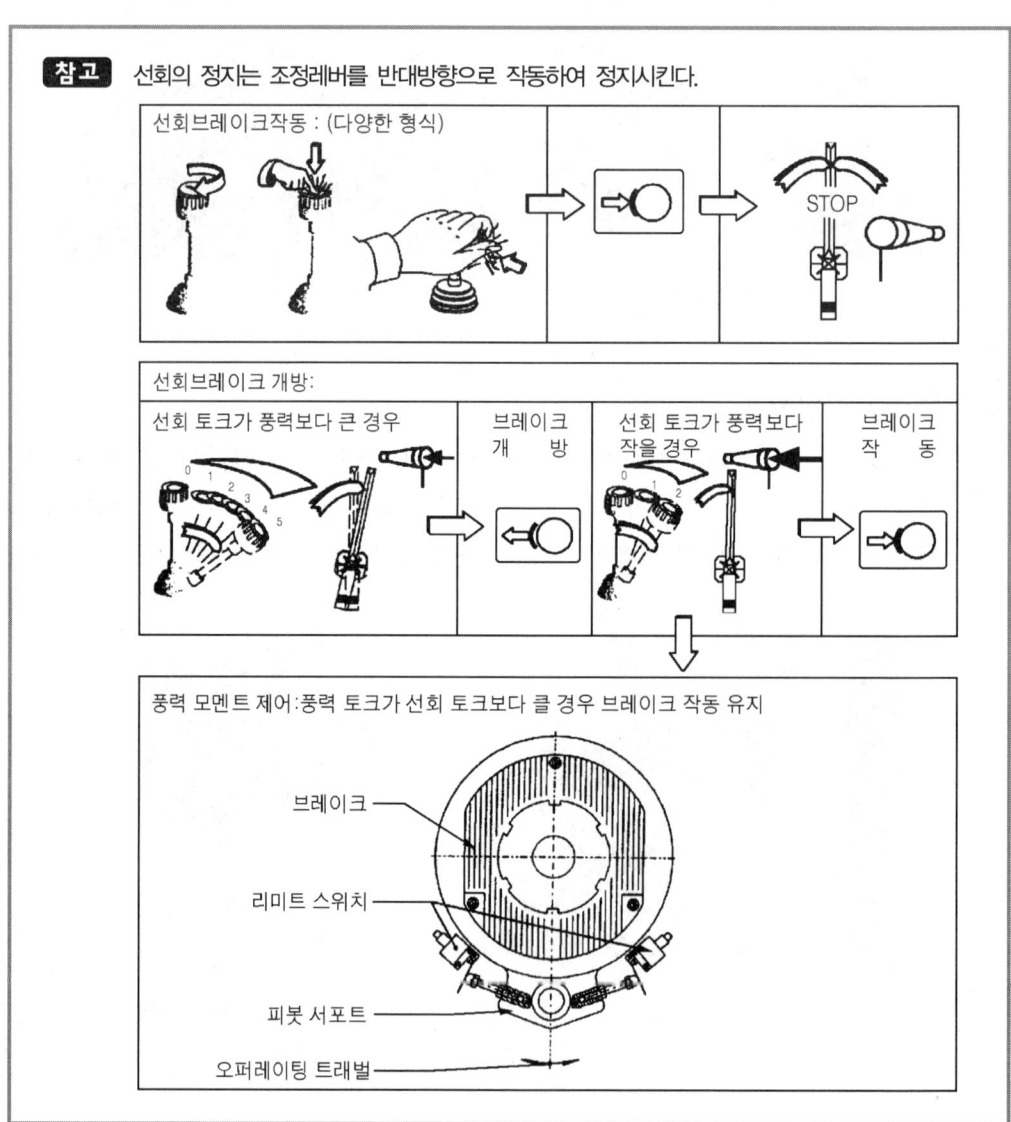

(1) 선회 브레이크 : 풍향 자동 선회장치의 전기적 설정

> **참고** 시기 : 크레인 운행을 정지하고 크레인에서 떠날 때는 크레인이 바람에 의해 자유롭게 선회할 수 있게 하여야 한다.

적합 : 브레이크 개방! 붐이 바람방향으로 선회한다.	부적합 : 브레이크 작동

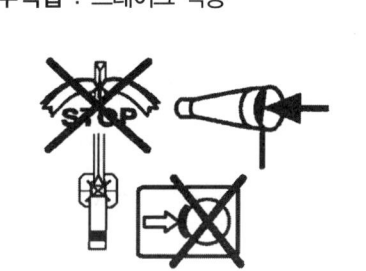

> **참고** 방법 : 전력공급 중단시 선회 브레이크는 기계적으로 개방되어야 된다.

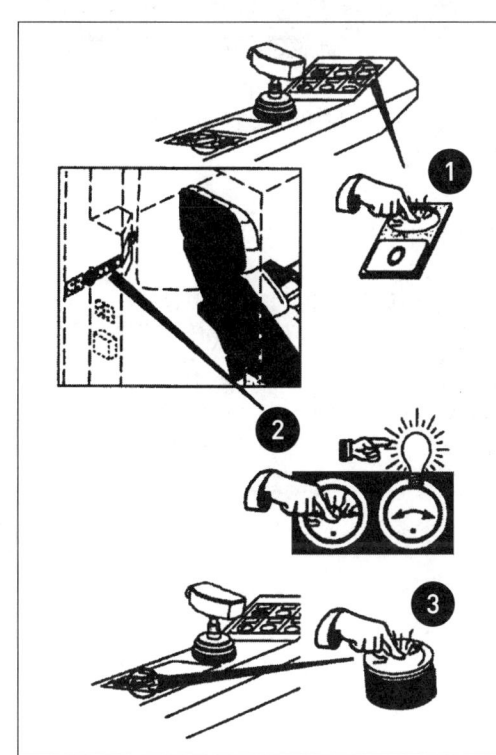

운전실에서의 조작
① "운전정지"누름 스위치를 누른다.
② 표시램프가 점등될 때까지 누름버튼을 누른다.
③ 크레인을 정지시킨다.

> **참고** 일반적으로 운전시 선회브레이크는 운전버튼을 누를 때 자동적으로 재시동 된다.)

(2) 풍향 자동선회장치의 수동설정(정전 사고시)

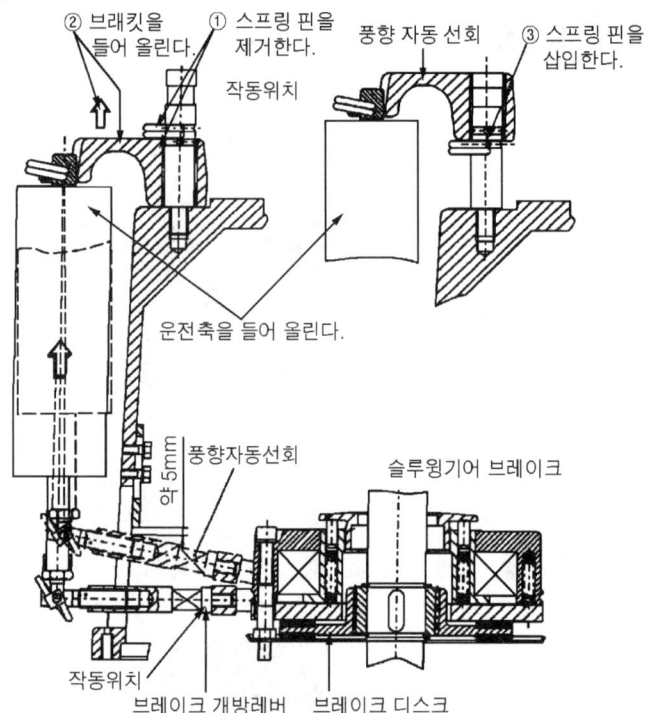

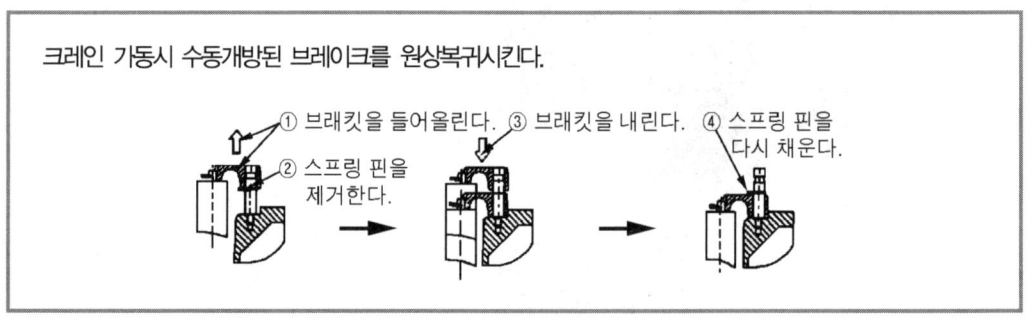

9 와이어로프 이탈방지장치

시브 바깥지름과 이탈 방지용 판과의 간격을 3mm 정도 띄워서 와이어로프가 이탈되는 것을 방지한다.

와이어로프 이탈 방지장치(1)

와이어로프 이탈 방지장치(2)

10 러핑 각도 지시계

러핑 타워 크레인의 경우 붐(지브)의 상, 하 이동 위치를 벗어나는 경우에 각도 센서로 제어한다.

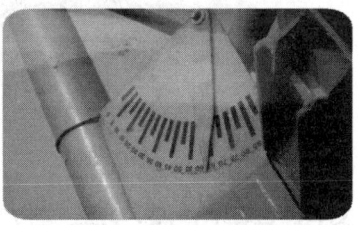
러핑 각도 지시계

11 트롤리 로프 안전장치

트롤리 주행에 사용되는 와이어로프가 파손되었을 때 트롤리 작동을 정지시키는 장치이다.

12 트롤리 정지장치

트롤리가 최소반경 또는 최대반경으로 작동할 때 트롤리의 충격을 흡수하는 고무 완충제이며 스토퍼(stopper)역할을 한다.

트롤리 정지장치

13 트롤리 로프 긴장장치

트롤리 로프를 사용할 때 로프의 처짐이 크면 트롤리 위치제어가 정확하지 못하므로 트롤리 로프의 한쪽 끝을 드럼에 감아 장력을 주는 장치이다.

14 와이어로프 꼬임 방지장치

인상 또는 인하 작업에서 인상 로프에 하중이 걸릴 때 인상 로프의 꼬임에 의한 변형과 훅 블록의 회전을 방지하는 장치이다.

트롤리 로프 긴장장치

와이어로프 꼬임 방지장치

15 트롤리 내·외측 정지장치

트롤리가 작동할 때 훅이 지브 피벗 영역 및 지브 영역과의 충돌을 방지하기 위한 장치이며, 각 영역의 시작 또는 끝 지점에서 전원으로 제어한다.

16 비상정지장치

예기치 못한 상황이나 동작을 정지시켜야 할 상황이 발생하였을 때 작동하는 장치로, 일명 비상정지스위치(emergency stop switch)이며, 모든 제어회로를 차단하는 구조로 되어 있다. 비상 정지용 스위치 버튼은 적색으로 머리부분이 돌출되고 수동으로 복귀되는 형식을 사용한다.

비상정지장치

1-3 타워 크레인의 방호장치 점검사항

1 과부하방지장치

(1) 관리 기준

① 타워크레인에는 과부하방지장치가 부착 되어야 한다.
② 과부하방지장치는 정격하중의 105% 이하에서 작동되도록 한다.
③ 과부하방지장치는 타워크레인의 운전조건 및 하중의 위치에 따라 일어나는 정격하중의 어떠한 변화도 계속적으로 감지할 수 있어야 하며, 하중의 상승 중에 수동으로 조정할 필요가 없어야 한다.
④ 과부하방지장치의 성능은 어떠한 수동 재 세팅 혹은 조정 없이 하중이 들어올려질 때부터 목적한 위치에 놓여질 때까지 유지되어야 한다.
⑤ 하중이 정격하중을 초과하여 과부하방지장치가 작동되었을 경우에는 과하 중 조건을 증가시키거나 인상 작동이 안 되어야 한다.
⑥ 작동된 과부하방지장치는 과하중을 줄이거나 하중을 인하 하여야 작동이 해제되도록 한다.

(2) 점검기준

① 타워크레인에는 과부하 지시장치가 부착되어야 한다.
② 타워크레인의 인상하중이 정격하중에 근접함에 따라 과부하 지시장치는 명확하고 계속적이며 시청각적인 1차 경고를 운전자에게 제공하도록 장치되어야 한다.
③ 1차 경고는 정격하중의 90 ~ 95%에서 시작한다.
④ 과부하 지시장치가 작동하고 있는 동안 경고신호를 정지시킬 수 있는 스위치를 사용할 수 있으나 이 스위치는 인상하중이 정격하중에 다시 접근하면 재 작동 하도록 자동적으로 초기화되어야 한다.
⑤ 과부하 지시장치는 정격하중을 초과하였을 때에는 명확하고 계속적이며 시청각적인 2차 경고를 크레인운전자 및 크레인 주위의 사람들에게 제공한다.

(3) 기계식 과부하방지장치 사용 시 준수사항

① 봉인이 해제되면 신뢰성에 문제가 된다.
② 과부하 발생으로 크레인의 작동이 멈춘 경우 리셋 버튼을 누른 후 과부하 원인을 조사한다.
③ 필요시 정확하게 작동되는 지 확인한다.

④ 별도의 작동 전원이 필요 없다.
⑤ 사용 조건에 맞게 공극 조정 볼트를 조정하여 동작 부하 값을 설정한다.

(4) 타워크레인에 전기식 과부하방지장치의 채택 불가 이유
① 전기식은 인상 전동기가 동작할 때에 한하여 C.T(Current Transformer, 전류 변환기)가 과부하 전류를 감지하여 작동을 차단하고 있으며, 크레인 정지한 조건에서는 과부하 상태를 감지할 수 없는 조건 때문에 전기식은 설치될 수 없다.
② 특히, 고속용 인상 전동기 혹은 저속용 인상 전동기가 설치되는 경우에도 전기식을 2개씩 각각 설치해야 하는 구조상의 문제점이 있으므로 설치가 허용되지 않는다.

(5) 전자식 과부하 방지장치의 기본 원리
① 구성은 스트레인 게이지, 컨트롤 장치로 되어 있음
② 크레인의 로드셀에 부착된 스트레인 게이지는 저항값 변화에 따라 민감하게 작동 됨
③ 성능은 로드셀의 제조성능에 따라 품질의 우수성이 좌우 됨
④ 스트레인 게이지식 로드셀은 스트레인 게이지를 금속탄성체에 접착하고, 이 탄성체에 하중을 가했을 때 생기는 스트레인(변형 값)을 스트레인 게이지의 저항 값 변화를 검출하여 하중을 측정하는 하중 변환기이다.

2 권과방지장치 관리 및 점검기준

① 권과방지장치는 훅 블록의 일부분이 크레인의 구조물 혹은 다른 지정된 물체와의 접촉을 방지하기 위한 것으로 다음의 사항을 만족하여야 한다.
- 권과를 방지하기 위하여 자동적으로 전동기용 동력을 차단하고 작동을 제동하는 기능을 가질 것.
- 훅 등 달기기구의 상부와 드럼, 시브, 트롤리 프레임 기타 접촉할 우려가 있는 것 하부와의 간격이 0.25m 이상에서 작동되고 직동식 권과방지 장치는 0.05m 이상에서 작동되는 구조일 것.
- 용이하게 점검할 수 있는 구조일 것.

② 타워크레인에 주로 설치되는 캠형 리미트 스위치는 와이어 드럼과 연동되어 회전을 하고, 형상은 원판 모양으로 주위에 배치된 블록 및 오목한 캠의 구조에 따라 스위치에 레버를 작동시키는 방식이다.
이것은 크레인의 훅이 지면에서부터 지브의 하부에 도달하는 전 양정에 대하여 원판은 1회전 이내의 회전각에 따라 스위치가 작동한다.

3 하강제한장치 관리 및 점검기준

① 하강제한장치는 로프가 드럼에 규정된 최소한의 수만큼 감김을 유지한다.
② 선회제한장치 크레인의 상부구조물의 선회가 설계 제한된 값 이상으로 선회하는 것을 방지 한다.
③ 주행제한장치 트랙의 끝에 접근하거나 혹은 고정되거나 움직이는 장애물에 접촉되는 것을 방지한다.
④ 기복 제한장치 지브가 설계 제한치 이상으로 바깥쪽 혹은 안쪽으로 기복되지 않도록 한다.
⑤ 로프 이완 방지장치 운전 중 로프가 느슨해진 경우에 작동을 정지시킨다.
⑥ 지브 텔레스코핑 제한장치 지브가 설계 제한치 이상으로 텔레스코핑하는 것을 방지한다.

4 운동제한장치 관리 및 점검기준

① 부착된 운동제한장치는 그 운동에 필요한 정지거리를 고려한 위치에 설치되어야 한다.
② 이 장치들은 제한범위에서 작동된 후, 정상작업 범위에서 크레인을 사용 중 또다시 제한범위에 도달되면 자동으로 작동되어야 한다.
③ 지브, 붐 혹은 텔레스코핑 운동에 있어서 호이스트 블록이 상부 호이스트 한계거리에 도달할 위험이 있을 때에는 연동 장치를 설치하여 안전한 위치에 내려오기 전에 이들 운동이 될 수 없도록 한다.
④ 성능제한장치 속도가 자동으로 제동되지 않고 인가된 최대속도를 초과할 위험이 있다면, 운전속도가 설계 속도 내에서 유지되도록 다음의 성능제한장치를 부착한다.
 • 상승 속도 제한장치
 • 하강 속도 제한장치
 • 기복 속도 제한장치

5 운동 및 성능지시장치

(1) 반경 지시장치
① 타워크레인의 중심과 화물의 중심과의 수평거리를 표시하기 위해 반경지시 장치를 부착한다.
② 하중의 표시 단계는 계단식으로 표시하며 이웃한 하중의 비가 1.5배를 넘지 않도록 하고, 하중의 위치와 최대 반경위치를 동시에 알 수 있게 한다.

(2) 기타 지시장치
① 지브각도 지시장치 운전위치에 있어서 지브의 각도를 표시한다.
② 드럼회전 지시장치 드럼회전방향을 표시한다.
③ 로프 이완 지시장치 로프 느슨함의 정도를 표시한다.

6 훅 해지장치

훅에는 와이어로프 등이 이탈되는 것을 방지하는 해지장치가 부착되어야 한다. 다만, 전용 달기기구로서 작업자의 도움 없이 짐 걸이가 가능하며 작업경로에 작업자의 접근이 없는 경우는 예외로 할 수 있다.

7 비상정지장치

모든 크레인 및 호이스트는 운전자가 비상시 조작 가능한 위치에 비상정지스위치를 비치하여야 하며, 비상정지스위치는 다음 각 호에 적합한 기능을 가진 것이어야 한다.
① 당해 크레인의 비상정지스위치를 작동한 경우에는 작동중인 동력이 차단되도록 할 것.
② 스위치의 복귀로 비상정지 조작 직전의 작동이 자동으로 되어서는 아니 되며, 반드시 운전조작을 처음의 시동상태에서 시작하도록 할 것.
③ 비상정지용 누름버튼은 적색으로 머리부분이 돌출되고 수동 복귀되는 형식일 것.

8 충돌방지장치

① 동일한 주행로 상에 2대 이상 병렬 설치된 것(작업 바닥 면에서 펜던트 등을 조작하며 화물과 운전사가 함께 이동하는 것은 제외)은 크레인의 내면하는 끝 부분에 두 크레인의 충돌을 방지할 수 있는 장치를 설치하여야 한다.
② 충돌방지장치는 두 크레인을 접근시켰을 때 설정된 거리에서 자동으로 경보가 울리면서 정지하여야 한다.

적중예상문제

01 타워 크레인의 안전장치가 아닌 것은 어느 것인가?
① 인상 및 인하 방지장치
② 속도 제한장치
③ 충돌 방지장치
④ 연결 바(Tie-Bar)

해설 타워 크레인의 안전장치는 인상 및 인하 방지장치, 속도 제한장치, 충돌 방지장치, 비상 정지장치, 훅 해지장치 등이 있다.

02 화물을 인상 작동 중에 트롤리 및 지브의 충돌을 방지하는 안전장치는 어느 것인가?
① 인상 방지장치 ② 인하 방지장치
③ 충돌 방지장치 ④ 비상 정지장치

해설 인상 방지장치는 화물을 인상 작동중에 트롤리 및 지브의 충돌을 방지하는 안전장치이다.

03 타워 크레인의 과부하 방지장치는 정격하중을 초과하여 인상시 인상동작을 정지한다. 이때 정격하중의 초과 비는 얼마인가?
① 1.01배 이상 ② 1.03배 이상
③ 1.05배 이상 ④ 1.10배 이상

해설 과부하 방지장치는 정격하중의 1.05배 이상 인상시 인상동작을 정지하는 안전장치이다.

04 과부하 방지장치에 대하여 틀린 것은?
① 정격하중의 1.05배 초과 인상시 부하를 차단하는 기능
② 작동시 경보를 울리며 임의로 조정할 수 없도록 봉인 될 것
③ 성능검사 합격품을 사용할 것
④ 정격하중 범위 내에서 인상장치를 보호 할 것

해설 과부하 방지장치는 정격하중의 1.05배를 초과하는 경우에 부하를 차단하고 인상장치도 보호한다.

05 바람에 대한 안전장치에 대하여 올바르게 설명한 것은?
① 바람이 불 경우 역방향으로 작동되는 것을 방지
② 바람이 불 경우 정 방향으로 작동되는 것을 방지
③ 바람이 불 경우 전원회로를 차단
④ 바람이 불 경우 훅의 충돌을 방지

해설 바람에 대한 안전장치는 바람이 불 경우 역방향으로 작동되는 것을 방지하는 장치이다.

06 크레인의 작동시 돌발 상황이 발생되었을 때 정지시키는 장치로서 모든 제어회로를 차단시키는 장치는?
① 비상정지 장치
② 인상방지 장치
③ 충돌방지 장치
④ 선회제한 리미트 스위치

해설 비상정지 장치는 크레인의 작동시 돌발 상황이 발생되었을 때 정지시키는 장치로서 모든 제어회로를 차단시키는 장치이다.

정답 01.④ 02.① 03.③ 04.④ 05.① 06.①

07 트롤리 동작시 훅이 지브 섹션(Section)과의 충돌을 방지하기 위한 장치는?

① 트롤리 로프 안전장치
② 트롤리 정지장치
③ 트롤리 내·외측 제어장치
④ 선회제한 리미트 스위치

해설 트롤리 내·외측 제어장치는 트롤리가 동작시 훅이 지브 섹션(Section)과의 충돌을 방지하기 위한 장치로서 각 섹션의 시작과 끝 지점에서 전원회로를 제어한다.

08 트롤리 로프 안전장치에 대하여 틀린 것은?

① 일명 Trolley Rope Break Safety device를 말한다.
② 와이어로프의 파손 시 트롤리를 멈춘다.
③ 로프가 파손 시 리액션 베어링(Reaction Bearing)이 아래로 처진다.
④ 안전 레버가 45도로 이동되면서 지브의 하단부 구조물에 걸리게 한다.

해설 트롤리 로프 안전장치는 와이어로프의 파손시 트롤리를 멈추게 하며, 리액션 베어링이 아래로 처지면 안전 레버가 90도로 이동되어 지브의 하단부 구조물에 걸리게 한다.

09 트롤리 정지장치를 올바르게 설명한 것은?

① 훅의 충격을 흡수하는 고무 완충제
② 마스트의 충격을 흡수하는 고무 완충제
③ 트롤리의 충격을 흡수하는 고무 완충제
④ 트롤리의 속도를 제한하는 고무 완충제

해설 트롤리 정지장치는 트롤리의 충격을 흡수하는 고무 완충제 즉, 정지 기구를 말한다.

10 선회 제한 리미트 스위치를 작동하기 위한 구성품이 아닌 것은?

① 피니언   ② 캠 기구
③ 선회 링기어   ④ 센서

해설 선회 제한 리미트를 작동하기 위한 구성품은 피니언, 캠 기구, 선회 링 기어 등이 있다.

11 와이어로프 이탈 방지장치의 시브 외경과 이탈 방지용 플레이트와의 간격은?

① 1.5mm   ② 3.0mm
③ 5.0mm   ④ 10.0mm

12 지브의 각도, 길이별로 하중이 달라지는 경우에 적용되는 장치로 맞는 것은?

① 한계 리미트 스위치
② 제한 리미트 스위치
③ 모멘트 리미트
④ 미끄럼 방지 장치

13 선회에 의한 구조 및 회전부와 고정부분 사이의 전기배선 등을 보호하기 위한 장치는?

① 모멘트 리미트
② 이동 한계스위치
③ 선회 각도 제한스위치
④ 경사각 지시장치

14 과부하 방지장치의 종류 중 스트레인 게이지를 이용한 하중 검출 방식은?

① 기계식   ② 전기식
③ 전자식   ④ 유압식

15 전자식 과부하 방지장치의 하중 감지방법으로 옳은 것은?

① 전단 로드 셀 방법
② 압축 로드 셀 방법
③ 인장+압축 로드 셀 방법
④ 인장 로드 셀 방법

정답 07.③ 08.④ 09.③ 10.④ 11.② 12.③ 13.③ 14.③ 15.③

16 타워 크레인 비상정지장치의 구성 요건으로 틀린 것은?

① 스위치 형상은 돌출형을 사용한다.
② 수동복귀 형식을 사용한다.
③ 수동과 자동복귀 형식을 사용한다.
④ 주 전원과 제어전원을 동시에 차단한다.

17 선회 제한 리미트 스위치에서 세팅(Setting)의 제한범위에 대한 설명으로 옳은 것은?

① 세팅은 선회 양방향으로 각각 150° ×1.5 까지 지브의 회전을 제한
② 세팅은 선회 일방향으로 150°×1.5 까지 지브의 회전을 제한
③ 세팅은 선회 양방향으로 각각 360° ×1.5 까지 지브의 회전을 제한
④ 세팅은 선회 일방향으로 360°×1.5 까지 지브의 회전을 제한

18 선회 제한 리미트 스위치에서 일정 선회반경 범위까지 세팅(Setting)을 하는 이유로 옳은 것은?

① 마스트 등의 비틀림 방지
② 지브 등의 비틀림 방지
③ 와이어로프 등의 꼬임 방지
④ 전기공급 케이블(Cable) 등의 비틀림 방지

19 비상정지용 누름 버튼의 규격품 사용에 대하여 옳은 것은?

① 적색으로 머리부분이 돌출되지 않고 수동 복귀되는 형식일 것
② 황색으로 머리부분이 돌출되지 않고 수동 복귀되는 형식일 것
③ 적색으로 머리부분이 돌출되고 수동 복귀되는 형식일 것
④ 황색으로 머리부분이 돌출되고 수동 복귀되는 형식일 것

20 크레인 비상정지장치의 색상으로 옳은 것은?

① 황색
② 청색
③ 적색
④ 흑색

21 비상 정지장치에 대한 작동구조를 설명으로 옳은 것은?

① 돌발 상황이 발생한 경우에는 1차 측 조작 제어회로를 차단시키는 구조일 것
② 돌발 상황이 발생한 경우에는 2차 측 조작 제어회로를 차단시키는 구조일 것
③ 돌발 상황이 발생한 경우에만 제어 회로를 차단시키는 구조일 것
④ 돌발 상황이 발생한 경우에 모든 제어 회로를 차단시키는 구조일 것

22 인상 및 인하 방지장치에 대한 작동구조를 설명하였다. 맞는 것은?

① 인상 드럼의 축에 리미트를 연결하여 과인상 및 과인하를 수동적으로 차단하는 구조일 것
② 인상 드럼의 축에 리미트를 연결하여 과인상 및 과인하를 자동적으로 차단하는 구조일 것
③ 트롤리 드럼의 축에 리미트를 연결하여 과인상 및 과인하를 수동적으로 차단하는 구조일 것
④ 트롤리 드럼의 축에 리미트를 연결하여 과인상 및 과인하를 자동적으로 차단하는 구조일 것

정답 16.③ 17.③ 18.④ 19.③ 20.③ 21.④ 22.②

23 충돌 방지장치에 대한 작동환경을 설명하였다. 맞는 것은?
① 타워 크레인이 2대 이상 설치된 경우에 근접 충돌을 방지한다.
② 타워 크레인이 3대 이상 설치된 경우에 근접 충돌을 방지한다.
③ 타워 크레인이 4대 이상 설치된 경우에 근접 충돌을 방지한다.
④ 타워 크레인이 5대 이상 설치된 경우에 근접 충돌을 방지한다.

24 와이어 드럼의 권과방지장치 작동서술 중 틀린 것은?
① 중추식은 훅의 접촉으로 작동된다.
② 스크루식, 캠식, 중추식이 있다.
③ 스크루식은 드럼회전으로 작동된다.
④ 캠식은 시브의 회전으로 작동된다.
해설 캠식은 캠의 전 양정에 대해 회전각도에 따라 작동된다.

25 중추식 권과방지장치의 직접 작동과 관계되는 장치로 옳은 것은?
① 훅   ② 드럼
③ 전동기 ④ 감속기
해설 중추식은 훅의 직접 접촉으로 과상승을 방지한다.

26 리미트 스위치의 역할로 옳은 것은?
① 운전작업 중의 비상스위치 역할
② 횡행장치 등에 대한 급제동 역할
③ 인상장치 등에 대한 속도 조절
④ 선회장치 등에 대한 과행 방지
해설 리미트 스위치는 타워크레인의 주행, 인상, 횡행, 선회 운동에 대한 과행을 방지하는 기능을 가진다.

27 중추식 리미트 스위치의 역할로 옳은 것은?
① 훅의 과상승 방지
② 훅의 과하강 방지
③ 훅의 과부하 방지
④ 훅의 과꼬임 방지
해설 중추식은 훅의 과상승을 방지하는 역할을 한다.

28 리미트 스위치의 사용처를 가장 올바르게 설명한 것은?
① 주행방향에 사용 가능
② 인상방향에 사용 가능
③ 인상, 횡행, 선회, 주행방향에 사용 가능
④ 선회, 주행방향에 사용 가능
해설 리미트 스위치는 각각의 운동방향에 대하여 더 이상의 과행을 방지하는 조절 기구이다.

29 리미트 스위치의 점검주기로 옳은 것은?
① 매년   ② 매월
③ 매주   ④ 매일
해설 리미트 스위치의 작동 점검주기는 매일 실시하여야 한다.

30 훅이 지면을 출발하여 지브의 최고점에 도달한 경우 권과방지장치 캠(Cam)의 회전량으로 옳은 것은?
① 약 1회전
② 약 2회전
③ 약 2.5회전
④ 약 3.5회전
해설 훅이 인상하여 최대 입상한도인 지브에 이르면 캠의 회전량은 직경의 크기에 관계없이 약 1회전한다.

정답 23.① 24.④ 25.① 26.④ 27.① 28.③ 29.④ 30.①

31 타워크레인의 안전장치 중 필요 없는 것은?

① 리미트   ② 브레이크
③ 전동기   ④ 비상스위치

해설 전동기는 안전장치가 아니고 전기장치에 속한다.

32 인상장치의 동력 전달 순서 중 처음과 마지막에 해당하는 장치를 나열한 것으로 옳은 것은?

① 커플링, 훅
② 브레이크, 훅
③ 전동기, 훅
④ 감속기, 훅

해설 일반적으로 동력 전달 순서를 나열하면, 전동기, 커플링, 브레이크, 감속기, 드럼, 와이어로프, 시브, 훅의 순이다.

33 중추식 리미트 스위치를 설명한 것 중 옳은 것은?

① 운반물의 급강하 방지
② 대 전류시 자동으로 회로 차단
③ 로프의 과권 방지
④ 운반물의 강하 방지

해설 중추식은 와이어로프의 과권을 방지한다.

34 인상속도를 단계별로 하중을 초과 운전시 전원회로를 차단하는 안전장치는?

① 과부하 방지장치
② 권과방지장치
③ 속도제한장치
④ 바람에 대한 안전장치

해설 속도제한장치(speed control device)는 인상 속도 단계별로 정해진 정격하중을 초과시 운전 전원회로를 제어하는 장치이다.

35 트롤리 로프의 한쪽 끝을 감아서 장력을 주는 장치로 옳은 것은?

① 트롤리 로프 안전장치
② 로프 꼬임 방지장치
③ 트롤리 로프 긴장장치
④ 트롤리 정지장치

해설 트롤리 로프 긴장장치는 로프 사용시 로프의 처짐이 크면 트롤리의 위치제어가 부 정확하므로 트롤리 로프의 한쪽 끝을 드럼으로 감아서 장력을 전달하는 안전장치이다.

정답 31.③ 32.③ 33.③ 34.③ 35.③

PART 05
유압 이론

01. 타워크레인의 유압장치

CHAPTER 01 타워크레인의 유압장치

1-1 유압의 기초

유압이란 액체의 압력 에너지를 이용하여 기계적인 일을 하도록 하는 것을 말한다. 유압의 원어인 HYDRAULIC은 희랍어 "HYDRO(물)"과 "ALOUS(파이프)"에서 유래되었다. 오늘날 유체와 관련된 모든 것. 즉, 유체의 모든 힘과 운동의 전달 및 조절을 의미로서 유체동력기술은 1653년 **"파스칼의 법칙"**이 발견되면서, 본격 개발이 시작하게 되었다.

(1) 파스칼(Pascal)의 원리

① 밀폐된 용기 안에 정지하고 있는 액체의 일부에 가해진 압력은 세기가 변하지 않고 용기 안의 모든 액체에 전달되며 벽면에 수직으로 작용한다.

② 파스칼의 원리는 유체입자 압력은 모든 방향에서 균일하게 작용하며, 고체용기에 채워진 유체에서, 압력은 용기에 직각으로 작용한다는 의미이다.

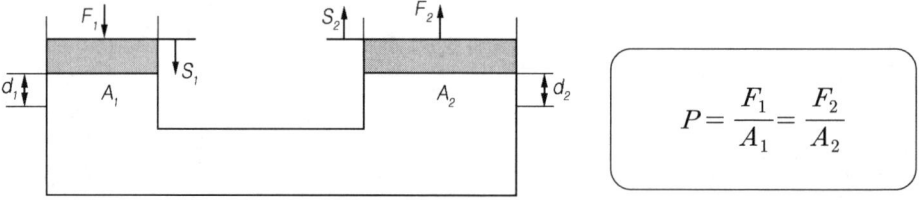

$$P = \frac{F_1}{A_1} = \frac{F_2}{A_2}$$

③ 파스칼(17세기)은 유체입자압력은 모든 방향에서 균일하게 작용하고, 고체용기에 채워진 유체에서, 압력은 용기에 직각으로 작용한다는 법칙을 정립하였다.

예제

위의 그림에서 $F_1 = 1\text{kgf}, A_1 = 1\text{cm}^2, A_2 = 10\text{cm}^2$일 경우, F_2는?

정답 파스칼의 원리에 따라서, $P = \dfrac{F_1}{A_1} = \dfrac{1\text{kgf}}{1\text{cm}^2} = 1\text{kgf/cm}^2$

$P = 1\text{kgf/cm}^2$ $\dfrac{F_2}{A_2} = \dfrac{F_2}{10\text{cm}^2}$ $F_2 = 10\text{kgf/cm}^2$

④ 파스칼의 원리는 작은 힘으로 무거운 것을 들어 올릴 수 있다는 유압의 기초원리를 나타냄. 위의 그림에서 에너지 보존법칙이 성립됨은 다음으로 알 수 있다.

$$\text{에너지(일)} = \text{힘} \times \text{이동거리}$$
$$F_1 \times s_1 = F_2 \times s_2$$

⑤ 위의 예제로부터 유압에서의 압력(P)은 부하(F)가 있을 경우에만 생성됨. 즉, 유압시스템에서 펌프는 유량(Q)을 발생시킬 뿐이고 실린더부하, 밸브압력강하, 관로손실에 의하여 압력이 발생한다.

$$\text{압력생성} = \text{실린더저항} + V/V\triangle p + \text{관로손실}$$
$$\text{유량생성} = \text{Pump Displacement} \times \text{회전수(N)}$$

(2) 유체

1) 유체의 정의

외부의 작은 힘에도 저항하지 못하고 쉽게 변형하는 물이나 기름과 같은 액체 및 공기와 같은 기체를 의미한다.

2) 유체의 기본 성질

① 질량(質量, mass – M) : 유체가 가지고 있는 고유의 양
② 밀도(密度, density – ρ) : 단위체적당 유체의 질량
- 온도가 증가하면 작아지고, 압력이 증가하면 커짐
- 물의 밀도는 1000 kg/m³ (4℃, 1atm)

③ 비중량(比重量 : specific weight – γ) : 단위 체적당 유체의 중량(kgf)
- 물의 비중량은 1000 kgf/m³

④ 비중(比重 : specific gravity – S) : 상온(15℃)에서 순수한 물의 밀도에 대한 어떤 물질의 비중량의 비(무차원)
⑤ 모든 유체는 압력이 가해지면 체적은 감소한다.
⑥ 기체는 압축성이 크나, 액체는 압축성이 작아 비압축성을 갖는다.

1 유압 제어 시스템

(1) 유압의 3원칙

① 가압되는 유체는 저항이 최소인 곳으로 흐른다.
② 유압 펌프는 압력을 생성하지 않고, 단지 흐름만 생성한다.
③ 유압력은 저항이 있는 곳에서만 생성된다.

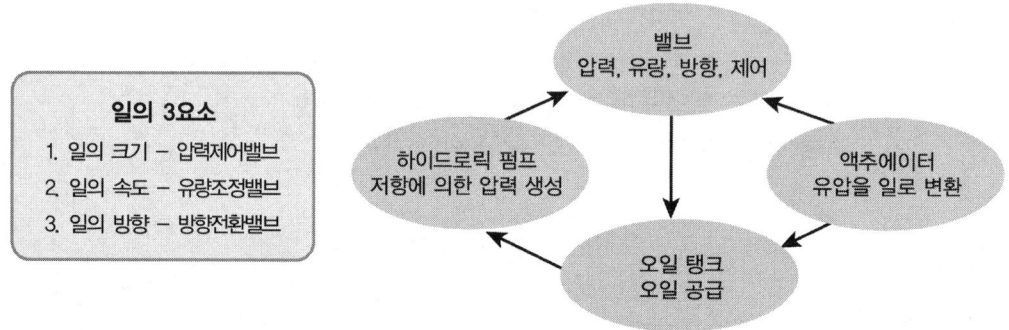

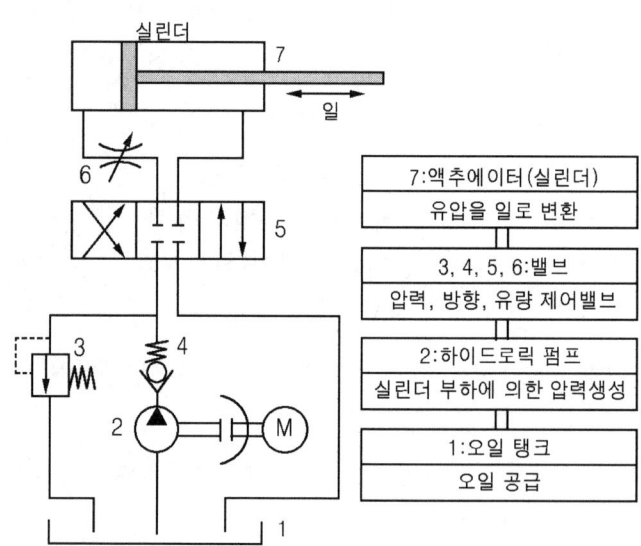

2 유압 장치의 장점 및 단점

유압 장치의 장점	유압 장치의 단점
① 윤활성, 내마멸성, 방청성이 좋다. ② 속도 제어(Speed Control)가 용이하다. ③ 힘의 연속적 제어가 용이하다. ④ 작은 동력원으로 큰 힘을 낼 수 있다(소형 장치로 큰 출력을 발생한다.). ⑤ 과부하에 대한 안전장치가 간단하고 정확하다. ⑥ 운동 방향을 쉽게 변경할 수 있다. ⑦ 전기·전자의 조합으로 자동 제어가 용이하다. ⑧ 에너지 축적이 가능하다. ⑨ 힘의 전달 및 증폭이 용이하다. ⑩ 무단 변속이 가능하고, 정확한 위치 제어를 할 수 있다. ⑪ 미세 조작이 용이하다. ⑫ 원격 조작이 가능하다. ⑬ 진동이 작고, 작동이 원활하다.	① 고압 사용으로 인한 위험성 및 이물질에 민감하다. ② 폐유에 의한 주변 환경이 오염될 수 있다. ③ 유압 장치의 점검이 어렵다. ④ 유온의 영향으로 정밀한 속도와 제어가 어렵다(작동유의 온도에 따라 속도가 변화한다). ⑤ 고장 원인의 발견이 어렵고, 구조가 복잡하다.

3 압력

유압 장치에서 사용되는 "압력"의 정의는 단위 면적에 작용하는 힘, 즉 유압 = $\frac{힘}{면적}$ 이다. 압력의 단위에는 PSI, kgf/cm², kPa, cmHg, bar, Mpa 등이 있다.

4 유압 장치의 이상 현상

(1) 공동 현상(캐비테이션 현상)

1) 공동 현상의 정의

① 펌프에서 소음과 진동을 발생하고, 양정과 효율이 급격히 저하되며, 날개 등에 부식을 일으키는 등 수명을 단축시키는 현상을 말한다.
② 유동하고 있는 액체의 압력이 국부적으로 저하되어, 포화 증기압 또는 공기 분리 압력에 달하여 증기를 발생시키거나 용해 공기 등이 분리되어 기포를 일으키는 현상이다.
③ 유압 장치 내부에 국부적인 높은 압력이 발생하여 소음과 진동 등이 발생하는 현상이다.

(2) 공동 현상이 발생하였을 때 조치 방법

유압 회로 내의 압력 변화를 없앤다. 즉, 일정 압력을 유지시킨다.

5 서지 압력(Surge Pressure)의 정의

① 과도적으로 발생하는 이상 압력의 최대값을 말한다.
② 유량 제어 밸브의 가변 오리피스를 급격히 닫거나 방향 제어 밸브의 유로를 급히 전환 또는 고속 실린더를 급정지시키면 유로에 순간적으로 이상 고압이 발생하는 현상이다.
③ 유압 회로 내의 밸브를 갑자기 닫았을 때, 오일의 속도 에너지가 압력 에너지로 변하면서 일시적으로 큰 압력 증가가 생기는 현상이다.

1-2 유압장치의 구성 - 유압 펌프

유압펌프는 주 동력원(전기모터, 내연기관 등)으로부터 생성된 기계에너지를 유압에너지로 변환하며, 모든 펌프의 펌핑 작용은 동일하고, 흡입 측에는 체적 증가하고, 토출 측에는 체적이 감소한다.

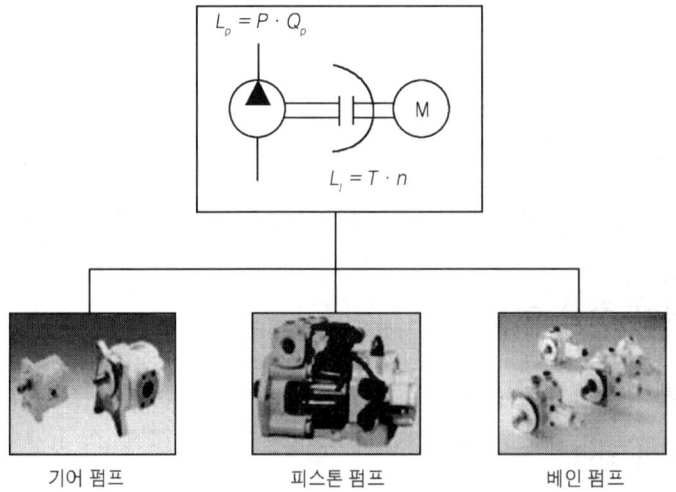

기어 펌프   피스톤 펌프   베인 펌프

1 펌프의 용량계산식

펌프동력 $L_p = P \cdot Q_p [\text{kg/cm}^2]$: 토출압력 – 흡입압력 $Q[\ell/\text{min}]$: 토출유량 위의 식에서 펌프동력(L_P)을 kW, PS 단위로 나타내면,

$$L_P = \frac{PQ}{612}\,[kW] = \frac{PQ}{450}\,[PS]_P : \text{kgf/cm}^2 Q : \ell/\text{min}$$

① 외접기어펌프 배출체적

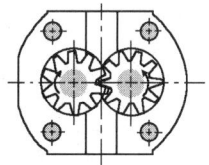

$$V = m \cdot z \cdot b \cdot h \cdot \pi$$

m : 모듈러   z : 기어 이의 수
b : 기어 이의 폭   h : 기어 이의 높이

② 내접기어펌프 배출체적

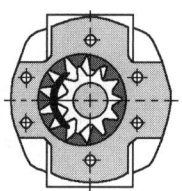

$$V = m \cdot z \cdot b \cdot h \cdot \pi$$

m : 모듈러   z : 기어 이의 수
b : 기어 이의 폭   h : 기어 이의 높이

③ 링기어펌프(트로코이드펌프)

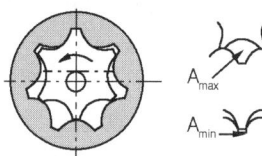

$$V = z \cdot (A_{max} - A_{min}) \cdot b$$

Z : 로터 기어 이의 수
b : 기어 이의 폭

④ 스크루펌프

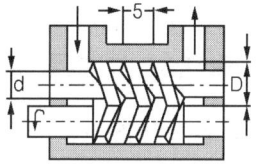

$$V = \frac{\pi}{4}(D^2 - d^2) \cdot s^2 - D^2 \left(\frac{a}{2} - \frac{\sin 2a}{2} \right) \cdot s$$

$$\cos a = \frac{D+d}{2D}$$

⑤ 싱글챔버 베인펌프 배출체적

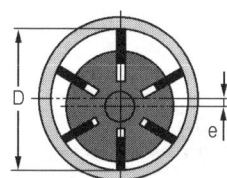

$$V = 2\pi \cdot b \cdot e \cdot D$$

b : 기어 이의 폭

⑥ 더블챔버 베인 펌프 배출체적

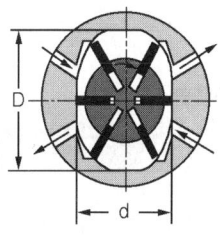

$$V = \left(\frac{\pi \cdot (D^2 - d^2)}{2} \right) \cdot k \cdot b$$

b : 베인 폭   k : 회전 당 베인 스토로크

⑦ 레이디얼 피스톤 펌프(편심실린더블록)

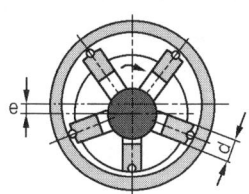

스토로크 $V = \dfrac{d_k^2 \cdot \pi}{4} \cdot 2e \cdot z$

z : 피스톤 수

⑧ 레이디얼 피스톤펌프(편심축)

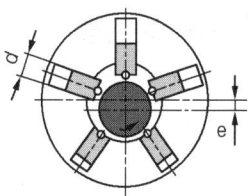

$$V = \frac{d_k^2 \cdot \pi}{4} \cdot 2e \cdot z$$

z : 피스톤 수

⑨ 사축식 액셀피스톤펌프   ⑩ 사판식 액셀피스톤펌프

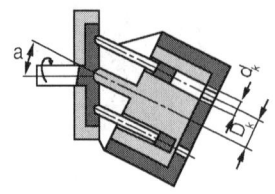

$$V = \frac{d_k^2 \cdot \pi}{4} \cdot 2r_h \cdot z \cdot \sin a$$

z : 피스톤 수

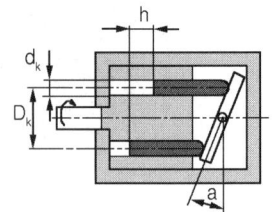

$$V = \frac{d_k^2 \cdot \pi}{4} \cdot D_k \cdot \tan a$$

z : 피스톤 수

2 유압 펌프의 크기를 표시

① 유압 펌프의 크기는 주어진 속도와 그때의 토출 양으로 표시한다. 유압 펌프에서 토출 양이란 펌프가 단위 시간 당 토출하는 액체의 체적을 말한다.
② 단위 시간에 이동하는 유체의 체적을 **유량**이라 한다.

> **참고** 유압 펌프에서 사용되는 GPM(또는 LPM)이란 용어의 뜻은 계통 내에서 이동되는 액체의 양을 말한다. 그리고 유압 기기의 작동 속도를 높이기 위해서는 유압 펌프의 토출량을 증가시켜야 한다.

1-3 유압장치의 구성 - 텔레스코핑 유압장치

이 장치는 타워 크레인에 마스트를 텔레스코핑하기 위해 고 압력의 유압을 이용하여 작동하는 특수 장치이다.

1 유압 탱크

(1) 작동유 탱크의 기능

① 계통 내에 필요한 작동 유량 확보
② 격판(배플)에 의해 기포 발생 방지 및 소멸
③ 작동유 탱크 외벽의 냉각에 의한 적정 온도 유지

(2) 작동유 탱크의 구비 조건

① 배유구(드레인 플러그)와 유면계를 설치하여야 한다.

② 흡입관과 복귀관 사이에 격판(배플)을 설치하여야 한다.
③ 흡입 작동유를 위한 스트레이너(strainer)를 설치하여야 한다.
④ 유면은 적정 위치 "F"에 가깝게 유지하여야 한다.
⑤ 발생한 열을 방산할 수 있어야 한다.
⑥ 공기 및 수분 등의 이물질을 분리할 수 있어야 한다.
⑦ 탱크의 크기는 중력에 의하여 복귀되는 장치 내의 모든 오일을 받아들일 수 있는 크기로 하여야 한다(유압 펌프 토출량의 2~3배가 표준이다.).

(3) 작동유 탱크의 구조

작동유 탱크의 구성 부품은 스트레이너, 드레인 플러그, 배플, 주입구 캡, 유면계 등이며, 배플은 작동유 탱크로 귀환하는 작동유와 유압 펌프로 공급되는 작동유를 분리시키는 기능을 한다.

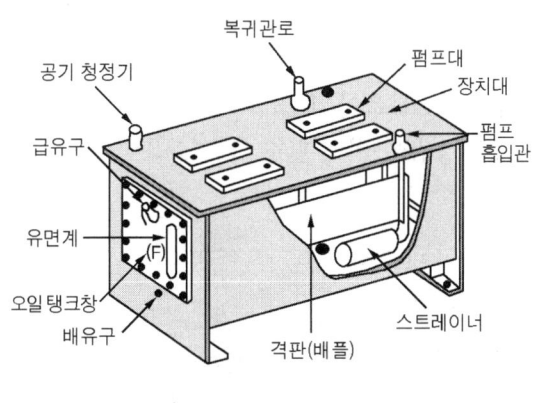

📚 작동유 탱크의 구조

2 유압 펌프

유압 펌프는 원동기의 기계적 에너지를 유압 에너지로 변환한다.

(1) 기어펌프 및 특징

① 외접 기어 방식과 내접 기어 방식이 있다.
② 작동유 속에 기포(캐비테이션 현상) 발생이 적다.
③ 구조가 간단하고 흡입 성능이 우수하다.
④ 소음과 토출량의 맥동(진동)이 비교적 크다.
⑤ 플런저 펌프에 비하여 효율이 낮다.
⑥ 정용량형 펌프이므로 구동되는 기어 펌프의 회전속도가 변화하면 흐름 용량이 바뀐다.

1) 기어 펌프의 폐입 현상

① 외접 기어 펌프에서 토출된 유량의 일부가 입구 쪽으로 되돌려지므로 토출량 감소, 축 동력의 증가, 케이싱 마모 등의 원인을 유발하는 현상을 말한다.

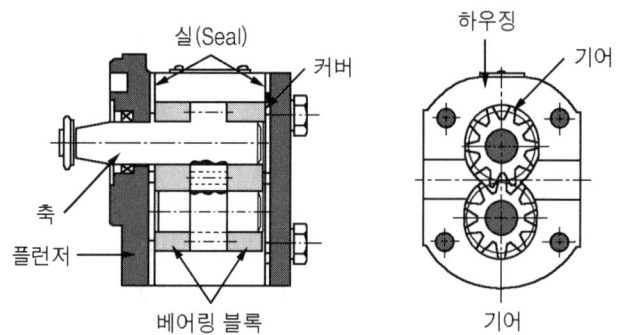

② 기어펌프는 구동, 종동기어의 이가 물리고, 풀림에 따라 체적이 변화하여 펌핑 작용을 한다.
③ 내접식 기어펌프는 구동축인 내접기어가 회전함에 외측기어가 맞물려 회전하고, 이때 생성되는 체적의 증감에 의해 펌핑 작용(소음이 외접식에 비해 낮고, 소형화가능)을 한다.
④ 기어펌프 용량 계산식(Calculation of Size)

- 유량(Flow) $\quad Q = \dfrac{V_g \cdot n \cdot \eta_v}{1000} [\ell/\min]$

- 토크(Torque) $\quad M = \dfrac{1.59 \cdot V_g \cdot \triangle P}{100 \cdot \eta_{mh}} [\text{N} \cdot \text{m}]$

- 동력(Power) $\quad p = \dfrac{M \cdot n}{9549} = \dfrac{Q \cdot \triangle p}{600 \cdot \eta_t} [\text{kW}]$

V_g = 기하학적 배출체적(cm^3) $\triangle p$ = 차압(bar) n = 회전수(rpm)
η_v = 체적효율 η_{mh} = 기계효율 η_t = 전효율

(2) 피스톤 펌프 및 특징

① 유압 펌프 중 가장 고압, 고효율이며, 맥동적 출력을 하나 다른 펌프에 비하여 일반적으로 최고 압력토출이 가능하고, 펌프 효율에서도 전체 압력 범위가 높아 최근에 많이 사용된다.
② 가변 용량에 적합하다(토출량의 변화 범위가 넓다).
③ 다른 펌프에 비해 수명이 길고, 용적 효율과 최고 압력이 높다.

④ 구조가 복잡하다.

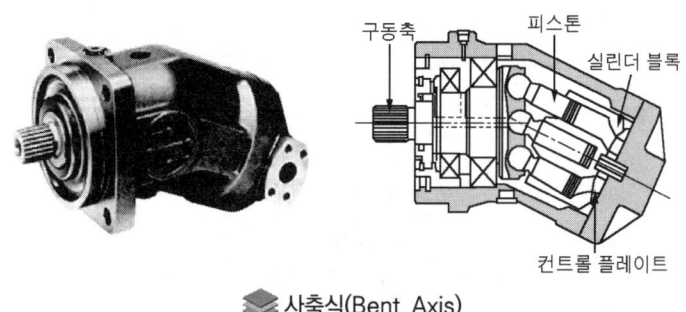

▣ 사축식(Bent Axis)

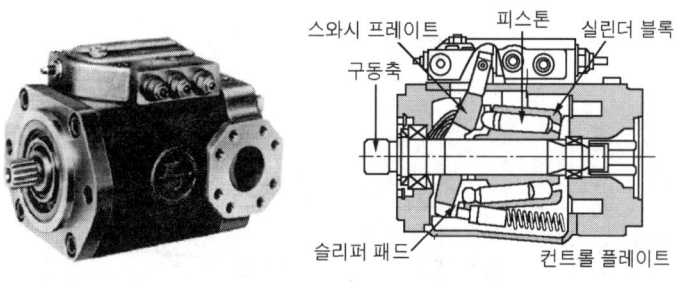

▣ 사판식(Swash Plate) 펌프

⑤ 피스톤펌프 용량 계산식(Calculation of Size)

- **유량**(Flow) $Q = \dfrac{V_g \cdot n \cdot \eta_v}{1000} [\ell/\min]$

- **토크**(Torque) $M = \dfrac{1.59 \cdot V_g \cdot \triangle P}{100 \cdot \eta_{mh}} [\text{N·m}]$

- **동력**(Power) $p = \dfrac{M \cdot n}{9549} = \dfrac{Q \cdot \triangle p}{600 \cdot \eta_t} [\text{kW}]$

V_g = 기하학적 배출체적(cm^3) $\triangle p$ = 차압(bar) n = 회전수(rpm)

η_v = 체적효율 η_{mh} = 기계효율 η_t = 전효율

⑥ 피스톤 펌프는 플런저(피스톤)가 실린더 몸체를 왕복하면서 체적을 증감시켜 펌핑 작용을 한다.

⑦ 1회전의 반 동안에 피스톤은 실린더 몸체를 빠져나가 체적을 증가시켜 흡입하고, 나머지 회전에는 실린더 몸체로 들어가 체적을 감소시켜 토출작용을 행한다.

⑧ 액셀 피스톤 펌프는 산업현장에서 가장 많이 쓰이는 피스톤 펌프이다.

⑨ 레이디얼 피스톤 펌프는 베인 펌프와 비슷한 작동원리이고, 베인 펌프의 베인 대신 피스톤이 설치되며, 편심되어 있는 축이 회전함에 따라 체적의 증감에 의해 흡입, 토출작용을 한다.

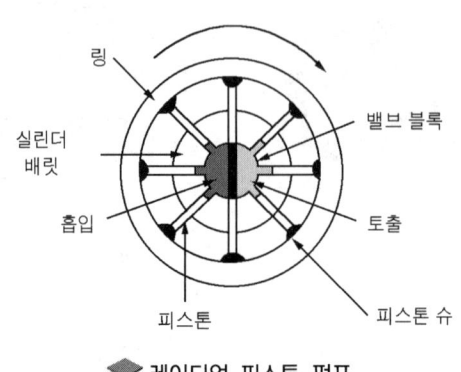

레이디얼 피스톤 펌프

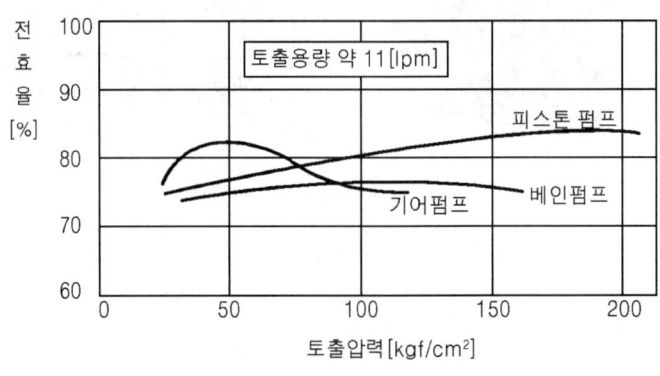

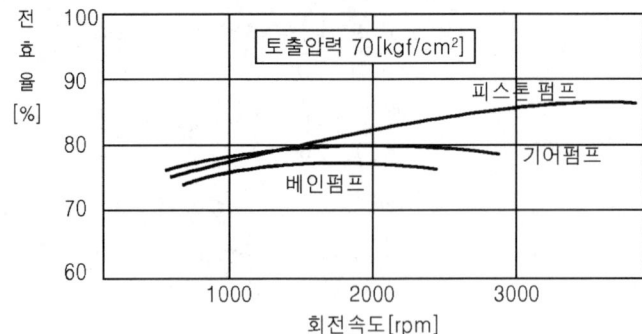

(3) 베인 펌프 및 특징

① 베인 펌프는 날개로 펌프 작용을 시키는 것이다.
② 수리와 관리가 용이하다.
③ 구조가 간단하고 값이 싸다(소형·경량이다).
④ 베인 펌프는 자체 보상 기능이 있다

⑤ 맥동과 소음이 적다.

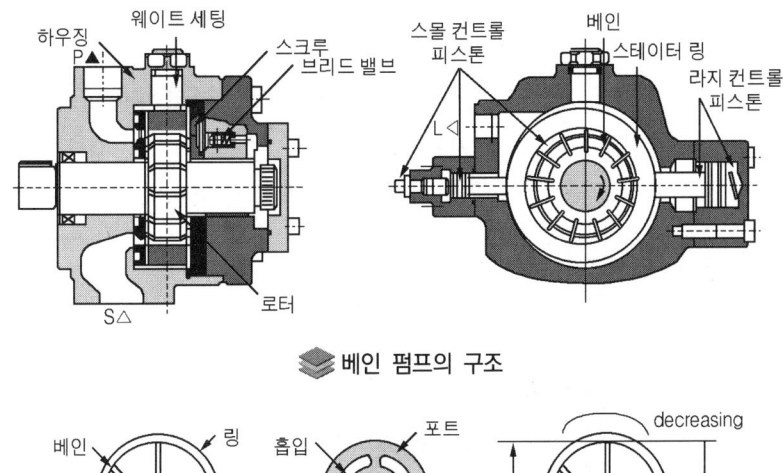

베인 펌프의 구조

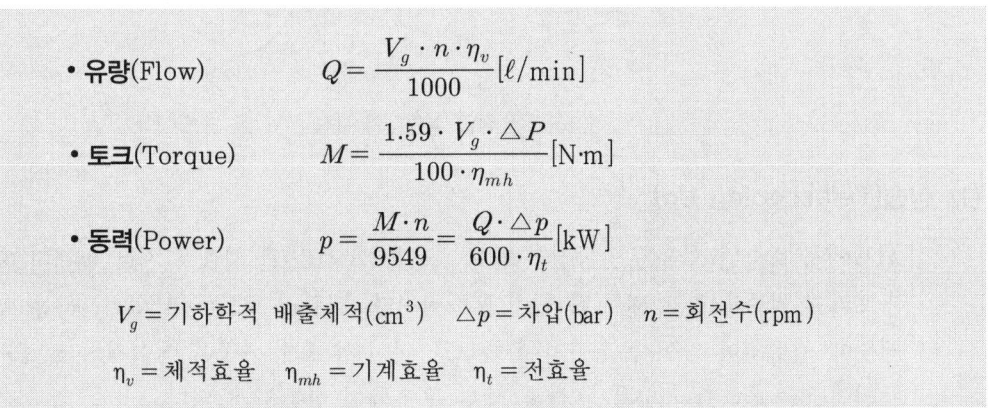

⑥ 용량 계산식

- **유량**(Flow) $Q = \dfrac{V_g \cdot n \cdot \eta_v}{1000} [\ell/\min]$

- **토크**(Torque) $M = \dfrac{1.59 \cdot V_g \cdot \triangle P}{100 \cdot \eta_{mh}} [\text{N·m}]$

- **동력**(Power) $p = \dfrac{M \cdot n}{9549} = \dfrac{Q \cdot \triangle p}{600 \cdot \eta_t} [\text{kW}]$

V_g = 기하학적 배출체적(cm³) $\triangle p$ = 차압(bar) n = 회전수(rpm)
η_v = 체적효율 η_{mh} = 기계효율 η_t = 전효율

⑦ 베인 펌프는 링을 따라 베인이 움직이며 펌핑 작용을 행함. 위의 그림에서 로터가 회전하면, 베인은 원심력에 의해 링에 접속하여 회전한다.
⑧ 베인이 접속됨에 따라, 베인 팁과 링에는 실(seal)이 형성됨
⑨ 로터는 편심되어 있으므로, 회전에 의해 체적의 증가, 감소부가 생성
⑩ 유량의 흡입(체적 증가부)과 토출(체적 감소부)은 포트플레이트를 통해 이루어짐
⑪ 가변용량 형 베인 펌프는 링과 로터의 편심 량을 조절함으로서 유량을 변화 로터의 회전속도(RPM)를 변경하는 것은 실용적이지 못함

3 유압 실린더

유압 실린더는 직선 왕복 운동을 하는 액추에이터이다. 텔레스코픽 유압 실린더의 작동 원리를 알아보면 다음과 같다. 실린더 헤드 측에 내장된 카트리지 밸브(cartridge valve) 는 작동 중인 실린더를 임의의 위치에 정지시키거나 호스가 파손될 때 실린더 내부에서 자동적으로 오일의 흐름을 막아 로드의 수축, 신축을 차단하여 정지 위치를 유지한다.

텔레스코픽 유압실린더의 작동원리를 알아보면 다음과 같다.

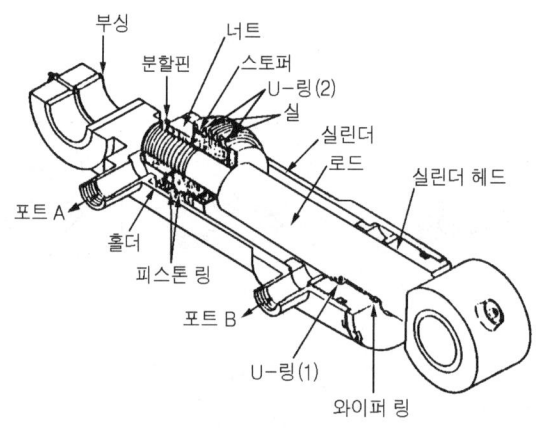

유압 실린더의 구성

(1) 상승(Telescoping Up)

① 펌프에서 토출된 오일은 방향전환 밸브, 고압 호스(HP)를 차례로 지나 실린더 헤드에서 카트리지 밸브를 밀고 헤드 측 챔버에 채워진다. 실린더 로드(cylinder rod)는 마스트의 태핏에 연결되어 있어 움직이지 못하므로 대신 튜브가 움직여 케이지(cage)와 슬루잉 플레임(slewing frame)을 포함한 상부 구조물이 상승하게 된다.

② 헤드 반대쪽 챔버(chamber)의 오일은 튜브 압력을 받아 저압 호스(LP), 카운터 밸런스 밸브(counter balance valve), 방향전환 밸브를 차례로 지나 오일 탱크로 되돌아온다.

③ 작동 압력은 릴리프 밸브(relief valve)를 조정하여 설정한다.

(2) 하강(Telescoping Down)

① 펌프에서 토출된 오일은 방향전환밸브, 저압 호스(LP)를 차례로 지나 실린더 하부 챔버에 채워진다. 상승 때와 같이 로드는 움직이지 않고 튜브가 하강하게 되어 텔레스코핑 다운이 이루어진다.

② 저압은 또한 카트리지 밸브의 저압 우선 측을 개방하여 헤드 측 챔버 오일이 빠져 나갈

수 있도록 통로를 만든다. 크레인 상부의 하중을 받고 있는 튜브에 의해 헤드 측 챔버에 오일 압력이 생겨서 카트리지 밸브의 고압 우선 측은 열리지 않는다.

③ 헤드 측 챔버 오일은 트로틀 밸브(throttle valve), 저압우선측, 호스(HP), 방향전환밸브를 차례로 지나 오일 탱크로 되돌아온다.

④ 트로틀 밸브를 조정하여 하강 속도를 조절할 수 있다.

⑤ 펌프에서 토출된 저압은 카트리지 밸브의 저압 우선 측을 개방하고 튜브가 내려가는 만큼 생긴 하부 챔버의 공간을 메워주는 역할만 할뿐이다.

⑥ 작동 압력은 릴리프 밸브를 조정하여 설정한다.

4 유압 전동기

유압 모터는 회전 운동을 하는 액추에이터이며, 장점 및 단점은 다음과 같다.

유압 모터의 장점	유압모터의 단점
① 무단 변속이 용이하다. ② 소형·경량으로서 큰 출력을 낼 수 있다. ③ 변속·역전 제어도 용이하다. ④ 속도나 방향의 제어가 용이하다.	① 작동유의 점도변화에 의하여 유압모터의 사용에 제약이 있다. ② 작동유는 인화하기 쉽다. ③ 작동유에 먼지나 공기가 침입하지 않도록 특히 보수에 주의해야 한다. ④ 공기와 먼지 등이 침투하면 성능에 영향을 준다.

5 제어 밸브

(1) 제어 밸브의 종류

① 압력 제어 밸브 : 일의 크기 결정
② 유량 조절 밸브 : 일의 속도 결정
③ 방향 변환 밸브 : 일의 방향 결정

(2) 압력 제어 밸브

1) 릴리프 밸브(Relief Valve)

① 릴리프 밸브의 기능

- 유압 기기의 과부하를 방지한다.
- 펌프의 토출 측에 위치하여 회로 전체의 압력을 제어하는 밸브이다.
- 유압 계통의 최대 압력을 제어하는 밸브이다.

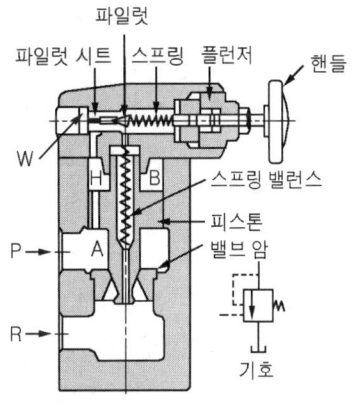

릴리프 밸브

② 릴리프 밸브 설치 위치
- 릴리프 밸브는 유압 펌프와 제어 밸브 사이 즉, 펌프와 방향 전환 밸브 사이에 설치되어 있다.

③ 채터링(Chattering) 현상
- 유압 계통에서 릴리프 밸브 스프링의 장력이 약화될 때 발생되는 현상을 말한다.
- 직동형 릴리프 밸브(relief valve)에서 자주 일어나며 볼(ball)이 밸브의 시트(seat)를 때려 소음을 발생시키는 현상이다.

2) 감압 밸브(리듀싱 밸브 ; Reducing Valve)

① 유압 실린더 내의 유압은 동일하여도 각각 다른 압력으로 나눌 수 있는 밸브이다.
② 1차 쪽의 압력이 변화하거나 2차 쪽의 유량 변동에 대하여 설정 압력의 변동을 억제하여 감압하는 밸브이다.

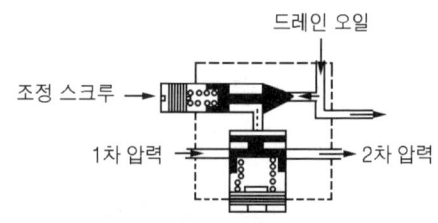

감압(리듀싱) 밸브

3) 시퀀스 밸브(Sequence Valve)

① 2개 이상의 분기 회로가 있을 때 순차적인 작동을 하기 위한 압력 제어 밸브이다.
② 두 개 이상의 분기 회로에서 실린더나 모터의 작동 순서를 결정하는 자동 제어 밸브이다.

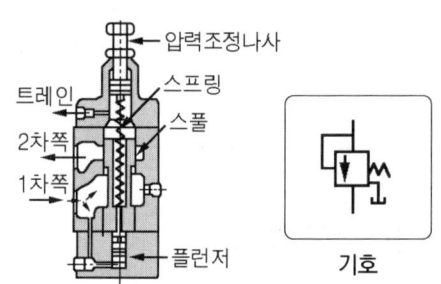

시퀀스 밸브

4) 언로더 밸브(무부하 밸브 ; Unloader Valve)

① 유압 회로의 압력이 설정 압력에 도달하였을 때 유압 펌프로부터 전체 유량을 작동유 탱크로 리턴 시키는 밸브이다.
② 유압 장치에서 통상 고압 소용량, 저압 대용량 펌프를 조합 운전할 때 작동 압력이 규정 압력 이상으로 상승할 때 동력을 절감하기 위하여 사용하는 밸브이다.
③ 유압 장치에서 두 개의 펌프를 사용하는데 있어 펌프의 전체 송출량을 필요로 하지 않을 경우, 동력의 절감과 유온 상승을 방지하는 밸브이다.

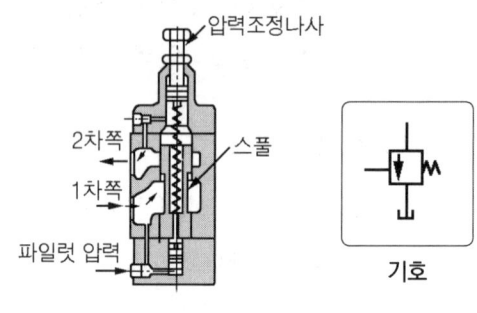

언로더 밸브

5) 카운터 밸런스 밸브(Counter Balance Valve)

① 역류가 자유로이 흐르도록 되어 있는 밸브이다.
② 유압 실린더 등이 중력에 의한 자유낙하를 방지하기 위하여 배압을 유지하는 압력 제어 밸브이다.

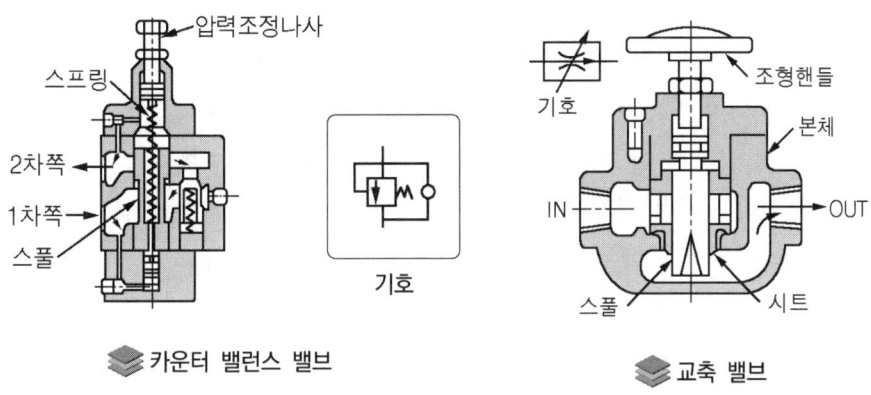

■ 카운터 밸런스 밸브   ■ 교축 밸브

(3) 유량 제어 밸브

① 액추에이터의 운동 속도를 조정하기 위하여 사용되는 밸브이다.
② 유량 제어 밸브의 종류에는 분류 밸브(dividing valve), 니들 밸브(needle valve), 오리피스 밸브(orifice valve), 교축 밸브(throttle valve) 등이 있다.
③ 교축 밸브는 점도가 달라져도 유량이 그다지 변화하지 않도록 설치된 밸브이다.
④ 니들 밸브는 내경이 작은 파이프에서 미세한 유량을 조정하는 밸브이다.

(4) 방향 제어 밸브

1) 방향 제어 밸브의 기능

① 유체의 흐름 방향을 변환한다.
② 유체의 흐름 방향을 한쪽으로만 허용한다.
③ 유압 실린더나 유압 모터의 작동 방향을 바꾸는데 사용한다.

2) 방향 제어 밸브의 종류

① 디셀러레이션 밸브(Deceleration Valve) : 유압 실린더를 행정 최종 단에서 실린더의 속도를 감속하여 서서히 정지시키고자할 때 사용되는 밸브
② 체크 밸브(Check Valve) : 역류를 방지하는 밸브 즉, 한쪽 방향으로의 흐름은 자유로우나 역 방향의 흐름을 허용하지 않는 밸브
③ 스풀 밸브(Spool Valve) : 작동유 흐름 방향을 바꾸기 위해 사용하는 밸브

(5) 서보 밸브(Servo Valve)

① 작동유 흐름이나 압력 및 유량을 조절하는 밸브이다.
② 전기 또는 그 밖의 입력 신호에 따라서 유량 또는 압력을 제어하여 주는 밸브이다.

6 액추에이터(Actuator)

액추에이터는 축압기로서 유압을 일로 바꾸는 장치이다.

① 유압 에너지의 저장, 충격 흡수 등에 이용되는 기구이다.
② 유압 기기 중 유압 펌프에서 발생한 유압을 저장하고, 맥동을 소멸시키는 장치이다.
③ 용도는 충격 압력의 흡수, 보조적 압력원, 서지 압력(surge pressure)발생 완화, 맥동류의 감쇄 등이다.
④ 기체 압축 형 어큐뮬레이터에 사용되는 가스는 질소이다.

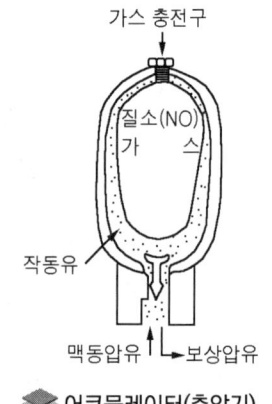

어큐뮬레이터(축압기)

7 유압 파이프 및 호스

① 유압 호스 중 가장 큰 압력에 견딜 수 있는 것은 나선 와이어 블레이드 호스이다.
② 유압식 건설 기계의 고압 호스가 자주 파열되는 원인은 릴리프 밸브의 설정 유압 불량(유압을 너무 높게 조정한 경우)이다.
③ 유압 호스의 노화 현상
  • 호스가 굳어 있는 경우
  • 표면에 크랙(균열 ; crack)이 발생한 경우
  • 정상적인 압력 상태에서 호스가 파손될 경우

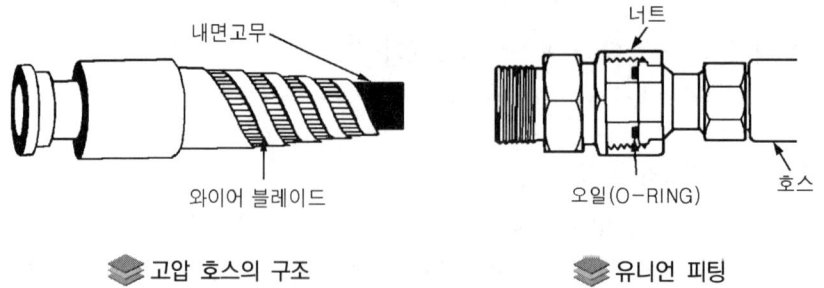

고압 호스의 구조   유니언 피팅

8 작동유(유압유)

(1) 작동유의 구비 조건

① 동력을 확실히 전달하기 위하여 비압축성일 것
② 작동유 중의 물먼지 등의 불순물과 분리가 잘될 것
③ 장시간 사용하여도 화학적 변화가 적을 것(물리적으로나 화학적으로 안정되어 장기간 사용에 견딜 것)
④ 녹이나 부식 발생이 방지될 것(방청 및 방식성(부식 방지성, 산화 안정성)이 있을 것)
⑤ 체적 탄성 계수가 크고, 밀도가 작을 것
⑥ 내열성이 크고, 거품이 적을 것
⑦ 화학적 안정성 및 윤활성이 클 것
⑧ 점도 지수가 높을 것(넓은 온도 범위에서 점도 변화가 적을 것)
⑨ 적당한 유동성과 점성을 갖고 있을 것
⑩ 유압 장치에 사용되는 재료에 대해 불활성일 것
⑪ 실(seal)재료와의 적합성이 좋을 것
⑫ 온도에 의한 점도 변화가 적을 것

(2) 작동유 첨가제

작동유 첨가제에는 소포제(거품 방지제), 유동점 강하제, 산화방지제, 점도 지수 향상제 등이 있다.

9 오일 필터(Oil Filter)

① 관로용 필터의 종류에는 흡입 여과기(스트레이너), 리턴 여과기, 라인 여과기 등이 있다.
② 스트레이너(strainer)는 펌프의 흡입 측에 붙여 여과 작용을 하는 필터(filter)이다.
③ 오일 필터의 여과 입도가 너무 조밀하면(여과 입도 수(mesh)가 높으면) 공동 현상 (캐비테이션)이 발생한다.

10 플러싱

유압 기기의 장치 내에 슬러지 등이 생겼을 때 이것을 용해하여 장치 내를 깨끗이 하는 작업을 말한다.

그리고 **플러싱 후의 처리 방법**은 다음과 같다.
① 작동유 탱크 내부를 다시 청소한다.
② 작동유 보충은 플러싱이 완료된 후 즉시 하는 것이 좋다.
③ 잔류 플러싱 오일을 반드시 제거하여야 한다.
④ 라인 필터 엘리먼트를 교환한다.

1-4 공기빼기 작업

공기 빼기는 매우 중요한 부분으로 다음에 설명되는 사항들을 반드시 지켜서 텔레스코픽 작업이 원활하게 이루어지도록 해야 한다. 펌프, 호스, 실린더의 공기가 완전히 제거되지 못하면 작동 중에 에어쿠션(air cushion) 현상으로 커다란 충격을 일으켜 매우 위험해지므로 공기를 완전히 제거해야 한다.

① 호스는 HP(고압), LP(저압)를 정확히 구분하여 펌프 유닛(pump unit)과 실린더에 연결한다.
  • 이물질(먼지, 흙 등)이 투입되지 않도록 호스 끝을 깨끗이 청소한다.
② 실린더 로드와 요크를 서로 조립하고 외부 간섭 없이 자유로운 상태로 놓아둔다.
③ 펌프를 작동시킨다.
④ 방향전환밸브를 이용하여 로드를 튜브(몸체)에 넣고 빼기를 2~3회 반복한다.
⑤ 펌프를 정지시키고 약 2~3분 정도 기다려 탱크 내에 오일과 기포가 완전히 분리되도록 한다.
⑥ 펌프를 작동시킨다.
⑦ 실린더 고압(Cylinder HP) 방향의 고압 빼기 플러그(plug)를 2회전 시켜 열어 놓는다.
⑧ 방향전환밸브를 상승으로 돌려 로드가 튜브에서 완전히 빠져나오도록 한다. 이때 공기 빼기 플러그에는 오일과 공기가 함께 빠져 나온다.
⑨ 로드가 완전히 빠져나오면 수초 후 플러그를 닫고 방향전환 밸브를 중립으로 복귀시킨다.
⑩ 실린더 저압(Cylinder LP)방향의 공기 빼기 플러그를 2회전 시켜 열어놓는다.
⑪ 방향전환밸브를 하강으로 돌려 로드가 튜브 속으로 완전히 들어가도록 한다. 이때 공기 빼기 플러그에는 오일과 공기가 함께 빠져 나온다.
⑫ 로드가 튜브 속으로 완전히 들어가면 수초 후 플러그를 닫고 방향전환 밸브를 중립으로 복귀시킨다.
⑬ 상기 ⑦~⑫까지의 과정을 2~3회 반복하면 공기 빼기는 완료된다.

1-5 유압력 조정 사항

펌프 유닛에는 고압, 저압, 카운터 밸런스 압력 등 3종류의 압력 조정용 릴리프 밸브가 있고 방법은 다음과 같다.

압력을 조정할 때는 호스를 펌프 쪽에만 연결하고 실린더 쪽은 연결하지 않은 상태에서 실시한다. 펌프에서 토출된 오일은 호스 끝의 연결기(jaw coupling) 때문에 외부로 누유 되지 않으므로 압력조정이 가능하다.

1 고압 조정(High Pressure, HP): 특정 사양에 한함

① 펌프를 작동시킨다.
② 릴리프 밸브 2 Set 중 오른쪽 밸브는 완전히 잠그고 왼쪽 밸브는 완전히 열어 놓는다.
③ 방향전환밸브를 상승으로 돌린다.
④ 완전히 열린 왼쪽 밸브를 서서히 잠가 압력이 450kg/cm² 로 올라가면 로크 너트를 잠근다.
⑤ 완전히 열린 왼쪽 밸브를 서서히 풀어 압력이 420kg/cm² 로 내려오면 로크 너트를 잠근다.
⑥ 방향전환밸브를 중립으로 복귀시킨다.
⑦ 펌프를 정지시킨다.

2 저압 조정(Low Pressure, LP): 특정 사양에 한함

① 펌프를 작동시킨다.
② 릴리프 밸브를 완전히 풀어놓는다.
③ 방향전환밸브를 하강으로 돌린다.
④ 풀어놓았던 릴리프를 서서히 잠가 압력이 65kg/cm²로 올라가면 로크 너트를 잠근다.
⑤ 방향전환밸브를 중립으로 복귀시킨다.
  • 고압과 저압 조정이 끝나면 방향전환밸브를 상승과 하강으로 돌려 설정한 압력과 일치하는지 확인하고 필요하다면 보정을 한 후에 펌프를 정지시킨다.

3 무부하 상태의 요크(yoke) 정지 압력 조정

실린더를 무부하 상태로 작동 중 임의의 위치에 정지시켰을 때 로드가 서서히 하강하면 카운터 밸런스 밸브를 로드가 정지할 때까지 서서히 잠근다.

1-6 유압 상승장치 주요 점검사항

1 호스 연결 및 점검

(1) 이물질 혼입 금지

호스 끝에 묻어 있는 이물질(흙, 모래)은 펌프와 실린더를 심각하게 손상시킬 수 있으므로 깨끗이 한 다음 연결한다.

(2) 호스 연결

펌프와 실린더 측의 고압(HP)과 저압(LP)은 정확히 일치시켜서 연결하여야 한다. 만약, 고압과 저압이 서로 바뀌어 연결되면 하강(telescoping down) 작업시 다음과 같은 현상이 일어나므로 매우 주의하여야 한다.
① 고압의 오일이 카트리지 밸브에 공급되어 고압 우선 밸브를 완전히 개방시키므로 되돌아 온 오일이 트로틀 밸브(throttle valve)에 의해 통제되지 못하고 자유롭게 빠져나간다.
② 실린더 튜브를 고압의 힘으로 하강시킨다.
③ 텔레스코핑 하강속도(튜브하강속도)는 상부의 하중으로 발생한 압력의 추력을 받아 순식간에 통제 불능 상태로 가속되어 타워 크레인 전체가 위험한 상황에 처할 수 있다.

(3) 호스 손상 여부

호스는 고압($420kg/cm^2$)이 지나는 통로이므로 외부손상이 없이 온전한 상태로 유지하여야 한다.

2 펌프 유닛

(1) 유면계 확인

① 실린더 로드가 튜브에서 완전히 빠져나온 상태에서 유면계의 하한 레벨 이상 오일이 충만 되어야 한다.
② 하한 레벨 이하일 경우 펌프 동작시 공기가 유압 라인에 흡입될 수 있다.

(2) 수분제거

① 사용빈도가 적은 장치이고 거의 옥외에 설치되어 있으므로 사용 전에는 항상 드레인 밸브(drain valve)를 열어 수분을 제거하여야 한다.

② 수분이 포함되어 있으면 압력이 규정만큼 상승하지 못하거나 작동 중 충격을 일으킬 수 있다.

(3) 누유 확인

밸브, 호스, 배관 연결기 등의 누유 여부를 확인한다.

3 하이드로릭 실린더 (Hydraulic Cylinder)

(1) 로드 표면

① 로드 표면에 묻어 있는 이물질(먼지, 모래)을 제거한다. 이물질은 실린더의 더스트 링(dust ring)을 손상시킨다.
② 흠집이 생기지 않도록 작업 중에는 특히 주의한다. 유압의 손실을 초래하여 작업 성능을 떨어뜨린다.

(2) 연결장치(Jaw Coupling)

사용하지 않을 때는 이물질의 혼입을 막기 위해 밀폐시킨다.

1-7 유압 상승장치 작동불량 현상

명 칭	기 호		비 고
	상세기호	간략기호	
단동 실린더			• 공기압 • 압출형 • 편로드형 • 대기중의 배기(유압의 경우는 드레인)
단동 실린더 (스프링 붙이)	(1) (2)		• 유압 • 편로드형 • 드레인측은 유압유 탱크에 개방 (1) 스프링 힘으로 로드 압출 (2) 스프링 힘으로 로드 흡인

명 칭	기 호	비 고
복동 실린더	(1) (2)	(1) • 편로드 • 공기압 (2) • 양로드 • 공압
복동 실린더 (쿠션붙이)	2:1 2:1	• 유압 • 편로드형 • 양쿠션, 조정형 • 피스톤 면적비 2 : 1
단동 텔레스코프형 실린더		• 공기압
복동 텔레스코프형 실린더		• 유압
유압펌프		• 1방향 유동 • 정용량형 • 1방향 회전형
유압모터		• 1방향 유동 • 가변용량형 • 조작기구를 특별히 지정하지 않는 경우 • 외부 드레인 • 1방향 회전형 • 양축형
기름탱크 (통기식)	(1) (2) (3) (4)	(1) 관 끝을 액체 속에 넣지 않는 경우 (2) 관 끝을 액체 속에 넣는 경우 • 통기용 필터(17~1)가 있는 경우 (3) 관 끝을 밑바닥에 접속하는 경우 (4) 국소 표시기호
기름탱크 (밀폐식)		• 3관로의 경우 • 가압 또는 밀폐된 것 • 각관 끝을 액체 속에 집어넣는다. • 관로는 탱크의 긴 벽에 수직

명 칭	기 호		비 고
가변용량형 유압펌프 또는 유압모터	(1) 가역회전형 펌프	(2) 가역회전형 모터	• 2방향 회전형 • 입력축이 우회전할 때 A포트가 송출구로 되고, 이때의 가변조작은 조작요소의 위치 M의 방향으로 된다. • A포트가 유입구일 때 출력축은 좌회전이 되고, 이때의 가변조작은 조작요소의 위치 N의 방향으로 된다.
정용량형 유압펌프·모터			• 2방향 회전형 • 펌프 기능을 하고 있는 경우 입력축이 우회전할 때 A포트가 송출구도 된다.
가변용량형 유압펌프·모터			• 2방향 회전형 • 펌프 기능을 하고 있는 경우 입력축이 우회전할 때 B포트가 송출구로 된다.
가변용량형 유압펌프·모터			• 1방향 회전형 • 펌프 기능을 하고 있는 경우, 입력축이 우회전할 때 A포트가 송출구로 되고, 이때의 가변조작은 조작요소의 위치 M의 방향이 된다.
가변용량형 가역회전형 펌프·모터			• 2방향 회전형 • 펌프 기능을 하고 있는 경우, 입력축이 우회전할 때 A포트가 송출구로 되고, 이때의 가변조작은 조작요소의 위치 N의 방향이 된다.
정용량·가변용량 변환식 가역회전형 펌프			• 2방향 회전형 • 입력축이 우회전할 때는 A포트를 송출구로 하는 가변 용량 펌프가 되고, 좌회전인 경우에는 최대 배제용적의 적용량 펌프가 된다.
압력을 빼내어 조작하는 방식			• 내부 파일럿, 내부 드레인 • 1차 조작 없음
유압 파일럿			• 내부 파일럿 • 원격조작용 벤트포트 붙이
전자·유압 파일럿			• 단동 솔레노이드에 의한 1차 조작 붙이 • 외부 파일럿, 외부 드레인

명 칭	기 호	비 고
파일럿 작동형 압력제어밸브		• 압력 조정용 스프링 붙이 • 외부 드레인
파일럿 작동형 비례전자식 압력제어밸브		• 원격조작용 벤트포트 붙이 • 단동 비례식 액추에이터 • 내부 드레인

번호	문 제 점	원 인	대 책
1	실린더의 로드가 임의의 위치에서 밀림현상	• 카운터 밸런스 압력부족(무부하) • 실린더 내부에 공기 잔류 • 오일 실, 오 링 마모 • 카트리지 밸브 작동불량(부하)	• 압력조정(조정법 참조) • 공기 빼기(공기빼기참조) • 부품 교체 • 부품 교체
2	실린더에 공기가 자주 찬다.	• 탱크 내 오일 부족 • 배관 부분의 느슨함 발생 • 펌프 용량부족	• 오일 보충 • 해당부위 NIPPLE 조임 • 펌프 교체
3	실린더 출력부족	• 오일 실, 오 링 마모 • 고압미달	• 부품 교체 • 압력 조정
4	로드가 움직이는 속도가 늦다.	• 펌프 용량부족(사양 참조)	• 펌프 교체
5	하강시 HUNTING 발생	• 펌프 용량부족 • 실린더 내부에 공기 잔류 • 저압미달	• 펌프 교체 • 공기 빼기 • 압력 조정
6	로드가 들어가지 않는다.	• 트로틀 밸브 조정 불량	• 밸브 조정
7	압력미달	• 압력 조정불량 • 오일 성분 변질 • 수분함유	• 압력조정 • 오일 교체 • 배수
8	펌프 소음	• 펌프 불량	• 펌프 교체

PART 5 유압 이론

적중예상문제

01 러핑 타워 크레인의 호이스트 감속기 오일 교환을 설명한 것으로 옳지 않은 것은?
① 크레인 사용 종료 후 오일이 굳기 전에 즉시 교환할 것
② 기어박스를 세척할 것
③ 드레인 플러그는 열어 둘 것
④ 새로운 오일을 주입할 것

해설 드레인 플러그는 잠근다.

02 동절기에 인상 감속기의 오일 점도 선택으로 가장 적합한 것은?
① 점도가 높은 것을 선택
② 점도가 동일한 것을 선택
③ 점도가 낮은 것을 선택
④ 점도에는 관계없이 선택

03 러핑 타워 크레인의 선회감속기 오일 교환을 설명한 것으로 옳지 않은 것은?
① 크레인 사용 종료 후 오일이 굳기 전에 즉시 교환할 것
② 기어박스를 세척할 것
③ 드레인 플러그는 열어 둘 것
④ 새로운 오일을 주입할 것

해설 드레인 플러그는 잠근다.

04 윤활유의 성질 중 가장 중요한 것은?
① 온도   ② 점도
③ 건도   ④ 습도

05 러핑 타워 크레인의 러핑 감속기 오일 교환을 설명한 것으로 옳지 않은 것은?
① 크레인 사용 종료 후 오일이 굳기 전에 즉시 교환할 것
② 기어박스를 세척할 것
③ 드레인 플러그는 열어 둘 것
④ 새로운 오일을 주입할 것

해설 드레인 플러그는 잠근다.

06 크레인의 윤활 급유방법에 대하여 기술한 것 중 틀린 것은?
① 지시된 양을 주입하되 사용빈도에 따라 증가한다.
② 규정된 시간에 맞춰 주입한다.
③ 동절기에는 가급적 점도가 높은 것을 사용한다.
④ 그리스 컵 주유는 사용빈도에 따라 수시 확인 후 급유한다.

07 저속회전에 알맞은 윤활유 성질로 적합한 것은?
① 저점도의 윤활유
② 고점도의 윤활유
③ 고온도의 윤활유
④ 중온도의 윤활유

정답 01.③ 02.③ 03.③ 04.② 05.③ 06.③ 07.②

08 고속회전에 알맞은 윤활유 성질로 적합한 것은?
① 저점도의 윤활유
② 고점도의 윤활유
③ 고온도의 윤활유
④ 중온도의 윤활유

09 러핑 타워 크레인의 유압 상승 장치 작동에 대한 설명으로 틀린 것은?
① 유압 작동유의 색상이 밝으면 장기간 사용하지 않은 경우라도 사용할 수 있다.
② 저장기 바닥에 오일 침전물이 있으면 저장기를 세척한다.
③ 전동기의 회전방향을 점검한다.
④ 유압 전원함 작동시 벤트(Vent) 밸브를 잠근다.

10 타워 크레인의 유압장치 보관시 점검사항을 설명으로 틀린 것은?
① 유압펌프의 오일 누유여부
② 실린더의 파손여부
③ 유압필터의 오손여부
④ 유압 게이지의 청결상태 여부

11 유압장치에 대한 설명으로 틀린 것은?
① 사용 오일은 1년에 1회 교환
② 장치 내·외부의 온도차 영향 발생
③ 유압 펌프는 기어 등이 마모 발생
④ 유압 펌프는 반영구적이므로 무부하 압력의 점검은 불필요

12 텔레스코핑 작업 전 유압장치의 점검 사항으로 틀린 것은?
① 유압펌프의 오일량을 점검
② 유압전동기의 회전방향을 점검
③ 유압장치의 압력을 점검
④ 유압장치의 품질 및 미관을 점검

13 유압장치의 작동불량의 원인으로 틀린 것은?
① 오일의 열화
② 온도차
③ 오일의 습기
④ 실린더의 재료 결함

14 유압오일의 온도가 상승하는 원인으로 틀린 것은?
① 유량이 과다한 경우
② 오일의 점도가 부적당 한 경우
③ 고속 운전조건의 연속작업
④ 과부하 운전조건의 연속작업

15 유압장치의 부품을 교환 후 우선 시행하여야 할 작업은 무엇인가?
① 공기빼기 작업
② 최대부하 상태의 시운전
③ 유압밸브에 대한 점검
④ 오일펌프의 작동 시운전

정답 08.① 09.④ 10.④ 11.④ 12.④ 13.④ 14.① 15.①

16 펌프가 오일을 토출하지 않을 때의 원인으로 틀린 것은?
① 토출측 배관 체결 볼트가 이완되었다.
② 오일 탱크의 유면이 낮다.
③ 오일의 점도가 너무 높다.
④ 흡입관으로 공기가 유입된다.

17 유압유의 점검사항과 관계없는 것은?
① 윤활성 ② 소포성
③ 내구성 ④ 점도

18 유압 회로 내 압력이 비정상적으로 올라가는 원인에 해당되는 것은?
① 오일의 점도가 묽음
② 오일 파이프 파손
③ 유압조정밸브 고착
④ 오일 압력게이지 고장

19 유압 장치가 작동되지 않을 경우를 설명하였다. 틀린 것은?
① 오일의 부족
② 오일의 점도가 매우 높을 때
③ 오일의 점도 부적당
④ 여과기의 막힘

> **해설** 오일의 점도가 매우 높으면 유압 장치는 느리게 작동한다.

20 유압 장치내의 작동 오일이 과열되는 경우를 설명하였다. 틀린 것은?
① 오일의 점도가 불량할 때
② 오일 라인이 손상되었을 때
③ 오일이 누출될 때
④ 오일 탱크의 열이 방출될 때

21 유압 장치 내에서 기포가 생기는 경우를 설명하였다. 틀린 것은?
① 오일의 양이 적을 때
② 오일에 물이 들어갔을 때
③ 오일이 누출될 때
④ 오일펌프의 속도가 너무 빠를 때

22 오일펌프에서 소음이 발생할 경우를 설명하였다. 틀린 것은?
① 오일의 양이 적을 때
② 오일의 점도가 높을 때
③ 오일 속에 공기가 들어갔을 때
④ 오일펌프의 속도가 너무 느릴 때

23 오일 장치의 제어밸브가 고착되었거나 작동이 잘 안될 경우를 설명하였다. 틀린 것은?
① 제어 링키지(Linkage)가 잘못 정렬 되었을 때
② 밸브가 파손 되었을 때
③ 밸브가 긁혔을 때
④ 적정 압력이 유지되나 볼트, 너트가 느슨하게 조여졌을 때

24 오일 장치의 제어밸브에서 오일이 누출될 경우를 설명하였다. 틀린 것은?
① 밸브 스택(Stack)의 연결 볼트의 죔이 너무 느슨할 때
② O 링이 손상되었을 때
③ 밸브가 파손되었을 때
④ 압력이 불충분 할 때

정답 16.① 17.③ 18.③ 19.② 20.④ 21.④ 22.④ 23.④ 24.④

25 서지압력(Surge Pressure)이란 무엇인가?
① 제어밸브의 조작에 따라 유체의 흐름이 과도적으로 변화하여 발생한 이상 압력 변동
② 제어밸브의 조작에 따라 유체의 흐름이 과도적으로 변화하여 발생한 이상 속도 변동
③ 유압모터의 조작에 따라 유체의 흐름이 과도적으로 변화하여 발생한 이상 압력 변동
④ 유압모터의 조작에 따라 유체의 흐름이 과도적으로 변화하여 발생한 이상 속도 변동

26 유압을 가장 적절하게 표현한 것을 고르시오?
① 액체의 압력원을 이용, 기계적인 일이 작동되도록 함
② 과중한 물건을 들어올리기 위해 기계적인 장점을 이용 함
③ 액체의 힘을 모으기 위해 기체를 압축시킴
④ 수자원력을 이용해서 전기적인 장점을 이용 함

27 유압력의 단위로 적절하지 않는 것은?
① kg/cm² ② kPa
③ mAq ④ kW

28 유압기기의 장점으로 틀린 것은?
① 진동이 작고, 작동이 원활
② 원격조작이 가능
③ 미세 조작이 용이
④ 작동유 온도가 상승 시 속도가 변화

29 유압장치의 장점으로 틀린 것은?
① 과부하 방지가 용이
② 운동방향을 용이하게 변경 가능
③ 작은 동력원으로 큰 힘의 발생 가능
④ 구조가 간단

30 "밀폐 용기 내 정지된 액체의 일부에 작용된 압력은 세기가 변하지 않고 용기 안의 모든 액체에 전달되며 벽면에 수직으로 작용한다."의 설명을 뒷받침 하는 이론은?
① 베르누이(Bernoulli)의 정리
② 토리첼리(Torricelli)의 원리
③ 캐비테이션(Cavitation) 현상
④ 파스칼(Pascal)의 원리

31 유압장치의 작동유의 첨가제가 아닌 것은?
① 유동성 강하제
② 점도지수 향상제
③ 산화 방지제
④ 수포제

해설 정도이며, 작동유가 80℃ 이상 되면 점도 저하로 인해 열화가 촉진되며, 오일의 탄성력을 잃게 된다.

32 유압장치의 작동유 온도가 약 120℃ 정도 상승시 발생하는 현상으로 맞는 것은?
① 작동이 용이해 진다.
② 압력은 정상값을 유지한다.
③ 작동유 산화로 접촉부의 마모가 촉진된다.
④ 냉각의 영향으로 온도가 저하된다.

25.① 26.① 27.④ 28.④ 29.④ 30.④ 31.④ 32.③ 정답

33 유압장치의 작동유 온도가 지나치게 상승시 발생하는 현상으로 틀린 것은?

① 유압기기의 작동이 용이
② 스크래칭이 발생
③ 작동유의 산화 작용을 촉진
④ 실린더의 작동불량이 발생

해설 작동유의 온도가 지나치게 상승하면 작동유의 산화 작용을 촉진시키고, 유압기기의 작동이 불량해 지며 스크래칭(긁힘)현상이 발생, 슬러지 등의 오염물질이 생성된다.

34 유압장치 작동유의 온도가 상승하는 경우에 발생할 수 있는 현상으로 틀린 것은?

① 작동유의 누출저하
② 점도의 저하
③ 유압 펌프의 효율 저하
④ 밸브류의 기능 저하

해설 작동유의 작동온도가 상승하면 점도 저하로 인하여 유압펌프의 효율이 저하됨은 물론, 작동유의 누출 증가와 제어 밸브 류의 기능저하가 발생한다.

35 유압장치 작동유에 필요한 성질과 관계없는 것은?

① 비압축성일 것
② 장시간 사용시 화학적 변화가 적을 것
③ 부식발생이 억제될 것
④ 공기와 쉽게 혼합할 것

36 유압용 기어펌프에서 작동 회전수가 변화되는 경우에 나타나는 현상은?

① 회전 경사단의 각도가 바뀜
② 흐름의 방향이 바뀜
③ 흐름의 용량이 바뀜
④ 압력이 바뀜

37 다음 중에서 기어펌프에서 파손의 원인이 될 수 없는 현상을 고른다면?

① 작동 유량이 약간 많을 때
② 주 압력이 너무 높게 조정되었을 때
③ 공기가 유입 되었을 때
④ 오물이 유입 되었을 때

38 유압펌프의 종류 중에서 날개로 펌프작용을 하는 것은?

① 플런저 펌프   ② 다이어프램 펌프
③ 베인 펌프   ④ 기어 펌프

39 베인 펌프에서 유압을 발생시키는 주요 부분이 아닌 것을 고르시오.

① 전동기   ② 로터
③ 베인   ④ 캠 링

40 다음 유압펌프에서 효율성이 가장 좋은 펌프를 고른다면?

① 기어 펌프   ② 베인 펌프
③ 플런저 펌프   ④ 나사 펌프

41 다음 유압펌프에서 플런저가 구동축 방향으로 작동하는 것을 고른다면?

① 레이디얼 펌프
② 베인 펌프
③ 액시얼 펌프
④ 기어 펌프

정답 33.① 34.① 35.④ 36.③ 37.① 38.③ 39.① 40.③ 41.③

42 플런저 펌프의 장점이 아닌 것을 고른다면?
① 높은 압력에 잘 견딤
② 토출량의 변화 범위가 넓음
③ 토출압력에 맥동이 적음
④ 효율성이 우수 함

43 피스톤 펌프의 특징이 아닌 것은?
① 고속회전이 가능
② 펌프 효율성이 높음
③ 구조가 간단하고 가격이 저렴
④ 베어링 수명이 짧음

44 다음 유압펌프의 장점으로 틀린 것은?
① 기어 펌프는 구조가 간단하고 소형임
② 베인 펌프는 장시간 사용해도 성능 저하가 적음
③ 나사 펌프는 운동이 동적이고 내구성이 적음
④ 피스톤 펌프는 고압에 적당하고 누설이 적음

45 다음 중 유압펌프의 고장이 아닌 것은?
① 작동유의 누설
② 작동유량 또는 압력의 부족
③ 유압유의 비열이 증가
④ 잡음이 잠재

46 다음 유압펌프에서 오일은 토출되고 있으나 압력은 상승하지 않는 원인을 설명하였다. 틀린 것은?
① 펌프 내부이상으로 누유 발생
② 릴리프 밸브의 설정압력이 낮거나 작동 불량
③ 커플링의 파손
④ 밸브나 작동기에서 누유 발생

해설 구동력을 전달받는 커플링이 파손되는 경우라도 압력의 상승에는 영향을 미치지 않는다.

47 다음 유압펌프에서 유압력이 상승하지 않는 원인을 점검하였다. 틀린 것은?
① 유압펌프의 작동유 토출 점검
② 릴리프 밸브의 점검
③ 설치부의 충분한 강도상태 점검
④ 유압회로의 점검

48 다음 유압펌프에서 진동이 심하게 나타나는 원인은?
① 작동유 내에 기포가 유입 된 경우
② 배출압력이 낮은 경우
③ 작동유량이 부족한 경우
④ 베어링에 열이 발생한 경우

49 다음 유압펌프에서 소음이 발생하는 원인으로 틀린 것은?
① 작동유 내에 기포가 유입 된 경우
② 작동유의 점도가 너무 높은 경우
③ 작동유량이 부족한 경우
④ 유압펌프의 속도가 느린 경우

50 유압 관로내의 압력을 일정 유지 또는 감압하거나 설정된 압력의 작동순서에 의해 변환시키는 제어밸브는?
① 감압 밸브　　② 유압 퓨즈
③ 압력제어 밸브　　④ 압력 스위치

51 다음 중에서 압력제어 밸브가 아닌 것은?
① 시퀀스 밸브　　② 릴리프 밸브
③ 언로드 밸브　　④ 방향변환 밸브

52 유압 기기의 각 기구에 대한 설명 중에서 틀린 것은?
① 언로드 밸브는 어큐뮬레이터의 유압을 조정
② 어큐뮬레이터는 유압펌프에서 발생된 유압을 저장하는 기능과 유압의 맥동을 제거
③ 작동유 필터는 유압기기에 이물질의 혼입을 방지
④ 릴리프 밸브는 언로드 밸브가 작동하지 못하고 설정된 유압의 이상으로 된 경우에 작동

53 유압조절 밸브에서 조정 스프링의 장력이 증가되면 유압력의 변화는?
① 측로를 통하여 압력이 변화
② 채터 링 현상이 발생
③ 플래터 현상이 발생
④ 측로(By-Pass 통로)가 폐쇄되어 압력이 상승

54 유압장치에서 유압조절 밸브의 조정방법을 설명하였다. 맞는 것은?
① 조정 스크루를 풀면 유압이 상승한다.
② 압력조정 밸브가 열리면 유압이 상승한다.
③ 밸브 스프링의 장력이 커지면 유압이 하강한다.
④ 조정 스크루를 조이면 유압이 상승한다.

해설 유압을 상승시키고자 하는 경우에 조정 스크루를 조이면 릴리프 밸브의 스프링의 장력이 커지면서 유압력이 상승한다.

55 유압기기에서 포트(Port)의 수란 무엇을 의미하는가?
① 관로와 접촉하는 유량제어 밸브의 접촉구 개수
② 관로와 접촉하는 교축 밸브의 접촉구 개수
③ 관로와 접촉하는 변환 밸브의 접촉구 개수
④ 관로와 접촉하는 체크 밸브의 접촉구 개수

56 유압기기에 사용되는 밸브 중에서 역류를 방지하는 밸브는 무엇인가?
① 체크 밸브
② 흡기 밸브
③ 변환 밸브
④ 압력제어 밸브

57 유압장치에서 액추에이터가 하는 역할은 무엇인가?
① 유압력을 일로 바꾸는 장치
② 작동유의 방향을 변환하는 장치
③ 작동유의 오염을 방지하는 장치
④ 작동유의 속도를 조정하는 장치

정답 50.③ 51.④ 52.① 53.④ 54.④ 55.③ 56.① 57.①

58 유압장치에서 실린더의 구성요소가 아닌 것은 어느 것인가?
① 실린더 튜브   ② 피스톤
③ 피스톤 로드   ④ 암(Arm)

59 다음 중 유압 계통에서 작동유의 누설을 점검할 때 유의으로 틀린 것은?
① 실의 파손   ② 작동유의 윤활성
③ 실의 마모   ④ 볼트의 풀림

60 유압기기를 세척코자 할 때 가장 좋은 방법은?
① 알코올로 깨끗이 닦고 압축공기로 건조시킨다.
② 경유로 깨끗이 닦고 압축공기로 건조시킨다.
③ 중유로 깨끗이 닦고 압축공기로 건조시킨다.
④ 비눗물로 깨끗이 닦고 압축공기로 건조시킨다.

61 유압의 장점으로 틀린 것은?
① 힘의 조정이 용이하다.
② 진동이 적다.
③ 과부하 방지에 유리하다.
④ 에너지 손실이 전혀 없다.

62 유압의 단점으로 틀린 것은?
① 오일이 새어 나오기 쉽다.
② 에너지 손실이 났다.
③ 오일이 가연성으로 화재가 예상된다.
④ 오일 온도에 따라 기계의 속도가 달라진다.

63 유압의 원리를 설명하였다. 틀린 것은?
① 파스칼의 원리를 응용하였다.
② 오일은 비압축성이다.
③ 운동을 전달하는 데 부적합하다.
④ 압력은 kg/cm²로 표시한다.

64 유압 액추에이터의 설명으로 틀린 것은?
① 유압을 기계에너지로 바꾼다.
② 유압을 일로 변환한다.
③ 직선운동과 회전운동으로 바꾼다.
④ 곡선운동으로 변환한다.

65 오일 제어밸브(Control Valve)의 역할로서 틀린 것은?
① 일의 속도 조절
② 일의 무게 조절
③ 일의 크기 조절
④ 일의 방향 조절

66 유압 장치의 기본 구조가 아닌 것은?
① 유압 펌프   ② 유압 오일
③ 유압 탱크   ④ 유압 실린더

67 오일탱크의 역할로 틀리게 설명한 것은?
① 적정 유량의 저장
② 적정 유온의 유지
③ 작동유 중의 기포발생 방지
④ 여과기는 청소할 수 없는 영구적인 구조일 것

68 마스트 연장 작업시 유압장치의 점검사항으로 틀린 것은?

① 펌프의 오일량을 확인할 것
② 모터 정회전 방향을 확인할 것
③ 규정 압력을 확인할 것
④ 에어 밴트를 닫을 것

해설 텔레스코핑 작동 중에는 에어 밴트(air vent)는 반드시 열러둔다.

69 유압장치의 특징으로 틀린 것은?

① 구조가 간단, 비경제적임
② 에너지 저장이 가능
③ 힘의 증폭 용이
④ 제어가 용이, 정확

해설 유압장치는 힘의 증폭이 용이, 동력전달 용이, 에너지 저장 가능, 무단변속 용이, 회전 직성운동 용이, 제어 및 정확성 용이, 과부하방지 용이, 내구성 크고, 수동, 반자동, 자동이 가능하다.

70 유입펌프의 흡입 측에서 여과작용을 하는 필터는?

① 스트레이너 ② 엘리먼트
③ 라인필터   ④ 리턴필터

해설 펌프의 흡입 측에는 스트레이너가, 토출 측에는 엘리먼트가 각각 여과작용을 한다.

71 윤활유의 성질 중 가장 중요한 요인은?

① 점도 ② 온도
③ 건도 ④ 습도

해설 윤활유의 성질상 점도가 가장 중요하다.

72 유압장치 부품을 교환 후 우선 조치해야 하는 것은?

① 공기 빼기   ② 유압유 점검
③ 최대부하 운전 ④ 쿨러 청소

해설 유압장치의 공기 빼기 작업이 우선적으로 시행하여야만 작동 중에 고장을 막을 수 있다.

73 유압장치의 장점으로 틀린 것은?

① 온도 영향을 많이 받음
② 힘의 연속적 제어 용이
③ 속도제어가 용이
④ 윤활성, 내마멸성이 우수

해설 유압장치는 ②, ③, ④항 이외 원격조작이 가능하고 직선 및 회전운동이 가능하다.

74 유압회로 중 유압의 일정 유지 및 최고압력을 제한하는 밸브는?

① 압력 제어 밸브
② 유량 조절 밸브
③ 방향 변환 밸브
④ 특수 제어 밸브

해설 압력 제어 밸브는 유압을 일정하게 유지하고 최고압력을 제한하여 일의 크기를 결정한다.

75 유압 모터에 진동이 발생하는 원인으로 틀린 것은?

① 펌프의 최고 회전속도 저하
② 작동유속에 공기 혼입
③ 체결볼트의 이완
④ 내부 부품의 파손

해설 유압 모터에 진동과 소음이 발생하면 회전속도가 오히려 불규칙적으로 증가한다.

정답 68.④ 69.① 70.① 71.① 72.① 73.① 74.① 75.①

76 유압력의 기본 산식으로 옳은 것은?

① 압력 = 힘 / 면적
② 압력 = 면적 × 힘
③ 압력 = 면적 / 힘
④ 압력 = 부피 × 힘

해설 압력은 단위 면적당 작용하는 힘이다.

77 유압장치에서 작동체의 속도를 변환해 주는 밸브는?

① 유량제어밸브
② 속도제어밸브
③ 방향제어밸브
④ 압력제어밸브

해설 압력제어밸브는 일의 크기, 유량제어밸브는 일의 속도, 방향제어밸브는 일의 방향을 결정한다.

78 유압펌프의 고장현상으로 틀린 것은?

① 오일 배출압력이 높다
② 소음이 크다
③ 축 실(seal)에서 오일이 누설된다.
④ 오일 양과 압력이 부족하다.

해설 오일펌프가 고장 나면 오일의 배출압력이 낮아진다.

79 유압유 온도가 과도하게 상승시 현상으로 틀린 것은?

① 유압 기계작동이 원활해진다.
② 유압유의 산화 작용을 촉진한다.
③ 실린더의 작동불량이 생긴다.
④ 기계적 마모가 생긴다.

해설 유압유 온도가 상승하게 되면, 실린더 및 유압 기계의 작동이 불량해 진다.

80 유압 계통에서 오일 누설 점검시 유의사항으로 틀린 것은?

① 오일의 윤활성
② 실(seal)의 파손
③ 실(seal)의 마모
④ 볼트의 이완

해설 ②, ③, ④항이 오일 누설 점검시 유의사항에 해당된다.

81 유압장치의 구성요소로 틀린 것은?

① 차동장치   ② 오일탱크
③ 펌프   ④ 제어밸브

해설 차동장치는 감속기어장치로 유압장치의 구성요소에 해당되지 않는다.

정답 76.① 77.① 78.① 79.① 80.① 81.①

Craftsman Tower Crane Operating

PART **06**

인양작업일반

01. 인양작업
02. 운전(조종) 개요
03. 운전(조종) 요령
04. 줄걸이 및 신호체계

CHAPTER 01 인양작업

1-1 인양작업 종류

1 설치 및 해체 작업시 인양작업

① 지휘계통의 명확화 : 작업 지휘자를 정해 지휘자의 직접적인 지휘 아래 작업을 행한다.
② 추락재해의 방지 : 타워크레인의 설치·해체작업 대부분이 고소작업이므로 추락재해방지를 위한 작업발판, 안전난간 등을 설치하고, 안전대 착용 후 작업을 실시한다.
③ 낙하·비래 방지 : 볼트, 너트 등을 풀거나 체결시 또는 공구 등 사용시 낙하·비래방지 조치를 한다.
④ 설치·해체작업 가능한 최대풍속 준수 : 타워크레인의 설치·해체작업은 작업높이에서 풍속(10m/sec) 이내에서 작업한다.
⑤ 긴 부재 인상시 보조로프 사용 선회나 바람 등에 의한 영향을 줄이고 안전한 하역을 위한 보조로프를 사용한다.
⑥ 부재의 중량에 적합한 줄 걸이 용구를 선택 사용한다.

2 텔레스코핑 작업시 인양작업

① 제작사에서 제시한 작업절차를 준수한다.
② 텔레스코핑 작업은 풍속 10m/s 이내에서만 실시한다.
③ 텔레스코핑 작업 전 반드시 타워크레인의 균형을 유지한다.
④ 텔레스코핑 작업 중 절대로 선회, 트롤리 이동 및 인상작업 등 일체의 작동금지
⑤ 마지막 마스트를 올려 정확히 안착 후 볼트 또는 핀으로 체결을 완료할 때까지는 어떤 이유로도 선회 및 주행 작동 금지해야 한다.

⑥ **상승작업 중 재해발생 예상원인**은 다음과 같이 설명할 수 있다.
　㉮ 새로운 마스트를 끼워 넣고 불일치된 핀 구멍을 맞추고자 크레인을 작동시키는 순간 균형상실
　　• 케이지 안내 롤러와 마스트 간의 편차발생
　㉯ 운전조작이 불가능하도록 인터록된 것을 해제하고 수동으로 조작(작업절차 무시)
　　• 타워크레인 재해 중 약 50%가 텔레스코핑시의 사고임을 고려 작업절차를 반드시 준수할 것

3 일반적인 물체 인양작업시 인양작업

① 인양코자 하는 물체에 대하여 인상 작업은 수직으로 하고 비스듬히 끌어올리는 인양작업은 금지한다.
② 저속으로 천천히 인상시키고 와이어로프가 인장력을 받기 시작할 때에는 일단 정지한다.
③ 지면과 약 5cm 떨어진 지점에서 정지한다.
④ 지면과 약 5cm 떨어져 정지한 후 인상할 때 급격한 상승 금지한다.
⑤ 매단 물체가 무너지거나 빠지는 등의 위험이 있을 때에는 경보 등의 신호에 따라 즉시 인하한다.
⑥ 근로자(특히 신호자, 줄걸이작업자)의 위치, 장애물의 유무, 인접 크레인의 움직임 등 주변의 상황을 확인하고 경보를 울린 후 운반한다.
⑦ 급격한 기동이나 정지를 금지한다.
⑧ 장척물이나 이형물을 운반시는 신중하게 운전한다.
⑨ 인상, 인하와 주행 또는 횡방향 운전의 이중조작 운전시는 매단물체의 바닥면과 작업면과의 최소 이격거리를 2m 이상 유지한다.
⑩ 인하 작업은 착지 전에 지면으로부터 20㎝정도의 높이에서 일단 정지하고 신호자의 신호에 따라 안전을 확인한 후 저속 조작으로 인하한다.
⑪ 컨트롤러(Controller)를 영(0)의 눈금으로 되돌리고 급정지를 금지한다.

4 무선원격 조종작업시 인양작업

(1) 조종(운전) 작업 일반

① 반드시 타워크레인 운전기능사 자격이 있고 안전교육(무선원격제어기 작동요령 등 안전조작에 관한 사항)을 받은 경험이 풍부한 조종사(운전자)와 작업지휘자를 선정한다.

> **참고**
> 본 무선원격 조종작업은 범용 타워 크레인의 인양작업과 병용하여 적용한다.

② 작업 전에는 작업장 주변을 육안 확인점검 하고 주변에는 인화성 물질, 조종장치를 방해하는 물질 등은 사전에 제거한 후 작업을 한다.
③ 작업 전, 중, 후에는 크레인 주변 또는 크레인 상부에는 공구, 부품 등 운전중에 낙하 우려되는 물건은 사전에 제거해야 한다.
④ 운전자와 작업자는 작업의 우선순위와 위험요인에 따른 안전대책을 사전 협의한다.
⑤ 작업요원은 개인 보호구를 반드시 착용하고 작업 지휘자는 작업자가 안전보호구를 착용 여부를 확인하고 현장 감독을 한다.
⑥ 신호자, 작업 지휘자 등은 무전기의 사용을 사전 점검한다.
⑦ 야간 작업이 필요하다면 충분히 조도를 확보해야 한다.

(2) 조종(운전) 작업 중지

① 크레인의 정격용량을 넘을 때
② 순간 최대 풍속이 16m/sec 이상이거나, 열악한 날씨(폭우, 폭설, 짙은 안개, 허용량을 초과하는 풍하중 등)로 안전작업에 영향을 미칠 때
③ 크레인의 누전현상이 있을 때
④ 와이어 로프에 심각한 손상이 발생했을 때나, 여러 겹으로 감길 때, 비틀어지고, 끊어지고, 매듭이 풀렸을 때
⑤ 안전장치나 보호장치의 기능이 상실되었을 때
⑥ 각종 전동기구에 이상 현상이 발생하고 영향을 미칠 때
⑦ 금속 결합부분에 변형, 균열 등이 발생하였을 때
⑧ 크레인 작업에 기타 장애가 발생하거나 고장의 영향으로 운전에 영향을 받을 때

(3) 줄걸이 작업자의 작업 일반

① 하물의 위치를 정확히 전달하여 안전한 작업이 되도록 노력 한다.
② 훅을 직접 하물에 걸어서는 안 되며, 반드시 줄걸이 도구를 사용하여 걸어야 한다.
③ 작은 파쇄물을 달아 올릴 때에는 반드시 강도가 충분한 망 또는 포대를 사용하고 직접 묶어 올려서는 안 된다.

④ 가늘고 긴 하물을 인양할 때에는 양쪽 끝을 묶어야 하고 두줄 걸이로 걸어야 한다. 모든 인양 과정은 수평을 이루어야 한다.
⑤ 인양하는 과정에서 하물을 흔들거나 회전해서는 안 된다.
⑥ 하물을 다른 하물과 이어 묶어서는 안 된다.

(4) 섀클(Shackle)의 사용 인양작업

① 바람이 불어서 섀클이 인양 로프에서 이탈하지 않도록 고정 한다.
② 인양 로프에 섀클을 완전히 조여야 한다.
③ 인양 줄에 섀클의 옆방향으로 끼워 인양하지 않는다.
④ 섀클이 변형되었다면 줄걸이 작업자는 이를 교체하여야 한다.
⑤ 인양능력에 따라 섀클을 규격에 맞게 사용하여야 된다.
⑥ 마모 된 섀클핀은 교체하여야 한다.

(5) 인양 로프(슬링 와이어)의 사용 인양작업

① 인양 로프 전체 상태를 점검한다.
② 인양 로프와 섀클이 닿는 부위의 마모상태를 점검한다.
③ 인양 로프의 길이가 같은 지 확인한다.
④ 인양 로프는 규격품을 사용하며 공칭하중이 표시되어야 한다.
⑤ 인양 로프의 마모 상태를 매일 점검 하여야 된다.
⑥ 인양 로프의 안전율은 5 이상을 확보하여야 한다.
⑦ 부재 등을 들어 올릴 때에는 선회나 바람에 의해 하물의 흔들림을 방지하고 안전한 착지를 위해 보조 로프를 사용한다.
⑧ 부재의 러그(LUG)를 인양용 줄걸이로 활용하여야 한다.
⑨ 인양부재의 모서리 부분에 슬링로프 손상방지 보호대를 대어야 한다.

(6) 줄걸이 작업 안전사항

① 허용 중량을 초과하는 하물은 줄걸이 작업을 금지한다.
② 하물을 밀거나 끌어서는 안된다.
③ 천재지변, 기상 악화 등으로 작업이 불가능할 경우에는 인양 작업을 중지한다.
④ 유류물, 낙하물 위험이 있는 작업은 금지한다.
⑤ 중량물이거나 부피가 큰 하물은 두사람 이상 보조하여 작업한다.
⑥ 인양물이 작업자의 머리위로 지나가서는 안된다.
⑦ 크레인으로 줄걸이 로프를 당겨 빼지 않아야 한다.

(7) 신호수의 작업 안전사항

① 신호수의 신호는 간단명료하고 정확해야 하며 조종사의 입장에서 신호를 한다.
② 수신호를 통일해야 하며 국적 불명의 용어는 사용하지 않는다.
③ 신호수는 정해진 신호만을 사용하여야 한다.
④ 수신호를 정확히 숙지하여 조종사가 잘 보이는 곳에서 신호를 하여야 한다.
⑤ 인양할 위치를 정확히 말하거나 표시를 하여야 한다.
⑥ 정해진 신호수로 두사람 이상 신호를 하지 않는다.
⑦ 한국어가 서투른 외국인 등의 신호수는 배치하지 않는다.
⑧ 규정된 신호 규정 외에 특별한 신호는 사전에 상호 협의하여야 한다.

(8) 무전기 사용 안전사항

① 작업 전에 무전기 상태(배터리 충전상태, 채널 정위치, 수신상태)를 시험 및 확인 후에 다른 작업자와 교신하여야 한다.
② 부전기는 지정된 사람 이외는 사용하여서는 안된다.
③ 표준어를 사용하며 은어, 속어, 비속어 등을 사용하여 않는다.
④ 용건만 간단히 하되 높임말을 사용하여야 한다.
⑤ 상대방이 신호를 알지 못하였을 때를 제외하고는 반복신호를 금지해야 한다.

(9) 날씨 및 기상사항

① 지브가 자유롭게 회전할 수 있도록 선회 브레이크를 풀어놓고 전원을 차단하여야 한다.
② 냉각 팬에 의해 외부공기가 전동기 내부로 흡입되므로 우천시에 계속 작동하면 수분이 유입되어 누전 등으로 전동기 내부 손상 등으로 위험할 수 있으므로 사용을 금지한다.
③ 전기 변압기와 배전반의 위치는 물에 잠기지 않도록 높게 올려 주어야 한다.
④ 전원 케이블이 손상되었는지 수시 점검하여 누전되지 않도록 사전 조치한다.
⑤ 스위치와 접자 접촉기는 주 전원을 차단하기 전까지 뚜껑을 열어서는 안된다.
⑥ 배수로를 형성하여야 한다.
⑦ 연약 지반은 보강하여야 한다.
⑧ 크레인 제조자가 정한 작업 풍속 권고사항을 반드시 준수한다.
⑨ 바람이 강하게 불면 부피가 큰 하물의 인양을 중지 한다.
⑩ 풍속저항을 줄이기 위해 표지판, 광고판 등을 제거 한다.
⑪ 낙하 할 수 있는 물건 등은 고정되어 있는 지 안전한 지 확인하여야 한다.
⑫ 시야가 방해되는 폭설시는 작업을 중지한다.
⑬ 결빙된 하물에는 줄걸이를 하지 않는다.

⑭ 결빙된 줄걸이 기구를 사용하지 않는다.
⑮ 조종사가 결빙된 지점에 있을 때, 안전띠를 착용한다.
⑯ 줄걸이 작업자는 방한 장갑 등이 줄걸이에 끼이지 않도록 주의한다.
⑰ 크레인의 트롤리 등의 결빙을 방지한다.

1-2 인양작업 보조 용구

1 와이어 로프

양질의 고탄소강(C 0.50 ~ 0.85 섬유상 페라이트 및 펄라이트 조직)의 소재를 인발한 소선(wire)을 집합하여 꼬아서 가닥(strand)으로 만들고 이 가닥을 심(core) 주위에 일정한 피치(pitch)로 감아서 제작한 일종의 구조물

(1) 구조 설명

1) 소선
   ① 탄소강으로 된 가는 철선
   ② 도금 여부에 따라 도금선(G선)과 비도금선 (U선)으로 구분
   ③ 강도에 따라 A, B, C 및 고강도 로프로 구분

2) 스트랜드
   ① 소선을 꼬아 만든 연선
   ② 일반연, 평행연 및 특수 로프로 구분

3) 심강
   ① 로프의 중심에 넣는 것
   ② 로프의 형태유지, 소선과 소선의 마찰 방지, 외부 소선의 부식 방지
   ③ 섬유심과 철심으로 대별되며 용도에 따라 구분 사용

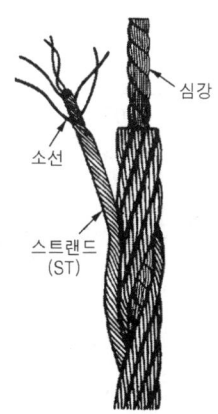

와이어로프의 구성 요소

(2) 용도

조선, 항만, 건설, 제조업 등 화물의 운반·이동과 관계되는 모든 부분에서 사용

(3) 와이어로프의 구성

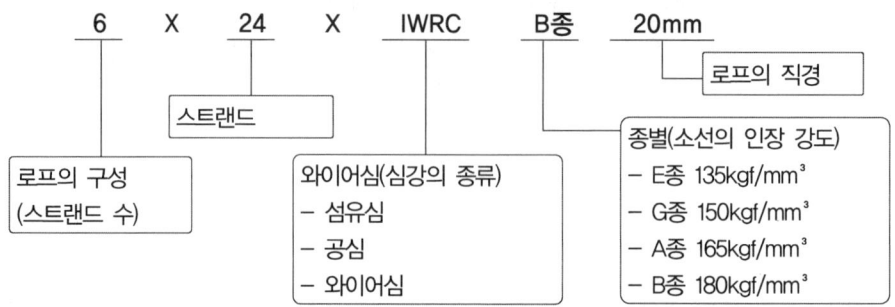

(4) 와이어로프의 작업개시전 점검사항

항목	점검기준	판정
마모	• 로프 지름의 감소가 공칭 지름의 7%를 초과하여 마모된 것은 사용 금지	폐기
소선 절단	• 와이어로프의 한가닥에서 소선의 수가 10% 이상 절단된 것은 사용금지	폐기
비틀림	• 비틀어진 로프는 사용 금지	폐기
로프끝 고정 상태	• 로프끝 고정이 불완전한 것은 사용금지 • 고정부위의 변형이 두드러진 것은 사용금지	폐기
꼬임	• 꼬임이 있는 것은 사용 금지	폐기
변형	• 변형이 현저한 것은 사용 금지	폐기
녹, 부식	• 녹, 부식이 현저히 많은 것은 사용 금지	폐기
이음매	• 이음매가 있는 것은 사용 금지	폐기

2 체인 및 체인블록

체인은 와이어로프와 비교해 내열, 내식성이 뛰어나며 또한 형태 변경이 잘 안되는 장점이 있으므로 그 특성을 살려서 고온 물질의 고리 걸이와 특수한 작업에 사용되는 수가 많다.

(1) 체인의 종류

① 체인은 양질의 탄소강 또는 특수 합금강을 사용하여 제조되며, 인장강도에 따라 M급, S급, T급으로 구분된다.
② 체인은 크기 표시는 환강의 직경(mm)으로 하고, 이를 호칭경이라고 한다.
③ 체인에는 여러 가지 종류가 있으나 일반적으로 사용되고 있는 것은 쇼트링크체인(short link chain)이며, 특히 중량물 취급에는 스터드(stud)를 부착하여 사용하는 경우도 있다.

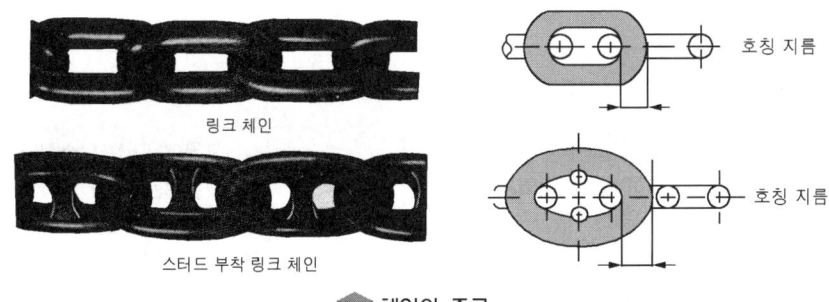

체인의 종류

④ 체인슬링은 통상 체인의 양 끝에 훅, 링 등을 부탁하여 사용된다.

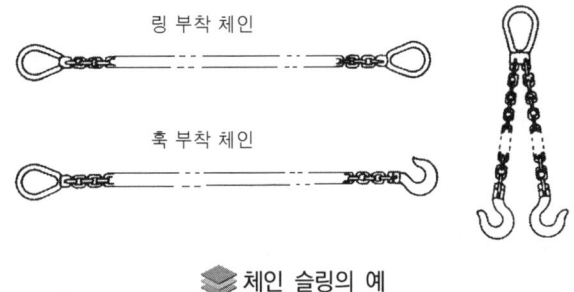

체인 슬링의 예

3 섬유로프

섬유로프와 벨트 슬링은 와이어로프에 비해 유연성이 풍부하고 취급이 용이하여 많이 사용하나 와이어로프, 체인 등에 비해 약한 것이 단점이며 습기가 찬 곳, 하중의 모서리가 날카로운 곳 등에 사용이 끊어지기 쉽다.

(1) 섬유로프의 분류

(2) 합성·천연 섬유로프의 장·단점

구분 \ 섬유	합성 섬유 로프	천연 섬유 로프
장 점	① 가볍고 취급이 용이 ② 물에 젖어도 경직되지 않는다. ③ 부식, 변질이 없다. ④ 충격 하중이 쇼크가 적다. ⑤ 인장 강도가 좋다. (3배) ⑥ 같은 강도의 것은 직경이 적고 가볍다.	① 고온에 다소 우수하다. ② 마찰열은 거의 없다. ③ 변형이 적다. ④ 미끄럼이 적다. ⑤ 한랭시 강도 저하는 없다. ⑥ 침해, 변질이 적다.
단 점	① 고온에 약하다. ② 당길 때 마찰이 일어난다. ③ 각도가 있는 곳에 걸면 변형이 일어난다. ④ 미끄러진다. ⑤ 한랭시 강도가 저하된다. ⑥ 특수 약품에 침해, 변질이 일어난다.	① 무겁고 취급 난이 ② 경직이 된다. ③ 부식, 변질이 쉽다. ④ 쇼크가 크다. ⑤ 인장 강도가 조금 떨어진다. ⑥ 직경이 크고 무겁다.

(3) 벨트 슬링

섬유로프와 같이 넓은 분야에서 사용되며 폴리아미드(Polyamide), 폴리아스탈(Polyacetalresin) 및 폴리프로필렌(Polypropylene) 등의 합성 섬유가 사용되고 있다.

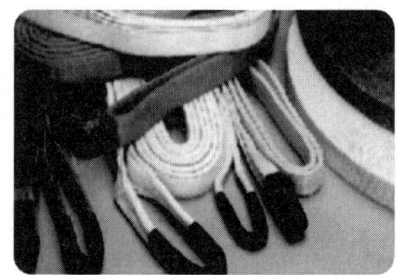

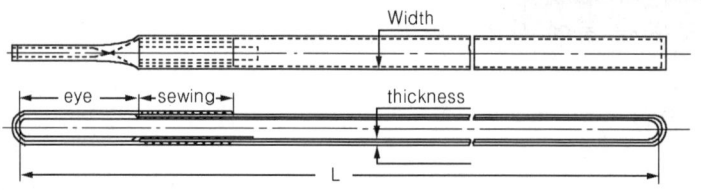

벨트슬링 사용 예

▌섬유 로프의 작업개시전 점검사항

항목	점검기준	판정
절단	스트랜드가 절단된 것은 사용 금지	폐기
손상	심하게 손상된 것은 사용 금지	폐기
부식	부식이 있는 것은 사용 금지	폐기

4 샤클

고리걸이용 와이어로프에 사용되는 샤클은 본체의 형태에 따라 **바우 샤클**(bow shackle)과 **스트레이트 샤클**(straight shackle)이 있으며, 샤클 본체와 샤클 볼트 또는 판과의 조합으로 구분되어 있다. 또 재료의 인장 강도에 따라 등급 M, 등급 S, 등급 T, 등급 V가 있다.

(1) 샤클의 사용 안전사항

① 샤클 바디와 핀은 각각 재료의 품질등급에 적당한 등급인지 여부를 확인
② 핀의 표준 타입 여부 및 재료표면에 양각 표시가 선명한지를 확인
③ 핀 나사와 바디에는 손상이 있는지 확인
④ 바디와 핀은 뒤틀림, 비정상 마모가 있는지 확인
⑤ 바디와 핀은 흠, 균열 등의 결함이 있는지 확인

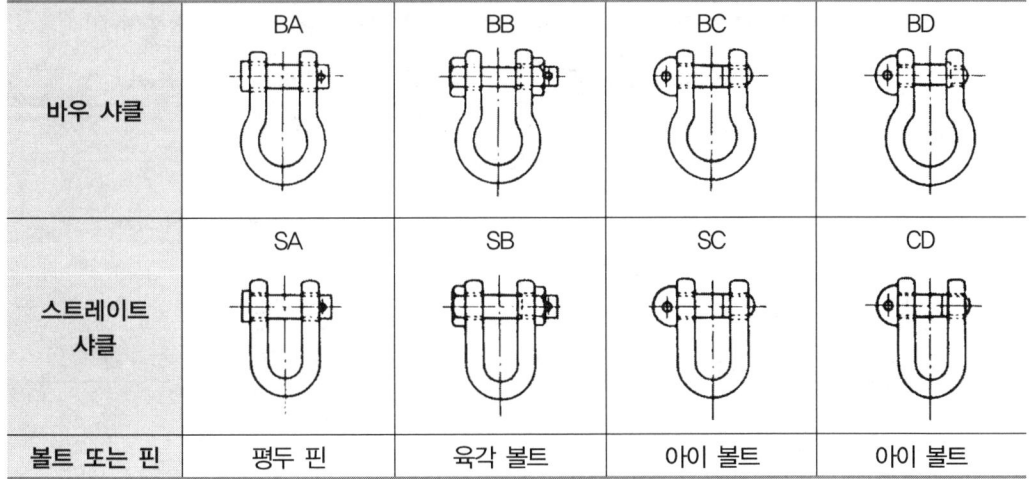

샤클의 종류 및 기호

5 링

(1) 링의 작업개시 전 점검사항

항목	점검 기준	판정
마모	단면 지름의 감소가 원래지름의 10%를 초과하여 마모된 것은 사용 금지	폐기
균열, 흠	균열, 흠이 있는 것은 사용 금지	폐기
접합상태	접합부가 이탈될 우려가 있는 것은 사용 금지	폐기
늘어남	전장이 원래 길이의 5%를 초과하여 늘어난 것은 사용 금지	폐기

6 훅

훅의 작업개시 전 점검사항은 다음과 같다.

항목	점검기준	판정
마모	단면지름의 감소가 원래지름의 5%를 초과하여 마모된 것은 사용 금지	폐기
균열	균열이 있는 것은 사용 금지	폐기
홈	두부 및 만곡의 내측에 홈이 있는 것은 사용하여서는 아니된다.	폐기
늘어남, 변형	개구부가 원래간격의 5%를 초과하여 늘어난 것은 사용 금지	폐기
경화, 연화	장기간 사용에 따른 경화의 의심이 있는 것과 고열에 의해 연화의 의심이 있는 것은 사용 금지	폐기

7 줄걸이 로프 등 보조 용구

통상적으로 사용되는 줄걸이 용구 및 보조구는 다음과 같다.

① 양쪽(눈) 고리 와이어 로프(아이스프라이스)
② 양쪽 고리 와이어 로프(압축 멈춤)
③ 앤드리스 와이어 로프
④ 링 붙임 와이어 로프
⑤ 섀클 붙임 와이어 로프
⑥ 훅크 붙임 와이어로프
⑦ 링 붙임 체인
⑧ 훅크 붙임 체인
⑨ 섬유벨트

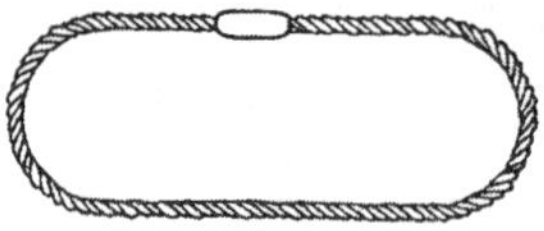

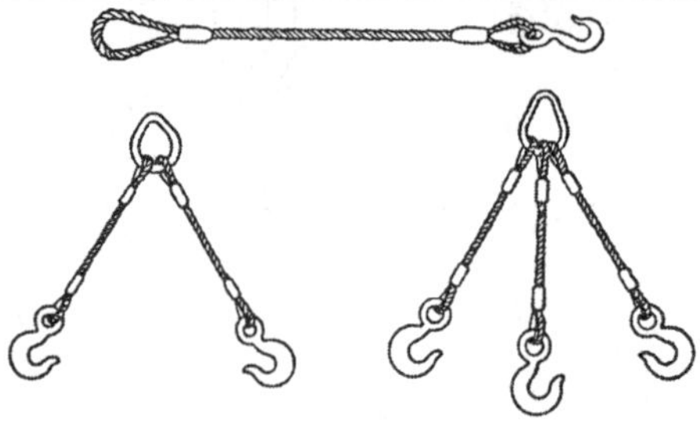

CHAPTER 02 운전(조종) 개요

2-1 운전(조종) 자격

운전석이 설치된 타워 크레인을 운전하고자 하는 운전자는 반드시 운전에 적합한 자격을 가진 자가 운전을 하여야 하며 다음에 해당하는 자가 운전을 실시하여야 한다.

① 국가기술자격법에 의한 기중기운전기능사의 자격

  3톤 미만 소형타워크레인 운전자도 조종사 자격을 갖추어야 한다.(2021.7.1)

  * 소형타워크레인은 15층 이하 모멘트 값이 686kN.m 이하인 타워크레인 해당

② 근로자직업훈련촉진법에 의한 해당분야 직업능력개발훈련 이수자

③ 유해·위험 취업제한에 관한 규칙에서 규정하는 당해 교육기관에서 교육을 이수하고 수료시험에 합격한 자

④ 타워크레인의 운전(조종)자 자격관련 상세 내용은 제8편 안전관리 제5장 관련법규에서 설명하였으므로 참고하기 바랍니다.

2-2 운전자(조종사) 의무

① 작업 개시 전, 크레인 운전자는 브레이크와 비상 정지장치, 리미트 스위치 등의 작동상태를 점검 및 확인하여야 한다.

② 안전운전에 위해를 주는 결함요인 발견되었다면 작업을 중지한 후 상부에 보고하여야 한다.

③ 운전자는 당해 결함 발생사항 등에 대하여 교대 자에게 인계하여야 한다.

④ 제어는 일정한 곳에 정해진 제어실에서만 행해져야 한다.

⑤ 작업 개시 전, 컨트롤러는 중립위치에 놓여 있는지 확인한다.

⑥ 시브, 와이어로프 등이 정확한 위치에 있는지 반드시 확인한다.
⑦ 크레인이 전 작업높이 위로 모든 장애물로부터 자유롭게 구동할 수 있는지 점검한다.
⑧ 이용 가능한 모든 안전장치와 기타 보호 수단을 항상 사용한다.
⑨ 가동 전, 트롤리-스윙-호이스트의 순으로 준비 시운전을 해본다.
⑩ 운전 개시 때나 위험 할 때에는 경고음을 잘 활용한다.
⑪ 인상동작은 줄걸이 용구가 팽팽해 질 때 까지 서서히 작동 시켜 과 하중이나 타 자재와의 걸림 등으로 인한 충격을 방지한다.
⑫ 리미트 스위치의 고장, 과하중, 슬링이 잘못된 경우는 인양하여서는 안 된다.
⑬ 풍속, 우천 정도에 따라 작업실시 여부를 판단한다.
⑭ 보도 통로 위나 작업구역위로 인양자재를 통과 시킬 때에는 크레인 동작과 동시에 경고음을 발하여 주의를 환기시킨다.
⑮ 운전석을 이석하는 경우에는 운전레버를 건드리거나 훅에 하중이 매달린 상태로 크레인을 떠나서는 아니되며, 반드시 주 전원을 차단하고, 스윙 브레이크를 해제하여 훅을 최대로 올려서 운전석 가까이 두며, 특히 주행식 크레인은 레일 트랙에 폭풍방지장치 등을 이용하여 크레인을 단단히 고정시킨다.

타워크레인의 운전자의 10대 금지사항
① 크레인 작업 종료시 선회 브레이크를 잡아 놓지 말아야 한다.(바람에 장비 전도)
② 양중물이 지면위에 있는 상태로 선회 동작을 금지한다.(과부하에 장비 전도)
③ 파괴 목적으로 크레인 운전을 금지한다.(권상용 와이어로프 이탈, 마스트 전도)
④ 양중물을 끌어당겨 운전을 금지한다.(과부하에 장비 전도)
⑤ 땅속에 박힌 양중물을 인양 금지한다.(과부하에 장비 전도)
⑥ 불균형하게 매달린 양중물을 인양 금지한다.(줄걸이 고정부위 탈락)
⑦ 양중물을 작업반경 범위보다 벗어난 곳에 내려 놓으려고 고의로 흔들지 않는다.
⑧ 훅 블록이 뉘어진 상태로 지면에 내려 놓지 않는다(로프가 시브에서 이탈)
⑨ 인하되는 반경 내에 작업자가 있는 경우 인하 운전을 금지한다(양중물 낙하)
⑩ 양중물이 보이지 않게 되는 경우 조종을 금지한다(양중물 낙하, 비래)

CHAPTER 03 운전(조종) 요령

3-1 인상, 인하 작업

① 하중이 훅에 정확히 매달리지 않고, 받침 면으로부터 하중이 떠 있지 않은 상태에서 최대 인상 속도로 크레인을 운전해서는 안 된다.
② 크레인을 인상 작업 중에 갑자기 비상정지 버튼을 사용해서는 안 된다. 비상 정지장치는 비상 상황의 경우에만 사용하여야 한다.
③ 땅속에 박힌 하물을 인양하거나 잡아 당겨서는 안 된다.
④ 땅위에 얼어붙은 하물을 잡아당겨 인양해서는 안 된다.
⑤ 최대 하강속도로 하중을 급하게 내리지 않는다.
⑥ 하중이 불안정하고, 균형이 잡히지 않은 평면위에 놓여 있거나, 위험한 비계위에 놓여 있다면, 인상해서는 안 된다.
⑦ 크레인 작업 반경 밖의 적당한 위치에 하물을 내려놓기 위해서 매달린 하물을 흔들어서는 안된다.
⑧ 훅 블록을 지면에 닿게 하거나 내려놓아서는 안 된다.
⑨ 어떤 종류의 장애물과 충돌 위험을 무릅쓰고 하물을 들어 올리거나 내려서는 안 된다.
⑩ 크레인 비작업시는 필요시를 제외하고는 훅에 어떤 하물을 들어올리거나 내려서는 안 된다.
⑪ 최대 허용하중에 가까운 부하를 계속해서 들어 올리지 말아야 한다. 이것은 자주 리미트 스위치의 반복으로 사고를 유발할 우려가 있다.
⑫ 순간풍속이 매초당 20미터를 초과하면 타워크레인의 운전 작업을 중지한다.
⑬ 강풍이 불거나 운전 종료시 슬루잉(slewing)의 선회 브레이크를 수동으로 개방하여 지브가 풍향에 따라 자유로이 선회할 수 있도록 한다.
⑭ 작업 종료시 훅은 최상단으로 끌어올리고 트롤리는 운전실 쪽으로 가능한 만큼만 당겨 놓는다.
⑮ 로드 리미트 박스(LOAD LIMITER BOX)와 모멘트 리미트 스위치(MOMENT LIMIT SWITCH)는 절대로 임의 조작하지 않는다.

⑯ 컨트롤 판넬(control panel)내부에 부착된 전기적인 안전장치의 조정 값을 임의로 조정하지 않는다.
⑰ 절대로 사람을 운송하는 수단으로 크레인을 사용하지 않는다.
⑱ 운전 중 이상 발생시 전문가에게 점검을 의뢰한다.
⑲ 조이스틱(joystick)을 급조작하지 않아야 한다.
⑳ 로드 모멘트(LOAD & MOMENT)를 초과하는 하중을 인상하지 않아야 한다.
㉑ 브레이크의 슈 간격을 적정 상태로 유지한다.
㉒ 인상, 인하 제한용 L/S(리미트 스위치)의 동작여부를 정기적으로 점검한다.
㉓ 속도 변환용 클러치의 조작은 반드시 정지상태에서 행한다.
㉔ 하물이 지면이나 벽면에서 완전히 분리되지 않은 상태로 인상하여 크레인이 안정도를 벗어나 충격을 받지 않도록 한다.
㉕ 하물과 훅의 중심을 정확히 일치시켜 인상운전시 하물이 끌려 다니지 않도록 한다.
㉖ 하물을 내려놓을 때 지면이나 받침대의 상태가 불안전하여 하물이 넘어지지 않도록 한다.
㉗ 과부하 차단장치 등을 맹신하지 말고 지브의 거리별 허용하중을 감각적으로 숙지하여 과부하 장치의 고장으로 인한 제2의 안전사고를 예방하여야 한다.
㉘ 하물이 지면에 닿기 전에 속도가 충분히 감속되지 않으면 지면에 닿을 때의 충격이 지브에 전해져 심한 흔들림 및 심각한 위험요소가 발생하므로 특히 조심한다.
㉙ 노치(notch)1~5단 별 운전범위는 다음과 같다.

　타워크레인용 권선형 모터는 최대 사용률 40% ED 이하의 조건으로 설계제작 하였으므로 아래와 같이 운전범위를 초과하여 장시간 사용하면 E. C. B와 모터의 발열이 F종 베니시(varnish)의 한계(주위온도+100℃)를 초과하여 소손될 우려가 있으므로 주의한다.

- 상승 1단 : 슬링 와이어(sling wire)의 늘어짐이 해소되고 하물이 지면에서 약간 들어올려질 때까지
  - 목표지점 근접 위치에서의 순간(inching)동작
- 상승 2단 : 1단에 이어 지면에서 약 1m 정도 들어 올려질 때까지
  - 목표 지점에 근접시킬 때
- 상승 3~4단 : 2단에 이어 전 속도 운전(5단)을 하기위한 과정운전
- 상승 5단 ; 전속도 운전
  - 타워크레인은 특별한 조건이 없는 한 5단 속도로 인상공정의 90% 이상 가동되어야만 기계적, 전기적 수명이 연장되고 능률이 극대화되므로 이를 항상 염두에 두고 장비를 운전하여야 한다.

- 하강 1단 : 하물이 지면에 닿을 때부터 슬링와이어가 완전히 늘어져 하중이 제거될 때까지
  - 목표 지점 근접 위치에서의 순간동작
- 하강 2단 : 3단에 이어 하물이 지면에 약 1m 정도 접근 할 때까지
  - 하물을 목표 지점에 근접시킬 때
- 하강 3~4단 : 전속도 운전(5단)중 2단으로 감속하기 위한 과정운전
- 하강 5단 : 전속도 운전
  - 타워크레인은 특별한 조건이 없는 한 5단 속도로 인하 공정의 90% 이상 가동되어야만 기계적, 전기적 수명(E. C. B는 1단~4단까지가 감속에 사용하므로 인상 운전보다는 발열양이 훨씬 많다)이 연장되고 능률이 극대화되므로 이를 항상 염두에 두고 장비를 운전하여야 한다.

(1) 상승 운전 기준

① 상승 감아올림은 수직으로 하여, 비스듬히 끌어올리는 운전방법은 금지하여야 함
② 저속으로 천천히 상승 감아올리고 와이어로프가 인장력을 받기 시작할 때에는 일단 정지하여야 한다.
③ 지면과 약 5cm 떨어진 지점에서 정지하여야 한다.
④ 지면과 약 5cm 떨어져 정지한 후 상승 감아올릴 때 급격한 상승 운전을 금지 하여야 한다.
⑤ 매단 하물이 무너지거나 빠지는 등의 위험이 있을 때에는 경보 등의 신호에 따라 즉시 인하하여야 한다.

(2) 하강 운전 기준

① 착지 전에 지면으로부터 20cm정도의 높이에서 일단 정지하고 신호자의 신호에 따라 안전을 확인한 후 저속 조작으로 하강 하여야 한다.
② 컨트롤러(Controller)를 영(0)의 눈금으로 되돌리고 급정지 하여서는 안된다.

3-2 황행작업(트롤리 이동작업)

(1) 물체의 트롤리 전·후 이동 운전작업
① 근로자의 위치, 장애물의 유무, 인접 크레인의 움직임등 주위의 상황을 확인하고 경보를 울린 후 이동해야 한다.
② 급격한 기동이나 정지를 금지한다.
③ 장척물이나 이형물을 운반할 때에는 특히 주위를 안전운전 한다.
④ 인상, 인하 운전과 주행 또는 횡방향 운전의 이중조작 운전을 할 때에는 매단물체의 바닥면과 작업면과의 최소 이격거리를 2m 이상으로 유지하여 운전한다.

3-3 선회작업

① 하중이 지면에 있는 채로 선회동작을 하지 말아야 한다.
② 크레인을 떠날 때에는 반드시 슬루잉 브레이크를 해제한다.
③ 중심을 벗어나 불균일하게 매달린 하물을 인양해서는 안 된다.
④ 하물이 보이지 않는다고 어떤 동작을 해서는 안 된다(신호수가 있을 경우에는 예외).
⑤ 현재의 동작이 완전히 멈추기 전에는 역동작을 해서는 안 된다.
⑥ 마스트 상승 작업 등 텔레스코핑 혹은 클라이밍 작업 중에는 절대로 선회 및 기복운동을 금한다.
⑦ 조이스틱(Joystick)을 지브(jib)가 가속되는 데로 부드럽게 조작하여 하물이 흔들리지 않도록 한다.
⑧ 운전 중에 정지 브레이크를 급조작하면 기계적으로 심한 충격이 가해지므로 비상시 외에는 급조작하지 않는다.
⑨ 운전 중인 방향과 반대방향으로 급조작하면 링 기어와 감속기에 무리한 관성 회전력이 전달되어 링 기어 또는 피니언 기어가 파손되므로 절대로 삼가 해야 한다.
⑩ 선회 제한용 L/S의 동작 여부를 정기적으로 점검한다.
⑪ 디스크 브레이크 에어 갭(Air Gap)을 적정 상태로 유지한다.

3-4 기복작업

① 크레인의 지브 각도가 상하로 움직이면서 운전하는 작업을 말한다.
② 하물을 운전할 때에는 정속으로 서행하면서 운전을 한다.
③ 풍속에 따른 설치, 점검, 수리, 해체 및 운전 작업 중지 기준을 준수한다.
④ 기복운전 작업 중에는 다른 방향의 연속제어 운전을 않도록 주의한다.
⑤ 하중의 끌어당김 작업, 땅속에 박힌 하중 인양 작업 등으로 기복운전을 금지한다.
⑥ 작업반경 바깥으로 하중을 내려놓기 위해 하중을 흔드는 행위도 금지한다.

CHAPTER 04 줄걸이 및 신호체계

1-1 줄걸이 용구 확인

1 와이어 로프 폐기기준(사용금지)

항목	점검기준	판정
마모	• 로프 지름의 감소가 공칭 지름의 7%를 초과하여 마모된 것은 사용 금지	폐기
소선 절단	• 와이어로프의 한가닥에서 소선의 수가 10% 이상 절단된 것은 사용금지	폐기
비틀림	• 비틀어진 로프는 사용 금지	폐기
로프끝 고정 상태	• 로프끝 고정이 불완전한 것은 사용금지 • 고정부위의 변형이 두드러진 것은 사용금지	폐기
꼬임	• 꼬임이 있는 것은 사용 금지	폐기
변형	• 변형이 현저한 것은 사용 금지	폐기
녹, 부식	• 녹, 부식이 현저히 많은 것은 사용 금지	폐기
이음매	• 이음매가 있는 것은 사용 금지	폐기

2 줄걸이용 와이어로프의 단말고정방법

(1) 아이스 플라이스(Eye Splice) 고정법

① 와이어로프의 모든 스트랜드를 3회 이상 편입한 후 각각의 스트랜드 소선의 절반을 전단하고 남은 소선을 다시 2회 이상 꼬아 넣어야 한다(단, 모든 스트랜드를 4회 이상 편입할 때에는 1회 이상 꼬아 넣어야 한다.).
② 아이(eye) 부의에 심블(thimble)을 넣는 경우는 반드시 용접된 상태이어야 한다.

(2) 합금고정법
① 단말부에 금형 또는 소켓을 부착하여 용융금속을 주입하여 고착시킨다.
② 와이어로프를 시징(seizing) 후 소선 해체 상태에서 용융금속을 주입해야 한다.

(3) 압축고정법
파이프형태의 슬립(slip)에 와이어로프를 넣고 압착하여 고정시킨다.

(4) 클립(Clip) 고정법
① 클립의 새들(saddle)은 아래 그림과 같이 와이어로프의 힘이 걸리는 쪽에 있어야 한다.

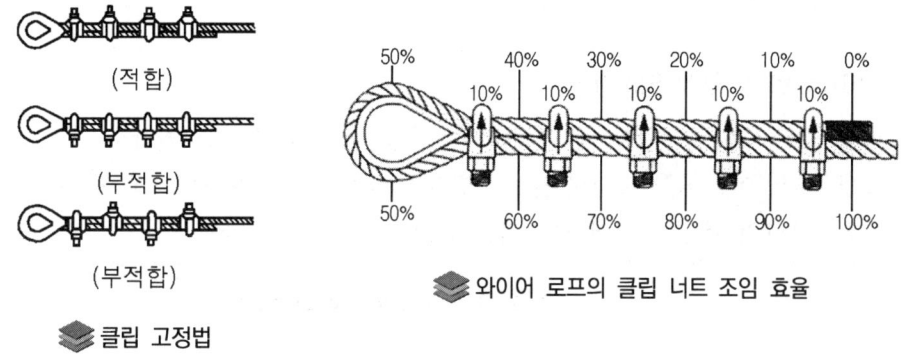

클립 고정법

와이어 로프의 클립 너트 조임 효율

② 클립간의 간격은 와이어로프 직경의 6배 이상 이어야 한다.
③ 클립의 체결수량은 아래와 같다.

표 6-4-1 클립 고정법

와이어로프의 지름(mm)	클립수
16mm 이하	4개
16 초과 ~ 28 이하	5개
28mm 초과	6개

④ 안전을 위하여 가끔 클립 체결부를 조여 주어야 한다.
⑤ 남은 부분은 시징해야 하며, 심블은 이탈되지 않도록 용접 한다.

(5) 와이어로프 단말고정방법에 따른 고정 효율

작업명	작업 범위	고정 효율	
① 아이스플라이스법	70 ~ 95%	와이어로프 지름	• 8mm 이하 : 95% • 9 ~ 20mm : 90% • 22 ~ 26mm : 85% • 28 ~ 38mm : 80% • 40 ~ 50mm : 75% • 50mm초과 : 70%
② 합금고정법	100%		
③ 압축고정법	100%		
④ 클립고정법	80 ~ 85%		

(6) 와이어 로프 시징(Seizing)

와이어 로프를 절단했을 때 끝처리 즉 시징을 할 때 소둔한 저탄소 강선으로 끝을 묶어 스트랜드의 이완 혹은 소선의 단선이 발생한 경우 꼬임이 되돌아오도록 하는 방법을 말한다. 특히, 시징의 폭은 와이어 로프지름의 3배가 가장 적당하다.

3 줄걸이용 와이어로프의 품질보증

(1) 보증시험(Proof Test)

① 와이어로프 단말 고정 후 반드시 인장시험 등을 실시하여 와이어로프 및 피팅(fitting)류의 상태를 확인하여야 한다.
② 제조자는 보증시험 후 관련 시험 결과를 문서화하여 보관하고 사용자의 요구시 관련 시험성적서를 교부하여야 한다.

(2) 제조자 표시

① 줄걸이용 와이어로프 제조자는 꼬리표(tag)를 만들어 부착한다.
② 제조자는 꼬리표에 제조자명, 안전작업하중(SWL), 제조일자, 제조번호를 반드시 표시하여야 한다.
③ 줄걸이용 와이어로프 각도에 따른 하중변화

Q4 줄걸이용 와이어로프 각도에 따른 하중변화

(1) 줄걸이 각도에 따른 하중계수

여기서,
A : 줄걸이 와이어로프 간의 각도
B : 수평각
C : 줄걸이 각도에 따른 하중계수

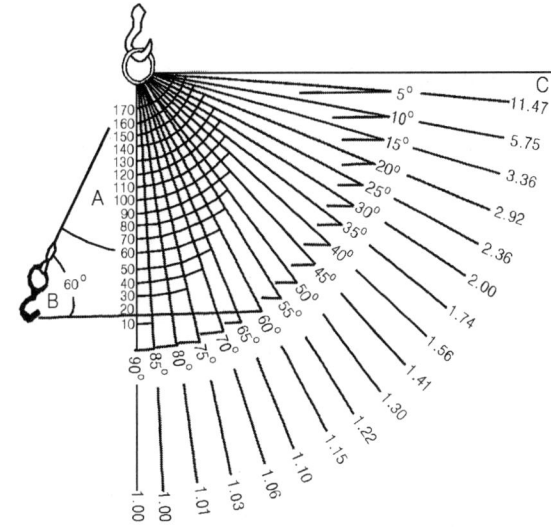

(2) 적용

1) 일반적인 경우

줄걸이용 와이어로프 6×19 도금된 A종 12.5mm(절단하중이 7.84톤)로 아이스플라이스 단말 고정하여 줄 걸이 와이어로프간의 각도 60도, 즉, 수평각 60도 2톤을 인양하고자 할 때 안전율은?

- 와이어로프의 절단하중 : 7.84톤
- 줄걸이 하중계수 : 1.15
- 단말고정효율 : 90%
- 안전율 = (와이어로프의 절단하중 × 줄수 × 단말고정효율)/(사용하중 × 하중계수)
  = (7.84×2×0.9) / (2×1.15) = 6.13

2) 제조사에서 제조표시가 있는 경우

줄걸이용 와이어로프의 제조사에서 안전작업하중(SWL)을 표시한 경우는 줄걸이 각도에 따른 하중 계수만 고려한다. 안전작업하중(SWL) 3톤용 줄걸이용 와이어로프를 2줄로 줄걸이 각도 60도로 하여 사용할 때 최대사용하중은?

$$\text{최대사용하중} = \frac{(SWL \times 줄수)}{하중계수} = \frac{(3 \times 2)}{1.15} = 5.21(\text{ton})$$

1-2 줄걸이 작업 방법

■ 훅걸이

명칭	그림	명칭	그림	명칭	그림
눈거리	전부 눈걸이를 원칙으로 한다.	반거리	미끄러지기 쉬우므로 엄금한다.	어깨 걸이	굵은 와이어로프일 때 (16m/m 이상)
짝감기 걸이	가는 와이어로프일 때 (14m/m 이하)	어깨 걸이 나머지 돌림	4가닥 걸이로서의 꺾어 돌림을 할 때 (와이어로프가 굵을 때)	짝감아 걸이	4가닥 걸이로서 이어로프의 꺾어 돌림을 할 때 (와이어로프가 가늘 때)

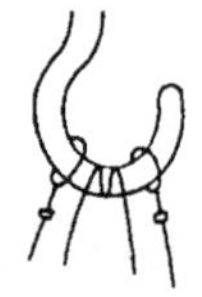

■ 인양물의 줄걸이 방법

그림	설명	그림	설명
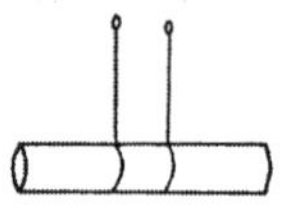	짐에 외줄걸이는 위험하므로 한 가닥의 로프를 반 접어서 동여매는 방법이 물건이 회전하더라도 안전하다.	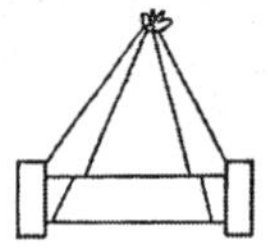	그림과 같이 짐을 매달 경우에는 강구의 닿는 부분에 고무 또는 가마니를 대어서 그 위에 와이어로프를 감아서 미끄러지지 않도록 한다.
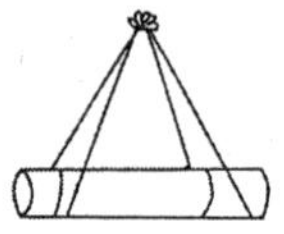	긴 물건을 매달 경우에는 로프를 물건에 한번 감아서 그림과 같이 매면 안전하다.	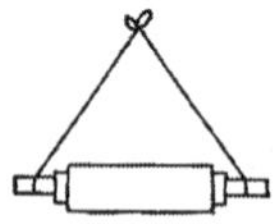	롤(roll)이나 기계 가공 완성품을 걸어 올릴 때에는 와이어로프를 사용한다. 동여매는 방법은 화물에 거적을 감아 화물을 로프의 사구에서 묶어 60°로 단다. 로프의 짧은 물건으로 달면 위험하므로 긴 물건을 사용한다.
	반원의 물건을 달 때는 먼저 제품의 중량, 길이, 중심을 보고 걸어 사구에 로프를 통항 잘 조여 단다.	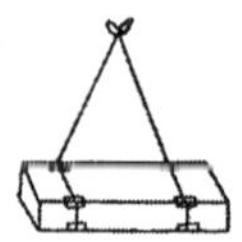	모서리가 있는 물건에는 반드시 덧물을 잘 댄다. 로프를 묶어 달 때는 사구를 잘 조인다. 로프를 거는 각도의 60° 이내로 한다. 각도를 넓게 달면 미끄러질 위험이 있다.

그림	설명	그림	설명
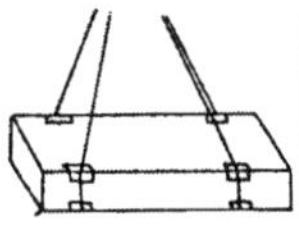	6과 같은 각물을 달 경우 2가닥에서 4가닥걸이로 할 때에는 반드시 물건에 로프를 한번 감아 붙인다.	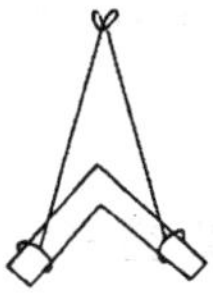	구부러진 것을 달 때는 중심을 잘 확인하여 로프를 묶을 때는 그림의 것과 같이 2에서 1에 로프를 통한다.
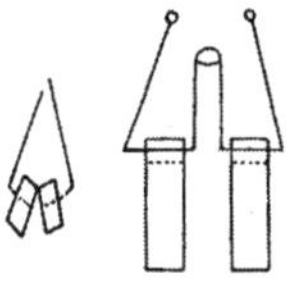	링(ring)을 2개 한번에 달 때에는 한 가닥의 로프 중심을 훅에 한번 감아서 사구를 링의 안쪽에 내어서 훅에 건다. 좌측 그림과 같이 달면 링의 하측이 벌어 놓을 때에 위험하다.	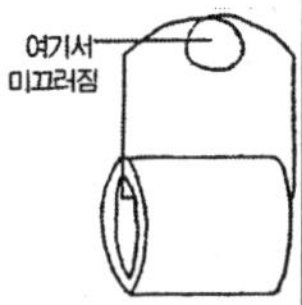	링을 눕히거나 일으킬 때는 로프의 사구를 직접 훅에 걸면 로프가 각이나 주위를 둘러쌓은 것과 같이 삐뚤어지고 끊어질 때도 있다. 로프를 그림과 같이 걸어서 양사구에 핀을 꽂아 단다. 이 경우는 반드시 핀과 사구를 잘 묶어 건다.
	링(ring)을 묶어 달 경우에는 1가닥 길이로서 사구에 로프를 통해서 걸면 물건이 회전하기 쉽고 위험이 있으므로 둘로 갈라서 양사구를 훅에 건다.		한 가닥의 로프로 물건을 새로 달 때는 사구를 좌와 우에 가지고 우의 사구를 좌의 사구에 통해서 조인다. 조였으면 그때마다 우의 사구에 통해서 조이면 두 개의 륜이 된다. 물건에 걸어서 조여 붙여 그림과 같이 하여 단다.
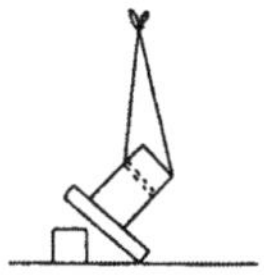	물건을 눕힐 때에 쓰이는 받침은 금속과 금속에서는 미끄러질 위험이 있으므로 받침은 목재를 사용한다. 1개의 받침을 밑에 두고 2가닥은 그 위에 8자형에 놓고 물건을 받침의 위에 7분 3분에 놓으면 간단히 눕히는 것이 되며 물건이 뉘이는 방향이 일정함으로 안전하다.		

인양물 걸이 후 올리는 방법

① 기본적으로 줄걸이 후 인양물을 올리는 경우 지면에서 살짝 들어 올린 후 순서에 따라 인양 작업을 실시
② 로프는 훅의 중심에 위치하여야 한다.
③ 로프의 긴장감은 균등하여야 한다.
④ 인양 물체가 손상되지 않도록 보조대를 정확히 삽입하여야 함
⑤ 아이 볼트, 샤클 등의 조립은 이상 없어야 하고 로프의 벗겨질 우려는 없어야 한다.
⑥ 인양 물체는 수평으로 유지되고, 유동이 없어야 한다.

줄걸이 된 인양물의 보관 방법과 적재 방법

① 바닥에 고임목을 놓거나, 가급적 줄걸이 로프는 그대로 둔 상태에서 인양물을 빼내는 방법이 안전하다.
② 인양물에 대한 정리정돈을 한다(적재 높이는 약 2m 정도가 좋음)
③ 항상 중심을 고려하여 안정되게 놓는다.

④ 아래쪽의 인양물을 빼내는 경우에는 최상단의 인양물을 먼저 이동한 후 행한다.
⑤ 적치시에 매달린 물체 밑에 손, 발 등이 끼어 있지 않도록 한다.

중심이 치우 친 인양물의 줄걸이 방법

① 그림과 같이 인양물의 좌우 길이가 다른 경우 와이어로프로 줄걸이 한 후 달아 올리면 인양물의 중심은 훅 바로 아래의 좌측으로 이동하고, 따라서 좌측 로프에는 큰 장력이 걸리게 된다.
② 상기 ①항의 경우에는 인양물의 수평유지가 반드시 필요하므로 주 로프와 보조 로프의 길이를 각각 다르게 하여야 한다.

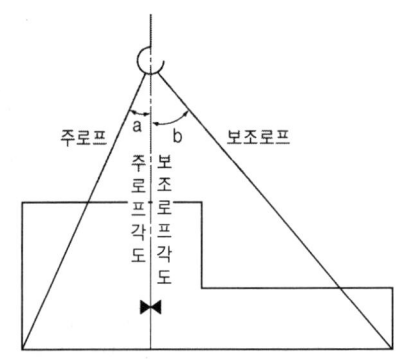
중심이 치우친 인양물의 줄걸이 작업

줄걸이 작업 및 인양물의 끌어 올리기 및 끌어 내리기 작업

① 와이어로프 등은 크레인의 후크중심에 건다.
② 인양물의 안정을 위하여 2줄 걸이 이상을 사용한다.
③ 밑에 있는 물체를 걸고자 할 때에는 위의 물체를 제거한 후에 행한다.
④ 매다는 각도는 60°이내로 한다.
⑤ 작업자를 매달린 물체위에 탑승시키지 않아야 한다.
⑥ 물체의 끌어올리기, 끌어내리기의 경우 걸이자와 그 보조자는 안전한 장소에 위치한다. 다만 타워크레인의 경우에는 본 항의 작업을 금 한다.
⑦ 와이어로프가 인장력을 받고 있는 동안에 잡아당길 필요가 있을 경우에는 직접 손으로 하지 말고 보조구를 사용한다.
⑧ 물체에 근접하여 끌어올리고 내릴 때에는 즉시 대피할 수 있는 장소를 마련한다.

인양물의 중량 및 중심 측정

① 물체의 중량 측정은 실측을 원칙으로 하며 목측하는 때에는 각 치수를 측정하여 환산한다.
② 크레인 등의 정격하중을 초과하여 인양하여서는 아니된다.
③ 형상이 복잡한 물체의 무게 중심은 목측하여 임시로 중심을 정하고 서서히 감아올려 지상 약 10cm 지점에서 정지하고 확인한다. 이 경우에 매달린 물체에 접근하지 않는다.
④ 인양 물체의 중심이 높으면 물체가 기울거나 와이어로프나 매달기용 체인이 벗겨질 우려가 있으므로 중심은 될 수 있는 한 낮게 하여 매달도록 한다.

1 1줄 걸이

① 운반물이 회전하며 충돌할 위험 상존.
② 회전에 의해 로프 꼬임이 풀려 약하게 된다.
  • 원칙적으로 적용 금지.
③ 아이(eye)에 슬링(sling)을 통과시키지 말고, 2줄을 꺾어서 걸면 하물이 안정된다.

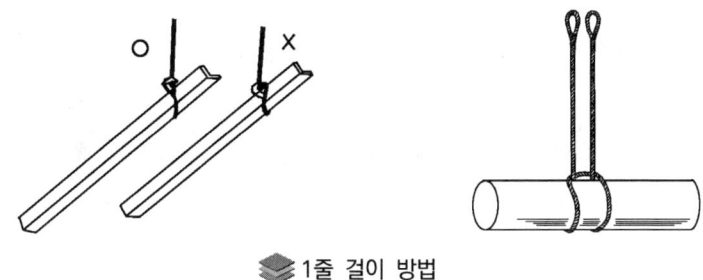

1줄 걸이 방법

2 2줄 걸이

① 긴 환봉 등의 줄걸이 작업시 활용.

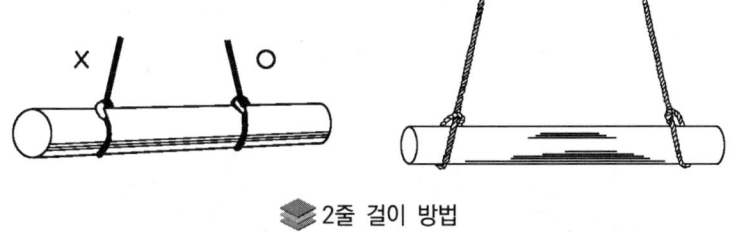

2줄 걸이 방법

3 3줄 걸이

① U자나 T자형의 형상일 때 적합.
② 3점의 중심위치가 무게 중심을 중앙으로 한원주상에 등 간격이 되어야 함.

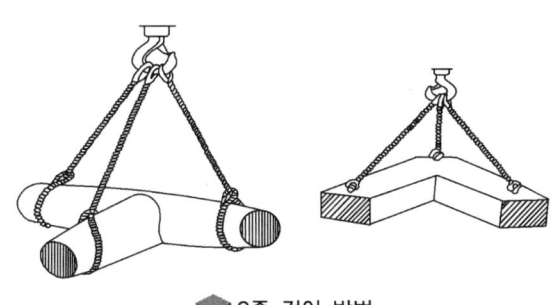

3줄 걸이 방법

4 +자 걸이

① 사다리꼴의 형상 등에 적합.
② 2본의 로프를 십자형으로 거는 데 로프의 간격이 똑같도록 한다.

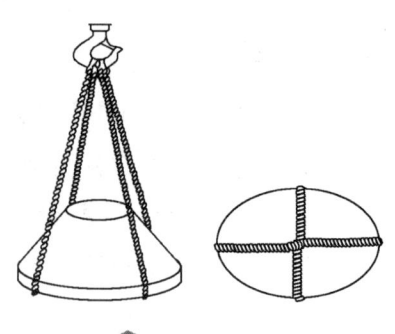

+자 걸이 방법

5 중심이 치우친 운반물의 줄걸이

① 운반물의 수평유지를 위하여 주 로프와 보조로프의 길이가 다르게 한다.
② 무게 중심 바로 위에 훅이 오도록 유도한다.
③ 좌·우 로프의 장력차 주의한다.

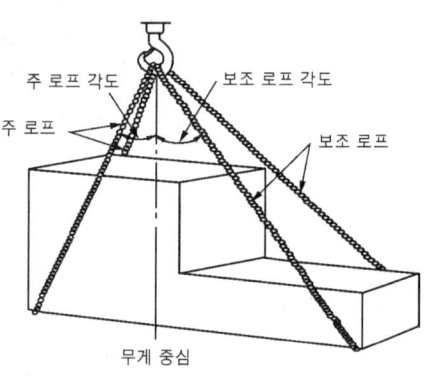

중심이 치우친 운반물의 로프 걸기

6 운반물의 줄걸이 요령

① 중심 위치를 고려.
② 줄걸이 와이어로프가 미끄러지지 않도록 고정.
③ 운반물이 미끄러져 떨어지지 않도록 고정.
④ 각이진 운반물은 보호대 사용.

줄걸이 요령

7 운반물의 인하 후 줄걸이 용구의 분리

① 훅 분리시 가능한 낮은 위치에서 분리한다.
② 직경이 큰 와이어로프는 비틀림이 작용 흔들림이 발생하므로 흔들리는 방향에 주의한다.
③ 크레인 등으로 와이어로프 분리 금지.
④ 대형 로프를 크레인으로 분리시 인장력에 의한 운반물의 전도 위험에 주의한다.

▩ 줄 걸이 용구분리

8 훅으로부터 와이어로프의 이탈주의

① 보통시	② 급격히 훅을 빠르게 하강하면 와이어 로프가 위로 올라간다.	③ 와이어 로프가 비틀리면서 훅 해지 장치를 밀치고 훅 끝 부분으로 쏠린다.
④ 훅의 바깥부를 밀면서 선회	⑤ 훅이 상승하는 경우는 와이어 로프가 하강한다.	⑥ 와이어 로프는 그대로 벗겨져 떨어진다.

1-3 신호체계 확인

1 육성 신호

통신 및 육성 메시지는 간결·단순·명확하여야 한다.

신호를 접수한 운전자와 통신한 사람은 서로 완전하게 이해하였는지를 상호 확인하여야 한다. 작업 지역이 시끄럽다면, 육성보다는 무선통신을 권장하며, 무선통신의 사용이 교신에 있어 만족스럽지 않다면 수신호로 하여야 한다.

2 수신호

운전자가 신호수의 육성 경고를 정확히 들을 수 없을 때는 반드시 수신호를 사용하여야 한다.

(1) 행동 규율

① 신호를 주는 사람은 **신호수**라 부르며, 크레인을 운전하는 운전자에게 수신호로서 동작지시를 제공한다.
② 신호수는 위험에 노출되지 않고 크레인의 동작을 항시 주목할 수 있어야 한다.
③ 신호수는 전적으로 그의 주의력을 집중하여 크레인 동작에 필요한 신호에만 전념하고 인접한 지역의 작업자들의 안전에 최대한 신경을 써야 한다.
④ ③항에 언급한 조건들이 만족될 수 없을 시는 한 사람 또는 그 이상으로 신호수를 요구한다.
⑤ 크레인 운전자가 신호수가 요구한 동작 지시를 안전문제로 이행할 수 없을 때는 진행 중에 있는 크레인 운전을 일시 중지하고 수정된 작업지시를 요구한다.

3 신호 장비

신호수는 크레인 운전자에게 쉽게 알릴 수 있어야 한다.

① 신호수는 그 자신을 신호수로 구별될 수 있도록 재킷을 입거나 안전모, 보호 장갑, 신호 장치 등과 같은 품목을 하나 이상 착용하여야 한다.
② 신호 장비는 밝은 색상이며, 신호수에게만 적용되는 완벽한 특수 색상이어야 한다

4 신호자 지정

신호자는 당해 작업에 대하여 충분한 경험이 있는 자로서 당해 작업기계 1대에 1인을 지정토록 하여야 한다. 여러 명이 동시에 운반물을 훅에 매다는 작업을 할 때에는 작업 책임자가 신호자가 되어 지휘토록 하여야 한다.

5 신호자의 복장

신호자는 운전자와 작업자가 잘 볼 수 있도록 붉은색 장갑 등 눈에 잘 띄는 색의 장갑을 착용해야 하며, 신호 표지를 몸에 부착토록 해야 한다.

1-4 신호방법 확인

크레인의 공통적인 표준신호방법은 다음과 같다.

운전 구분	1. 운전자 호출	2. 운전방향 지시	3. 주권사용
몸 짓			
방 법	호각 등을 사용하여 운전자와 신호자의 주의를 집중시킨다.	집게손가락으로 운전방향을 가리킨다.	주먹을 머리에 대고 떼었다 붙였다 한다.
호 각	아주 길게 아주 길게	짧게 길게	짧게 길게
운전 구분	4. 보권사용	5. 위로 올리기	6. 천천히 조금씩 위로 올리기
몸 짓			
방 법	팔꿈치에 손가락을 떼었다 붙였다 한다.	집게손가락을 위로 해서 수평원을 크게 그린다.	한 손을 들어올려 손목을 중심으로 작은 원을 그린다.
호 각	짧게 길게	길게 길게	짧게 길게

운전 구분	7. 아래로 내리기	8. 천천히 조금씩 아래로 내리기	9. 수평이동
몸짓			
방법	팔을 아래로 뻗고 집게손가락을 아래로 행해서 수평원을 그린다.	한손을 지면과 수평하게 들고 손바닥을 지면 쪽으로 하여 2~3회 작게 흔든다.	손바닥을 움직이고자 하는 방향의 정면으로 움직인다.
호각	길게 길게 길게	짧게 짧게 짧게	강하고 짧게
운전 구분	10. 물건 걸기	11. 정지	12. 비상 정지
몸짓			
방법	양쪽 손을 몸 앞에다 대고 두 손을 깍지 낀다.	한손을 들어 올려 주먹을 쥔다.	양손을 들어올려 크게 2~3회 좌우로 흔든다.
호각	길게 짧게	아주 길게	아주 길게 아주 길게
운전 구분	13. 작업 완료	14. 뒤집기	15. 천천히 이동
몸짓			
방법	거수경례 또는 양손을 머리 위에 교차시킨다.	양손을 마주보게 들어서 뒤집으려는 방향으로 2, 3회 절도 있게 역전시킨다.	방향을 가리키는 손바닥 밑에 집게손가락을 위로해서 원을 그린다.
호각	아주 길게	길게 짧게	짧게 길게
운전 구분	16. 기다려라	17. 신호불명	18. 기중기의 이상 발생
몸짓			
방법	오른손으로 왼손을 감싸 2, 3회 작게 흔든다.	운전자는 사이렌을 울리거나 손바닥을 안으로 하여 얼굴 앞에서 2, 3회 흔든다.	운전자는 사이렌을 울리거나 한쪽 손의 주먹을 다른 손의 손바닥으로 2, 3회 두드린다.
호각	길게	짧게 짧게	강하고 짧게

(1) 상승 작업 및 신호 기준

행동사항	중점사항	유의사항
(1) 크레인을 호출	• "부르는 신호"로 • 운전자와 마주보고	• 크레인 후크에 다른 걸이 용구가 걸려있을 때는 걸이용구 보관장에 내릴 것 • 신호자는 항상 운전자가 보기 쉬운 곳에 위치
(2) 물체를 표시	• 물체로부터 떨어져 확실히 • "위치지시신호"로	• 다른 걸이용구가 걸려 있을 때에는 걸이용구 보관 장소에 내려놓고 적절한 걸이 용구를 다시 걸음
(3) 후크를 내림	• "풀어내리는 신호"로	• 주위의 상황을 파악하여 장애물이 있을 때는 정지시켜서 유도
(4) 정지	• 받침대에 놓기 쉬운 높이에서 • "정지신호"로	• 풀어내리는 속도를 고려하여 너무 내리지 않도록 한다. • 내림이 부족할 때는 내리는 폭을 표시하고 저속으로 하강
(5) 중심을 잡음	• 매다는 물체의 중심에 맞추어서 • "수평미동신호"로 유도하고	• 직각방향에서도 주시 • 매다는 고리상태를 조사
(6) 와이어로프를 걸음	• 신중하게, 확실히, 완전히	• 후크에 와이어로프를 걸때는 깊숙이 걸음 • 매다는 각도는 60도 이하 • 벗겨질 우려가 없을 때는 그대로 계속실시
(7) 구두로 확인	• 신호자는 걸이자에게 "좋은가"라고 묻고 • 걸이자는 확실히 갖춘 다음에 "좋다"라고 대답	• 물체에서 손을 뗀다. • 신호자는 걸이자의 조작 동작 및 주위상황을 확인

(2) 하강 작업 및 신호 기준

행동사항	중점사항	유의사항
(1) 내리는 위치를 표시	• "위치지시신호"로	• 지반 및 주위의 상황을 확인
(2) 받침목을 깜	• 수평으로	• 깔판, 받침목은 대용품을 사용하지 않음
(3) 매달린 물체를 내림	• 착지위치의 바로 위에서 • "풀어내리는 신호"로	• 다른 물체에 닿지 않도록 • 걸이자의 안전위치를 확인
(4) 일단 정지	• 깔판 바닥에서 약 10cm 지점에서 • "정지신호"로 • 매달린 물체의 상태를 확인하고	• 한번에 적치 장소까지 내리는 것은 위험
(5) 매달린 물체의 위치를 정함	• 적치 장소의 중심에 • "수평미동신호"로	• 매달린 물체에 접근할 때는 피하기 쉬운 방향으로 행함
(6) 일시 정지(필요하면)	• "일시정지신호"로	• 받침대의 미비한 곳을 고침(필요하면)

2 신호방법 교육

크레인의 운전자 및 신호자를 신규로 채용하거나 교체할 때는 신호방법에 대한 교육을 실시토록 하여야 한다.

(1) 신호방법 및 요령

① 신호방법은 노동부 고시 "크레인 작업 표준신호지침"에 의한다.
② 크레인의 운전신호는 작업장의 책임자가 지명한 자 이외에는 하여서는 아니 된다.
③ 신호수는 줄걸이 작업자와 긴밀한 연락을 취하여야 한다.
④ 신호수는 1인으로 하여 수신호, 경적 등을 정확하게 사용하여야 한다.
⑤ 신호수의 부근에서 혼동되기 쉬운 경적, 음성, 동작 등이 있어서는 아니 된다.
⑥ 크레인 작업 중 신호수는 걸이 작업자와 운전자의 중간시야가 차단되지 않는 위치에 있어야 한다.
⑦ 신호수는 크레인의 성능, 작동 등을 충분히 이해하고 비상시 응급 처치가 가능하도록 항시 현장의 상황을 확인하여야 한다.
⑧ 걸이자 및 걸이보조자의 작업행동을 주시 한다.
⑨ 선임된 신호자는 신호자 표시를 반드시 착용 한다.
⑩ 신호자는 통행로 부근의 안전을 항상 확인 한다.
⑪ 걸이작업 개시전에 물체를 적재할 장소를 파악해 둔다.
⑫ 물체의 반전 및 전도작업을 할 때에는 다음 사항을 준수하여야 한다.
- 작업공간을 넓게 확보할 것
- 중심을 이동할 때 와이어로프 등의 느슨함이나 미끄럼의 유무를 주시하면서 서서히 할 것
- 반전할 때 물체가 미끄러지지 않도록 지점에 막대기를 끼울 것
- 물체의 되돌림을 방지하기 위해 중심이 지점의 반대측에 완전히 기울어진 후에 와이어로프 등을 늦출 것

(2) 운전 중의 신호 주의사항

① 운전을 위한 표준 신호는 모든 운전자에게 알려야 하며, 운전자의 지휘에는 이 신호를 사용한다.
② 인양물이 신호수에게 보이지 않는 지점에 운반되는 경우를 제외하고는 운전자에게 신호를 보내는 것은 1인으로 하며, 필요할 경우에는 보조신호수를 선임한다.
③ 운전자는 신호수로부터 신호를 받으면 경음기 등을 울린 후 작업에 임하여야 한다. 또한 운전은 신호를 확인한 후 개시한다.

④ 줄걸이 작업자 및 보조 작업자는 관계자와 작업내용 등에 대하여 협의한다.
- 좁은 장소나 장애물이 있는 장소에서의 걸이
- 트럭이나 대차상에서의 걸이
- 물체를 반전, 전도시키기 위한 걸이
- 긴 물체, 중량물, 이형물 등의 걸이

적중예상문제

01 중량물이 1000kg인 물체를 파단하중 11000 kg을 가진 와이어로프를 이용하여 들어 올리려고 한다. 이때 와이어로프의 안전계수를 구하면?

① 3.0　　② 5.5
③ 11.0　　④ 15.0

해설 와이어로프의 안전계수는 파단하중/안전하중과의 관계이다.

02 와이어로프에 대하여 육안으로 보았을 때 피로의 위험상태를 긴급하게 감지할 수 있는 경우에는?

① 계속 늘어난다.
② 스트랜드 골에서 그리스가 나온다.
③ 작업시 균열소리가 들린다.
④ 계속 늘어짐과 줄어짐이 반복된다.

03 φ18mm 와이어로프의 단말고정 방법에 의한 클립 체결 수는?

① 2개　　② 3개
③ 4개　　④ 5개

04 φ22mm 와이어로프의 단말고정 방법에 의한 클립 체결 수는?

① 2개　　② 3개
③ 4개　　④ 5개

05 와이어로프의 직경 감소 의미는?

① 로프 직경을 수평방향으로 측정하여 측정값과 공칭직경과의 값을 비교하여 산출
② 로프 직경을 부하방향으로 측정하여 측정값과 공칭직경과의 값을 비교하여 산출
③ 로프 직경을 무부하방향으로 측정하여 측정값과 공칭직경과의 값을 비교하여 산출
④ 로프 직경을 수직방향으로 측정하여 측정값과 공칭직경과의 값을 비교하여 산출

06 와이어로프의 실제사용 안전율의 계산근거는?

① 절단하중 / 사용하중
② 절단하중 / 최소하중
③ 절단하중 / 정격하중
④ 절단하중 / 훅 하중

07 가이(Guy) 로프 및 고정용 와이어로프에 대한 안전율은?

① 1.0 이상　　② 2.0 이상
③ 3.0 이상　　④ 4.0 이상

08 타워 크레인을 이용하여 안전하중에 근접하는 화물을 매달고자 하는 경우의 안전하중의 계산근거는?

① 줄걸이 수×파단하중 / 안전계수
② 줄걸이 수×파단하중 / 안전계수×상력계수
③ 줄걸이 수×파단하중 / 안전계수×압축계수
④ 줄걸이 수×파단하중 / 장력계수

정답　01.③　02.③　03.④　04.④　05.④　06.①　07.④　08.②

09 권상용 와이어로프에 대한 안전율은?
① 1.0 이상 ② 2.0 이상
③ 4.0 이상 ④ 5.0 이상

10 와이어로프의 직경을 측정하는 방법이다. 가장 올바른 방법은?
① 로프의 전 길이에 걸쳐서 임의로 3개소 이상 측정된 평균치
② 로프의 임의의 길이에 대하여 측정된 평균치
③ 로프의 끝에서 1.5m 이상 떨어진 임의의 점 2개소 이상 측정된 평균치
④ 로프의 중간 길이의 전후 3m지점에서 측정된 평균치

11 와이어로프를 사용하다 폐기해야 하는 기준으로 올바른 것은?
① 소선수의 10% 이상 절단이나 공칭지름의 15% 이상 감소된 경우
② 소선수의 7% 이상 절단이나 공칭지름의 10% 이상 감소된 경우
③ 소선수의 15% 이상 절단이나 공칭지름의 7% 이상 감소된 경우
④ 소선수의 10% 이상 절단이나 공칭지름의 7% 이상 감소된 경우

12 와이어로프와 체인의 수명에 대하여 설명하였다. 맞는 것은?
① 와이어로프는 체인에 비해 수명이 짧다.
② 와이어로프는 체인에 비해 굽힘 작용에 대한 저항이 많다.
③ 와이어로프는 체인에 비해 사용시 소음이 크다.
④ 와이어로프는 체인에 비해 단위 길이당 중량이 많다.

13 와이어로프를 절단하여 줄걸이 용구를 제작하는 방법으로 틀린 것은?
① 기계적인 방법으로 절단
② 가스용단으로 절단
③ 유압으로 절단
④ 수공구 커팅(Cutting)방법

14 섬유로프 또는 섬유벨트를 줄걸이 용구로 사용할 수 있는 경우는?
① 꼬임이 끊어진 것
② 손상된 것
③ 부식된 것
④ 지름의 감소가 공칭지름의 2% 초과 된 것

15 다음 중 크레인의 줄걸이 용구에 해당하지 않는 기구는?
① 와이어로프 ② 체인
③ 샤클 ④ 핀

16 와이어로프의 수명에 대하여 맞는 것은?
① 로프의 수명은 사용자의 사용법에 달려있다.
② 제조자가 로프의 성능을 명시할 수 있는 것은 판단력뿐이다.
③ 제조자는 로프의 수명을 보증하는 표시를 명시하여야 한다.
④ 로프를 과다하게 굽히게 되면 수명이 떨어진다.

해설 제조자는 로프의 성능을 명시하여야 한다.

17 와이어로프의 클립 간격은 로프 직경의 몇 배 이상으로 장착해야 안전한가?
① 3 ② 6
③ 9 ④ 12

정답 09.④ 10.③ 11.④ 12.① 13.② 14.④ 15.④ 16.③ 17.②

18 와이어로프와 체인을 재사용(수리 및 용접 시)하기 위한 판단 여부를 설명하였다. 맞는 것은?

① 와이어로프만 재사용 가능하다.
② 체인만 재사용 가능하다.
③ 둘 다 사용이 불가능 하다.
④ 체인은 미소 균열인 경우 용접 사용가능하다.

19 와이어로프의 구성 기호 중에서 6×29를 뜻하는 의미는?

① 6은 소선 수, 29는 스트랜드 수
② 6은 안전계수, 29는 로프 직경
③ 6은 로프 직경, 29는 안전계수
④ 6은 스트랜드 수, 29는 소선 수

20 와이어로프에 심강을 사용하는 목적으로 틀린 것은?

① 부식의 방지
② 충격하중의 흡수
③ 소선마찰에 의한 마멸방지
④ 소선의 저항력 억제 및 절약

21 와이어로프의 소선의 지름을 측정하고자 한다. 가장 알맞은 측정기구는?

① 버니어 캘리퍼스
② 실린더 게이지
③ 마이크로미터
④ 다이얼 게이지

22 줄걸이용 와이어로프의 안전계수는 얼마가 좋은가?

① 1 ② 3
③ 5 ④ 7

23 와이어로프용 윤활유의 구비조건이 아닌 것은?

① 로프 내부로 침투력이 있을 것
② 내산화성이 클 것
③ 유막을 형성하는 힘이 적을 것
④ 녹지 않을 것

24 5톤의 화물을 4줄걸이 하여 조각도 60°로 매달은 경우에 1줄에 걸리는 하중은?

① 1.44톤 ② 1.55톤
③ 1.25톤 ④ 1.11톤

해설 로프에 작용하는 하중을 구하는 식으로는 안전하중 = 작용하물 / 줄걸이 수 × 조각도로 나타낼 수 있다.
$$\left[(5톤/4줄걸이)/\cos\frac{60°}{2}\right] = 1.44톤$$

25 와이어로프의 킹크(Kink)가 생기기 쉬운 원인이다. 틀린 것은?

① 로프의 해권 방법이 부적당한 경우
② 비틀림에 의해 로프 피치 이동이 늦추어진 경우
③ 잡아 늘려서 로프 피치 이동이 늦추어진 경우
④ 로프 피치가 흩어져서 로프 이동이 늦추어진 경우

해설 로프가 흩어져서 로프 피치가 이동한 것이 다시 늦추어졌을 경우에는 와이어로프에 킹크가 생기기 쉬운 원인이 된다.

26 와이어로프 킹크(Kink)발생의 예방법을 설명하였다. 틀린 것은?

① 로프가 받는 비틀림과 이완작용을 제거할 것
② 로프가 흩어지는 일이 없도록 할 것
③ 사용 중에는 로프에 비틀림을 주지 말 것
④ 사용 중에는 로프에 무리한 장력을 주지 말 것

18.③ 19.④ 20.④ 21.① 22.④ 23.③ 24.① 25.④ 26.④

27 화물을 줄걸이 하는데 있어 화물의 중심위치를 판단하는 것으로 틀린 것은?

① 중심은 화물에서 멀리 유도할 것
② 중심의 판단은 정확히 할 것
③ 중심은 가급적 낮추도록 할 것
④ 중심의 바로 위에서 훅을 유도할 것

28 다음 양중 작업 중 틀린 것은?

① 가벼운 화물이라도 외줄걸이는 금한다.
② 둥근 화물을 줄걸이시는 로프를 +자 모양으로 한다.
③ 크레인 1대당 1명의 신호자가 필요하다.
④ 줄걸이 상태가 다소 부족해도 운전에 지장이 없으면 가능하다.

해설 줄걸이 상태가 부족하면 화물을 내려서 다시 줄걸이 한 후 작업한다.

29 부하물이 위험물이며 대하 중으로 작업장 주변에 시설물 등이 없는 상태에서 신호자와 줄걸이 작업자의 유도를 받으면서 양중 이동할 때 가장 안전한 양중 운전방법으로 옳은 것은?

① 최소높이 2m을 유지하며 서행한다.
② 높이 2m을 유지하면서 빨리 작업한다.
③ 서행 주행하면서 수시로 브레이크를 사용하여 정지하면서 작업한다.
④ 가능한 지면에서 낮게 올려 서행한다.

해설 가장 양호한 양중 운전방법은 주행을 서행하면서 수시로 브레이크를 사용하여 정지시키면서 작업한다.

30 양중작업에 있어 힘의 3요소로 옳은 것은?

① 크기, 방향, 작용점
② 방향, 역학, 크기
③ 작용점, 중심점, 크기
④ 방향, 중심, 역학

해설 힘의 3요소는 크기, 방향, 작용점이 된다.

31 양중작업에 관계되는 가로 3m, 새로 2m, 높이 1m의 동의 무게는 얼마인가?(단, 동의 비중은 9로 한다.)

① 54ton   ② 44ton
③ 33ton   ④ 22ton

해설 직사면체의 무게는 가로×세로×높이×비중으로 산정한다. 그러므로 구하는 동의 무게는 54ton이다.

32 운반물을 들어 올릴 경우 양중방법으로 틀린 것은?

① 운반물이 지상에서 이격되지 않은 채 로프 장력이 걸릴 때까지 감고 일단 정지한다.
② 권상과 주행동작은 동시에 행하지 않는다.
③ 운반물은 지상 이격과 동시에 계속 적당 높이까지 올려 주행한다.
④ 훅은 운반물 중심선 상부에 오도록 한다.

해설 운반물을 양중 작업시는 ①, ②, ④항으로 해야 한다.

33 양중 작업자가 화물의 중심을 잘못 잡아 줄걸이한 경우 발생할 수 있는 사고로 틀린 것은?

① 과부하로 기기에 손상을 가져온다.
② 매단 화물은 로프가 비틀리면서 회전한다.
③ 짐은 한쪽방향으로 쏠려 넘어진다.
④ 짐은 다른 방향으로 쏠려 넘어진다.

해설 양중 작업이 잘못된 경우에는 이론적, 경험적으로 보아 ②, ③, ④항이 해당된다.

34 줄걸이 체인의 마멸율은 링(ring) 단면의 지름감소가 얼마일 때 폐기하여야 하나?

① 4%   ② 6%
③ 8%   ④ 10%

해설 체인 링 단면의 지름감소는 10%를 초과하는 경우 폐기하여야 한다.

35 양중 작업시 준수사항으로 틀린 것은?
① 제한 하중이하에서 작업한다.
② 권상물이 불안시는 내린다.
③ 신호자의 신호에 따른다.
④ 신호규정은 없고 작업은 한다.

해설 양중 작업시는 신호 규정에 따라 신호자의 지시에 의거 작업을 하여야 한다.

36 타워크레인으로 양중 작업시 주의사항으로 틀린 것은?
① 선회 작업시 유도 로프를 이용한다.
② 로프의 안전여부를 계속 확인한다.
③ 줄걸이 상태를 수시 확인한다.
④ 규정 로프하중보다 약간 초과할 수 있다.

해설 양중 작업시 규정된 사용로프보다 절단하중을 초과하는 화물을 양중 하여서는 아니 된다.

37 무선 원격 조종작업중 즉시 중지사항으로 틀린 것은?
① 전원 램프가 갑자기 불이 들어오지 않을 때
② 크레인의 누전현상이 있을 때
③ 안전장치 기능이 상실되었을 때
④ 보호장치의 기능이 상실되었을 때

해설 단순 전기기기 고장은 즉시 작업중지 사항이 아니다.

38 무선 원격 타워 크레인의 양중 작업 중 틀린 것은?
① 경우에 따라 긴급하게 운전을 할 수도 있다.
② 안전장치 경고신호를 받으면 즉시 작업 중지한다.
③ 반드시 신호수와 함께 조종한다.
④ 조종사는 반드시 신호수의 신호에 따른다.

해설 조종사는 긴급하게 운전을 시작하거나 멈추는 운전습관은 금지해야 한다.

39 무선 원격 타워 크레인의 양중 작업후의 조치 사항으로 틀린 것은?
① 일부의 제어장치는 영점으로 원위치한다.
② 선회브레이크는 해제한다.
③ 모든 전원은 차단한다.
④ 인입 전원은 차단한다.

해설 모든 제어장치는 영점으로 원위치하고 모든 전원은 차단하여야 한다.

40 타워 크레인 운전자가 작업 성질상 부득이한 경우에 작업자가 탑승하는 전용 탑승대를 제작 설치하여 작업자를 운반할 수 있다. 이때 탑승대에 매다는 와이어로프의 안전계수는?
① 4 이상   ② 5 이상
③ 8 이상   ④ 10 이상

41 신품의 와이어로프로 교체하여 사용하고자 한다. 초기에 운전하는 경우에 준수해야 하는 사항으로 올바른 것은?
① 시험하중의 중량을 걸고 저속으로 수회 운전을 행한 후 사용
② 정격하중의 중량을 걸고 저속으로 수회 운전을 행한 후 사용
③ 시험하중의 중량을 걸고 고속으로 수회 운전을 행한 후 사용
④ 정격하중의 1/2중량을 걸고 저속으로 수회 운전을 행한 후 사용

42 훅에 긴 자재를 내려놓을 때 올바른 운전 방법은?
① 지면위에 서서히 내려놓는다.
② 권하시는 충격여유가 있으므로 급하게 내려놓는다.
③ 권하시는 지브위의 드럼과는 상관성이 없다.
④ 권하시 다른 부하 모멘트가 작용하는 경우에는 비상 정지장치 작동 대신 신속히 화물을 내려놓는다.

35.④ 36.④ 37.① 38.① 39.① 40.④ 41.④ 42.①

43 타워 크레인의 운전 개시 전 주요 준비사항에 대한 설명이다. 이중 틀린 것을 고르시오.

① 기어 등 기계장치 윤활주입 개소에 윤활상태를 점검한다.
② 클라이밍(Climbing)장치가 있는 타입인 경우 유압 브리드 밸브를 연다.
③ 컨트롤 패널의 모든 주전원 스위치를 "0"으로 맞춰 놓는다.
④ 타워 연결부의 나사와 볼트는 시동 후에 확인해 본다.

해설 타워 크레인의 운전 개시 전 주요 준비사항으로는 슬루잉 기어, 와이어로프 등 기계장치의 윤활 개소에 윤활유무 확인을 비롯하여 전기, 유압장치의 점검과 모든 나사와 볼트가 확실히 조여졌는지를 점검하고 이상이 발생하면 즉시 수리한 후 운전을 개시하여야 한다.

44 타워 크레인의 일반적인 운전기준에 대하여 틀린 것은?

① 훅에 의존하여 불가피 하게 작업자를 탑승시켜 운전하는 경우에는 강도를 보증하는 탑승대를 제작하여 탑승하게 할 수 있다.
② 화물을 지면에서 경사지게 끌어 올리거나 지면에 달라붙은 화물을 움직일 때는 운전을 금지한다.
③ 8톤(ton)의 크레인에 부하용량을 넘는 화물을 달아 올리는 경우에는 과부하 방지장치를 조정한 후 운전할 수 있다.
④ 과부하 방지장치는 화물의 중량 측정수단으로 사용하거나 운전하여서는 안 된다.

해설 운전자는 들어 올리는 화물이 정격하중을 초과하지 않도록 조치를 취해야 하며, 만약의 경우에 정격하중을 초과하는 경우에는 과부하 방지장치가 작동할 수 있도록 운전 개시 전 사전점검 및 시운전을 통하여 대비를 하여야 한다. 아울러, 과부하 방지장치는 정격하중의 1.05배 초과 권상시는 정상 작동하여야 한다.

45 화물을 운전하는 중에 긴급 상황이 발생하여 비상 정지장치를 작동하는 경우에 관련 장치의 동작관계이다. 올바르게 설명한 것은?

① 선회기어 + 권상기어장치만 정지된다.
② 선회기어 + 권상기어 + 주행기어 장치만 정지된다.
③ 권상기어만 정지된다.
④ 모든 장치가 즉시 작동이 정지된다.

46 타워 크레인을 정지시킬 때 주의사항이다. 올바르게 설명한 것은?

① 화물을 내린 후 훅을 높이 올린다음 최대 작업반경에 트롤리를 고정시킨다.
② 선회기어의 회전은 구속시켜 둔다..
③ 운전석을 이석시는 주 전원을 끈다.
④ 훅은 지면에 내려놓는다.

47 크레인 운전자가 운전석을 장시간 이석하는 경우에 취해야 할 조치이다. 가장 올바르게 설명한 것은?

① 훅을 최대 작업반경 내측으로 올려놓는다.
② 훅을 최대 작업반경 내측으로 올리고 선회기어 브레이크는 풀어 놓는다.
③ 훅은 지상에 내려놓고 선회 기어 브레이크는 풀어 놓는다.
④ 훅은 마스트 중앙지점에 올려놓고 선회기어 브레이크는 풀어 놓는다.

48 타워 크레인을 가동하기 전 하중시험을 걸어야 하는 지브의 위치는?

① 지브의 내측단
② 지브의 외측단
③ 지브의 중앙지점
④ 지브의 3분의 2지점

정답 43.④ 44.③ 45.④ 46.③ 47.② 48.②

49 크레인 운전자가 화물을 볼 수 없거나 들어올리는 화물을 볼 수 없는 경우이다. 가장 올바르게 설명한 것은?

① 신호자의 신호와 자신의 임의판단으로 운전한다.
② 신호자의 신호와 책임자의 지시에 따라 운전한다.
③ 운전조건이 불안하더라도 신호자의 신호 지시에 무조건 따른다.
④ 신호자의 지시에 따르나, 운전조건이 불안전한 경우에는 경고신호를 보낸다.

해설 운전자는 시야 확보 등의 불안전으로 운전 작업이 어려울 경우에는 신호자의 지시에 따라 운전을 하여야 한다. 이때 운전조건이나 상황이 불안전한 경우에는 신호자에게 경고 신호를 보내어 운전중지 결정을 내려야 한다.

50 일반적으로 크레인 운전자가 컨트롤러 전원을 투입하기 전에 기본적으로 행해야 할 운전 방법은?

① 구동기어를 먼저 조작한다.
② 안전장치 전원을 먼저 투입한다.
③ 모든 제어장치는 "0" 위치나 중립에 놓는다.
④ 주 전원을 투입 후 제어장치를 중립에 놓는다.

51 동일한 작업장소에 여러 대의 타워 크레인이 운전하고 있다. 가장 올바르게 설명한 것은?

① 동일 현장 내의 타워크레인 운전자 간의 작업방법, 순서, 신호연락 방법의 통일 및 응급 대처방법 등을 운전 개시 전 협의 한다.
② 별도의 협의 없이 운전을 개시한다.
③ 운전 중에 공동 협의사항이 필요한 경우에만 상호 협의 후 운전한다.
④ 운전 작업 중 주변 운전자가 통신장비로 연락하면서 운전한다.

해설 동일한 작업장소에 여러 대의 타워 크레인이 운전하는 경우에는 여러 가지 운전 작업이 발생할 수 있다. 이를 테면, 지상의 일반 화물운전 작업을 비롯하여 타워크레인의 설치 작업시 운전, 해체 작업시 운전 등이 병행될 수 있으므로 이에 따른 작업 간섭시 발생할 수 있는 사항 등을 운전 개시 전 운전자간 상호 협의한 후 운전에 착수하여야 한다.

52 타워 크레인의 지브를 회전 운전하면 원활하게 작동하여야 한다. 다음 중 작동과정을 잘못 설명한 것은?

① 선회 브레이크의 메인 솔레노이드 전류가 흐르면 브레이크가 작동한다.
② 리미트 스위치가 브레이크 해지조건에 있는 경우에는 지브를 자유롭게 회전시켜야 한다.
③ 로킹 솔레노이드(Locking Solenoid)에 전류가 흐르면 바(Bar)를 밀어낸다.
④ 메인 솔레노이드가 해제되면 로킹 솔레노이드 바(Bar)에는 아무런 영향을 미치지 않는다.

해설 지브를 회전시킨 후 작동과 제동을 하는 과정은 선회 기어 브레이크에 의해 진행된다. 특히, 메인 솔레노이드가 풀려진 후에는 로킹 솔레노이드 바(Bar)에 압력을 가하게 된다.

53 타워 크레인의 운전 작업시 안전사항으로 맞는 것은?

① 지면과 약 30cm 떨어진 지점에서 정지한 후 안전을 확인하고 상승한다.
② 측면으로 하여 비스듬히 끌어 올린다.
③ 저속으로 천천히 감아올리고 와이어로프가 인장력을 받기 시작 할 때는 빨리 당긴다.
④ 지면과 약 5cm 떨어져 정지한 후 급격한 상승을 한다.

54 텔레스코핑의 작업과정에서 올바른 설치 또는 운전 방법은?

① 선회운전을 금한다.
② 트롤리 운전을 필요시 실시한다.
③ 카운터 지브 방향에 수평 상태를 유지한다.
④ 마스트의 전 길이에 걸쳐 수직도 상태를 유지한다.

55 텔레스코핑의 작업순서에서 기 설치된 마스트에 추가 마스트를 타워에 볼트로 체결하는 작업이 완료될 때까지의 설치 작업과정에서 올바른 운전 방법은?

① 기존 마스트에서 약간의 불균형이 있는 경우에는 미동운전을 한다.
② 추가할 마스트에서 약간의 불균형이 있는 경우에는 미동운전을 한다.
③ 가이드 레일이 수평을 유지하지 않는 경우에는 미동운전을 한다.
④ 마스트와 슬루잉 링 서포트 사이에 볼트를 체결한 후에 운전을 한다.

해설 추가 마스트에 조립된 롤러 홀더를 제거하고 추가 마스트를 타워에 볼트로 체결한다.

56 마스트를 운반하는 방법으로 가장 이상적인 운반방법은?

① 빈번한 정지 후 출발
② 시동 후 급출발
③ 이상 진동을 느낄 때 즉시 운전 정지
④ 전 하중 전속력 운전

57 타워 크레인을 가동하기 전 간이점검이라고 볼 수 없는 것은?

① 볼트 및 핀의 점검
② 청소 및 스위치 작동방향 부착
③ 브레이크 확인
④ 리미트 스위치 점검

58 타워 크레인을 가동하기 전 가장 올바른 시운전 방법은?

① 권상, 권하 운전으로 운전상태 확인
② 선회운전으로 운전상태 확인
③ 트롤리 이동운전으로 운전상태 확인
④ 권상, 권하, 선회, 트롤리 이동운전으로 운전상태 확인

59 타워 크레인 운전자가 장시간 운전석을 비우는 경우에 훅의 가장 올바른 위치는?

① 마스트 하단부   ② 마스트 중앙부
③ 지브 외측부   ④ 운전석 근접부

60 타워 크레인 운전자가 장시간 운전석을 비우는 경우에 전기적인 조치사항 중에서 가장 올바른 것은?

① 전원은 공급 상태로 유지한다.
② 2차 전원만 차단
③ 주전원을 차단
④ 감시인을 배치한다.

61 타워 크레인 정비 작업시 운전자가 취해야 할 최우선 조치는?

① 2차 조작전원 차단
② 상황에 따라 주 전원 차단
③ 주 전원을 반드시 차단
④ 상황에 따라 1, 2차 전원 차단

62 타워 크레인을 정상 운전하던 중에 갑자기 작동을 중지해야 하는 상황이다. 틀린 것은?

① 장치의 기능 장애를 느낄 때
② 일부 작업자의 건강 이상 징후를 느낄 때
③ 갑자기 강풍이 불어올 때
④ 우천 및 안개가 끼었을 때

정답 54.① 55.④ 56.③ 57.② 58.④ 59.④ 60.③ 61.③ 62.②

63 타워 크레인의 운전자가 안전한 운전 작업을 목적으로 조치해야 할 사항이 아닌 것은?

① 신원이 불확실한 작업자의 탑승을 허락
② 인양 화물을 무리하게 끌도록 운전 요구하는 신호의 거부
③ 매달린 화물을 떼어내는 작업에 경고음 취명 조치
④ 강도가 확인되지 않은 사람 탑승대 운반물의 운전 요구 신호의 거부

64 아파트 외벽 시공용 갱폼을 타워 크레인으로 인양 운전하는 방법이다. 가장 적합한 운전 방법은?

① 크레인 훅에 갱폼을 즉시 줄걸이 한 후 운전
② 이동식 크레인과 공동 작업 운전
③ 갱폼은 체인블록으로 외벽과 분리 후 타워 크레인으로 인양 운전
④ 갱폼은 이동식 크레인으로 외벽과 분리 운전 후 타워 크레인으로 인양운전

65 타워 크레인을 운전 하던 중 근접 크레인간의 설치 높이가 동일한 상황이 발생하였다. 틀린 것은?

① 작업중지 후 인접 크레인과 안전사항을 협의한다.
② 작업 지휘자에게 보고 후 적절한 조치를 받는다.
③ 상호 운전자와 주의하면서 작업을 수행한다.
④ 원칙적으로 작업을 중지 한다.

66 타워 크레인 운전자가 크레인에 탑승하는 방법으로 일반적으로 틀린 것은?

① 안전모를 착용한다.
② 안전대를 착용한다.
③ 보호안경을 착용한다.
④ 지적확인을 한다.

67 텔레스코핑(Telescoping) 작업시 마스트를 올려 안착 후 볼트 또는 핀으로 체결 완료 전까지 금지해야 하는 운전은?

① 선회 운전
② 주행 운전
③ 선회 및 주행 운전
④ 트롤리 이동 운전

68 텔레스코핑(Telescoping) 작업시 마스트를 올려 안착 후 볼트 또는 핀으로 체결 완료 전까지 가능한 운전은?

① 선회 운전   ② 주행 운전
③ 트롤리 이동 운전 ④ 작동 금지

69 운전자가 운전 작업 도중 갑자기 가슴에 통증을 느끼고 더 이상 운전을 할 수 없는 경우의 긴급 운전조치 사항은?

① 최고 속도로 화물을 신속히 내린다.
② 지상에 연락을 빨리 취한다.
③ 통증부위를 누르면서 계속 운전한다.
④ 비상정지 스위치를 누른다.

70 타워크레인 운전 중에 경보를 울려야 하는 상황이 아닌 것은?

① 운전이 시작될 때
② 미끄러지기 쉬운 화물일 때
③ 화물 진행방향 뒤로 작업자가 가고 있을 때
④ 화물을 매달고 이동할 때

71 타워 크레인 운전 중에 폭우가 내리는 경우에 운전을 중지하여야 한다. 이때, 1회의 폭우량은 어느 정도를 말하는가?

① 10mm 이상인 비
② 25mm 이상인 비
③ 40mm 이상인 비
④ 50mm 이상인 비

72 타워 크레인 운전 중에 폭설이 내리는 경우에 운전을 중지하여야 한다. 이때, 1회의 폭설량은 어느 정도를 말하는가?

① 10mm 이상인 눈
② 15mm 이상인 눈
③ 20mm 이상인 눈
④ 25mm 이상인 눈

73 타워 크레인으로 화물을 적재하는 경우에 올바른 방법으로 틀린 것은?

① 침하가 없는 곳에 적재
② 화물의 압력에 견딜 수 있는 곳에 적재
③ 편하중과 균일하중이 생기지 않도록 할 것
④ 불안정 높이로 쌓아 올리지 말 것

74 타워 크레인 운전자가 운전실을 떠날 때의 준수사항으로 틀린 것은?

① 훅을 트롤리 내측으로 올려놓는다.
② 모든 제어장치는 부하위치에 둔다.
③ 선회 기어 브레이크를 푼다.
④ 전원을 끈다.

75 러핑형 타워 크레인을 리모컨으로 조종하는 경우에 잠재위험 요인이 아닌 것은?

① 송·수신기의 결함에 의한 오동작 위험
② 조정기 선택 잘못으로 오 조작 우려
③ 운전자가 적재물만 주시하다가 전도 위험
④ 조정기에 안전표찰 미 게시로 고장 위험

76 러핑형 타워 크레인을 리모컨으로 조종하기 전 준수사항이 아닌 것은?

① 조종기의 배터리 방전 여부 확인
② 비상정지장치의 정상 여부 확인
③ 조작방향과 크레인의 동작의 일치 확인
④ 크레인의 운행 및 정지속도 확인

77 크레인의 운전자와 신호자간의 육성 신호 방법에 대하여 적절하지 않은 것은?

① 간결하게 한다.   ② 단순하게 한다.
③ 장황하게 한다.   ④ 명확하게 한다.

78 작업 지점의 원거리와 간섭으로 운전자와 신호자간의 가장 적절하고도 효과적인 신호 수단은?

① 육성   ② 무선 통신
③ 1인 수신호   ④ 다수자의 수신호

79 일반적으로 무선 통신의 사용이 교신에 있어 만족스럽지 못하다면 다음 중에서 가장 적절한 신호 수단은?

① 육성
② 수신호와 운전자 호출 병행
③ 몸짓 동작
④ 운전자 호출

80 크레인 신호자에 대한 설명이다. 다음 중 틀린 것은?

① 운전자에게 수신호 등으로 운전방향 지시를 제공한다.
② 주변 작업자의 안전보다 크레인 동작에 필요한 신호에만 신경을 쓴다.
③ 위험에 노출되지 않아야 한다.
④ 크레인의 동작점보다 운전자의 시선에 항시 주목한다.

81 크레인 운전자와 신호자간에 행동 규율을 설명하였다. 다음 중 잘못 설명한 것은?

① 신호자는 주변 작업자의 안전에 주의를 기울이면서 동시에 크레인의 동작에 주의력을 집중한다.
② 1인의 신호자가 주변 작업자의 안전과 함께 크레인의 동작에 만족신호가 곤란한 경우는 추가 신호자를 요구할 수 있다.
③ 운전자는 신호자의 요구 신호가 다소 안전에 문제가 발생할 수 있어도 운전을 계속할 수 있다.
④ 육성 경고의 신호가 곤란한 경우에는 수신호를 사용할 수 있다.

해설 크레인 운전자가 신호수가 요구한 동작 지시를 안전문제로 이행이 곤란한 경우에는 운전을 일시 중지하고 수정된 작업지시를 요구하여야 한다.

82 크레인의 공통적 표준 운전 신호방법에서 "매달린 화물을 위로 올리기"방법으로 옳은 것은?

① 엄지손가락을 위로해서 수평원을 크게 그린다.
② 엄지손가락을 위로해서 수평원을 작게 그린다.
③ 둘째손가락을 위로해서 수평원을 크게 그린다.
④ 둘째손가락을 위로해서 수평원을 작게 그린다.

83 크레인의 공통적 표준 운전 신호방법에서 "운전방향을 제시" 하는 방법으로 옳은 것은?

① 엄지손가락으로 운전방향을 제시
② 둘째손가락으로 운전방향을 제시
③ 둘째 및 셋째 손가락으로 운전방향을 제시
④ 주먹으로 운전방향을 제시

84 크레인의 공통적 표준 운전 신호방법에서 "주권 사용"방법으로 옳은 것은?

① 주먹을 머리에 떼고 붙였다 떼었다 한다.
② 손바닥을 머리에 떼고 붙였다 떼었다 한다.
③ 손바닥을 머리에 대고 떼었다 붙였다 한다.
④ 주먹을 머리에 대고 떼었다 붙였다 한다.

85 크레인의 공통적 표준 운전 신호방법을 설명하였다. 틀린 것은?

① 주권의 정확한 사용은 주먹을 머리에 대고 떼었다 붙였다 반복 한다.
② 위로 올리는 방법은 집게손가락을 위로해서 수평원을 크게 그린다.
③ 비상정지는 양손을 들어올려 크게 2, 3회 좌우로 흔든다.
④ 화물의 일반적인 정지는 두 손을 들어올려 주먹을 쥔다.

86 크레인의 공통적 표준 운전 신호방법에서 "뒤집기" 신호 방법으로 옳은 것은?

① 양손을 마주보게 들어서 뒤집으려는 방향으로 2, 3회 역전시킨다.
② 양손을 마주보게 들어서 뒤집으려는 방향으로 1회만 역전시킨다.
③ 한손을 들어서 뒤집으려는 방향으로 2, 3회 역전시킨다.
④ 한손을 들어서 뒤집으려는 방향으로 1회만 역전시킨다.

정답 80.② 81.③ 82.③ 83.② 84.④ 85.④ 86.①

87 크레인의 공통적 표준 운전 신호방법에서 "작업완료" 신호 방법으로 옳은 것은?

① 거수경례 또는 양손을 머리위에 교차시킨다.
② 한손을 어깨위에 올린다.
③ 한손을 몸 앞에다 댄다.
④ 양쪽 손을 몸 앞에다 댄다.

88 크레인의 공통적 표준 운전 신호방법에서 "화물을 천천히 조금씩 위로 올리기"방법으로 옳은 것은?

① 한손을 지면과 수평으로 들고 손바닥을 위쪽으로 하여 2, 3회 적게 흔든다.
② 한손을 지면과 수직으로 들고 손바닥을 위쪽으로 하여 2, 3회 적게 흔든다.
③ 두 손을 지면과 수평으로 들고 손바닥을 위쪽으로 하여 2, 3회 적게 흔든다.
④ 두 손을 지면과 수직으로 들고 손바닥을 위쪽으로 하여 2, 3회 적게 흔든다.

89 크레인의 공통적 표준 운전 신호방법에서 "화물을 걸기" 위한 방법으로 옳은 것은?

① 양쪽 손을 몸 앞에다 대고 두 손을 깍지 낀다.
② 양쪽 손을 몸 앞에다 댄다.
③ 한쪽 손을 몸 앞에다 댄다.
④ 양쪽 손을 몸 앞에다 대고 두 손에 주먹을 쥔다.

90 크레인의 공통적 표준 운전 신호방법에서 "화물을 천천히 조금씩 아래로 내리기" 방법으로 옳은 것은?

① 한손을 지면과 수평으로 들고 손바닥을 아래쪽으로 하여 2, 3회 적게 흔든다.
② 한손을 지면과 수직으로 들고 손바닥을 아래쪽으로 하여 2, 3회 적게 흔든다.
③ 두 손을 지면과 수평으로 들고 손바닥을 아래쪽으로 하여 2, 3회 적게 흔든다.
④ 두 손을 지면과 수직으로 들고 손바닥을 아래쪽으로 하여 2, 3회 적게 흔든다.

91 크레인의 공통적 표준 운전 신호방법에서 "천천히 이동" 방법으로 옳은 것은?

① 방향을 가리키는 손바닥 밑에 둘째손가락을 위로해서 원을 그린다.
② 방향을 가리키는 손바닥 밑에 첫째 손가락을 위로해서 원을 그린다.
③ 방향을 가리키는 손바닥 밑에 둘째손가락을 아래로 해서 원을 그린다.
④ 방향을 가리키는 손바닥 밑에 첫째 손가락을 아래로 해서 원을 그린다.

92 크레인의 공통적 표준 운전 신호방법에서 "기다려라"의 신호 방법으로 옳은 것은?

① 오른손으로 왼손을 감싸 2,3회 적게 흔든다.
② 오른손으로 왼손을 감싸 1회만 적게 흔든다.
③ 왼손으로 오른손을 감싸 2,3회 적게 흔든다.
④ 왼손으로 오른손을 감싸 1회만 적게 흔든다.

93 크레인의 공통적 표준 운전 신호방법에서 "마그넷 붙이기"의 신호 방법으로 옳은 것은?

① 한쪽 손을 몸 앞에다 대고 꽉 낀다.
② 양쪽 손을 몸 앞에다 대고 꽉 낀다.
③ 양쪽 손을 몸 앞에다 댄다.
④ 한쪽 손을 몸 앞에다 댄다.

94 크레인 수신호 방법 중 한쪽 손의 주먹을 다른 손의 손바닥으로 2~3회 두드리는 신호내용의 의미는?

① 이상 발생 ② 신호 착오
③ 작업 중지 ④ 화물 걸기

해설 작업 중 이상 발생에 해당하는 신호내용으로 ①항이 해당된다.

95 거수경례 또는 양손을 머리위에 교차시키는 신호내용의 의미로 옳은 것은?

① 작업완료
② 수평이동
③ 비상 작업중지
④ 비상 운전요청

해설 크레인 운전신호 방법 중 거수경례 또는 양손을 머리위에 교차시키는 신호내용은 ①항이 해당된다.

96 주먹으로 안전모를 2회 이상 두드리는 수신호내용 중 옳은 것은?

① 훅을 정지해라
② 주, 보권을 동시 사용해라
③ 주권만 사용해라
④ 보권만 사용해라

해설 한손으로 안전모를 2~3회 정도 두드리는 신호는 주권만 사용하라는 신호이다.

97 운전자가 오른손으로 왼손을 감싸 2~3회 적게 흔드는 신호내용으로 맞는 것은?

① 점검해라.   ② 불명이다
③ 이상 있다. ④ 기다려라.

해설 운전자 또는 신호자가 보내는 신호로 오른손으로 왼손을 감싸 2~3회 적게 흔드는 신호내용은 "기다려"라는 의미의 신호이다.

98 신호자가 호각과 동시에 양손의 손바닥을 앞으로 하여 머리 위에 올려 급히 좌, 우로 2~3회 흔들면서 호각은 아주 길게 신호하는 방법으로 올바른 것은?

① 비상정지 신호
② 운전자 호출 신호
③ 신호오류 신호
④ 작업완료 신호

해설 질문의 경우에는 작업상태가 급박하다는 것을 알리는 경우이므로 비상정지 신호로 볼 수 있다.

99 신호자가 갖추어야 할 복장으로 맞는 것은?

① 신호수 복장은 검정색이 좋다.
② 상의만은 작업복을 착용한다.
③ 바지는 아무거나 상관없다.
④ 지정된 신호수 복장을 착용한다.

해설 신호수는 지정된 복장을 착용하여야 하며, 신호수 복장의 색상은 황색 등 운전자의 시야에 잘 띠는 복장을 갖추어야 한다.

100 신호자가 긴급 용무로 인해 타 신호자로 변경하는 경우로서 옳은 것은?

① 운전자에게 연락할 의무는 없다.
② 안전관리자에게만 보고한다.
③ 주변 작업자에게 알린다.
④ 운전자에게 알린 후 신호한다.

해설 신호자는 화장실 등 긴급용무가 있는 경우 신호자가 변경된 사실을 운전자에게 알려야 한다.

93.② 94.① 95.① 96.③ 97.④ 98.① 99.④ 100.④

PART **07**

설치·해체 작업시 운전(조종)

01. 설치·해체 작업시 운전(조종)

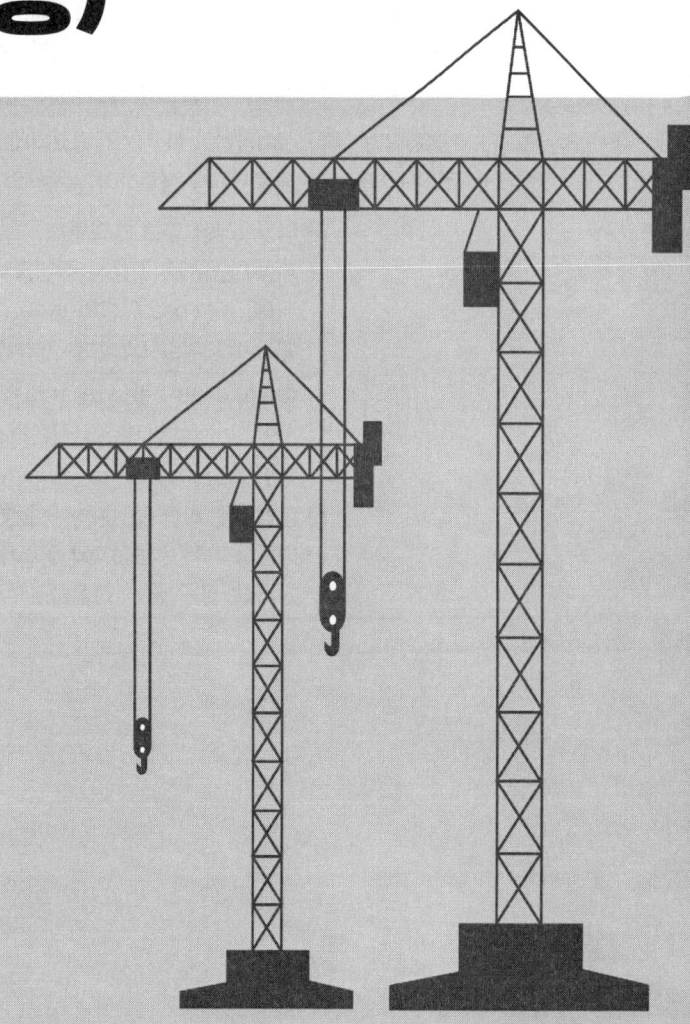

CHAPTER 01 설치·해체 작업시 운전(조종)

1-1 설치 작업시 조종 준수사항

1 작업 전 준비 및 최종점검

항 목	사고예방지침	업무의 주체
설치계획 작성 및 협의	• 설치 업체는 설치일정. 작업순서. 안전조치 등이 포함된 설치계획을 작성하여 검토 후 설치 3일전까지 현장으로 제출 • 설치 업체 책임자, 설치작업 코디네이터, 현장관계자(공사팀, 안전) 참석하여 안전작업협의(설치 3일전까지)	설치 업체
설치작업 코디네이터	• 설치경험이 풍부한 작업코디네이터를 선정(외부에 용역)하여 설치작업 종료시까지 상주하여 안전작업 확인, 현장 안전관리자와 협조	설치 업체
설치당일	• 타워크레인 주변 출입통제 • 기상확인(우천, 강풍시 작업중지) [예] 10m/sec 이상의 풍속 • 설치자와 책임자와 상호연락방법 결정(무전기 등)	현장
	• 출역인원 확인 및 신체 컨디션 점검(전날 음주 영향, 피로, 두통 등) • 작업자안전교육(매뉴얼 작업준수 등) 개인보호구착용(안전모, 전공용 안전벨트) • 지휘계통 확립(일, 순서, 역할분담 지시, 설치매뉴얼 지참) • 이동식 크레인 운전자와 공조체계 확인(신호, 이동식 크레인 위치 등) • 줄거리, 공구 등 안전점검	현장 설치 업체

2 설치작업 순서

설치순서	비 고
설치작업 순서를 정함	
설치 작업 중의 위험요인 파악 및 작업자 교육	- 고소 작업시의 주의사항 숙지 - 이동식 유압크레인 작업안전 숙지 - 고장력 볼트 체결방법 숙지
기초 앵커 설치	- 기초하중표 참조 - 필요시 기초 보강 실시
베이직 마스트 설치	- 베이직 마스트와 기초 앵커를 정확히 일렬로 맞춘 후 고정 실시
텔레스코핑 케이지 설치	- 텔레스코핑 사이드 쪽에 설치
운전실 설치	- 운전실 설치 후 메인전원을 메인 전기 패널 안의 터미널 박스에 접속
캣트 헤드 설치	- 텔레스코핑 장치의 유압 시스템에 전원공급 - 과부하 방지장치가 제대로 동작되는지 확인필요 - 필요시 항공등, 풍속계 등을 조립하여 설치
카운터 지브 설치	- 슬링위치 확인 후 유압 크레인으로 인상장치 설치함 - 타이 바의 연결 상태를 반드시 확인
인상장치 설치	
메인 지브 설치	- 트롤리 장치 및 타이 바 등을 조립 설치 - 슬링위치 확인(무게 중심고려)
카운터 웨이트 설치	- 카운터 웨이트 중량 확인 - 카운터 웨이트 웨이트 블록을 뒤쪽에서 앞쪽으로(타워 쪽) 향해서 배치
트롤리 주행용 와이어 로프 설치	
인상용 와이어로프 설치	- 로프 설치 후에는 로프이탈 방지장치 설치
텔레스코핑 작업	- 타워크레인 재해 중 약 50%가 텔레스코핑의 사고임

3 설치운전방법

(1) 앵커 + 베이직 마스트 + 일반 마스트 설치

기초 앵커 및 베이직 마스트 설치

일반 마스트

① 앵커레벨 재검 및 오차시 수정
② 베이직 마스트와 마스트 연결 볼트는 세척 후 그리스 도포
③ 핀이나 볼트 체결 철저(매뉴얼 규정 토크 준수, 분할 핀 체결 철저)
④ 조립작업시 상하 이동 중 추락방지를 위하여 전공용 안전벨트 사용

(2) 텔레스코픽 케이지 설치

① 지상에서 조립을 완전히 끝낸 후 유압크레인을 사용 한꺼번에 들어 올려 베이직 마스트에 위에서 아래로 설치한다.

② 텔레스코핑 케이지를 지상에서 조립하여 한꺼번에 설치하는 방법과 베이직 마스트에 직접 조립하는 방법이 있으나 2가지 방법 중 설치 현장의 여건을 감안하여 선택하도록 한다.

텔레스코픽 케이지의 설치

① 반드시 상하부 발판을 준비하고 볼트 체결(상·하부 발판이 없는 경우 추락위험)
② 유압장치, 가이드레일, 롤러 구동부등 주요부위 작동상태 확인
③ 케이지가 마스트에 조립 또는 해체될 때 돌출부위(요크) 등에 심하게 부딪치거나 걸리지 않도록 조치

(3) 운전실 + 턴테이블 + 타워헤드 설치

캣트 헤드 설치

① 타워크레인 부재 중 가장 무거운 운전실 선회장치 인양계획을 재검토하고 이동식크레인 용량에 여유를 둠
② 마스트와 턴테이블 조립시(립 베르) 추락에 주의(케이지 상부 발판을 만든다) 하고 턴테이블 인양시 인양와이어를 꺾어 사용치 말고 6m용 4개를 별도로 준비
③ 타워 헤드 조립시 운전실과의 연결부 볼트 판을 모두 체결하기 전에는 이동식 크레인의 인양 줄걸이 제거금지

(4) 카운터 지브 설치

카운터 지브의 설치

① 광고판, 표시판 등 풍압의 영향으로 구조부에 부가응력을 발생시킬 수 있는 부착품 설치금지
② 지브 길이에 따라 카운터 지브의 길이를 맞추고 핸드레일을 지면에서 견고하게 조립
③ 인양시 와이어를 꺾어 사용하지 말고, 반드시 6m 이상 별도의 와이어 4개 준비
④ 타이 바를 당길 때 수동와이어 윈치는 3톤 이상의 윈치 사용
⑤ 기종별 무게중심(인양지점)을 매뉴얼을 통해 확인한 후 작업

(5) 지브와 카운터 웨이트 설치

메인 지브 인양 설치

메인 지브 타이바 설치

① 매뉴얼에서 이양 무게중심을 확인
② 헤드 부 타이 바 연결 브래킷의 핀 구멍과 타이 바 핀 구멍의 체결 위치를 매뉴얼을 통해 필히 확인한다.
③ 유도용으로 마닐라로프 등을 설치
④ 지브 조립시/이동식 크레인 조종자는 주의 깊게 조종

(6) 와이어로프 설치

① 모든 와이어로프의 조립과 조절을 한 후에 크레인을 작동하여야 한다.

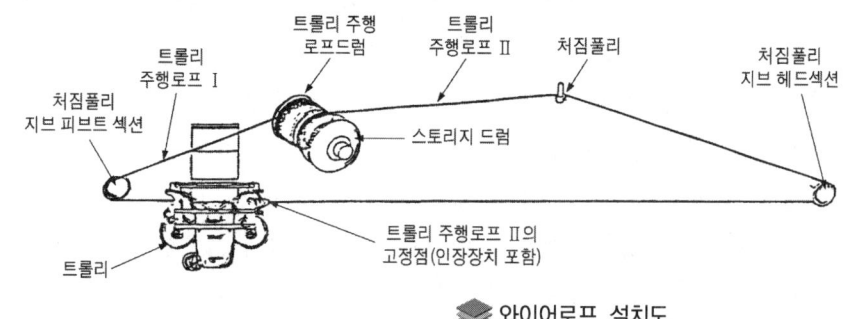

❖ 와이어로프 설치도

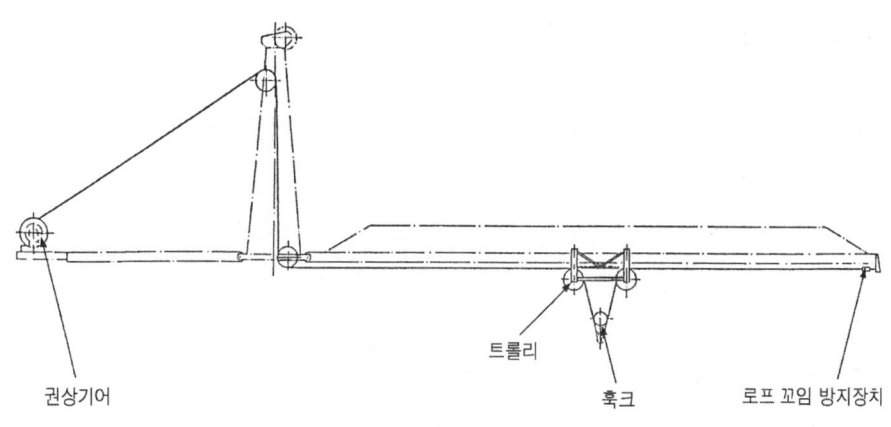

❖ 인상로프의 배열

① 와이어 정렬시 면장갑을 착용하지 말고 코팅 장갑 착용
② 협착 및 손발조심
③ 와이어를 감을 때 와이어 잡은 손은 근접금지
④ 트롤리 지브에 작업자가 나가 있을 때 타워크레인 조종자는 주전원 차단
  (오 조작으로 인한 트롤리 이동방지)
⑤ 로프와 와이어 결선을 견고히 한다.

4 설치 작업시 운전 준수사항

① 텔레스코픽 케이지의 설치작업시 플랫폼이 떨어지지 않도록 단단히 조인다.
② 텔레스코핑 유압장치가 마스트의 텔레스코핑 사이드로 설치되도록 한다.
③ 슈가 흔들리는 것을 방지하는 고정 장치를 제거 한다.
④ 메인 지브 및 카운터 지브가 가공전선 또는 충전로에 접근할 우려가 있는 경우에는 감전 방호울, 구획망, 구획 로프 및 절연용 덮개, 전기용 절연관 등의 조치를 하고 크레인이 전선로에 가까이 갈 수 없도록 한다.
⑤ 작업 전 장비의 성능유지와 현장의 재해예방을 위해 크레인을 점검한다(핀, 볼트, 브레이크, 리미트 스위치 등).
⑥ 이용 가능한 모든 안전장치와 기타 보호수단을 항상 사용한다.
⑦ 장비이상 발견시 관리자에게 보고하고, 교대 자에게 인계시 설명하고 조치하여야 한다.
⑧ 겨울철 아침작업, 강변, 배습지 등은 안개가 짙게 끼고 어두워 시계가 흐리므로 주의해야 한다.
⑨ 가동 전 트롤리 – 스윙 – 호이스트의 순으로 준비 운전을 해 본다.
⑩ 경고음을 잘 활용한다(운전시작 때, 위험할 때 등).
⑪ 인상동작은 줄 걸이 용구가 팽팽해질 때까지 서서히 작동시켜 과 하중이나 타 자재와의 걸림 등으로 인한 충격을 방지한다.
⑫ 인하 동작은 훅의 중량으로 와이어로프가 팽팽해지도록 해야 와이어의 불규칙한 감김을 방지하고 파단을 막을 수 있다.
⑬ 최적상태의 리미트 스위치는 바로 운전자의 생명과 직결됨을 명심한다.
⑭ 리미트 스위치 고장, 과하중, 슬링이 잘못된 경우는 인양하여서는 안 된다.
⑮ 훅을 물건이나 지면에 내려놓으면 안 된다(와이어로프의 처짐 방지와 드럼에 와이어로프 잘못 감김을 방지).
⑯ 풍속, 우천 정도에 따라 작업실시 여부를 판단한다(제작사의 매뉴얼에 의해 작업 제한).
⑰ 보도통로 위나 작업구역위로 인양자재를 통과시킬 때 크레인 동작과 동시에 경고음을 발하여 주의를 환기시킨다.
⑱ 운전석을 이석할 경우는 운전레버를 건드리거나 훅에 하중이 매달린 상태로 크레인을 떠나서는 안 되며 반드시 주 전원을 차단하고 스윙브레이크를 해제하며, 훅을 최대로 감아 올려놓아야 한다.

⑲ 이동식 크레인 운전자는 타워크레인 설치 작업시 받침목 강도부족 여부를 확인한다.
  • 받침목이 마스트 등 중량물에 충분한 강도 보유여부를 사전 확인요망
  • 마스트와 같이 길이가 긴 중량물을 수직으로 세워서 작업할 경우 전도예방 등의 위험방지 조치요망
    – 지반의 다짐 및 평탄도 확인 등
⑳ 운전실 등 하물의 무게중심의 이동으로 균형을 상실 붕괴위험 유무를 확인, 운전한다.
㉑ 크레인의 설치작업은 고소에서의 작업뿐만 아니라 조립작업자, 중량물 줄걸이 작업자 및 신호자, 이동식 크레인에 의한 인양작업자 등 서로 다른 직종의 근로자가 함께 작업함으로서 예기치 못한 사고가 발생할 위험성이 큼을 명심한다.

㉒ 제작업체에서 제시한 작업절차 지시어를 무시하여, 조립 작업 중 부재의 낙하위험이 있음을 명심한다.
㉓ 인상시 와이어로프 절단 또는 줄 걸이 잘못으로 인한 하물 낙하 위험이 있음을 명심한다.
㉔ 설치작업 대부분이 고소에서 작업하는 관계로 추락재해 위험이 있음을 명심한다.
㉕ 선회링 부분의 볼트 체결상태를 확인한다.

선회 링부 볼트 체결도(1)

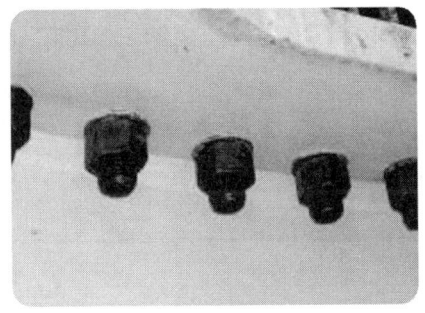
선회 링부 볼트 체결도(2)

5 상승 작업시 운전 방법

(1) 작업 전 준비 및 최종점검

① 텔레스코픽 케이지의 유압장치가 있는 방향에 카운터 지브가 위치하도록 카운터 지브의 방향을 맞춘다.

② 텔레스코픽 작업 전 올려질 마스트를 지브 방향으로 운반한다.

③ 전원공급 케이블을 텔레스코픽 장치에 연결한다.

④ 유압펌프의 오일량을 점검한다.

⑤ 모터의 회전방향을 점검한다.

⑥ 유압장치의 압력을 점검한다.

⑦ 유압실린더의 작동상태를 점검한다.

⑧ 텔레스코픽 작동 중 공기 통로(air vent)는 열어 두어야 한다.

⑨ 올리고자 하는 목적의 마스트에 롤러를 끼워 가이드 레일위에 올려놓는다. 설치된 타워크레인 지브 길이에 따라 제조메이커에서 권장(추천)하는 하중을 들어올려 트롤리를 지브의 안쪽 또는 바깥쪽으로 이동시키면서 타워크레인 상부의 무게 균형을 잡는다(균형을 잡을 시 트롤리를 천천히 움직여야하며, 선회 링 서포트 볼트구멍과 마스트 구멍의 일치 상태 또는 가이드 롤러가 마스트에 접촉되지 않는 상태로서 균형상태를 확인할 수 있으며, 텔레스코픽 작업 전에는 크레인의 균형을 일치시키는 것이 중요하다).

(2) 상승 작업순서

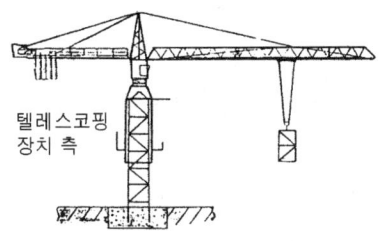

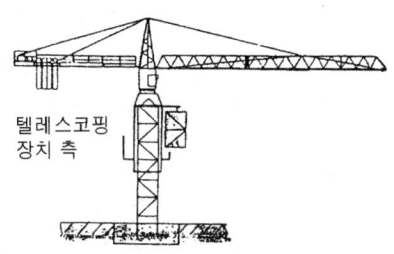

| 1 | • 텔레스코핑 유압 유닛 확인
• 지상에서 텔레스코핑에 사용할 새로운 마스트 조립
• 조립된 마스트를 인상 | 2 | • 인상된 마스트를 텔레스코핑 게이지에 설치된 텔레스코핑 모노레일에 안착 |

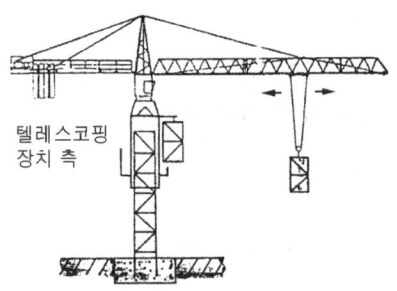

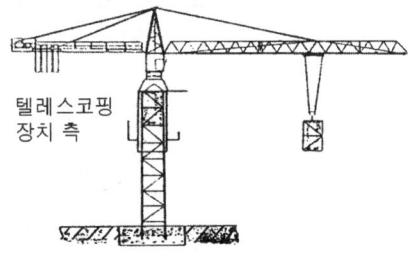

| 3 | • 슬루잉 유닛과 상부 마스트 고정핀 또는 볼트 해체 유압실린더 이용 상승작업 실시 | 4 | • 필요 회수만큼 상승작업 실시 |

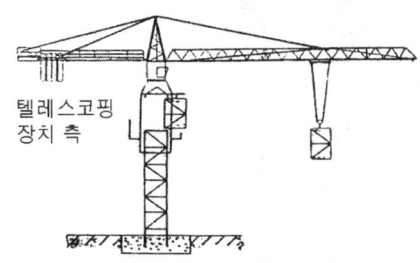

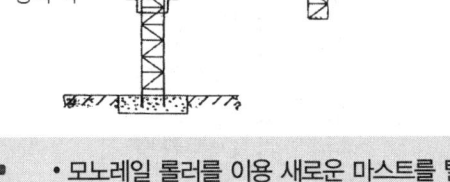

| 5 | • 모노레일 롤러를 이용 새로운 마스트를 텔레스코핑 게이지에 밀어 넣음
• 새로운 마스트와 기존의 마스트를 핀 또는 볼트로 체결 | 6 | • 텔레스코핑 장치와 마스트의 접촉부 완전 밀착 여부 확인
• 필요한 높이만큼 텔레스코핑 작업 실시 후 슬루잉 유닛과 최상부 마스트의 고정실시 |

※ 출처: 「한국산업안전보건공단 홈페이지(www.kosha.or.kr) 사업안내/ 신청 자료실」에서 인용되었습니다.

(3) 텔레스코핑(telescoping) 작업 방법

① 상기의 텔레스코핑 상승작업 순서 ⑤번까지 마스트를 삽입한 후 마스트의 볼트 체결방법은 반드시 숙지한 후 작업을 실시한다.

② 연결볼트 체결시 유압 토크 렌치를 사용하여 토크 값에 준해 작업하여 상부 회전체 부분을 안전하게 고정시킨다.

③ 올바른 볼트 체결방법은 마스트 텔레스코핑 웨브에 안착되어 있는 서포트 슈를 제거하여, 선회 링 서포트가 끼워 넣은 마스트에 안착되도록 실린더를 하강 시킨 후 작업을 한다.

④ 텔레스코핑의 균형을 잡는 방법은 다음과 같이 2가지 방법이 있다.

  ㉮ 크레인의 균형을 잡는 2가지 방법
- 각 제작 메이커에서 정하는 무게를 주어진 반경에 이동시키는 방법
- 트롤리의 위치를 조정하는 방법

  ㉯ 텔레스코픽 작업시에는 절대로 선회, 트롤리 이동 및 인상작업을 해서는 안 된다.

  ㉰ 텔레스코픽은 작업순서를 반드시 지켜야 하며 추가하는 마스트는 상부균형이 이루어지기 전에 이동레일 상에 놓여져야 한다. 그 후 트롤리를 이동시켜 제작메이커에서 요구하는 위치로 옮긴다.

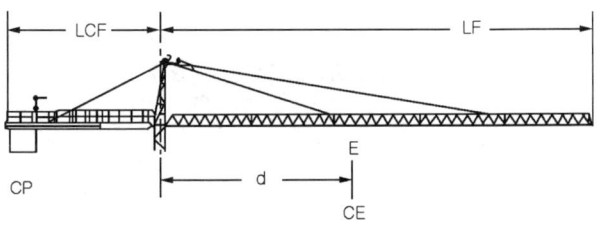

예) 트롤리의 이동위치

※ 특정 Model

LF	LCF	CP	E	CE	d
65m	18m	20,200daN	2C 2C	0 1,000daN	51m 27.2m
60m	18m	19,100daN	2C 2C	0 1,000daN	52.4m 28m
55m	18m	16,000daN	2C 2C	0 1,000daN	− 31m
50m	18m	13,300daN	2C 2C	0 1,000daN	− 30m
40m	12m	23,300daN	2C 2C	0 1,000daN	− 28.2m

(4) 클라이밍(Climbing) 구성 및 작업 방법

1) 클라이밍 타워크레인의 구성

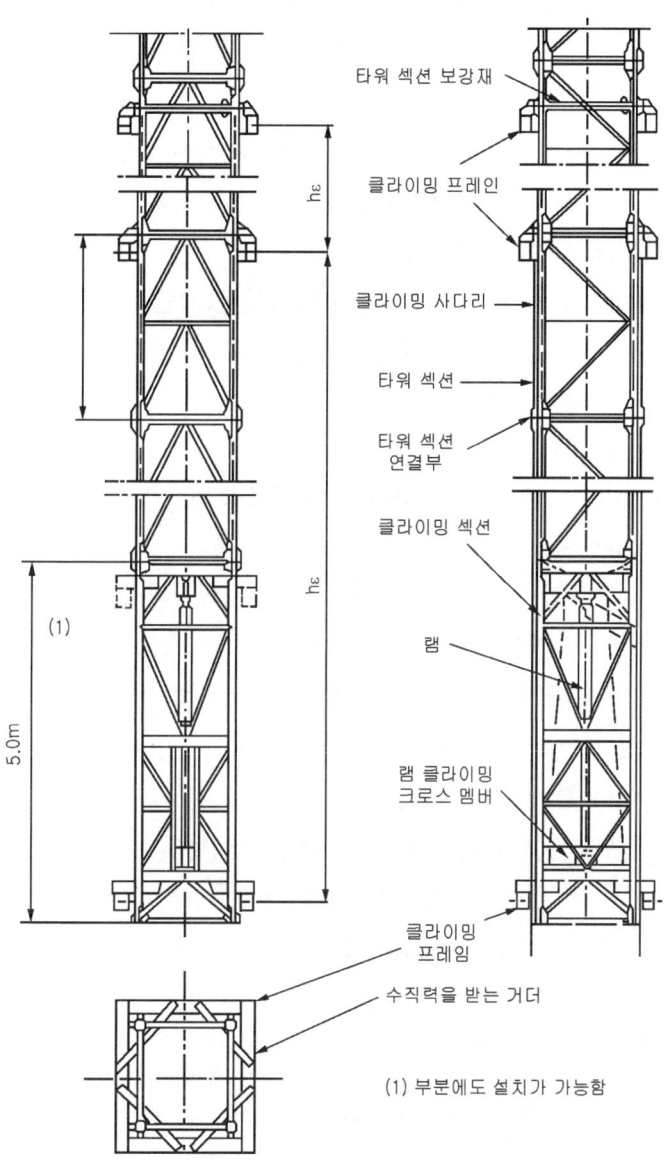

클라이밍 타워크레인의 구성

2) 클라이밍 작업 방법

① 크레인의 슬루잉 섹션에서 평형 상태를 이루어야 한다.
- 트롤리를 최대반경에 위치시키고 용량의 절반정도인 무게를 든다.
- 지브와 카운터 지브가 균형을 이루지 않는다면 균형상태가 될 때까지 트롤리를 약간 움직여야 한다.

② 지브와 카운터 지브가 클라이밍 크로스 멤버에 직각이 되도록 크레인을 회전시킨다.

③ 마스트 포스트와 롤러 사이에 3mm의 간격을 유지하기 위해 클라이밍 프레임에서 콘택트와 가이드 슈를 조정한다.

④ 콘택트와 가이드 슈를 조정한 후에는 더 이상 크레인을 운전하지 않아야 한다.

⑤ 기초 앵글과 클라이밍 섹션을 연결하는 볼트를 제거한다.

⑥ 클라이밍 크로스 멤버의 고정 장치(locking pawl)의 멈춤 쇠가 플라이밍 사다리에 걸려 있어야 한다.
- 상부의 공정장치 멈춤 쇠가 클라이밍 사다리의 Lug 보다 위로 움직일 때까지 램(ram)은 작동한다.
- 램 피스톤이 수축할 때, 고정 장치의 멈춤 쇠는 클라이밍 사다리의 링 위에 걸리게 되고 크레인이 떨어지지 않도록 유지한다.
- 그 다음에 램 피스톤은 또 다른 클라이밍 스트로크를 이행하기 위해 다시 늘어난다.

⑦ 크레인이 계획된 설치높이에 이르게 되면 이어지는 설치작업은 다음과 같은 상태로 준비되어 있어야 한다.
- 수직력을 흡수하는 4거더는 하부 클라이밍 프레임의 제 위치에 설치되어야 한다.
- 램 피스톤을 수축시키고 하부 클라이밍 프레임의 거더에 크레인을 내려놓는다.
- 콘택트와 가이드 슈와 함께 위아래 클라이밍 프레임의 거더에 크레인을 내려놓는다.

6 상승 작업시 운전 준수사항

① 운전자를 포함한 관련 작업자는 제작회사에서 제시한 작업절차를 반드시 준수하여야 한다.

② 텔레스코핑 작업은 풍속 10m/s 이내에서만 실시하여야 한다.

③ 텔레스코핑 작업 전 반드시 타워크레인의 균형을 유지하여야 한다. 이것은 제일 중요한 절차이다.

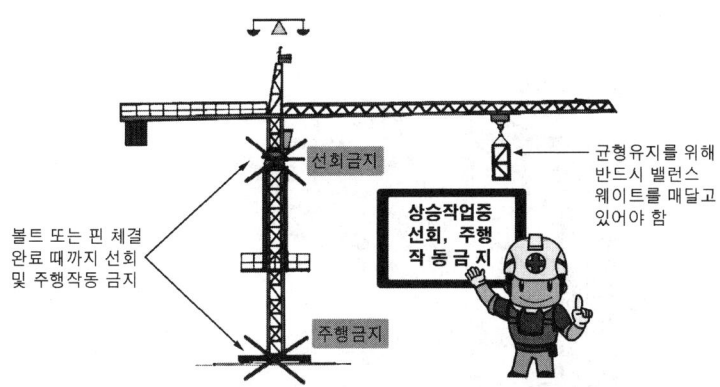

④ 텔레스코핑 작업 중 절대로 선회, 트롤리 이동 및 인상작업 등 일체의 작동을 금지하여야 한다.
⑤ 마지막 마스트를 올려 정확히 안착 후 볼트 또는 핀으로 체결을 완료할 때까지는 어떤 이유로도 선회 및 주행 작동을 하여서는 아니 된다.

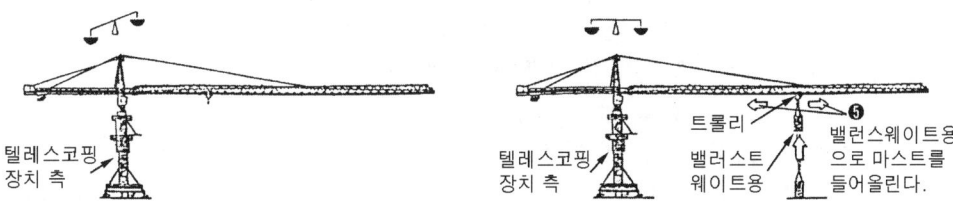

⑥ 텔레스코핑 작업시의 안전핀 사용방법
 • 텔레스코핑 케이지는 4개의 핀으로 연결되며, 이는 설치가 용이하도록 크기가 정상 핀보다는 2mm 작다
 • 케이지와 연결되는 핀은 텔레스코핑 작업시만 사용한다.
 • 텔레스코핑 작업 후에는 케이지가 내려져야 하고 정상 핀으로 교체되어야 한다.
 • 정상 핀으로 교체되기 전에는 어떠한 인상작업도 금지하여야 한다.

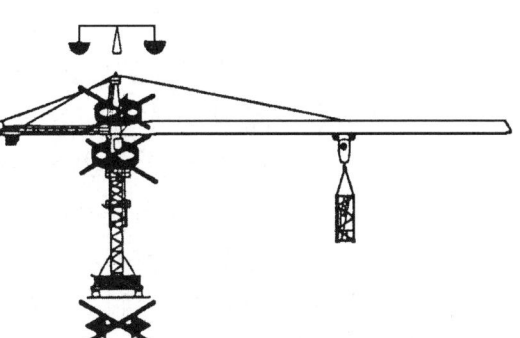

※ 출처: 「한국산업안전보건공단 홈페이지(www.kosha.or.kr) 사업안내/신청 자료실」에서 인용되었습니다.

⑦ 마스트 상차 전 대차레일의 변형·기능 이상 유무를 확인한다. 즉, 마스트를 밀어 넣을 수 있는 충분한 공간 확보(마스트 길이 +50mm 정도)가 되었는지를 확인한다.
⑧ 설치가 완료되어 자재가 확보되고, 유압장치의 가동 점검이 종료되면 주위환경에 신경 써야 한다(타워크레인 주위의 작업자, 차량

주의
추가 상승작업 전 기 설치된 마스트와 추가된 마스트 연결 볼트 체결상태 반드시 확인 후 작업 진행.

등이 있으면 대피).

대차 레일 서비스트롤리 가이드 롤러

※ 출처:「한국산업안전보건공단 홈페이지(www.kosha.or.kr) 사업안내/신청 자료실」에서 인용되었습니다.

⑨ 텔레스코핑을 하기 전 풍향과 풍속을 확인하여 작업가능 여부를 판단한다.
⑩ 기종별, 장비별 텔레스코핑의 특성 및 유압장치의 조작성 등을 숙지한다.(립 헤르의 경우 서포트 램(support ram)의 익스텐션(extension)시 후퇴현상, 포테인의 경우 탭 고정 핀의 변형, 고정 홀의 늘어나는 변형의 발생여부
⑪ 텔레스코핑을 최초 시행시 중앙을 정확히 하고 맞추고, 한번 설정되면, 가급적 변경하지 않는다. 텔레스코핑 중 중앙이 벗어나는 이유는 다른 곳에 있다(예로, 상승 중 걸림 및 실린더 신축으로 인한 근소차의 중심이동 단, 예외 장비들이 있음).

> **주의**
> 예기치 않은 사고가 있을 수 있으며 움직임에 의한 미끄러짐 등이 발생할 수 있다.

⑫ 텔레스코핑 중에는 작업자가 마스트와 케이지 사이에서 작업을 하거나 왕래하는 행위를 금지한다.
⑬ 텔레스코핑 스트로크가 완전히 끝난 다음, 다음 작업에 착수한다.
⑭ 마스트를 가이드 레일 위에서 끌어들일 때는 롤러부나 베어링 소음발생시 반드시 확인하여 신중히 작업을 해야 한다.(롤러 이탈과 베어링 파손이 되어 이탈하는 사고가 있을 수 있다). 특히 마스트를 끌어들일 때는 양쪽에서 균등한 힘을 가하여 어느 한쪽에 편심이 걸리지 않게 한다.
⑮ 마스트를 앉히고 핀과 볼트를 체결시 방향에 주의하고 인장볼트인 경우(립 헤르 등) 지침서에 제시된 값 이하라도 균등한 인장력으로 조인다.

> **주의**
> 간혹, 슬루잉 후 브레이크를 걸어 맞추는 예가 있으나 매우 위험함

⑯ 턴테이블은 마스트에 안착시 비틀림이 발생하면 레버블록, 레일블록 등으로 인장하여 맞춤과 안착해야 한다.

⑰ 마스트 안착 후 다음 공정을 진행하기 전 마스트를 가이드와 레일 상에 달기 전 턴테이블 볼트를 반드시 체결해야 한다.

⑱ 10항까지 작업이 반복되어 텔레스코핑이 종료되면 턴테이블 볼트 역시 8개 공히 같은 토크로 체결하고 가이드섹션은 최고높이의 노출이 아니더라도 가급적 밑단까지 하강해야 한다. 풍압 및 모멘트의 영향, 각 롤러 부의 파손 염려도 있다.

⑲ 케이지 핀은 가급적 고정 체인 등으로 결속해야 한다. 핀 조립과 탈거시 낙하사고 발생가능(사망사고 발생).

⑳ 12항의 가이드 섹션 하강시 타워크레인의 앞 뒤 밸런싱 하여, 세심한 주의를 가지고 작업해야 한다. 핀도 빠지고 실린더가 무부하가 되어 케이지만 덜렁 달려 있을 수도 있다.

예방조치로 램 서포트 주위에 작업자를 배치하고 램과 클라이밍 밸런싱을 로프 등으로 결속하라. 특히 립 헤르, 파이널 등 대형장비에서 있을 수 있는 현상으로 SK560 모델 등은 5ton 체인블록 2대로 해체하는 예가 자주 발생한다.

1-2 해체 작업시 조종 준수사항

1 작업 전 준비 및 최종점검

① 해체 시 모든 작업 공정에 반드시 숙련된 적정인원 이상을 투입하여야 하며, 작업책임자가 상주하여야 한다.

② 작업 전 안전관리담당자는 작업자들에게 안전수칙 낭독, 안전구호 제창 및 안전교육 후 작업에 임하도록 한다.

③ 작업자는 반드시 안전모를 착용하여야 하며, 고소 작업시 반드시 안전벨트를 착용해야 한다.

④ 작업 전 해체 보험가입을 반드시 확인하고, 작업자들도 상해 등 보험에 가입하는 것이 바람직하다.
⑤ 해체 시 이동식 크레인은 지반이 단단하고 평지에 위치하여 인양작업을 한다.
⑥ 해체 작업은 해체 지침서와 안전작업 지침에 의해 시공한다.
⑦ 해체 시 와이어로프를 안전 검사하여 과대한 마모(직경의 감소 7%)나 소선이 국부적으로 파단, 부식되었으면 교체토록 한다.
⑧ 와이어로프 해체 시 지면에 닿아 흙이나 오물 등이 묻지 않도록 한다.
⑨ 작업 시 비, 바람 등 천재지변으로 작업여건의 악화가 우려될시 무리한 작업을 하지 말아야 한다.
⑩ 모든 일에 절대적으로 무리한 작업을 피하고, 해체 상차시 장비의 손상이 없도록 하며, 안전수송이 되도록 한다.
⑪ 해체작업 후 주변정리 정돈을 깨끗이 하도록 한다.

> **주의**
> ① 산재보험은 가입 의무임.
> ② 풍속 10m/sec 이상일 때 해체작업 절대 불가

2 마스트 해체 작업 순서 및 운전방법

(1) 준비

① 텔레스코픽 장치용 유압 실린더 방향과 카운터 지브가 동인한 방향이 되도록 지브의 방향을 맞춘다.
② 유압펌프 및 유압 실린더를 점검한다.
③ 풍속이 10m/sec 이내인지 확인한다.

(2) 하강작업

① 마스트와 볼 선회 링 서포트 연결 볼트를 푼다.
② 마스트와 마스트 체결볼트를 푼다.
③ 마스트에 롤러를 끼우고 넣는다.
④ 실린더를 약간 올려 실린더 슈와 서포트 슈가 각각 마스트상의 텔레스코픽 웨브에 안착시킨다(마스트가 선회 링 서포트와 갭(gap)이 생기고 가이드레일에 안착된다).
⑤ 마스트를 가이드 레일 밖으로 밀어낸다.
⑥ 훅으로 마스트를 든다. 트롤리를 움직여 지브와 카운터 지브의 평형을 잡는다
⑦ 실린더를 상승위치로 약 15mm 동작시킨 후 실린더 슈가 안착되어 있는 상태를 맞춘다.
⑧ 실린더를 1단 내린 후 실린더 슈와 서포트 슈가 하나의 마스트 텔레스코픽 웨브에 정확히 안착되게 한다.

⑨ 실린더를 더 이상 내릴 공간이 없을 때까지 ②~⑧번 작업을 반복하여 하강 후 선회 링 서포트를 베이직 마스트까지 내린다.
⑩ 슬루잉 링 서포트와 베이직 마스트를 조인다.

> **주의**
> 타워크레인의 마스트가 선회 링 서포트와 볼트로 연결될 때까지는 절대로 회전을 시키면 안 된다.

3 구조부 전체 해체작업 순서 및 운전방법

(1) 해체 작업

① 카운터 지브에 설치된 카운터 웨이트를 완전히 분해한다.
② 지브를 분리한다.
③ 카운터 지브에서 인상 기어를 분리한다.
④ 카운터 지브를 분리한다.
⑤ 타워 헤드를 분리한다.
⑥ 운전실을 분리한다.
⑦ 베이직 마스트에서 텔레스코핑 장치를 분리한다.
⑧ 베이직 마스트를 분리한다.

4 해체작업시 운전 준수사항

① 텔레스코핑 장치용 유압 실린더 방향과 카운터 지브가 동일한 방향이 되도록 지브의 방향을 맞춘다.
② 유압펌프 및 유압 실린더를 점검한다.
③ 풍속이 10m/sec 이내인지 확인한다.
④ 훅으로 마스트를 들고, 트롤리를 움직여 지브와 카운터 지브의 평형을 잡을 때 서행으로 트롤리를 조작한다.
⑤ 슬루잉 링 서포트와 베이직 마스트에 볼트로 연결될 때 까지는 절대로 선회운전을 해서는 안 된다.

5 이동식 크레인으로 타워 크레인 해체시 운전방법 및 준수사항

(1) 작업준비 및 점검 사항

1) 현장

① 해체일정 결정 및 기상 확인
② 이동식 크레인 작업위치 및 기종 선정
③ 이동식 크레인의 러핑 지브(luffing jib) 조립 및 타워크레인 지브 해체 공간 마련

④ 야간작업시 필요한 부자재 확보(조명등, 안전펜스, 야간안전장구)
⑤ 대민, 대관업무 수해(도로점용 허가, 교통소통, 제3자 보호대책)
⑥ 타워크레인 부착 잡자재 제거
⑦ 재해예방 대책 수립(연약지반 보강, 장애물 제거 등)

2) 타워크레인 업체
① 현장여건 확인
② 작업팀 구성
③ 타워크레인 가동 성능시험
④ 해체용 작업공구 점검
⑤ 재보험 가입

3) 이동식크레인 업체
이동식크레인 성능시험 및 부자재 준비

(2) 이동식 크레인의 선정

1) 선정조건
해체하여야 할 타워크레인의 크기 및 종류에 따라 이동식 크레인의 적정 사양을 파악하여 선정하며, 다음의 조건을 고려하도록 한다.
① 최대 인상높이
② 가장 무거운 부재의 중량
③ 이동식 크레인의 선회반경

2) 이동식 크레인의 최대인상 높이(H_1)의 결정
이동식 크레인의 최대인상 높이(H_1)는 그림과 같이 설치할 크레인의 양정 H_2에 인상해야 할 부재의 높이 X를 더한 값이다. 이때 이동식 크레인의 작업위치가 설치될 타워크레인의 위치와 동일 레벨이 아니거나 어떤 특별한 조건이라면 이동식 크레인을 변경된 작업조건에 맞춰 인상 높이와 작업반경 등을 선정하여야 한다.

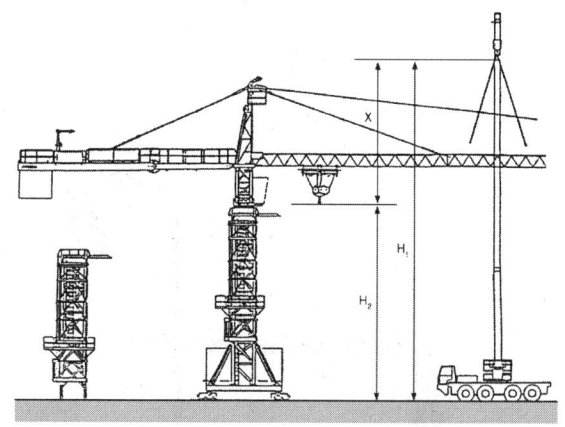

🔷 이동식 크레인의 인상높이

※ 출처: 「한국산업안전보건공단 홈페이지(www.kosha.or.kr) 사업안내/신청 자료실」에서 인용되었습니다.

3) 이동식 크레인의 위치

현장 조건에 맞는 이동식 크레인의 선회반경과 인상해야 할 부재를 예를 들어 설명하면 아래의 그림에서 나타낸 것과 같이 메인지브 등의 긴 부재 및 카운터 지브 등의 무게중심을 고려하여 위치를 선정하여야 한다.

① 선정시 고려사항

　㉮ 최대인상 높이(H)
　㉯ 가장 무거운 부재 중량(W)
　㉰ 선회반경(R)

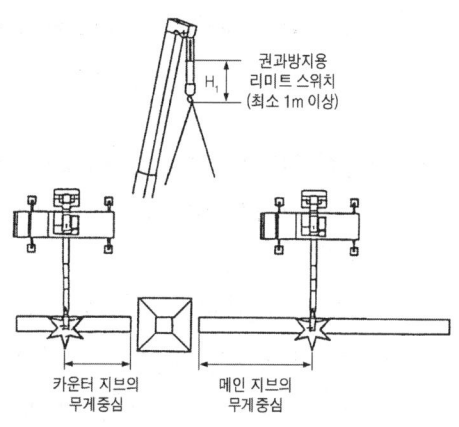

🔷 무게중심 위치

② 인상높이 및 작업반경 선정

　㉮ 작업조건에 맞춰 인상높이 및 작업 반경 선정
　　• 작업의 위치와 타워크레인의 설치 위치와 동일레벨이 아닌 경우
　　• 기타 특별한 작업 조건인 경우
　㉯ 이동식 크레인 최소 소요양정(H)

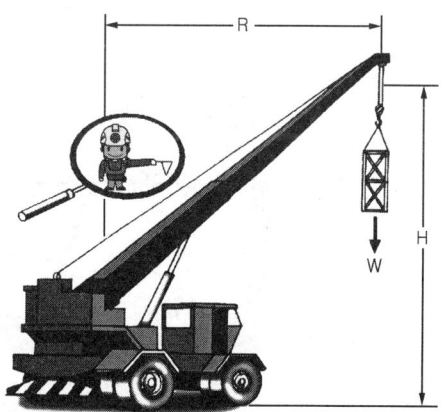

※ 출처: 「한국산업안전보건공단 홈페이지(www.kosha.or.kr) 사업안내/신청 자료실」에서 인용되었습니다.

③ 타워높이(A)
  ㉮ 줄걸이 작업시 최소 소요높이(B)
  ㉯ 권과방지장치 작동여유(C : 1m)

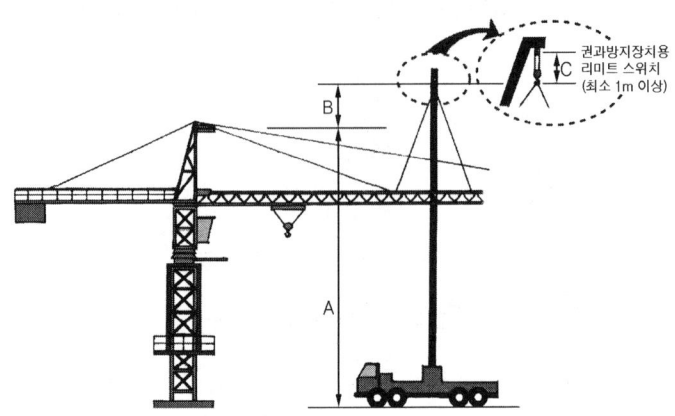

④ 이동식 크레인의 위치선정 요령
  가장 긴 부재(메인 지브) 및 가장 무거운 부재(카운터 지브)의 무게중심을 고려한다.

(3) 이동식 크레인으로 해체작업시 운전 준수사항

① 해체 작업시 메인지브의 인양위치는 제조회사 제공 표준인양위치를 준수한다(무게중심 고려).
② 이동식 크레인의 후부(weight)가 외벽이나 장애물에 닿지 않게 위치를 선정한다.
③ 이동식 크레인 운전자 시야의 사각지대에서 작업하는 경우 무전기 교신의 신호수를 운전자가 보이는 곳에 배치하여 안전 연락체계를 만든다.
④ 루핑 붐(luffing boom) 부착시 메인 붐(main boom)의 각도는 80~85°이며, 루핑 붐이 하중 인양시 기존 각도에서 아래로 떨어지므로 해체 계획의 높이 계산이 반영되어야 한다.

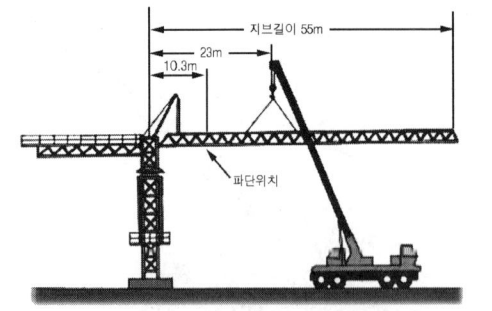
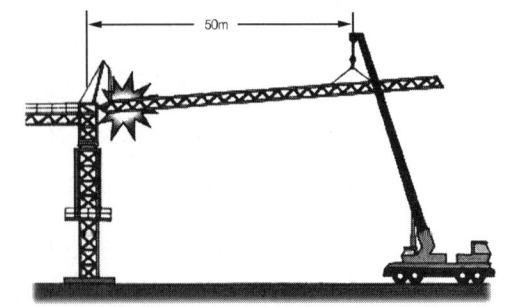

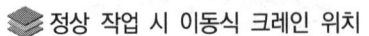
정상 작업 시 이동식 크레인 위치   사고 발생시 이동식 크레인 위치(*무게중심 미 고려)

※ 출처: 「한국산업안전보건공단 홈페이지 (www.kosha.or.kr) 사업안내/신청 자료실」에서 인용되었습니다.

6 지지 및 고정작업 조종 준수사항

타워 크레인은 건물 구조물이 올라가면서 일정한 높이 이상으로 증가하게 되면 마스트의 안정도에 위험을 줄 수 있다. 그러므로 어떠한 방식으로도 타워 크레인의 몸체를 지지 및 고정이 필요하게 된다. 대표적으로 사용되고 있는 방식이 철 구조물을 이용한 **월 브래싱**(wall bracing)과 와이어로프를 이용한 **와이어 가잉**(wire guying)**방식**이 있다.

(1) 월 브래싱(벽체 지지 고정) 방식

벽체 지지·고정 방식은 타워 크레인의 마스트를 건축물 등의 벽체에 견고하게 지지·고정하는 방식을 말하며 현장의 여건과 타워크레인의 설치 위치에 따라 다음과 같이 분류한다.

① 지지대 3개 방식 : 건물과의 이격거리에 관계없이 주로 많이 사용
② A-프레임과 지지대 1개 방식 : 건물과의 이격거리가 크지 않으며 연결지점 수를 줄이기 위해 사용

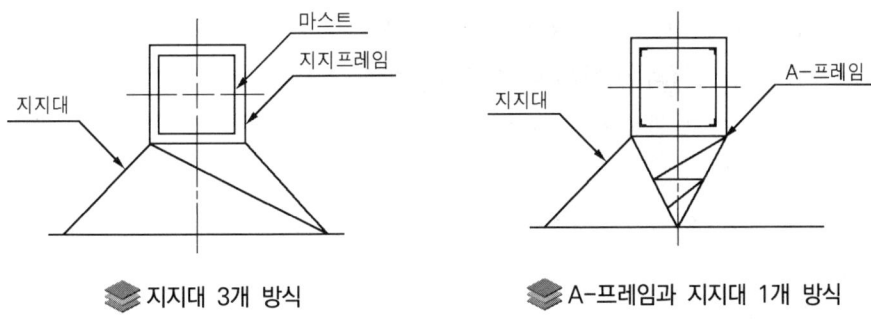

③ A-프레임과 로프 2개 방식 : 건물과의 이격거리가 크지 않을 때 사용
④ 지지대 2개와 로프 2개 방식 : 각 연결점의 위치가 타워크레인 중심과 대칭이 되도록 사용

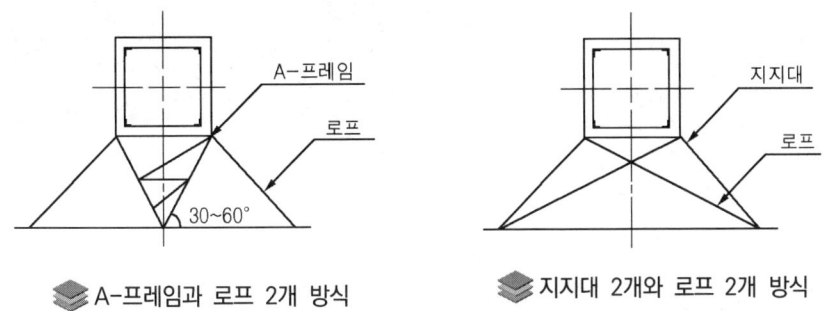

교각 시공에 적용된 월 브레싱 지지방식(양호)

1) 벽체 지지·고정 불량원인

① 벽체 지지·고정 프레임 제작·설치 불량
  • H빔으로 임의의 현장제작 및 고정 불량
② 프레임 고정시 관통볼트 미사용
③ 벽체고정부 건물구조의 철골 또는 콘크리트 강도 부족
④ 설치상태의 부적합 : 수평·수직도, 핀, 간격지지대, 체결볼트 등

2) 설치상태 점검시 확인사항

① 설계검사서류 또는 제작사 설치작업
② 설명서에 따라 설치여부
  • 설계검사서류, 설치작업설명서 미비시 전문가(구조기술자 등)에 의한 검토 후 설치
③ 벽체 지지고정 프레임 설치 높이 적합 여부
④ 프레임 제작상태 적합여부
⑤ 설치상태의 적합여부(수평, 수직도, 핀, 간격지지대, 체결볼트)
⑥ 타워크레인 가설계획서(설치도면, 설치순서 등) 작성·보존 여부

현장 임의 제작한 월 브레싱 지지방식(불량)

3) 벽체 지지·고정 방법(예)

① 핵심 주의사항

① 지지·고정용 프레임·부품은 임의제작 사용금지

② 설계도면에 따라 설치 방법 및 순서 준수 : 전용프레임 설치높이 준수

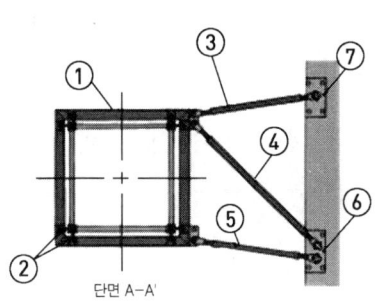

번호	품 명	수량	비고
1	벽체 지지·고정 프레임	1	
2	간격유지용 세트볼트	8	
3	간격지지대(Ⅰ)	1	
4	간격지지대(Ⅱ)	1	
5	간격지지대(Ⅲ)	1	
6	벽체고정 브래킷(Ⅰ)	1	
7	벽체고정 브래킷(Ⅱ)	1	

③ 설치 작업 시 추락낙하 예방용 안전대·안전모 등 보호구 착용

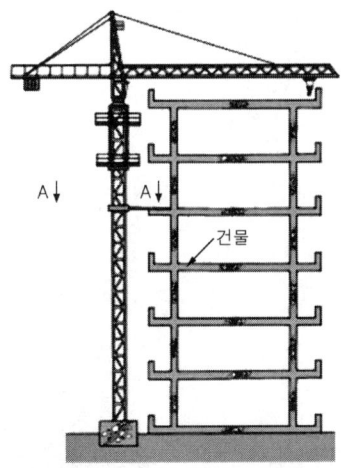

※ 출처 : 「한국산업안전보건공단 홈페이지 (www.kosha.or.kr) 사업안내/신청 자료실」 에서 인용되었습니다.

(2) 와이어로프의 지지·고정 방식의 종류

와이어로프 지지·고정 방식은 타워크레인 설치장소의 주변에 적당한 지지물이 없거나 고심도의 지하층 바닥에 타워크레인을 설치하는 경우에 사용하며 다음과 같이 분류한다.

① **4줄 정방향 지지·고정방식** : 일반적으로 가장 많이 사용되는 방법으로서 타워크레인 회전에 의해 발생하는 선회토크를 전달시키지 못하므로 타워크레인 설치 높이가 엄격히 제한되는 방식

② **8줄 대각방향 지지·고정방식** : 와이어로프의 인장력을 이용해 토크를 전달시키는 방법으로 각각의 로프는 독립적으로 연결되어야 하며, 회전 및 비틀림 모멘트 등에 강하여 가장 구조적으로 장점을 가진 방식

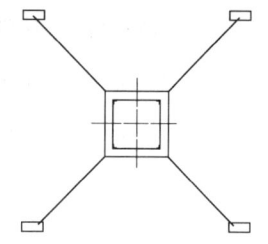
4줄 정방향 지지·고정방식

③ **8줄 정방향 지지·고정 방식** : 앵커 위치의 배치만 다를 뿐 8줄 대각방향 지지·고정방식과 동일한 방법으로 각각의 로프를 독립적으로 연결하는 방식

④ **6줄 혼합방향 지지·고정방식** : 앵커 위치를 4군데로 할 수 없는 특수한 경우에 사용되며, 시공에 특히 유의해야 하는 방식

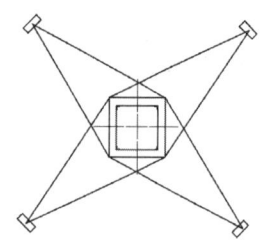
8줄 대각방향 지지·고정방식

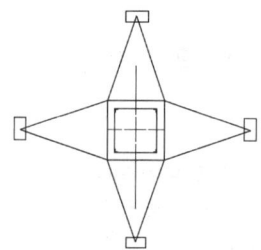
8줄 정방향 지지·고정방식

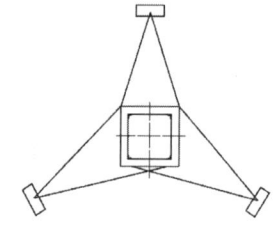
6줄 혼합방향 지지·고정방식

1) **와이어로프의 지지·고정 불량원인**

① 와이어로프의 지지·고정 관련 사전 기술 검토 미실시
 • 와이어로프 선정 미 적합(안전율 부족)
② 와이어로프 고정 및 체결방법 불량
③ 지지점 선정 부적합
④ 와이어로프 설치간격 및 각도 부적합

와이어로프 지지·고정 불량

2) 설치상태 점검시 확인

① 설계검사서류 또는 제작사 설치작업 설명서에 따라 설치여부
  • 설계검사서류, 설치작업설명서 미비시 전문가(구조기술자 등)에 의한 검토 후 설치
② 구조검토에 의한 부재 선정
  (와이어로프, 턴버클, 샤클 등)
③ 와이어로프 설치간격 및 각도 준수(등 간격이고 가능한 수직 60°이내)
④ 와이어로프 고정위치 적정 여부
⑤ 와이어로프 고정부의 견고성 여부
  • 건물구조나 기초부, 기초콘크리트 등
  • 구조기술자에 의한 구조검토
⑥ 샤클, 클립 체결수량 및 체결방법적정여부
⑦ 와이어로프 지지·고정 방법(예)
⑧ 와이어로프와 지면이 이루는 각은 45°이내가 되도록 한다.

와이어로프 지지전용 프레임 설치

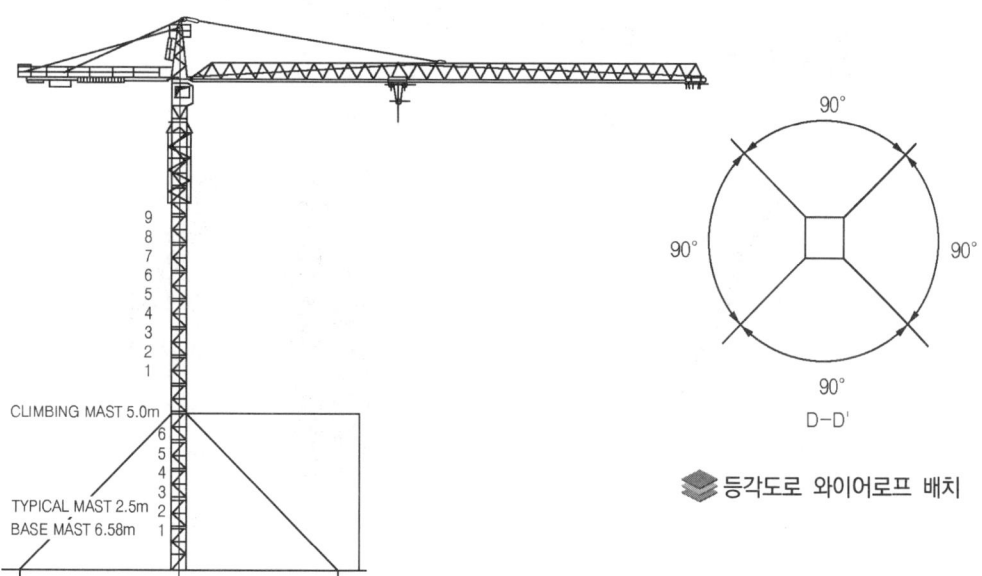

등각도로 와이어로프 배치

3) 핵심 주의사항

① 지지·고정전용 프레임 및 부품은 임의 제작 사용금지
② 설계검사서류 또는 제작사 설치작업 설명서에 따라 설치방법 및 순서 준수
③ 설치작업시 추락·낙하예방용 안전대, 안전모 등 보호구 착용

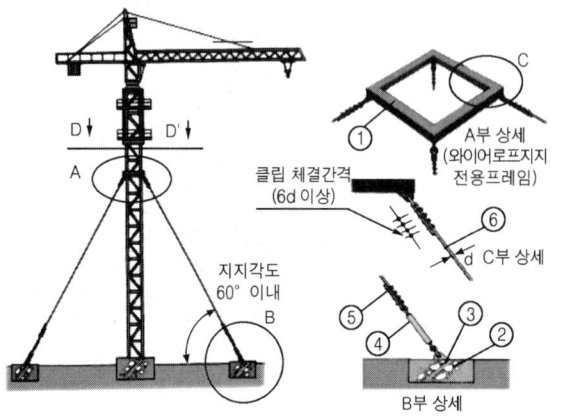

번호	품 명	수량	비고
1	와이어로프 지지전용 프레임	1	
2	기초고정 블록	4	
3	샤클	8	
4	유압식 긴장장치	4	
5	와이어로프 클립	40	1개소 당 최소 5개 이상
6	와이어로프	4	

4) 불량하게 시공된 와이어 가잉 방식

와이어 로프 체결방법 불량

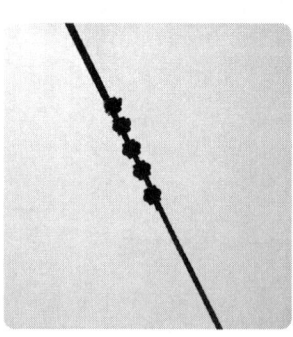

로프이 클립 간격 불량

로프 설치 각도 불량(60° 초과)

🔻 로프 사용 불량(짧은 로프를 연결)

🔻 양호하게 설치된 월 브레싱 방식

🔻 와이어로프 설치각도 측정모습

🔻 월 브레싱 전용 프레임 설치도

(3) 지지·고정 방식 비교

구분		벽체 지지	와이어로프 지지 방식
설치 방법		건물 벽체에 지지 프레임 및 간격지지대 사용 고정	와이어로프로 콘크리트 구조물 등에 고정
장·단점	장점	건물벽체에 고정하여 작업 용이	동시에 여러 장소에서 작업이 가능하여 장비 사용효율이 높음
	단점	작업반경이 작아서 장비 사용효율 낮음	벽체 고정에 비하여 작업이 어려움
국내실정		도심 지역의 대형 빌딩 신축 등에 사용	대단위 아파트 건설 현장에 많이 사용
기준	국내	설계검사 도서 제출 유해 위험방지 계획서 (안전작업 계획서)	설계검사 도서 제출 유해위험 방지계획서(안전작업계획서) 제출
	일본	없음	없음 (케이블 크레인의 고정에 대하여만 정하고 있음)
	유럽	설계도서 및 설치작업 설명서에 포함	필요시 별도의 구조 계산 후 제조사의 허가를 득한 후에 사용할 것을 추천함

적중예상문제

01 타워 크레인의 크기 및 종류에 따라 이동식 크레인의 사양을 선정하여야 한다. 다음 중 선정조건이 아닌 것은?
① 가장 무거운 부재의 중량
② 최대 인상 높이
③ 이동식 크레인의 선회반경
④ 이동식 크레인의 인상속도

02 이동식 크레인의 위치를 선정하는데 있어 중요 판단 요인이 아닌 것은?
① 권과 방지용 리미트 스위치
② 메인 지브의 무게 중심
③ 카운터 지브의 무게 중심
④ 마스트의 무게중심

03 타워 크레인을 설치·해체시 가장 먼저 취해야 할 사전 준비사항은 다음 중 어느 것인가?
① 관계 회사간 안전작업 회의실시
② 설치·해체 작업계획서 작성
③ 이동식 크레인 운전회사 연락
④ 설치·해체 작업자의 보호구 점검

04 이동식 크레인의 최대인상 높이를 결정하는 요인과 관계가 없는 것은?
① 타워 크레인의 양정
② 인상 부재의 높이
③ 선회 인상속도
④ 선회 작업반경

해설 이동식 크레인의 최대인상 높이의 결정요인은 일반적으로 크레인의 양정, 인상해야 할 부재의 높이 그리고 작업조건에 맞는 인상높이와 선회 작업 반경 등을 고려해야 한다.

05 타워 크레인의 설치·해체 작업 전 사전 준비 사항이 아닌 것은?
① 이동식 크레인의 선정
② 설치·해체 작업계획서 작성
③ 설치·해체 작업자 안전회의
④ 타워 크레인의 주요 부재의 점검

06 타워 크레인의 설치·해체 작업시 공동 안전 대책이 아닌 것은?
① 지휘 명령계통의 명확화
② 볼트, 너트, 고정 핀 등의 수량 확인
③ 협착재해의 방지
④ 보조 로프의 사용

07 동일현장에 2대 이상의 타워크레인이 설치되는 경우에 고려해야 하는 사항을 설명하였다. 이중 틀리게 설명한 것은?
① 크레인과의 최소 안전거리를 두어야 한다.
② 마스트의 설치, 지브의 부착은 작업 지휘자의 신호에 따른다.
③ 마스트의 지지용 로프는 앵커를 확실하게 고정한다.
④ 마스트 상승 작업시는 상호 간섭의 영향이 없다.

해설 2대 이상의 타워 크레인이 설치되는 경우 마스트 상승 작업시는 상호간의 지브가 겹칠 수 있음으로 최소 안전거리를 두어야 한다.

08 타워 크레인의 텔레스코핑 케이지 조립방법에 대한 설명이다. 틀리는 것은?

① 플랫 폼(Plate Form)을 볼트로 견고하게 조인다.
② 텔레스코핑 케이지 두 부분을 핀(Pin)으로 체결
③ 텔레스코핑 슈와 서포트 슈를 단단히 고정할 것
④ 러닝 레일 부착은 마스트 상승 작업시 부착할 것

해설 텔레스코핑 조립 작업시 러닝 레일을 부착시킨다.

09 타워 크레인의 텔레스코핑 케이지 조립시 관련되는 부품 및 기구가 아닌 것은?

① 유압장치
② 서포트 슈(Support Shoe)
③ 선회 기어장치
④ 러닝 레일(Running Rail)

해설 텔레스코핑 조립 작업시 구동 레일을 부착시킨다.

10 타워 크레인 텔레스코핑 케이지의 설치방법에 대한 설명이다. 틀리는 것은?

① 이동식 크레인으로 텔레스코핑 케이지를 들어올려 베이직 마스트위에서 아래로 설치한다.
② 지상에서 조립하여 한꺼번에 설치하는 방법과 베이직 마스트에 직접 조립하는 방법이 있다.
③ 텔레스코핑 유압장치는 마스트의 텔레스코핑 사이드 반대 방향 쪽으로 설치되도록 한다.
④ 슈가 흔들리는 것을 방지하는 고정 장치를 제거한다.

해설 유압장치는 마스트의 텔레스코핑 사이드 방향으로 설치되도록 하여야 한다.

11 타워 크레인 운전실의 설치방법에 대한 설명이다. 틀리는 것은?

① 이동식 크레인으로 운전실을 들어올려 놓고 고장력 볼트로 조립한다.
② 텔레스코핑 케이지의 램과 서포트 슈는 구속된 상태로 움직이지 않아야 한다.
③ 텔레스코핑 케이지를 운전실 밑 부분을 핀(Pin)으로 조립한다.
④ 윤활유 공급여부를 확인한다.

해설 텔레스코핑 케이지의 램과 서포트 슈가 자유롭게 움직이는지 확인하여야 한다.

12 캣트 헤드(Cat Head)의 설치방법에 대한 설명이다. 틀리는 것은?

① 플랫폼과 수직 사다리를 조립한다.
② 캣트 부분의 카운터 지브 쪽에 카운터 가이 로드(Guy Rod)를 설치한다.
③ 캣트 부분의 지브 쪽에 연결 바(Tie-Bar) 연결판을 설치한다.
④ 운전실 프레임 상부에는 주로 볼트 구조로 체결한다.

해설 캣트 헤드는 운전실 프레임과 접합시는 핀(Pin)으로 체결하여야 한다.

13 카운터 지브의 설치방법에 대한 설명이다. 틀리는 것은?

① 지브 길이에 따라 카운터 지브의 길이를 맞춰 조립한다.
② 플랫폼에 헤드 레일을 부착한다.
③ 카운터 지브를 약 2~3m 가량 들어 올린 후 타이바를 조립한다.
④ 카운터 웨이트는 반드시 메인지브를 설치하기 전에 매단다.

해설 카운터 웨이트는 메인지브를 설치한 후에 매달아야 카운터 지브와의 균형이 유지된다.

14 메인 지브의 설치방법에 대한 설명이다. 틀리는 것은?

① 지브 길이에 맞춰 구성 요소들은 핀으로 연결한다.
② 첫 번째 지브부분에 트롤리를 끼워 넣는다.
③ 트롤리 와이어로프는 지브의 최종 작업순서에 따라 설치한다.
④ 지브 타이 바를 연결 및 지브 연결 부위에 핀으로 고정한다.

해설 트롤리 와이어로프는 첫 번째 지브부분에 트롤리를 끼워 넣은 다음 설치한다.

15 메인 지브 타이 바의 부분 설치방법에 대한 설명이다. 틀리는 것은?

① 지브 타이 바를 캣트 헤드 연결부에 핀으로 고정한다.
②. ①항의 설치작업 용이성을 위해 지브를 약 2m 정도 들어 올린다.
③ 인상 드럼이와 레버 호이스트로 인상작업을 할 수도 있다.
④ 지브 타이 바에 장력이 걸리면 지브를 급속하게 내린 후 조정한다.

해설 지브 타이 바에 장력이 걸리면 지브를 천천히 내린 후 조정하여야 한다.

16 인상 와이어로프의 설치배열 및 작동에 직접적으로 관계하지 않은 것은?

① 인상기어   ② 트롤리 주행기어
③ 선회기어   ④ 시브

17 인상 와이어로프의 부분 설치방법에 대한 설명이다. 틀리는 것은?

① 트롤리는 지브의 가장 내측에 위치한다.
② 인상 드럼에서 나온 이렉션 로프(Erection Rope)를 연결한다.
③ 이렉션 로프와 인상 로프를 연결한다.
④ 인상 로프를 감으면 이렉션 로프가 당겨진다.

해설 이렉션 로프(Erection Rope)를 천천히 감으면 인상기어 쪽으로 인상로프가 당겨진다.

18 인상 와이어로프의 설치순서에서 이렉션 로프(Erection Rope)를 감은 후의 다음 부분 설치순서 및 방법에 대한 설명이다. 틀리는 것은?

① 인상 로프를 3~4회 드럼위에 감는다.
② 과부하 차단 시브 앞에 견제용 클립을 인상 로프에 부착한다.
③ 인상 드럼에서 이렉션 로프를 풀어 카운터 지브 위에 놓는다.
④ 이렉션 로프를 인상 드럼에서 풀어 낸 후 인상 로프를 클립으로 인상 드럼에 부착시킨다.

해설 인상드럼에서 인상 로프를 풀어 카운터 지브위에 놓는다.

19 인상 와이어로프의 설치순서에서 인상 로프를 클립으로 인상 드럼에 부착시키고 견제용 클립이 당겨질 때 까지 감은 후의 다음 부분 설치순서 및 방법에 대한 설명이다. 틀리는 것은?

① 인상 로프 견제용 클립을 제거한다.
② 인상 드럼에 4m 여유 감김량이 남을 때 까지 인상 로프를 감는다.
③ 인상 로프를 끝에서 약 4~5m 정도 남겨두고 견제용 클립을 고착시킨다.
④ 이렉션 로프(Erection Rope)를 계속 감은 후 보조재인 대마 로프를 제거한다.

해설 견제용 클립이 트롤리 위의 시브에 걸려 인장력이 생길 때 까지 인상 로프를 계속 감으며, 이때 보조재로 대마 로프를 제거한다.

20 인상 와이어로프의 설치순서에서 견제용 클립이 트롤리 위의 시브에 걸려 인장력이 생길 때 까지 인상 로프를 계속 감고, 보조재인 대마 로프를 제거한 후의 다음 부분 설치순서 및 방법에 대한 설명이다. 틀리는 것은?

① 훅을 올리기 위해 이렉션 로프(Erection Rope)를 계속 감는다.
② 지브 헤드 쪽으로 트롤리를 이동, 최대반경 위치에서 훅을 인상시킨 후 트롤리와 충돌 되지 않도록 리미트 스위치를 조정한다.
③ 인상 로프의 매듭을 짓지 않은 끝을 꼬임 방지장치의 연결부에 연결한다.
④ 트롤리를 타워 방향으로 이동시켜 인상로 프에서 클립을 제거한다.

해설 훅을 지면에서 위로 올리기 위해서는 인상 로프를 계속 감는다.

21 인상 와이어로프의 설치가 완료됨에 따라 조정 및 확인하기 위한 요소와 관계없는 것은?

① 모든 리미트 스위치의 작동을 조절한다.
② 타워 헤드의 설치 안정도와 기울기 상태를 조절한다.
③ 각종 기어장치의 브레이크를 조절한다.
④ 시험 중량별 부하 모멘트와 과부하 방지장 치를 조절한다.

22 메인 지브 타이 바의 설치순서에 따라 트롤리 장치에 전원공급 케이블을 연결한 다음의 부분 작업순서 및 방법에 대한 설명이다. 틀리는 것은?

① 트롤리가 움직이지 않도록 와이어로프를 주의 깊게 제거한다.
② 카운터 지브 웨이트를 설치한다.
③ 인상 와이어로프를 설치한다.
④ 과부하 방지장치는 트롤리 장치에 전원공 급 케이블을 연결하기 전에 조정해 두어 야 한다.

해설 과부하 방지장치를 비롯한 각종 기어장치 류 및 리미트는 인상 와이어로프의 설치가 끝난 후에 조정하고, 크레인을 시운전 하여야 한다.

23 트롤리 주행 와이어로프의 설치방법에 대한 설명이다. 틀리는 것은?

① 지상에서 완전 조립 후 설치할 수 있다.
② 트롤리는 최소반경으로 이동한다.
③ 스토리지 드럼(Storage Drum)위에 있는 트롤리 주행 로프를 위한 풀림 안전 방지 기구를 분리한다.
④ 처짐 풀리를 거치지 않고 처짐 풀리 지브 헤드 섹션에서 트롤리 주행 로프 드럼으 로 직접 연결할 수도 있다.

24 텔레스코핑 작업 준비사항으로 틀리는 것은?

① 유압장치와 카운터 지브의 위치를 동일 방향으로 맞춘다.
② 추가할 마스트는 메인지브 방향으로 운반 한다.
③ 전원공급 케이블은 텔레스코핑 장치에 연 결되었는지 확인한다.
④ 유압장치보다 전기장치에 집중 점검이 요 구된다.

해설 텔레스코핑 작업 준비 전에는 추가할 마스트에 대한 상승요건이 필수적이므로 전기장치보다는 유압장치에 대한 집중적인 점검이 요구된다 하 겠다.

25 고장력 볼트의 연결부 조립순서로서 맞는 것은?

① 보호캡 → 너트 → 와셔 → 볼트 → 와셔
② 볼트 → 보호캡 → 와셔 → 볼트 → 와셔
③ 보호캡 → 너트 → 와셔 → 볼트 → 와셔
④ 볼트 → 와셔 → 와셔 → 너트 → 보호캡

정답 20.① 21.② 22.④ 23.④ 24.④ 25.④

26 타워 크레인의 설치 순서로 적합하지 않은 것은?
① 기초앵커 설치 → 베이직 마스트 설치
② 텔레스코핑 케이지 설치 → 운전실 설치
③ 인상장치 설치 → 카운터 지브 설치
④ 트롤리 주행용 와이어로프 설치 → 인상용 와이어로프 설치

27 타워 크레인의 와이어로프 보관시 점검사항을 설명하였다. 틀린 것은?
① 마모　　② 변색
③ 킹크　　④ 단선

28 이동식 크레인으로 타워 크레인의 해체 작업시 안전사항이다. 틀린 것은?
① 이동식 크레인의 후부(Weight)가 외벽에 닿지 않게 위치를 선정
② 운전자 사각지대는 무선 통신으로 연락체계 확보
③ 루핑 붐(Luffing Boom) 부착시 메인 붐의 각도는 80~85°를 유지
④ 루핑 붐(Luffing Boom)이 하중 인양으로 각도가 저하되는 경우에는 작업에 영향이 없음을 인지

해설 루핑 붐이 하중의 인양으로 기존의 각도에서 아래로 처지는 경우가 있으므로 해체 계획의 높이 계산이 반드시 반영되어야 한다.

29 이동식 크레인으로 타워 크레인의 설치·해체 작업시 지상으로부터 60m 지점의 마스트 높이까지 평균적인 풍속의 변화는 실험적으로 얼마 인가?
① 7m/sec　　② 8m/sec
③ 9m/sec　　④ 10m/sec

30 러핑형 타워 크레인의 설치작업 순서 및 방법이다. 틀린 것은?
① 크레인 베이스 설치 → 타워 조립
② 타워 조립 → 타워 탑 하부 조립
③ 타워 탑 하부 조립 → 타워 탑 조립
④ 타워 탑 조립 → 카운터 지브의 브레이싱

해설 타워 탑 하부 조립이 끝나면 카운터 지브를 조립하여야 한다.

31 러핑형 타워 크레인의 설치작업 순서 및 방법이다. 틀린 것은?
① 카운터 지브 조립 → 타워 탑 조립
② 타워 조립 → 타워 탑 하부 조립
③ 지브의 조립 → 카운터 지브의 브레이싱
④ 균형추 스톤 삽입 → 풀리 블록 삽입

해설 카운터 지브의 브레이싱이 끝나면 지브를 조립하여야 한다.

32 러핑형 타워 크레인에서 지표면에서 타워 탑 상부를 사전 조립하는 방법 중에서 틀린 것은?
① 하부에 지지대를 준비한다.
② 4훅 연결장치를 타워 탑과 연결하여 당긴다.
③ 타워 탑 결박용 볼트는 임시로 풀어 놓는다.
④ 버퍼 스탑을 당긴다.

해설 타워 탑 결박 볼트는 조이고 고정한다.

33 러핑형 타워 크레인에서 메인 지브를 조립하는 작업방법이다. 틀린 것은?
① 지브 연결부가 조립에 필요한 위치에 있을 때까지 타워 탑을 회전시킨다.
② 전력으로 타워 탑을 회전 후에는 드라이브 브레이크를 닫는다.
③ 지브를 부착하고 지브 푸트에 홀딩로프를 결박한다.
④ 지브를 들어 올려 서스펜션 점의 위치를 조정한다.

정답　26.③　27.②　28.④　29.④　30.③　31.③　32.③　33.②

해설 전력으로 타워 탑을 회전하는 경우에는 선회 드라이브 브레이크를 반드시 닫아야 하며, 회전 후에는 브레이크를 푼다.

34 러핑형 타워 크레인에서 균형추 설치작업 단계이다. 틀린 것은?
① 지브가 완전히 조립된 후에 설치한다.
② 균형 추 스톤의 최대 허용 중량 오차는 ±2%이다.
③ 균형추 스톤은 바깥쪽에서 안쪽으로 설치한다.
④ 균형추 스톤은 피견 트레스틀 사이에 설치한다.

해설 균형추 스톤은 항상 안쪽에서 바깥쪽으로 설치한다.

35 러핑형 타워 크레인에서 균형추 해체작업 단계이다. 틀린 것은?
① 동절기에는 동결의 위험으로 조심스럽게 떼어낸다.
② 균형 추 스톤은 지정된 지면에 놓는다.
③ 균형추 스톤은 안쪽에서 바깥쪽으로 진행한다.
④ 선회 브레이크를 닫는다.

해설 균형추 스톤은 항상 바깥쪽에서 시작하여 안쪽으로 해체 진행한다.

36 러핑형 타워 크레인에서 메인 지브의 해체작업 단계이다. 틀린 것은?
① 지브가 해체될 수 있을 때까지 슬루잉 크레인을 돌린다.
② 지브를 해체 위치에 놓는다.
③ 훅 블록을 지면으로 내린다.
④ 웨지 소켓은 풀지 않는다.

해설 조립 로프는 웨지 소켓 아래에 고정시킨 후 웨지 소켓을 지브 탑의 고정 위치에서 푼다.

37 러핑형 타워 크레인에서 카운터 지브의 해체 작업 단계이다. 틀린 것은?
① 슬루잉 프레임과 카운터 지브 사이의 커버를 제거한다.
② 홀딩 로프를 카운터 지브에 고정한다.
③ 슬루잉 브레이크는 내린다.
④ 푸시 핀을 제거한다.

해설 레버를 올려 슬루잉 기어에 있는 슬루잉 브레이크는 올린다.

38 타워 크레인의 지지·고정 작업시 다음 중 원청 건설업체의 현장소장 및 안전관리자가 확인해야 하는 역할이 아닌 것은?
① 타워 크레인 지지·고정계획서 작성 및 준비
② 설계도서 또는 타워 크레인 지지·고정계획서에 따라 설치 이행여부 확인
③ 타워 크레인 지지·고정상태 이상유무 확인
④ 타워 크레인의 지지·고정방법 전문교육 이수 여부

39 텔레스코핑 작업 전 텔레스코핑 케이지와 관련 연결기구와의 관계 준수사항을 설명 하였다. 틀리는 것은?
① 선회 링 서포트와 마스트 사이의 볼트를 해체
② 텔레스코핑 케이지와 선회 링 서포트는 핀으로 조립
③ 텔레스코핑 케이지와 마스트는 볼트로 조립
④ 텔레스코핑 케이지와 선회 링 서포트는 완전조립 전까지는 선회금지

정답 34.③ 35.③ 36.④ 37.③ 38.④ 39.③

40 텔레스코핑 작업순서를 설명하였다. 틀린 것은?
① 유압 실린더가 최대한 수축토록 작동
② 유압 실린더를 약 15mm 상승시킨 후 클라이밍 크로스 멤버가 마스트의 텔레스코핑 웨브에 안착
③ 서포트 슈를 텔레스코핑 웨브에 안착
④ 유압 유닛 상의 조절레버를 하강에서 중립으로 조절

해설 서포트 슈가 텔레스코핑 웨브에 안착되어 있다면 유압 유닛 상의 조절레버를 중립에서 하강으로 조절하여 텔레스코핑 웨브를 크로스 멤버에 안착될 수 있도록 한다.

41 텔레스코핑의 작업순서에서 크로스 멤버가 텔레스코핑 웨브에 정확히 안착되어 있는지 확인 후 유압실린더를 상승 작동시킨다. 그 후의 다음 부분 설치순서 및 방법에 대한 설명하였다. 틀리는 것은?
① 유압 실린더를 작동시켜 마스트를 넣을 수 있는 공간 확보 시까지 연속작업을 실시한다.
② 상기 ①항의 작업은 크로스 멤버와 서포트 슈가 2개의 텔레스코핑 웨브에 각각 안착되도록 하는 작업과정이다.
③ 추가할 마스트에 조립된 롤러 홀더는 지상에서 미리 제거한다.
④ 가이드 레일위의 추가할 마스트를 밀어 넣는다.

해설 유압 실린더에 의해 추가할 마스트의 공간 확보가 끝나면 가이드 레일위의 추가할 마스트를 밀어 넣고 추가 마스트에 조립된 롤러 홀더를 제거한다.

42 텔레스코핑의 작업순서에서 기 설치 된 마스트와 추가된 마스트간의 결합 순서 및 방법에 대한 설명하였다. 틀리는 것은?
① 볼트를 체결 전에는 서포트 슈가 텔레스코핑 웨브를 벗어나게 작업실시

② 크로스 멤버는 텔레스코핑 웨브에 안착된 상태를 유지
③ 가이드 섹션을 낮춰 기 설치 마스트와 추가된 마스트 사이의 간격이 없도록 유지
④ 롤러 홀더를 유지한 채 추가 마스트를 타워에 볼트로 체결

해설 추가 마스트에 조립된 롤러 홀더를 제거하고 추가 마스트를 타워에 볼트로 체결한다.

43 텔레스코핑 작업시 올바른 작업 방법이 아닌 것은?
① 마스트의 볼트 체결방법을 반드시 숙지한 후 작업을 실시한다.
② 볼트 체결 시는 토크(Torque)값을 지참하여 유압 토크렌치를 사용한다.
③ 올바른 볼트 체결은 서포트 슈를 그대로 유지한 채 볼트 체결작업을 실시한다.
④ 선회 링 서포트가 끼워 넣은 마스트에 안착되도록 실린더를 하강 후 작업을 실시한다.

해설 마스트 클라이밍 웨브를 안착되어 있는 서포트 슈를 제거하고 선회 링 서포트가 끼워 넣은 마스트에 안착되도록 실린더를 하강 후 작업을 실시한다.

44 "T"형 타워 크레인에서 텔레스코핑의 균형을 유지하기 위한 작업방법으로 틀린 것은?
① 메인지브에서 트롤리의 위치를 조정하는 방법
② 선회, 트롤리 이동 및 인상운전을 금지할 것
③ 추가하는 마스트는 상부 구조물에 균형을 맞추기 전에는 가이드 레일에 놓여질 것
④ 밸런스 웨이트(Balance Weight)의 무게를 주어진 양정에 따라 이동시키는 방법

해설 제작사에서 정하는 밸런스 웨이트를 주어진 반경에 따라 이동시키는 방법이 있다.

45 타워 크레인을 가동하기 전의 점검 사항이다. 운전실과 관계된 연결부 안전성을 확보하기 위한 점검으로 가장 올바른 것은?

① 전기장치의 작동 확인
② 와이어로프 설치상태 확인
③ 선회 링 기어와 마스트의 연결 볼트, 너트 확인
④ 선회 브레이크 풀림장치의 작동상태

46 텔레스코핑(Telescoping) 작업시 일반적으로 주의해야 할 사항이 아닌 것은?

① 풍속 8m/sec 이내에서 작업 실시
② 유압실린더와 카운터 지브가 동일 방향에 위치
③ 선회 링 서포트와 마스트간의 체결 볼트 해체
④ 텔레스코핑 케이지와 선회 링 서포트는 핀으로 조립

47 텔레스코핑(Telescoping) 작업 전 텔레스코핑 케이지와 선회 링 서포트는 어떠한 상태로 있어야 하는가?

① 볼트로 부분 조립되어 있을 것
② 볼트로 완전 조립되어 있을 것
③ 핀으로 부분 조립되어 있을 것
④ 핀으로 완전 조립되어 있을 것

48 텔레스코핑(Telescoping) 작업시 해당 작업 관계자의 준수사항으로 틀린 것은?

① 작업협의 대상은 작업지휘자, 운전자, 줄걸이 작업자, 신호자, 설치자 등 이다.
② 반드시 작업절차에 따르되 변동 시는 변동되는 작업관계자만 협의한다.
③ 작업절차서 등에 따라 협의하되 안전을 우선하여 협의한다.
④ 작업지휘자의 지시에 따른다.

49 텔레스코핑(Telescoping) 작업시 해당 작업 관계자간 협의사항으로 옳지 않은 것은?

① 제조자가 제시한 작업절차를 준수
② 작업 중 선회, 트롤리 이동, 인상 금지
③ 작업은 풍속 10m/sec 이내 실시
④ 본 작업 중에 크레인의 균형 유지

정답 45.③ 46.① 47.④ 48.② 49.④

PART **08**

안전관리

01. 안전보호구 착용 및 안전장치 확인
02. 위험요소 확인
03. 작업안전
04. 장비안전관리
05. 관련 법규

CHAPTER 01 안전보호구 착용 및 안전장치 확인

1-1 안전보호구

1 개념
안전보호구란 각종 위험요인으로부터 근로자를 보호하기 위한 보조기구로서 작업자의 신체 일부 또는 전체에 착용되도록 하여야 하며, 사용목적에 적합하여야 한다

2 보호구의 구비 조건
① 착용시 작업이 용이할 것
② 대상물(유해물)에 대하여 방호가 완전할 것
③ 재료의 품질이 우수할 것
④ 구조 및 표면 가공이 우수할 것
⑤ 외관이 보기 좋을 것

3 보호구 선정시 유의사항
① 사용 목적에 적합한 것(작업에 적합한 것)
② 공업 규격에 합격하고 보호 성능이 보장되는 것(신뢰성)
③ 작업에 방해되지 않는 것
④ 착용이 쉽고 크기 등 사용자에게 편리한 것

4 보호구의 종류
(1) 안전 보호구
① 두부에 대한 보호구 : 안전모
② 추락방지를 위한 보호구 : 안전대
③ 발에 대한 보호구 : 안전화, 안전각반, 고무장화

④ 손에 대한 보호구 : 안전 장갑
⑤ 얼굴에 대한 보호구 : 보안면

(2) 위생 보호구

유해 화학 물질의 흡입 방지를 위한 보호구 : 방진 마스크, 방독 마스크, 송기 마스크

(3) 안전모

건설 작업, 보수 작업, 조선 작업등에서 물체의 낙하, 비래, 낙석, 붕괴 등의 우려가 있는 작업에 있어서는 반드시 안전모를 착용하여야 한다.

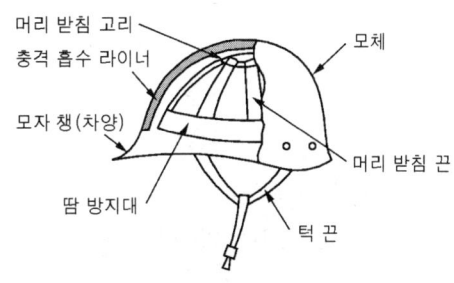

◈ 안전모의 구조

① 안전모의 종류 : 안전모의 사용 구분, 모체의 재질 및 내전압성에 의하여 다음과 같이 분류한다.

표 8-1-1 저압·고압·특고압의 구분적용 안전모의 종류

종류(기호)	사 용 구 분	모체의 재질	내전압성
A	물체의 낙하 및 비래에 의한 위험을 방지 또는 경감시키기 위한 것	합성수기 알루미늄	비내전압성
B	추락(1)에 의한 위험을 방지 또는 경감시키기 위한 것	합성수지 FRP	비내전압성
AB	물체의 낙하 또는 비래 및 추락에 의한 위험을 방지 또는 경감시키기 위한 것	합성수지 FRP	비내전압성
AE	물체의 낙하 및 비래에 의한 위험을 방지 또는 경감하고 머리 부위 감전에 의한 위험을 방지하기 위한 것	합성수지	내전압성(2)
ABE	물체의 낙하 또는 비래 및 추락에 의한 위험을 방지 도는 경감하고, 머리 부위 감전에 의한 위험을 방지하기 위한 것	합성수지	내전압성(2)

주 ① 추락이란 높이 2m 이상의 고소 작업, 굴착 작업 및 하역 작업 등에 있어서의 추락을 의미한다.
② 내전압성이란 7,000볼트 이하의 전압에 견디는 것을 말한다.

(4) 안전대

1) 사용방법에 따른 안전대의 종류(노동부 고시)

종류	사용방법	비고
1종	U자걸이 전용	
2종	1개걸이 전용	클립 부착 포함
3종	1개걸이, U자걸이 공용	
4종	1개걸이, U자걸이 공용	보조 훅 부착

① U자 걸이 : 안전대의 로프를 구조물 등에 U자 모양으로 돌린 뒤 훅을 D링에, 신축 조절기를 각 링에 연결하여 신체의 안전을 도모하는 방법이다.

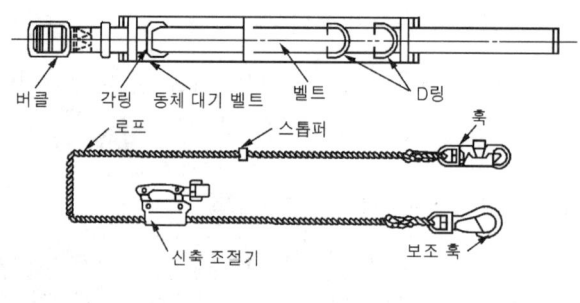

U자 걸이 전용 안전대

② 1개 걸이 : 로프의 한쪽 끝을 D링에 고정시키고 훅을 구조물에 걸거나 로프를 구조물 등에 한번 돌린 후 다시 훅을 로프에 거는 등에 의해 추락에 의한 위험을 방지하기 위한 방법을 말한다.

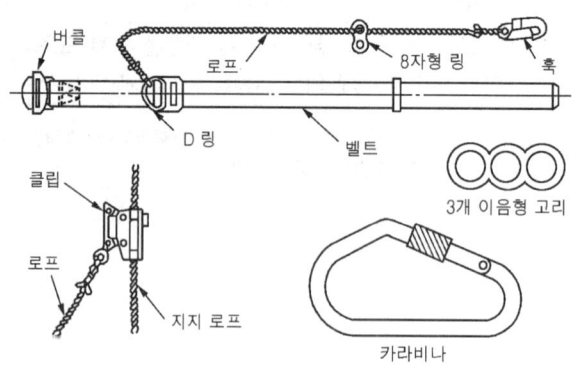

1개 걸이 전용 안전대

2) 안전대용 로프의 구비조건
① 부드럽고 되도록 미끄럽지 않을 것
② 충격, 인장강도에 강할 것
③ 완충성이 높을 것
④ 내마모성이 높을 것
⑤ 습기나 약품류에 침범 당하지 않을 것
⑥ 내열성이 높을 것

1-2 안전장치

1 개념

타워크레인의 안전장치는 작업 중 발생할 수 있는 사고를 예방하고 작업자의 안전을 보장하기 위해 매우 중요하므로 운전자(조종자)는 작업 시작전에 안전장치의 작동 상태를 확인하는 습관이 중요하다.

2 타워크레인 안전장치 확인사항

(1) 과부하방지장치

사전준비된 시험 중량을 해당 크레인의 하중표를 참고하여 인상(상승)시킨 후 모멘트가 증가하는 방향으로 이동하면서 경보가 작동되며 과부하방지장치가 작동되는지를 확인한다. (정격하중의 1.05배 이상 권상시 경고등 작동을 확인)

(2) 권과방지장치

무부하 상태에서 훅 블록을 지브 상단 또는 끝단까지 인상(상승)시키면서 권상속도가 감속하면서 정지하는지를 확인한다.

(3) 트롤리이동제한정치

무부하 상태에서 지브안쪽과 바깥쪽으로 트롤리를 이동하면서 정지기구(스토퍼)에 접촉하기 전에 트롤리가 정지하는지를 확인한다.

(4) 기복제한장치

무부하 상태에서 지브를 인상(상승) 및 하강(인하)하면서 경사각 범위가 설정된 범위내에서 정상적으로 작동되는지를 확인한다.

(5) 비상정지장치

무부하 정지상태에서 운전석에 설치된 비상정지장치를 작동하여 모든 전원이 차단되는지 확인하고 또한, 모든 전원이 수동 복귀되는지를 확인한다.

(6) 훅해지장치

훅에 부착된 해지장치(걸쇠)는 정상적으로 움직이고 줄걸이로프 등이 훅의 홈에서 이탈되지 않도록 설치되었는지를 확인한다.

(7) 선회제한정치

선회장치(턴테이블)가 회전할 때 케이블 등이 꼬이지 않게 하기 위해 설정된 회전 수 이내에서 정지하는지를 확인한다.

(8) 브레이크

브레이크 제동력은 적정범위 이내인지 확인하고 라이닝의 마모가 규정치(원치수의 50%)초과 하는지를 확인한다.

(9) 와이어로프 꼬임방지장치

장치 내부에 반동 베어링(trust bearing)이 아래로 처지면서 안전레버가 90도 각도로 선회되면서 지브의 하단부 구조물에 안전레버가 걸리는지를 확인한다.

(10) 충돌방지장치

타워크레인의 작업반경이 다른 크레인과 겹치는 구역 안에서 작업할 때 설정된 거리에서 크레인간의 충돌을 자동으로 방지되는지를 확인한다.

CHAPTER 02 위험요소 확인

2-1 안전표시

1 안전표시 관련 경고장치 및 경고표시 기준

타워크레인의 안전표시에 관한 규제근거는 국토교통부 소관 건설기계 안전기준에 관한 규칙(약칭 : 건설기계안전기준규칙)에서 확인할 수 있다.

① 제112조의2(정격하중 경고장치 및 확인장치) 타워크레인의 조종실 또는 원격제어기에는 정격하중 경고장치와 정격하중 확인장치를 설치해야 한다.

② 정격하중 경고장치는 정격하중의 90퍼센트 이상의 하중이 가해질 때마다 조종사가 인지할 수 있도록 시각과 청각 두 가지 방법으로 경고 표시를 해야 한다.

③ 정격하중 확인장치는 훅의 위치에 따라 정격하중이 변하는 상태를 조종사가 시각적으로 확인 할 수 있어야 한다.

④ 제112조의3(이상경고장치) 타워크레인 작동 중 안전장치 작동 등에 이상이 발생한 경우에 조종사뿐만 아니라 주변 작업자들도 이상이 발생했다는 것을 알 수 있도록 다음 각 호의 기준에 적합한 이상경고장치를 설치해야 한다.
   - 지상 작업면 기준으로 마스트 중심부로부터 반경 10미터 지점까지 경고음이 잘 들리는 구조일 것
   - 경고등은 선회장치의 턴테이블(타워크레인 지브의 방향을 바꾸기 위한 회전식 설비를 말한다)에 설치해야 하며, 광도는 135칸델라 이상으로 적색이 점멸되는 구조일 것

⑤ 제112조의4(주행식 타워크레인의 경보장치) 주행식 타워크레인은 종(鐘) 또는 버저(buzzer) 등의 경보장치를 구비해야 한다. 다만, 작업바닥면에서 조작하며 중량물과 조종사가 함께 이동하는 방식의 타워크레인은 제외한다.

⑥ 제124조의2(경고 표시) 타워크레인 제작자는 설계나 방호장치의 설치로 막을 수 없는 위험에 관하여 위험을 경고할 수 있도록 타워크레인의 적정한 부분에 경고 표지를 부착하여야 한다.

⑦ 제124조의3(영상기록장치) 타워크레인 제작자 또는 소유자는 타워크레인의 설치, 해체 및 인상작업 등을 확인하기 위하여 타워크레인에 영상기록장치를 설치할 수 있다.

2 안전보건표지의 종류 및 형태

■ 산업안전보건법 시행규칙 [별표 6]

안전보건표지의 종류와 형태 (제38조제1항 관련)

1. 금지표지	101 출입금지	102 보행금지	103 차량통행금지	104 사용금지	105 탑승금지	106 금연
	107 화기금지	108 물체이동금지	2. 경고표지	201 인화성물질 경고	202 산화성물질 경고	203 폭발성물질 경고	204 급성독성물질 경고
	205 부식성물질 경고	206 방사성물질 경고	207 고압전기 경고	208 매달린 물체 경고	209 낙하물 경고	210 고온 경고	211 저온 경고
	212 몸균형 상실 경고	213 레이저광선 경고	214 발암성·변이원성·생식독성·전신독성·호흡기 과민성 물질 경고	215 위험장소 경고	3. 지시표지	301 보안경 착용	302 방독마스크 착용
	303 방진마스크 착용	304 보안면 착용	305 안전모 착용	306 귀마개 착용	307 안전화 착용	308 안전장갑 착용	309 안전복 착용

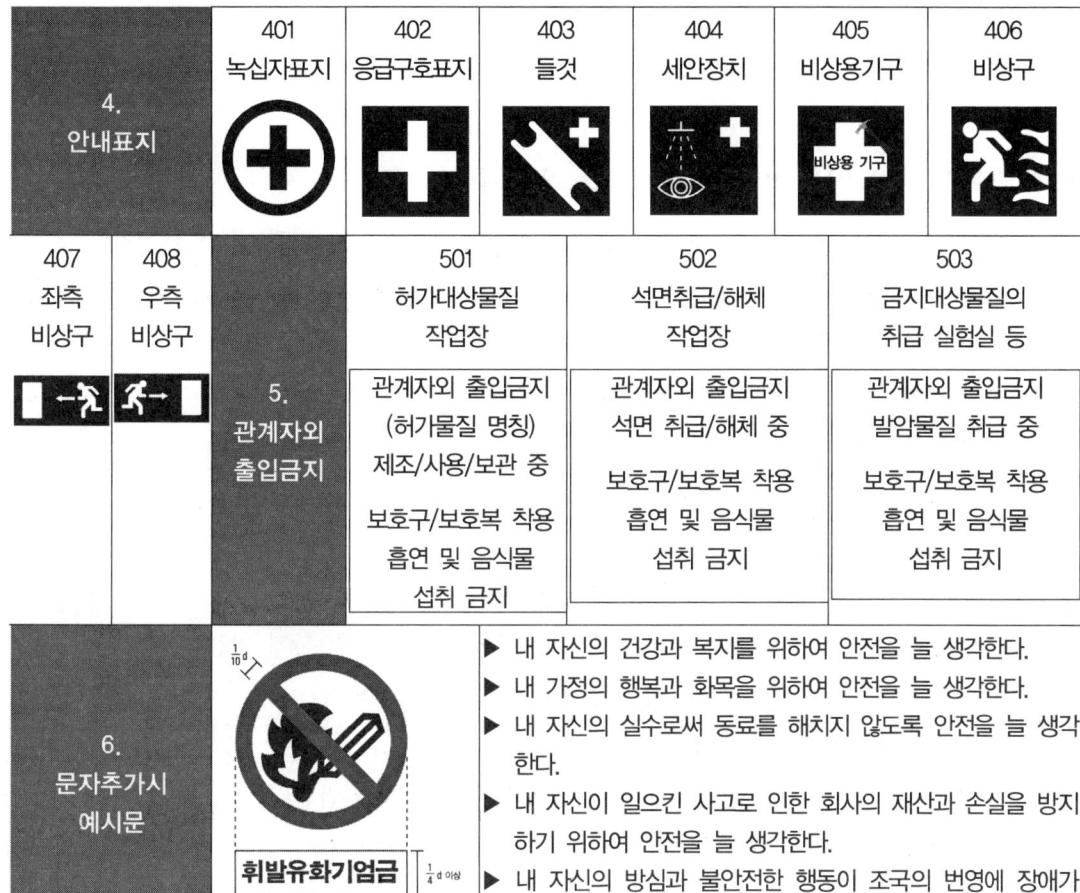

※ 비고 : 아래 표의 각각의 안전·보건표지(28종)는 다음과 같이 「산업표준화법」에 따른 한국산업표준(KS S ISO 7010)의 안전표지로 대체할 수 있다.

2-2 안전수칙

1 타워크레인 인상 및 해체작업 등 안전수칙

① 작업순서를 정하고 그 순서에 의하여 작업을 한다.
② 비, 눈 그밖의 기상상태 (천둥, 번개, 돌풍 등)의 불안정으로 인하여 날씨가 몹시 나쁠 때에 그 작업을 중지시킨다.
③ 작업 장소는 안전한 작업이 이루어질 수 있도록 충분한 공간을 확보하고 장애물이 없도록 한다.
④ 작업 전, 작업 중 확인사항은 자재검수 및 유의사항, 유압펌프 확인, 콘솔조립, 작업자 자세, 위치, 작업자 안전벨트 준수, 무리한 장력으로 안착 금지, 프레임에 작업자 협착 및 추락 조심, 발판 확인 등이 있다.
⑤ 인양할 화물을 바닥에서 끌어당기거나 밀어내는 작업을 하지 않는다.
⑥ 고정된 물체를 직접 분리, 제거하는 작업을 하지 않는다.
⑦ 유류 드럼, 가스통 등 운반 도중 떨어져 폭발하거나 누출될 가능성이 있는 위험물 용기는 보관함이나 보관고에 담아 안전하게 매달아 운반한다.
⑧ 작업종류 후 줄걸이 용구는 분리보관 및 혹은 최대한 감아 올려 관리한다.
⑨ 작업종료 후 선회브레이크는 풀림장치를 작동시켜 놓는다.
⑩ 방호울은 잠금조치하여 관리한다.
⑪ 작업은 신호수의 신호에 따르고 임의 조작 및 선회운전을 절대 금지한다.
⑫ 운전자는 작업중 휴대폰 사용 및 DMB 시청을 금지한다.
⑬ 인양작업 시 혹과 인양물의 중심이 일치하도록 운전한다.
⑭ 운전자는 일체의 음주운전을 금지한다.
⑮ 운전자가 이석시는 하물을 지면에 내려놓고 전원은 차단하며 권상브레이크는 작동 상태를 확인한다.

2-3 위험요소

1 타워크레인 설치·해체작업시 인적 위험요소

① 작업순서, 절차를 무시하고 서두르면 추락, 붕괴사고 위험이 있다.
② 기존 설치, 해체 기능인력의 기술력 부족 및 신기술에 대한 정보가 부족하다.
③ 상승작업중 지브의 균형유지가 되지 않아 붕괴사고 위험이 있다.
④ 메인지브 및 카운터 지브의 위치 및 방향이 달라지면 붕괴사고 위험이 있다.
⑤ 텔레스코픽 케이지에 이상이 있으면 붕괴사고 위험이 있다.
⑥ 고소작업자가 안전대를 착용하지 않거나 안전대를 걸지 않아 추락사고 위험이 있다.
⑦ 마스트 볼트의 체결 불량으로 붕괴사고 위험이 있다.
⑧ 상승작업중 트롤리를 이동하거나 선회 작동하여 붕괴사고 위험이 있다.
⑨ 상승작업중 사용된 안전핀을 정상핀으로 교체하지 않아 붕괴사고 위험이 있다.
⑩ 신호수와 운전자간의 신호방법 불일치로 재해 위험이 있다.
⑪ 작업현장 안전관리자 또는 관리감독자 미배치로 재해 위험이 있다.
⑫ 초보 작업자의 현장 투입으로 인한 사고발생 위험이 있다.
⑬ 타워크레인의 전반적인 위험요소는 본체의 전도, 붕괴, 지브의 절손, 본체의 낙하, 하물의 낙하, 감전 위험 등이 잠재하고 있다.

2 타워크레인 설치·해체작업시 물적 위험요소

① 타워크레인 자재 고정방법 불량 등에 따른 잠재 위험이 있다.
② 타워크레인 장비 점검 불량, 점검 미실시 등에 따른 잠재 위험이 있다.
③ 타워크레인 운전중 정격하중 초과 등에 따른 잠재 위험이 있다.
④ 타워크레인 운전중 안전장치 고장 등에 따른 잠재 위험이 있다.
⑤ 권상용 와이어 로프의 절단 등으로 하물의 낙하 위험이 있다.

CHAPTER 03 작업안전

3-1 장비사용설명서

1 OO제작사의 설명서 주요 내용

① 타워크레인 장비의 주요 제원표
  - 장비 명칭, 명판, 시스템의 개요 등
② 안전수칙
③ 운전조작
④ 정기점검요령
⑤ 고장진단 및 조치요령 등
　타워크레인 사용자, 운전자, 점검자 등은 기종별 매뉴얼에 따라 작업순서와 작업방법 등에 대하여 충분히 숙지한 후 작업에 임해야 함을 명심해야 한다.

2 OO제작사의 하중 제원표 사례

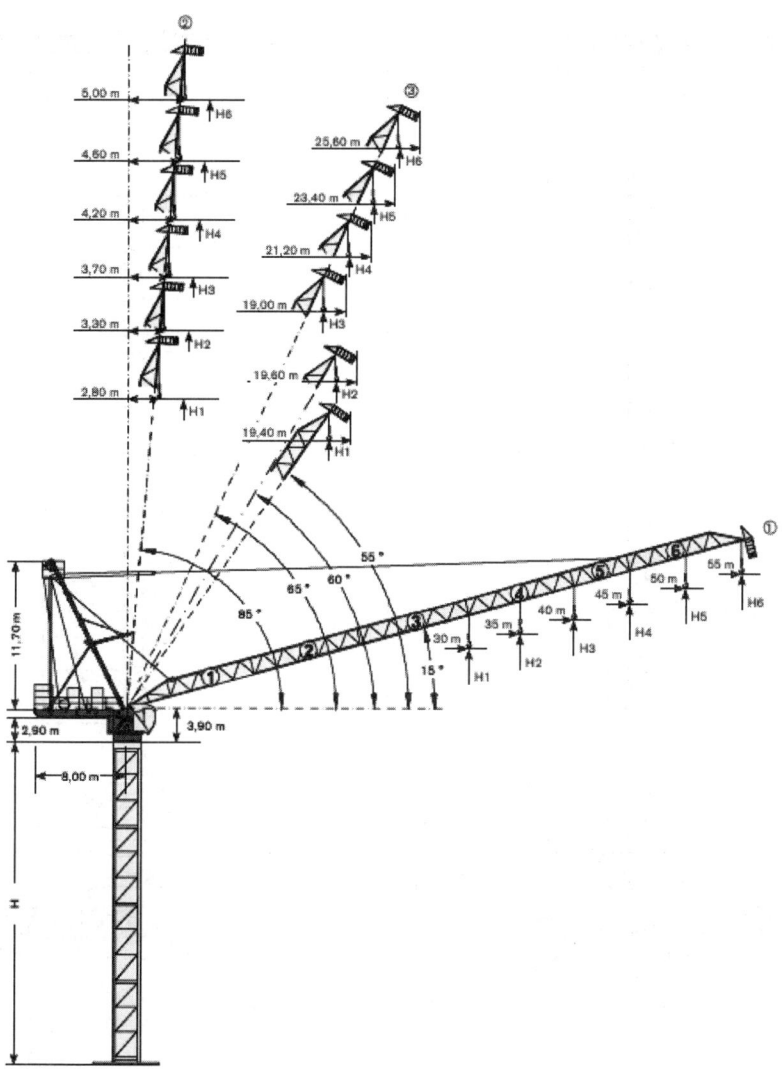

3 OO제작사의 타워 제원표 사례

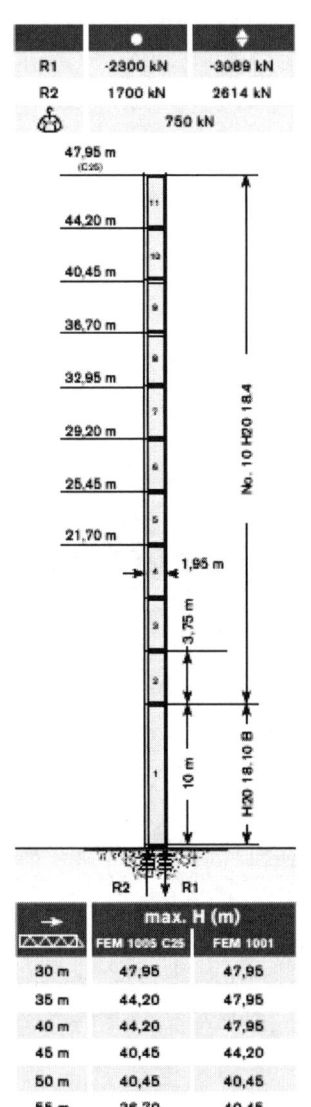
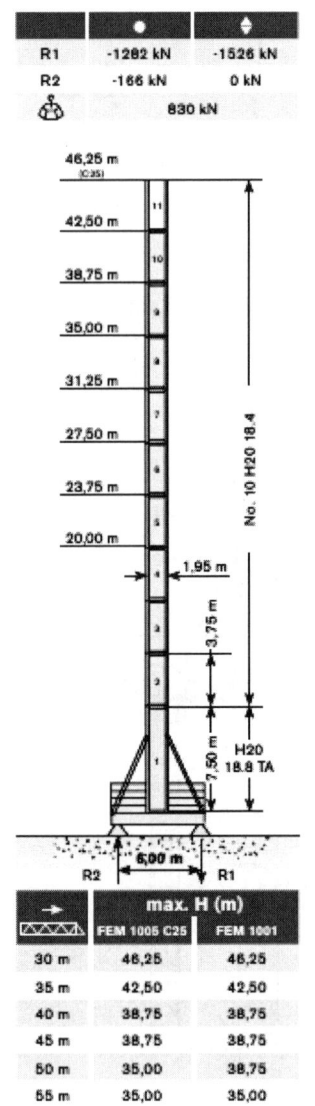

4 ○○제작사의 타워 제원표 사례

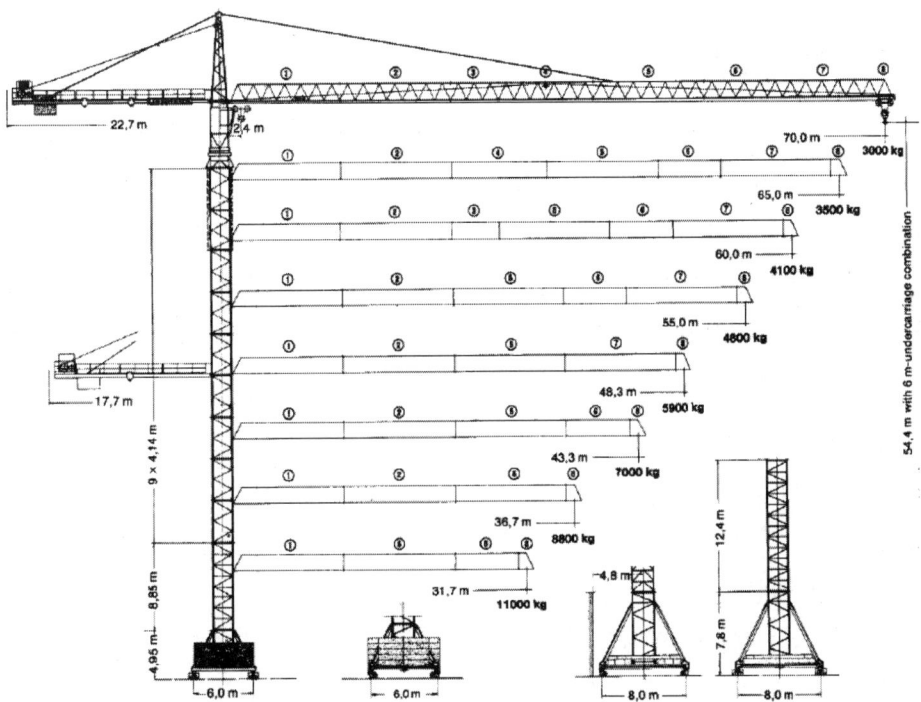

Radius and capacity

Length of jib (Slewing radius) m	max. capacity m/kg	Radius and capacity																				
		25,0	28,0	31,7	34,0	36,7	38,0	40,0	42,0	43,3	45,0	48,3	51,0	53,0	55,0	57,0	60,0	62,0	65,0	67,0	70,0
70,0 (R = 71,36)	2,2 – 19,1 12000	10000	9277	8050	7420	6785	6510	6130	5780	5570	5310	4870	4550	4330	4130	3950	3690	3540	3320	3190	3000
65,0 (R = 66,36)	2,2 – 22,4 12000	10000	9700	8420	7770	7110	6820	6420	6060	5840	5575	5110	4780	4580	4350	4150	3890	3730	3500		
60,0 (R = 61,36)	2,2 – 24,1 12000	11352	10160	8820	8140	7450	7160	6740	6360	6130	5860	5380	5030	4800	4580	4380	4100				
55,0 (R = 56,36)	2,2 – 25,0 12000	12000	10595	9210	8500	7790	7460	7045	6650	6420	6130	5630	5270	5030	4800						
48,33 (R = 49,7)	2,2 – 26,0 12000	12000	11070	9625	8890	8145	7820	7370	6960	6720	6420	5900									
43,33 (R = 44,7)	2,2 – 27,0 12000	12000	11500	10010	9250	8480	8145	7680	7250	7000											
36,67 (R = 38,0)	2,2 – 27,8 12000	12000	11930	10390	9600	8800															
31,67 (R = 33,0)	2,2 – 29,3 12000	12000	12000	11000																	

3-2 작업안전

1 타워크레인 작업 중 안전

① 운전개시 전 운전자(조종자)는 신호 등으로 작업자들에게 알려야 한다.
② 안전장치 이상 또는 경고등이 작동시 장비 매뉴얼에 따라 조치하여야 한다.
③ 신호수의 신호에 다라 크레인을 조종하되 사각지대의 작업은 특별히 주의한다.
④ 조종장치는 영점에서 시작하여 서서히 조작, 급격한 시작과 제동은 하지 않는다.
⑤ 안전장치는 정상상태로 유지하고 작업중 이상 발생시 즉시 중지한다.
⑥ 중량물을 측정하는 방법으로 인양물을 상승하지 않는다.
⑦ 인양물을 권상시 작업면으로부터 0.5m 정도 들어올려 줄걸이 상태를 확인후 원하는 위치까지 상승시킨다.
⑧ 인양물을 인양 상태로 지브를 선회하거나 트롤리를 이동시킬때 인양물의 하단이 주변 장애물보다 1m 이상 충분히 높아야 한다.
⑨ 작업중 전원계통에 이상이 발생시 모든 전원을 차단하고 조종장치는 영점에 위치하게 하고 훅 블록은 메인 지브쪽으로 가까이 위치시킨다.
⑩ 인양물을 권상하는 경우 다음사항을 지켜야 한다.
  - 인양물의 모양과 하중을 확인 후 인양방법을 결정하여야 한다.
  - 상기의 인양방법에 따른 인양 포인트는 직접 무게중심의 위치를 판단하여 인양물이 전복 또는 슬립이 발생되지 않도록 줄걸이 작업이 이루어져야 한다.
  - 와이어로프 슬링 등 인양기기구가 손상되지 않아야 하고, 인양물의 형상과 하중에 적합한 것을 사용해야 한다.

2 타워크레인 작업 후 안전

① 인양물은 모두 내리고 훅 블록은 메인 지브쪽으로 최대한 상승시켜 위치한다.
② T형 타워크레인의 트롤리는 최소 작업반경에 위치하고, 러핑타입 L형 크레인의 메인지브 각도는 제작사의 매뉴얼에 따른다.
③ 선회장치의 제동장치는 풀어 주어야 한다.
④ 모든 제어장치는 영점에 위치시키고 전원은 차단(Off)시켜야 한다.
⑤ 타워크레인 관계자 외 출입을 통제하도록 출입금지 표지와 잠금장치를 설치한다.

⑥ 잠금장치 열쇠는 안전관리자, 타워크레인 조종자(운전자)가 관리하고. 잠금장치는 쉽게 분해되지 않고 파손되지 않아야 한다.
⑦ 건물 층마다 방호울을 설치한 경우 각각의 잠금장치를 설치하며, 크레인 조종자(운전자)의 통로는 별도 표기한다.
⑧ 문짝과 방호울은 철재로 파손하거나 올라갈수 없도록 한다.
⑨ 방호울은 보행자 통행에 방해되지 않아야 하고 보행통로에 자재를 놓아두면 안된다.
⑩ 타워크레인의 방호울의 접지는 타워크레인의 기초 앵커 접지와 함께 접지를 실시한다.
⑪ 타워섹션(마스트) 내부 개구부에는 덮개를 설치하여 누전에 따른 감전사고, 크레인 조종사(운전자)의 추락을 방지한다.
⑫ 방호울은 비계와 연결할수 없고, 타 작업자의 발판으로 사용하면 안된다.

3-3 기타 안전 사항

1 타워크레인 하차

① 타워크레인 운전, 점검, 수리 등 작업완료후 하차시는 안전대, 안전모를 반드시 착용해야 한다.
② 조종사(운전자)는 추락하거나 구조물과 충돌하는 일이 없도록 세심한 주의를 하면서 천천히 하차해야 한다.
   - 발판 개구부 등에는 덮개 설치
   - 손잡이 부착, 고정 볼트 설치 등으로 조종자(운전자)가 잡았을 때 강도를 유지하도록 해야 한다.
   - 계단참은 통로의 길이가 10m 이상인 경우에는 5m마다 설치해야 한다.
   - 방호울은 용접부 탈락, 변형 등이 없어야 한다.
③ 안전한 보행자 통로를 이용하여 하차해야 한다.
   - 벽체 지지에 설치된 크레인 조종자 보도판은 견고히 설치된 구조이어야 한다.
   - 크레인 조종자는 주변 시설물이나 가설자재를 이용하여 하차해서는 안된다.
   - 크레인 조종자는 승하차 시 공구가 떨어지지 않도록 주의 한다.

CHAPTER 04 장비 안전관리

PART 8 안전관리

4-1 장비 안전관리

1 타워크레인 현장 반입전 장비 안전관리

① 관리감독자는 장비 반입전 검사에 입회한다.
② 장비의 제조회사를 확인한다.
③ 건설기계관리법에 따라 제조일자(년식), 등록일자를 확인한다.
  - 10년 이상 타워크레인 : 안전성 검사 확인
  - 15년 이상 타워크레인 : 비파괴 검사 확인
  - 20년 이상 타워크레인 : 정밀 안전진단 확인
④ 건설기계관리법에 따라 마스트의 제작 롯트(Lot) 번호에 해당하는 시리얼 번호(타각기)가 일치하는지 확인한다.
  - 정기검사 완료후에도 동일 모델 마스트 제품이 현장에 설치되는 지 확인
  - 추가 마스트는 동일 제조사, 동일 모델 제품에 한하여 마스트가 현장에 설치되는 지 확인
⑤ 건설기계관리법에 따라 고장력 볼트는 정품 볼트를 사용하는 지, 볼트 표면은 제조사가 타각되어 있는 지 등을 확인한다.
⑥ 건설기계 안전기준에 관한 규칙 제25절 타워크레인 해당 조항을 참고하여 확인한다.
⑦ 건설기계관리법에 따라 국토부의 정기검사 일정 등을 확인한다.
⑧ 장비의 주요 구조부에 대하여 비파괴검사를 실시하는 지 확인한다.

2 타워크레인 설치 및 해체작업시 장비 안전관리

① 장비 설치, 인상, 해체작업시 서류를 확인한다.
  - 설치, 인상, 해체 작업계획서
② 장비 설치, 인상, 해체작업시 작업과정 전반을 영상으로 기록하고 대여기간 동안 보관하는 지 확인한다.

③ 장비 설치, 해체업체에 대한 등록 해체업 서류를 확인한다.
④ 장비 설치, 해체업체에 대한 인력 자격서류를 확인한다.
- 판금제관기능사 또는 비계기능사
- 안전보건공단 산업안전보건교육원 신규교육 수료시험 합격후 5년이 경과하지 않은 사람
- 안전보건공단 산업안전보건교육원 보수교육 이수후 5년이 경과하지 않은 사람 (보수교육 특례에 따라 2026년 1월1일부터 5년 이내 기간만 유자격을 허용)
- 설치, 해체 작업자 교육 이수증 서류를 확인한다.

⑤ 장비 신호수 교육 이수 여부를 확인한다.
- 산업안전보건법 제29조 및 시행규칙 제26조 1항 별표4 및 별표5에 따라 신호작업에 종사하는 일용근로자는 8시간 이상의 특별교육을 받아야 함.
- 신호수 교육시간은 자체 8시간 또는 외부교육기관 8시간 모두 인정가능
- 사업장 변경시 신호수 특별교육 기준으로는 사업주가 변경되고 다른 건설현장에 신규 채용된 경우라면 일용근로자에게는 8시간 이상 교육 실시
 단, 동일회사 소속'으로 '현장만 변경'된 경우라면 특별교육을 실시할 필요가 없으며, 작업내용이 변경되었다면 작업내용 변경시 교육실시

⑥ 장비 취급 근로자 안전교육의 면제기준으로는 산업안전보건법 시행규칙 제27조4항 2 별표 5의 특별교육 대상작업에 6개월 이상 근무한 경험이 있는 근로자가 다음 각 목의 어느 하나에 해당하는 경우 : 별표 4에서 정한 특별교육 시간의 100분의 50이상을 면제한다.
 가. 근로자가 이직 후 1년 이내에 채용되어 이직 전과 동일한 특별교육 대상작업에 종사하는 경우
 나. 근로자가 같은 사업장 내 다른 작업에 배치된 후 1년 이내에 배치 전과 동일한 특별교육 대상작업에 종사하는 경우

4-2 일상 점검표

1 산업안전보건기준에 관한 규칙

① 크레인을 사용하여 작업을 할때 산업안전보건기준에 관한 규칙 제2편제1장제9절제2관에 따라 작업시작 전 점검을 하여야 한다.
② 타워크레인의 점검내용은 권과방지장치, 브레이크, 클러치 및 운전장치의 기능, 주행로의 상측 및 트롤리(trolley)가 횡행하는 레일의 상태, 와이어로프가 통하고 있는 곳의 상태, 와이어로프 등의 이상유무를 점검하여야 한다.
③ 타워크레인 설치·해체작업 안전점검표는 고용노동부산하 한국산업안전보건공단 홈페이지에서도 확인하여 안전점검표 활용이 가능하다.
④ 타워크레인 조종자(운전자)가 작업개시전 일상점검을 해야 하는 일상점검표를 예시로 나타내었다. 장비별로 특성에 맞게 점검항목을 추가하여 활용이 가능하다.

2 건설기술진흥법

타워크레인은 설치작업시, 인상시마다, 해체작업시 정기안전점검을 실시하여야 한다.

타워크레인 운전자 일상 점검표(예시)

현장명 :

관리번호		모델		제조사		임대업체	
설치업체		설치형태		설치장소		층고	
작업반경		정운전원		부운전원		현장관리자	
설치일자		정기검사일		해체예정일		점검일자	

점검표 기록범례   양호 : O, 불량 : X, 비고 : 점검결과 특이사항을 기록한다.

구분	점검항목	양호	미흡	비고
주요 구조부 및 기계장치	1. 각종 와이어의 꼬임 및 부식여부, 달기구상태			
	2. 기초 지내력 Con'c강도, 배수, 레벨, 침하 여부			
	3. 마스트 고장력볼트/너트(연결핀) 체결상태			
	4. 유압장치의 고정유무			
	5. 턴테이블 이상 유무			
	6. 트로리 작동 및 롤러 상태			
	7. 지브 붐의 조립상태 및 손상 유무			
	8. 각종 시브 및 윈치 작동상태			
	9. 카운터 웨이트 조립상태			
전기장치	1. 과부하 방지장치 및 정격하중 표시			
	2. 권과방지장치 및 후크 해지장치 이상 유무			
	3. 각종 리미트 스위치 정상작동상태			
	4. 누전 및 방수, 절연상태			
	5. 호이스트, 트로리, 슬루윙 변속상태			
	6. 항공등 및 투광등 점화상태			
	7. 경보장치 작동 상태			
	8. 각종 전동기의 정상작동 유무			
	9. 변압기, 케이블, 접지상태			
기타	1. 인화물질 방지 여부 및 환경정리 상태			
	2. 타워 크레인 외부 부착물 관리상태			
	3. 소화기 및 안전수칙 비치 유무			
	4. 사용중인 인양용걸고리 및 와이어상태			
	5. 기계부 주유 및 누유 상태			

※ 점검자 의견

점 검 자	(서명)	관리감독자	(서명)	현장소장	(서명)

4-3 작업 계획서

1 타워크레인 설치, 조립, 해체 작업계획서

① 산업안전보건기준에 관한 규칙 제38조(사전조사 및 작업계획서의 작성 등)에 타워크레인 작업계획서를 작성하도록 규정하고 있다.

② 규칙 제38조 규정에서 타워크레인 해당부분만 발췌하여 소개하였다.

> ① 사업주는 다음 각 호의 작업을 하는 경우 근로자의 위험을 방지하기 위하여 별표 4에 따라 해당 작업, 작업장의 지형·지반 및 지층 상태 등에 대한 사전조사를 하고 그 결과를 기록·보존해야 하며, 조사결과를 고려하여 별표 4의 구분에 따른 사항을 포함한 작업계획서를 작성하고 그 계획에 따라 작업을 하도록 해야 한다. 〈개정 2023. 11. 14.〉
> 1. 타워크레인을 설치·조립·해체하는 작업
> ② 사업주는 제1항에 따라 작성한 작업계획서의 내용을 해당 근로자에게 알려야 한다.

③ 타워크레인 설치·조립·해체 작업계획서 작성예시를 발췌하여 소개하였다.

보다 자세한 작업계획서 예시는 한국산업안전보건공단 홈페이지 타워크레인 설치·조립·해체 작업계획서 (KOSHA GUIDE C-97-2022)를 참고하시기 바란다.

4-4 장비안전관리교육

```
KOSHA GUIDE
C - 97 - 2022
```

[부록] 타워크레인 설치·조립·해체 작업계획서(예시)

<부록 표 1> 작업개요

1. 작업개요				

(1) 사업장 일반사항

현장명			

(2) 본사 비상연락망

주소			대표전화	
부서명	부서장	연락처	담당자	연락처

(3) 타워크레인 설치계획표

일정	시간	작업공정	작업분담 및 담당근로자
월 일	00:00~00:00	현장도착	공통
	00:00~00:00	안전교육 및 작업준비	공통
	00:00~00:00	1.장비하역 및 설치준비	장비하역(○○○외○명)
		2.Basic mast 설치	장비설치 및 볼트체결(○○○외 1명)
		3.Mast & telescopic cage 설치	하부작업(○○○외○명) 상부조립(○○○외○명)
		4.Turn table & cabin	〃
		5.Top head	〃
	00:00~00:00	중식 및 휴식	
	00:00~00:00	1.Counter jib 설치	하부작업(○○○외○명) 상부조립(○○○외○명)
		2.타이바 설치	〃
		3.메인Jib 조립	〃
월 일	00:00~00:00	현장도착	공통
	00:00~00:00	안전교육 및 작업준비	공통
	00:00~00:00	호이스트, 트롤리 와이어 권선작업	하부작업(○○○외○명) 상부조립(○○○외○명)
	00:00~00:00	중식 및 휴식	
	00:00~00:00	1.Mast telescoping	하부작업(○○○외○명) 상부조립(○○○외○명)
		2.T/C 악세서리 설치	〃
월 일	00:00~00:00	T/C 정기검사 준비 및 수검하중 셋팅	○○회사 기술팀

1 산업안전보건법 시행규칙

① 산업안전보건법 시행규칙 제26조~제28조에 타워크레인 해당 종사자에 대한 안전보건교육을 실시하도록 규정하고 있다.
② 안전보건교육 교육과정별 교육시간은 다음과 같이 규정하고 있다.

■ 산업안전보건법 시행규칙 [별표 4] 〈개정 2023. 9. 27.〉

안전보건교육 교육과정별 교육시간 (제26조제1항 등 관련)

1. 근로자 안전보건교육(제26조제1항, 제28조제1항 관련)

교육과정	교육대상		교육시간
가. 정기교육	1) 사무직 종사 근로자		매반기 6시간 이상
	2) 그 밖의 근로자	가) 판매업무에 직접 종사하는 근로자	매반기 6시간 이상
		나) 판매업무에 직접 종사하는 근로자 외의 근로자	매반기 12시간 이상
나. 채용 시 교육	1) 일용근로자 및 근로계약기간이 1주일 이하인 기간제근로자		1시간 이상
	2) 근로계약기간이 1주일 초과 1개월 이하인 기간제근로자		4시간 이상
	3) 그 밖의 근로자		8시간 이상
다. 작업내용 변경 시 교육	1) 일용근로자 및 근로계약기간이 1주일 이하인 기간제근로자		1시간 이상
	2) 그 밖의 근로자		2시간 이상
라. 특별교육	1) 일용근로자 및 근로계약기간이 1주일 이하인 기간제근로자: 별표 5 제1호라목(제39호는 제외한다)에 해당하는 작업에 종사하는 근로자에 한정한다.		2시간 이상
	2) 일용근로자 및 근로계약기간이 1주일 이하인 기간제근로자: 별표 5 제1호라목제39호에 해당하는 작업에 종사하는 근로자에 한정한다.		8시간 이상
	3) 일용근로자 및 근로계약기간이 1주일 이하인 기간제근로자를 제외한 근로자: 별표 5 제1호라목에 해당하는 작업에 종사하는 근로자에 한정한다.		가) 16시간 이상(최초 작업에 종사하기 전 4시간 이상 실시하고 12시간은 3개월 이내에서 분할하여 실시 가능) 나) 단기간 작업 또는 간헐적 작업인 경우에는 2시간 이상
마. 건설업 기초안전·보건교육	건설 일용근로자		4시간 이상

비고
1. 위 표의 적용을 받는 "일용근로자"란 근로계약을 1일 단위로 체결하고 그 날의 근로가 끝나면 근로관계가 종료되어 계속 고용이 보장되지 않는 근로자를 말한다.
2. 일용근로자가 위 표의 나목 또는 라목에 따른 교육을 받은 날 이후 1주일 동안 같은 사업장에서 같은 업무의 일용근로자로 다시 종사하는 경우에는 이미 받은 위 표의 나목 또는 라목에 따른 교육을 면제한다.
3. 다음 각 목의 어느 하나에 해당하는 경우는 위 표의 가목부터 라목까지의 규정에도 불구하고 해당 교육과정별 교육시간의 2분의 1 이상을 그 교육시간으로 한다.
   가. 영 별표 1 제1호에 따른 사업
   나. 상시근로자 50명 미만의 도매업, 숙박 및 음식점업
4. 근로자가 다음 각 목의 어느 하나에 해당하는 안전교육을 받은 경우에는 그 시간만큼 위 표의 가목에 따른 해당 반기의 정기교육을 받은 것으로 본다.
   가. 「원자력안전법 시행령」 제148조제1항에 따른 방사선작업종사자 정기교육
   나. 「항만안전특별법 시행령」 제5조제1항제2호에 따른 정기안전교육
   다. 「화학물질관리법 시행규칙」 제37조제4항에 따른 유해화학물질 안전교육
5. 근로자가 「항만안전특별법 시행령」 제5조제1항제1호에 따른 신규안전교육을 받은 때에는 그 시간만큼 위 표의 나목에 따른 채용 시 교육을 받은 것으로 본다.
6. 방사선 업무에 관계되는 작업에 종사하는 근로자가 「원자력안전법 시행규칙」 제138조제1항제2호에 따른 방사선작업종사자 신규교육 중 직장교육을 받은 때에는 그 시간만큼 위 표의 라목에 따른 특별교육 중 별표 5 제1호라목의 33.란에 따른 특별교육을 받은 것으로 본다.

③ 안전보건교육 교육대상별 교육내용은 다음과 같이 규정하고 있다.

■ 산업안전보건법 시행규칙 [별표 5] 〈개정 2023. 9. 27.〉

안전보건교육 교육대상별 교육내용 (제26조제1항 등 관련)

1. 근로자 안전보건교육(제26조제1항 관련)
가. 정기교육

교육내용
○ 산업안전 및 사고 예방에 관한 사항
○ 산업보건 및 직업병 예방에 관한 사항
○ 위험성 평가에 관한 사항
○ 건강증진 및 질병 예방에 관한 사항
○ 유해·위험 작업환경 관리에 관한 사항
○ 산업안전보건법령 및 산업재해보상보험 제도에 관한 사항
○ 직무스트레스 예방 및 관리에 관한 사항
○ 직장 내 괴롭힘, 고객의 폭언 등으로 인한 건강장해 예방 및 관리에 관한 사항

나. 삭제 〈2023. 9. 27.〉

다. 채용 시 교육 및 작업내용 변경 시 교육

교육내용
○ 산업안전 및 사고 예방에 관한 사항 ○ 산업보건 및 직업병 예방에 관한 사항 ○ 위험성 평가에 관한 사항 ○ 산업안전보건법령 및 산업재해보상보험 제도에 관한 사항 ○ 직무스트레스 예방 및 관리에 관한 사항 ○ 직장 내 괴롭힘, 고객의 폭언 등으로 인한 건강장해 예방 및 관리에 관한 사항 ○ 기계ㆍ기구의 위험성과 작업의 순서 및 동선에 관한 사항 ○ 작업 개시 전 점검에 관한 사항 ○ 정리정돈 및 청소에 관한 사항 ○ 사고 발생 시 긴급조치에 관한 사항 ○ 물질안전보건자료에 관한 사항

라. 특별교육 대상 작업별 교육

작업명	교육내용
14. 1톤 이상의 크레인을 사용하는 작업 또는 1톤 미만의 크레인 또는 호이스트를 5대 이상 보유한 사업장에서 해당 기계로 하는 작업(제40호의 작업은 제외한다)	○ 방호장치의 종류, 기능 및 취급에 관한 사항 ○ 걸고리ㆍ와이어로프 및 비상정지장치 등의 기계ㆍ기구 점검에 관한 사항 ○ 화물의 취급 및 안전작업방법에 관한 사항 ○ 신호방법 및 공동작업에 관한 사항 ○ 인양 물건의 위험성 및 낙하ㆍ비래(飛來)ㆍ충돌재해 예방에 관한 사항 ○ 인양물이 적재될 지반의 조건, 인양하중, 풍압 등이 인양물과 타워크레인에 미치는 영향 ○ 그 밖에 안전ㆍ보건관리에 필요한 사항
30. 타워크레인을 설치(상승작업을 포함한다)ㆍ해체하는 작업	○ 붕괴ㆍ추락 및 재해 방지에 관한 사항 ○ 설치ㆍ해체 순서 및 안전작업방법에 관한 사항 ○ 부재의 구조ㆍ재질 및 특성에 관한 사항 ○ 신호방법 및 요령에 관한 사항 ○ 이상 발생 시 응급조치에 관한 사항 ○ 그 밖에 안전ㆍ보건관리에 필요한 사항
39. 타워크레인을 사용하는 작업시 신호업무를 하는 작업	○ 타워크레인의 기계적 특성 및 방호장치 등에 관한 사항 ○ 화물의 취급 및 안전작업방법에 관한 사항 ○ 신호방법 및 요령에 관한 사항 ○ 인양 물건의 위험성 및 낙하ㆍ비래ㆍ충돌재해 예방에 관한 사항 ○ 인양물이 적재될 지반의 조건, 인양하중, 풍압 등이 인양물과 타워크레인에 미치는 영향 ○ 그 밖에 안전ㆍ보건관리에 필요한 사항

2. 건설업 기초안전보건교육에 대한 내용 및 시간(제28조제1항 관련)

교육 내용	시간
가. 건설공사의 종류(건축·토목 등) 및 시공 절차	1시간
나. 산업재해 유형별 위험요인 및 안전보건조치	2시간
다. 안전보건관리체제 현황 및 산업안전보건 관련 근로자 권리·의무	1시간

6. 물질안전보건자료에 관한 교육(제169조제1항 관련)

교육내용
○ 대상화학물질의 명칭(또는 제품명)
○ 물리적 위험성 및 건강 유해성
○ 취급상의 주의사항
○ 적절한 보호구
○ 응급조치 요령 및 사고시 대처방법
○ 물질안전보건자료 및 경고표지를 이해하는 방법

4-5 기계·기구 및 공구에 관한 사항

① 타워크레인의 설치, 조립 및 해체작업시 작업도구는 4-3항 작업계획서를 참고하기 바란다.
② 주요 작업도구는 토크 렌치, 체인 블록, 샤클, 받침목, 와이어로프, 섬유로프, 훅 등을 들수 있다.
③ 주요 작업도구는 작업개시전 점검을 통하여 안전하게 사용하여야 한다.

㉮ **토크 렌치**
- 정해진 토크 값으로 조인다.
- 토크렌치 길이가 2배이면 돌리기 위한 회전 힘은 절반(50%)으로 줄여든다.
- 정확한 양의 토크를 렌치에 전달하려면 렌치가 청결관리 및 보정 확인이 중요하다.
- 안전보호장비를 착용하고 권장 토크 값이 초과되지 않도록 조이는 경험이 중요하다.

㉯ **체인 블록**
- 적은 힘으로 무거운 물체를 들어올리는 데 공구로서 정격하중(용량)을 초과 사용하지 않아야 한다.

- 수동 힘 이외에 걸리는 힘을 지지하는 곳에는 가급적 사용을 금지해야 한다.

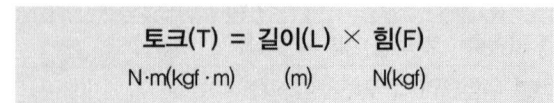

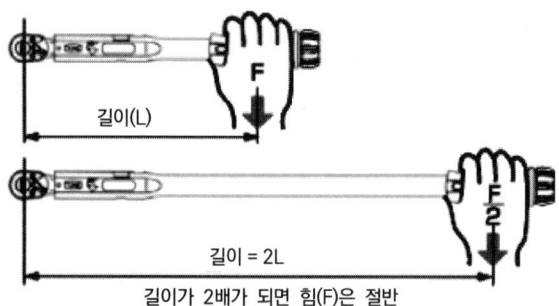

- 작업개시 전 상하 훅, 리프팅 체인의 링크 꼬임, 변형, 마모 상태를 확인해야 한다.

- 체인 블록의 위험요인으로는 훅 변형으로 파단, 정격하중 초과로 파단 및 탈락, 체인 블록의 고정 구조물의 강도 부족으로 낙하 위험이 잠재하고 있다.

㈐ **샤클**
- 샤클 사용중 안전사항은 인양 중 작업반경내 출입을 통제해야 한다.
- 러그나 와이어에 샤클 핀이 정확한 방향으로 체결되었는지 확인해야 한다.
- 샤클 규격 등급 혹은 사용(안전)하중을 확인해야 하며 반드시 최대 사용하중 이하의 하중에서 사용해야 한다.

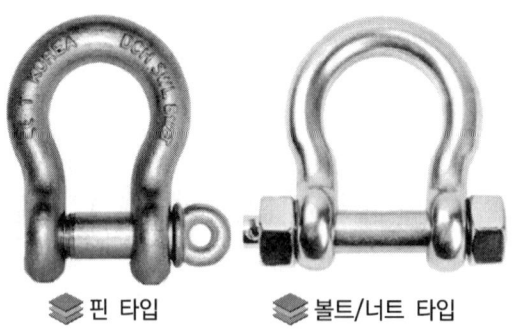

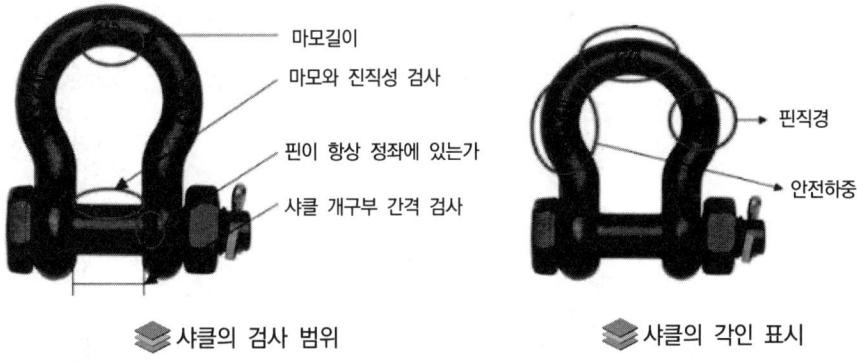

샤클의 검사 범위   샤클의 각인 표시

- 샤클의 볼트, 너트 및 핀은 규정의 것으로 사용한다.
- 볼트, 너트 및 둥근 플러그를 사용하는 형식의 샤클은 반드시 분할핀을 사용한다.
- 샤클의 볼트 또는 핀에 세로 방향하중을 초과하는 하중이 작용되지 않도록 사용한다.
- 샤클 몸체 직경이 5% 이상 마모된 것은 사용을 금지한다.

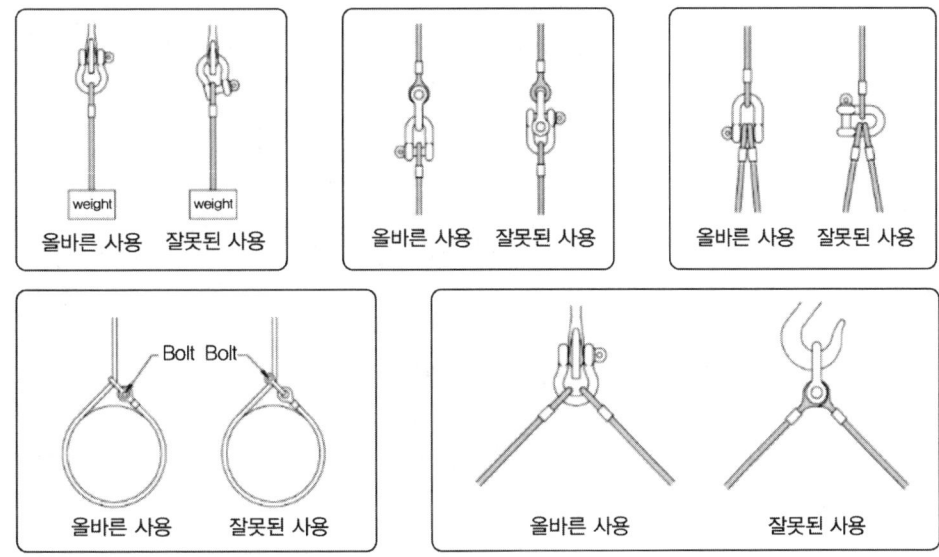

- 샤클핀이 회전하는 조건으로 인양을 금지한다.
- 샤클에 용접, 열처리, 가열, 구부림 등 수리 흔적이 있는지 확인한다. 재 가공 흔적이 있으면 사용하지 않는다.

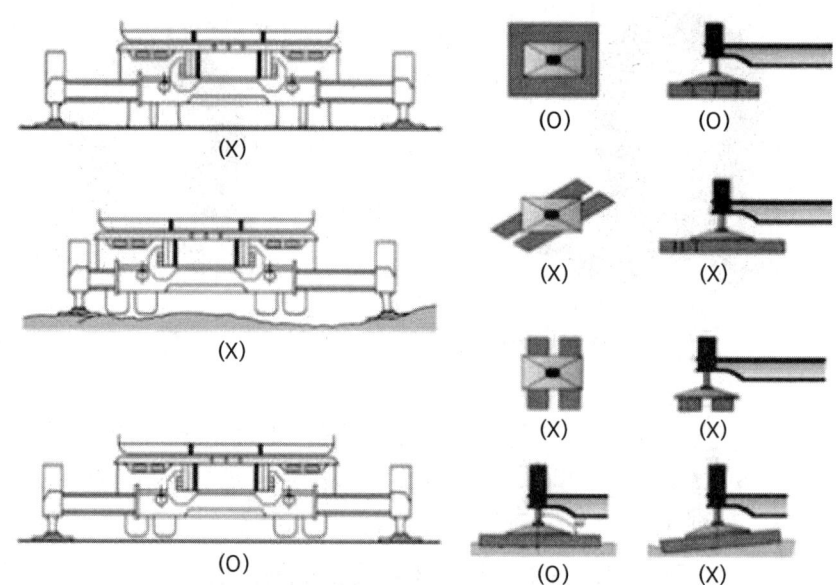

㉣ **받침(고임)목**

- 이동식크레인에 있어 대표적인 받침목은 연약지반에 단위면적당 압력을 분산하여 지반침하를 방지하는 목적과 수평유지이다.
- 받침목을 설치한 다음에는 보조 주차 브레이크를 작동시켜야 한다. 이때 시동 스위치 전원은 온(ON)시켜 놓아야 한다.
- 바퀴에는 아웃트리거 안전핀을 꽂아 놓아야 한다.
- 받침목을 수평 설치하기 위해서 고임목을 받치고 나서 지면과 닫는 부분에 흙을 채워 넣거나 포장된 부분의 경우에는 받침목이 부러지지 않게 빈틈을 채워야 수평을 유지할 수 있다.
- 받침목은 아웃트리거 실린더가 높이 올라 갈수있도록 받침목의 면적이 넓은 제품을 설치하는 것이 중요하다.

㉮ 와이어로프
- 와이어로프의 구성 및 표기사항은 다음 그림과 같다.

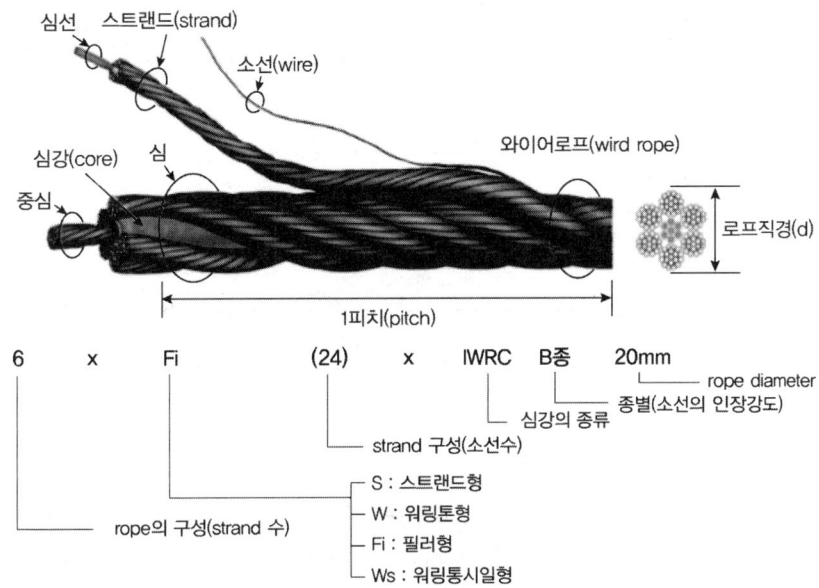

- 와이어로프의 사용 금지기준은 다음과 같다.

검사 항목	사용금지 기준
와이어로프 연결부 등	• 와이어로프 끝단이 승강장치로부터 이탈 • 와이어로프 연결부 풀림, 탈락 • 와이어로프 드럼에 공정하는 클램프가 2개 미만
인하용 와이어로프	• 작업대 하강용 로프가 와이어로프가 아닌 경우 • 작업대 인하용 주 와이어로프가 2가닥 미만 • 소선 단선, 로프 직경감소가 7% 초과 • 와이어로프의 한 꼬임(스트랜드 : strand)에서 끊어진 소선의 수가 10% 이상 • 와이어로프 단말 고정부분이 풀림 • 꼬인 것 및 심하게 변형, 부식 • 열과 전기 충격으로 손상

- 와이어로프의 종류별 안전계수는 다음과 같다.
  • 근로자가 탑승하는 운반구를 지지하는 달기 로프 · 체인 : 10이상
  • 화물 하중을 직접지지하는 달기 로프 · 체인 : 5이상
  • 훅, 샤클, 클램프, 리프팅 빔 : 3이상
  • 그 밖의 경우 : 4이상

㈑ 섬유로프(슬링 벨트)

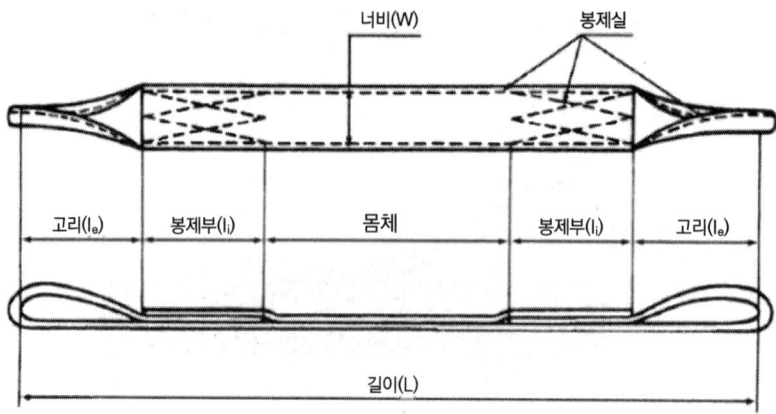

◈ 양 끝 고리형 슬링 벨트

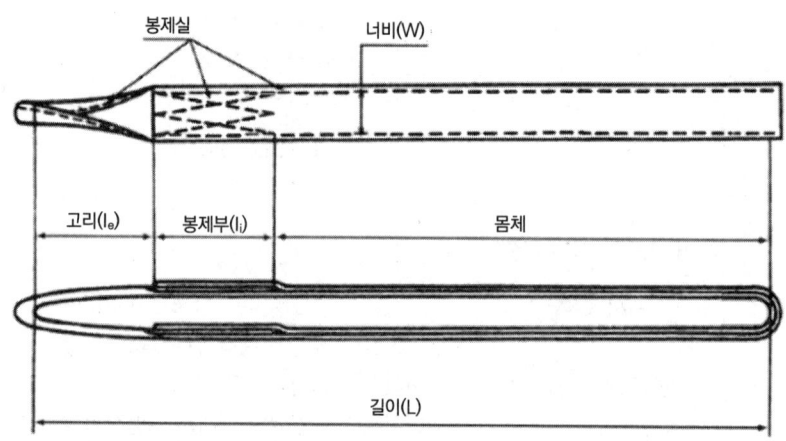

◈ 엔드리스형 슬링 벨트

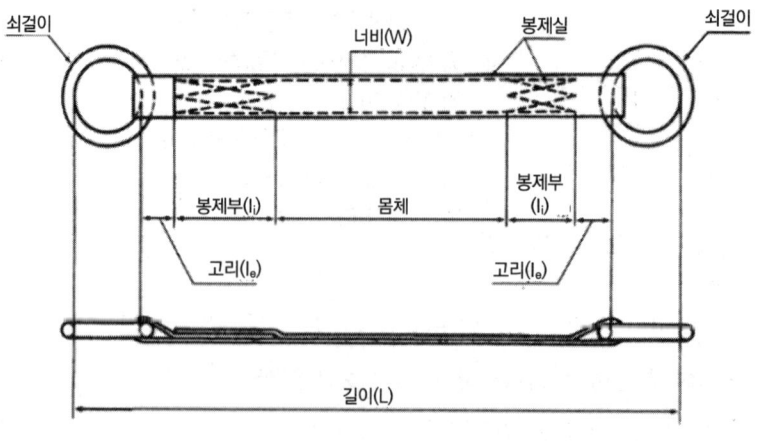

◈ 쇠걸이붙이형 슬링 벨트

- 섬유로프의 안전사항은 다음과 같다.
  - 섬유로프는 봉제부 및 고리의 파단, 봉제실 끊어짐, 쇠걸이의 균열 등이 없어야 한다.
  - 폴리프로필렌계로 된 것은 자외선에 약하므로 옥외 사용을 금지해야 한다.
  - 섬유로프의 파단하중을 사용하중으로 나눈 안전계수는 7.0 이상이어야 한다.
  - 섬유로프의 사용온도는 −40~90℃로 하고, 상온을 초과 사용하는 경우에는 제작사의 기준에 의거 사용하중을 줄여 사용해야 한다.
  - 섬유로프가 물, 기름 등에 젖으면 미끄러지기 쉬우므로 제거하거나 건조시킨다.
  - 극단적인 비틀림, 매듭 또는 서로 걸린 상태에서 사용을 금지해야 한다.
  - 각진 모서리가 있는 화물에는 슬링 파단방지를 위해 보호대를 사용한다.

㉑ **훅(Hook)**
- 훅은 다음과 같이 개조 작업 등으로 사용을 금지해야 한다.
  - 훅에 기계 가공의 추가
  - 열처리 또는 용접
  - 전기도금
  - 훅 해지장치의 철거
- 훅 본체는 균열 또는 변형 등이 없어야 하고 국부적인 마모는 원치수의 5% 이내 사용하고, 5%를 초과하면 사용을 금지해야 한다.
- 훅의 선단에 부하가 걸리는 사용방법과 금지사항은 다음 그림과 같다. 훅의 홈표면에서 정중앙 위치에서 로프 또는 벨트가 100% 부하가 정확히 걸리도록 사용해야 한다.

CHAPTER 05 관련 법규

5-1 산업안전보건법령

1 타워크레인 안전관리 체계

① 주관부처는 고용노동부이며, 1991년 7월1일부터 시행되었다.
② 타워크레인은 제조현장에서 사용하면 안전인증, 안전검사를 받아야 한다.
③ 건설현장에서 사용하면 안전검사만 받아야 한다.
④ 타워크레인의 안전인증은 0.5톤 이상, 안전검사는 2톤 이상부터 적용된다.
⑤ 다만, 건설기계관리법에 따른 형식신고, 확인검사를 실시한 경우 안전인증을 면제한다.
⑥ 고용노동부 관련 타워크레인 규제사항은 수시로 개정되는 산업안전보건기준에 관한 규칙을 자주 확인하는 습관이 필요하다.

2 타워크레인 운전자격

① 고용노동부령에 유해·위험작업의 취업 제한에 관한 규칙(약칭 : 취업제한규칙)에 근거하고 있다.
② 조종석이 설치되지 않은 5톤 이상 무인 타워크레인을 포함하여 유자격자가 운전을 하여야 한다.
③ 다만, 산업안전보건기준에 관한 규칙에 의거 5톤 미만 무인 타워크레인은 무선원격제어기(펜던트스위치)를 취급하는 근로자에게 작동요령 등 안전에 관한 사항을 충분히 주지시킨 후 운전을 하도록 규제하고 있다.

3 타워크레인 사용상 안전조치 의무사항

① 관리감독자는 작업 시작 전 필요한 사항을 점검해야 하고 점검결과 이상 발견시 즉시 수리하거나 필요한 안전조치를 해야 한다.

② 타워크레인에 방호조치, 안전인증, 안전검사에 따른 기준에 적합하지 아니한 기계는 사용을 금지해야 한다.
③ 타워크레인은 순간풍속 10m/s 초과시 설치, 수리, 점검 또는 해체작업을 중지해야 한다.
④ 타워크레인은 순간풍속 15m/s 초과시 운전작업을 중지해야 한다.
⑤ 타워크레인은 설치, 조립, 해체작업시 작업계획서를 작성해야 한다.
 - 타워크레인 종류 및 형식
 - 작업도구, 장비, 가설장비 및 방호설비
 - 설치, 조립, 해체 순서
 - 작업인원의 구성 및 작업근로자의 역할범위
 - 지지방법 등
⑥ 타워크레인은 작업 시 일정한 신호방법을 정하여 신호를 해야 한다.
⑦ 타워크레인의 운전자는 운전중 위치에서 이탈을 금지해야 한다.
⑧ 운전자 또는 작업자는 보기 쉬운 곳에 정격하중, 운전속도, 경고표시 등을 부착해야 한다.
⑨ 타워크레인은 과부하 등 적재하중을 초과해서는 아니된다.
⑩ 타워크레인은 훅 해지장치를 사용해야 한다.
⑪ 타워크레인 조립 등의 작업시는 필요한 안전조치를 해야 한다.
⑫ 타워크레인 지지, 지지방식 등의 작업에 있어, 자립고 높이 이상 설치시 벽체 지지방식을 원칙으로 하되, 부득이한 경우 와이어로프 지지방식으로 조치를 해야 한다. 또한, 제조사의 설치작업설명서, 구조기술사의 확인 검토를 거쳐야 한다.
 - 와이어로프 지지방식의 주의사항
   * 전용 지지프레임 사용, 설치각도는 수평면에서 60도 이내
   * 지지점은 4개소 이상, 등각도 설치
   * 와이어로프 장력유지 및 가공전선에는 접근금지
⑬ 타워크레인의 와이어로프에 화물 인양시는 안전율 5이상을 유지해야 하고, 이음매가 있는 로프는 사용을 금지해야 한다.
⑭ 타워크레인의 설치,상승,해체 작업자는 특별안전보건교육을 이수해야 한다.
⑮ 타워크레인의 설치,상승,해체 작업자는 제관기능사, 비계기능사 또는 교육기관(한국산업안전보건공단)에서 교육을 이수하고 수료시험에 합격한 후 5년이 경과하지 않은 사람이 작업을 해야 한다.(보수교육시간 : 이론/실기 총 36시간 이수한 후 5년이 경과하지 않은 사람)

5-2 건설기계관리법령

1 타워크레인 안전관리 체계

① 주관부처는 국토교통부이며, 2008년 1월1일부터 시행되었다.(경과조치 2년)
② 건설현장 타워크레인 안전검사는 2014년7월29일 까지 2년간 유예를 하였다.
③ 타워크레인을 제작, 조립, 수입하려는 자는 국토교통부장관으로부터 위임받은 검사대행자에게 형식신고 및 승인을 받아야 한다.
④ 타워크레인을 제작, 조립, 수입하려는 자는 국토교통부장관으로부터 위임받은 검사대행자에게 확인검사를 받아야 한다.
⑤ 타워크레인 형식 승인 및 신고한 자는 국토교통부장관으로부터 위임받은 검사대행자에게 정밀안전진단을 받아야 한다.
⑥ 타워크레인의 내구연한을 초과한 경우에는 운행하거나 사용할 수 없다. 다만, 국토교통부장관이 실시하는 건설기계 정밀진단을 받아 안전하게 운행할 수 있다고 인정되는 경우에는 그 내구연한을 3년 단위로 연장할 수 있다.
⑦ 타워크레인은 건설기계관리법 제13조(검사)에 따라 국토교통부장관이 지정하는 검사대행자에게 검사를 받아야 한다.
  - 신규등록검사 : 건설기계를 신규로 등록할 때 실시하는 검사
  - 정기검사 : 건설공사용 건설기계로서 3년의 범위에서 국토교통부령으로 정하는 검사유효기간(이하 "검사유효기간"이라 한다) 이 끝난 후에 계속하여 운행하려는 경우에 실시하는 검사와 「대기환경보전법」 제62조 및 「소음·진동관리법」 제37조에 따른 운행차의 정기 검사
  - 구조변경검사 : 건설기계의 주요 구조를 변경하거나 개조한 경우 실시하는 검사
  - 수시검사 : 성능이 불량하거나 사고가 자주 발생하는 건설기계의 안전성 등을 점검하기 위하여 수시로 실시하는 검사와 건설기계 소유자의 신청을 받아 실시하는 검사
⑧ 국토교통부 관련 타워크레인 규제사항은 수시로 개정되는 건설기계관리법령을 자주 확인하는 습관이 필요하다.

2 타워크레인 운전자격

① 건설기계관리법 시행규칙 별표 21에 건설기계조종사면허의 종류 에 근거하고 있다.
② 3톤 이상 타워 크레인은 한국산업인력공단에서 시행하는 타워크레인 운전기능사 자

격을 취득한 후, 지방자치단체장으로부터 건설기계조종사 면허증을 발급받아야만 법적 운전자격이 인정된다.

③ 3톤 미만 타워 크레인은 한국산업인력공단에서 지정한 교육기관(학원 등)에서 시행하는 소형건설기계조종교육을 20시간 이수한 후, 지방자치단체장으로부터 건설기계조종사 면허증을 발급받아야만 법적 운전자격이 인정된다.

3 건설기계 안전관리기준에 관한 규칙 신설 주요사항(20.7.31 신설 22.1.1 시행)

① 제107조의2(웨이트) 공중에 설치되는 웨이트(weight)는 예상하지 못한 이동 또는 탈거에 대비할 수 있도록 웨이트가 서로 밀착·고정되는 구조이어야 하고, 중량이 표시되어야 함.

② 제108조의2(유압 상승장치) 유압 상승장치의 유압펌프 배관 및 호스 연결부분은 유압에 사용되는 기름이 새지 않는 구조이어야 하고, 유압 상승장치에는 유압의 과도한 상승을 방지하기 위한 안전밸브를 갖추어야 하며, 유압펌프, 유압모터 및 제어밸브는 급격한 부하 변동에 견딜 수 있는 구조여야 하며, 유압 상승장치의 유압배관은 사용압력에 대하여 최소 3배 이상 견딜 수 있어야 한다.

③ 제108조의3(선회장치의 동력) 선회장치의 동력은 슬립링(slip ring)과 같은 방식으로 공급해야 한다. 다만, 슬립링의 설치가 어려운 경우에는 지브회전으로 인해 전원 케이블이 손상되지 않도록 선회제한장치를 설치해야 한다.

④ 제108조의4(회전부분의 방호) 기어, 축 및 커플링(coupling) 등의 회전부분 중 근로자에게 위험을 야기 할수 있는 부분에는 덮개나 울을 설치하는 등 적절한 안전조치를 해야 한다.

⑤ 제111조의2(속도제한장치) 타워크레인의 작동 속도를 자동으로 제동하는 기능이 없는 경우로서 최대 허용 속도를 초과할 위험이 있는 경우에는 작동 속도가 최대 허용 속도 내에 있도록 다음 각 호의 속도제한장치를 함께 장착해야 한다.
 - 인상속도 제한장치, 인하속도 제한장치, 지브의 기복동작 속도 제한장치

⑥ 제112조의2(정격하중 경고장치 및 확인장치) 타워크레인의 조종실 또는 원격제어기에는 정격하중 경고장치와 정격하중 확인장치를 설치해야 한다.
 - 정격하중 경고장치는 정격하중의 90퍼센트 이상의 하중이 가해질 때마다 조종사가 인지할 수 있도록 시각과 청각 두 가지 방법으로 경고 표시를 해야 한다.
 - 정격하중 확인장치는 혹의 위치에 따라 정격하중이 변하는 상태를 조종사가 시각적으로 확인 할 수 있어야 한다.

⑦ 제112조의3(이상경고장치) 타워크레인 작동 중 안전장치 작동 등에 이상이 발생한 경우에 조종사뿐만 아니라 주변 작업자들도 이상이 발생했다는 것을 알 수 있도록 다

음 각 호의 기준에 적합한 이상경고장치를 설치해야 한다.
1. 지상 작업면 기준으로 마스트 중심부로부터 반경 10미터 지점까지 경고음이 잘 들리는 구조일 것
2. 경고등은 선회장치의 턴테이블(타워크레인 지브의 방향을 바꾸기 위한 회전식 설비를 말한다)에 설치해야 하며, 광도는 135칸델라 이상으로 적색이 점멸되는 구조일 것

⑧ 제112조의4(주행식 타워크레인의 경보장치) 주행식 타워크레인은 종(鐘) 또는 버저(buzzer) 등의 경보장치를 구비해야 한다. 다만, 작업바닥면에서 조작하며 중량물과 조종사가 함께 이동하는 방식의 타워크레인은 제외한다.

⑨ 114조의2(풍속계) 타워크레인의 고정된 구조물 중 가장 높은 곳에 다음 각 호의 기준에 적합한 풍속계를 설치해야 한다. 〈개정 2021. 8. 27.〉
1. 「산업안전보건기준에 관한 규칙」 제37조제2항에 따라 타워크레인의 운전작업을 중지해야 하는 순간풍속이 되었을 때 이를 조종사가 시각 또는 청각 등으로 쉽게 확인할 수 있는 구조일 것
2. 바람의 방향에 따라 움직이는 풍속계의 경우에는 풍향을 알 수 있는 표시를 부착할 것
3. 측정할 수 있는 풍속의 범위를 표시부에 명시할 것

⑩ 제116조의2(전기관계) 제어반에는 제어반의 명칭, 전원의 정격전압, 주파수 및 상수 등이 표시된 이름판을 각각 붙여야 한다.
- 조명이 들어오는 장치는 다음 각 호의 기준에 적합해야 한다.
  1. 조종석의 조명상태는 조종에 지장이 없는 구조일 것
  2. 야간작업용 조명은 조종사 및 신호수의 작업에 지장이 없는 구조일 것
- 옥외에 설치되는 타워크레인에는 다음 각 호의 구분에 따라 낙뢰로부터 타워크레인을 보호하기 위한 장치를 설치해야 한다.
  1. 마스트 철구조물의 단면적이 300제곱밀리미터 이하인 경우(마스트의 연결상태가 전기적으로 연속적인 경우는 제외한다) : 피뢰침 및 도선 등을 설치할 것
  2. 마스트 철구조물의 단면적이 300제곱밀리미터 초과인 경우나 마스트의 연결상태가 전기적으로 연속적인 경우 : 피뢰용 접지공사를 할 때에는 피뢰도선과 피접지물 또는 접지극을 서로 용접이나 볼트 등으로 견고히 체결하고, 부식되지 않는 재료를 사용하여 피뢰용 접지공사를 할 것
- 배선은 한국산업규격(KS C IEC60502-1)에 적합한 캡타이어(cabtyre) 케이블 또는 그와 같거나 그 이상의 절연내력, 내유성, 강도 및 내구성을 갖고 있어야 하며, 전선의 굵기는 해당 전기기계·기구에 적합한 구조로 제작되어야 한다.

⑪ 제117조의2(영상확인장치) 원격제어기를 이용하여 조종하는 방식의 타워크레인은 조종사가 와이어로프 이탈여부 및 중량물 인양 상태를 확인할 수 있도록 다음 각 호의 위치에 영상확인장치를 설치해야 한다.
  1. 권상장치의 작동상태를 확인할 수 있는 곳
  2. 지브 기복장치의 작동상태를 확인할 수 있는 곳
  3. 중량물의 인양 상태를 확인할 수 있는 다음 각 목의 구분에 따른 위치
     - 수평지브 타입인 경우에는 트롤리

⑫ 제122조의2(마스트의 쉼 발판) 마스트 쉼 발판은 마스트의 횡단 면적 전체에 작업자를 안전하게 지지할 수 있는 구조로 설치해야 한다.
  - 쉼 발판으로부터 높이 90센티미터 이상 120센티미터 이하의 지점에 난간대를 설치해야 한다. 다만, 마스트의 대각이나 수평 부재로 추락 방지 조치를 한 경우는 설치하지 않을 수 있다.
  - 쉼 발판으로부터 높이 10센티미터 이상의 발끝막이판을 설치해야 한다. 다만, 발끝막이판의 설치로 인해 근로자의 보행에 위험이 생기는 구조인 경우에는 설치하지 않을 수 있다.

⑬ 제122조의3(계단의 구조) 주행식 타워크레인에 계단을 설치하는 경우에는 다음 각 호의 기준에 적합해야 한다.
  1. 경사도는 수평면에 대하여 75도 이하로 할 것
  2. 발판의 높이는 30센티미터 이하로 하고 발판의 폭은 10센티미터 이상으로 할 것
  3. 높이가 10미터를 초과할 때는 7미터마다 계단참을 설치할 것
  4. 난간을 따라 손잡이를 설치할 것

PART 8 안전관리

적중예상문제

01 안전보호구 구비조건을 설명하였다. 틀린 것은?

① 표면가공이 부드러울 것
② 외관이 보기 좋을 것
③ 품질이 우수할 것
④ 유해물에는 부분방호가 확실할것

해설 유해물질에 방호가 완벽해야 한다.

02 추락방지를 위한 보호구로 옳은 것은?

① 안전모　　② 안전대
③ 안전장갑　④ 안전화

03 일반적으로 타워크레인 종사자들이 착용하는 보호구이다. 틀린 것은?

① 안전모
② 방독마스크
③ 보안경
④ 안전대

04 안전대용 로프의 구비조건이다. 틀린 것은?

① 인장강도에 강할 것
② 강하고 미끄러울 것
③ 완충성이 높을 것
④ 내마모성이 높을

해설 안전대용 로프는 부드럽고 되도록 미끄럽지 않아야 한다.

05 타워 크레인의 과부하방지장치는 인양물 정격하중이 초과하면 경보가 울리면서 운전이 정지된다. 옳은 것은?

① 정격하중의 1.01배 이상시 운전 정지
② 정격하중의 1.05배 이상시 운전 정지
③ 지브하중 모멘트 감소에 따라 정지
④ 시험하중 하강에 따라 정지

해설 중량물 인상후 지브하중의 모멘트 증가에 따라 이동하면서 정격하중의 1.05대이상 권상시 경보등이 작동하면서 운전이 정지된다.

06 타워 크레인의 운전개시전 권과방지장치 확인사항으로 옳은 것은?

① 인상후 권상속도가 증속을 확인
② 인하후 권상속도가 증속을 확인
③ 훅 블록은 지브 상단 또는 끝단까지 상승후 권상속도가 감속을 확인
④ 훅 블록은 마스트 중단 또는 끝단까지 상승 후 권상속도가 감속을 확인

해설 지브 끝단까지 상승후 권상속도가 감속하며 정지하는지 확인 한다.

07 타워 크레인의 비상정지장치 확인사항으로 맞는 것은?

① 장치 차단후 자동 복귀 확인
② 장치 차단후 반자동 복귀 확인
③ 모든 전원이 차단 확인
④ 조작전원만 차단 확인

해설 장치 작동후 모든 전원이 차단되고 조작시 수동 복귀되는지 확인 한다.

정답　01.④　02.②　03.②　04.②　05.②　06.③　07.③

08 브레이크 라이닝의 마모 한도로 맞는 것은?
① 원치수의 20% 초과시
② 원치수의 30% 초과시
③ 원치수의 40% 초과시
④ 원치수의 50% 초과시

09 장치내부에 반동베어링이 아래방향으로 처지면서 안전레버의 선회로 로프의 위험상황을 방어하는 안전장치는?
① 기복제한장치
② 훅해지장치
③ 충돌방지장치
④ 와이어로프 꼬임방지장치

10 조종실내 정격하중의 경고장치는 운전자가 인지할수 있도록 경고표시해야 한다. 맞는 것은?
① 정격하중 70%이상 증가시 경고
② 정격하중 80%이상 증가시 경고
③ 정격하중 85%이상 증가시 경고
④ 정격하중 90%이상 증가시 경고

11 타워크레인 제작자는 방호장치의 설치로 막을 수 없는 위험은 위험 표지를 타워크레인에 부착해야 한다. 맞는 것은?
① 위험 협착표지
② 위험 안내표지
③ 위험 금지표지
④ 위험 경고표지

12 타워 크레인의 인상 및 해체작업 안전수칙이 다 일반적으로 가장 우선적으로 이행해야 하는 수칙으로 맞는 것은?
① 작업장소에 공간을 확보하는 일
② 긴급 작업을 우선 수행하는 일
③ 작업순서를 정하는 일
④ 훅을 최대한 감아 올리는 일

해설 작업순서를 정하고 그 순서에 따라 작업을 개시한다.

13 타워 크레인의 마스트 인상작업시 운전자가 절대 금기해야 하는 수칙은?
① 미동운전　② 서행운전
③ 권상운전　④ 선회운전

14 타워크레인 작업종료 후 안전수칙으로 틀린 것은?
① 방호울은 잠금조치
② 선회브레이크는 풀림장치를 작동
③ 줄걸이 용구는 함께 보관할 것
④ 훅은 최대한 감아 올릴 것

해설 줄걸이용구는 분리 보관한다.

15 타워 크레인 설치, 해체작업시 인적위험요소로 틀린 것은?
① 작업절차 무시
② 작업자의 기능 부족
③ 마스트 볼트의 체결불량
④ 관리감독자 배치수 부족

해설 관리감독자 미배치이다.

16 타워 크레인 설치, 해체작업시 물적위험요소로 틀린 것은?

① 자재고정 방법 불량상태
② 타워크레인 장비점검 불량상태
③ 안전장치 고장상태
④ 신호수 배치 불량

해설 신호수 배치불량은 관리적 사항이다.

17 타워크레인 장비 사용설명서의 주요내용으로 틀린 것은?

① 주요 제원표.
② 안전수칙
③ 운전조작, 점검요령
④ 운전자 정보 사항

18 타워 크레인의 마스트 상승작업에 대하여 관리감독자가 작업 중에 안전 조치상태를 확인해야 하는 사항과 거리가 먼 것은?

① 작업발판의 설치 상태
② 안전대의 착용 상태
③ 부재 중량의 파악 상태
④ 줄걸이 및 신호자의 배치 여부

19 타워 크레인의 와이어로프에 대하여 사용 중의 신뢰성을 확인할 수 있다. 다음 중 거리가 먼 것은?

① 파손된 로프 가닥의 종류, 수
② 파손된 로프의 위치
③ 파손된 로프의 중량
④ 로프의 파손 연쇄 반응

20 타워크레인 운전작업중 안전사항으로 틀린 것은?

① 신호 등으로 작업자에게 알리는 일
② 안전장치 이상시 매뉴얼에 따라 조치
③ 조종장치는 위급시 급 시작, 제동운전
④ 전원계통 이상시 모든 전원을 차단

해설 조종장치는 급격한 시작과 조작과 제동을 금지한다.

21 타워크레인 작업완료 후 안전사항으로 틀린 것은?

① 훅 블록은 매인 지브쪽으로 최대한 상승 위치
② 모든 전원은 차단
③ 선회제동장치는 잠근다.
④ 모든 보안장치는 잠근다.

해설 선회제동장치는 풀어 주어야 한다.

22 타워 크레인의 하차 안전사항으로 틀린 것은?

① 하차시는 안전모 착용
② 하차시는 안전대 착용
③ 필요시 가설자재 등을 이용 하차
④ 하차시는 천천히 하차

23 타워 크레인의 장비 현장 반입시 안전관리사항이다. 틀린 것은?

① 관리감독자는 반입전검사에 입회
② 20년식 장비는 정밀안전진단 확인
③ 장비의 설치회사를 확인한다.
④ 마스트 제작롯트, 타각기번호를 확인

해설 장비의 제조회사를 확인한다.

24 타워 크레인의 운반에 있어 상하차 준비 및 계획사항을 설명하였다. 틀린 것은?

① 상하차 작업계획서를 사전 작성
② 부재의 물품 리스트와 실물을 확인
③ 운전자에 대한 사후 안전교육 실시
④ 부재 야적장소의 연약지반 확인

25 타워 크레인 해체작업시 장비 안전관리사항으로 틀린 것은?

① 설치,인상,해체작업 서류를 확인
② 작업인력 자격서류는 작업중 확인
③ 작업과정 영상기록 및 대여서류확인
④ 신호자 교육 이수여부 확인

해설 장비 설치,해체작업자 자격서류는 작업전 반드시 확인해야 한다.

26 타워 크레인 신호작업 일용근로자가 산업안전보건법에 따라 받아야 하는 특별교육 시간으로 맞는 것은?

① 4시간 미만   ② 4시간 이상
③ 8시간 미만   ④ 8시간 이상

해설 산업안전보건법 제29조 및 시행규칙 제26조1항 별표4 및 별표5에 따라 신호작업 일용근로자는 8시간이상의 특별교육을 받아야 한다.

27 타워 크레인 신호작업 일용근로자가 산업안전보건법에 따라 특별교육을 받을 필요가 없는 경우로 맞는 것은?

① 신규 현장에 배치된 경우
② 사업주가 변경되고 다른현장에 채용
③ 회사 사직후 재입사 한 경우
④ 동일회사 소속으로 현장만 변경

해설 동일회사 소속으로 현장만 변경된 경우라면 특별교육을 받을 필요가 없다면 작업내용 변경시 교육만 받는다.

28 타워크레인 설치, 해체작업자는 판금제관기능사, 비계기능사, 지정교육기관의 교육수료 시험 합격 후 보수교육 특례규정에 따라 유자격자만 작업을 허용하고 있다. 보수교육 특례기간 설명으로 맞는 것은?

① 2024년1월1일부터 5년 이내 기간
② 2025년1월1일부터 5년 이내 기간
③ 2026년1월1일부터 5년 이내 기간
④ 2027년1월1일부터 5년 이내 기간

해설 장비 설치,해체작업자 자격은 안전보건교육기관(한국산업안전보건공단 산업안전보건교육원) 보수교육 이수후 5년 경과하지 않은 사람으로 보수교육 특례에 따라 2026년 1월1일부터 5년 이내 기간만 유자격을 허용하고 있다.

29 타워 크레인의 일상점검표 점검내용이다. 틀린 것은?

① 권과방지장치 점검
② 전기장치 모터 절연저항 측정
③ 브레이크, 클러치 등 점검
④ 와이어로프 점검

해설 전기장치 모터 절연저항 측정은 정기점검, 특별점검사항에 해당된다.

30 훅의 올바른 점검기준이 아닌 것은?

① 균열, 변형이 없을 것
② 국부마모는 원치수의 8% 이내일 것
③ 블록에 정격하중이 표기될 것
④ 볼트 등은 풀림이 없을 것

정답 24.③ 25.② 26.④ 27.④ 28.③ 29.② 30.②

31 선회장치의 올바른 점검기준이 아닌 것은?
① 선회시 장치부에 이상음이 없을 것
② 고압선을 제외한 모든 주변 안전조치를 할 것
③ 밸런스 웨이트는 견고하게 설치될 것
④ 상부회전체의 볼트, 너트는 풀림이 없을 것

32 렌치 사용시 적합하지 않는 것은?
① 렌치를 몸 밖으로 밀어 움직이게 할 것
② 너트에 맞는 것을 사용할 것
③ 해머 대용으로 사용을 금할 것
④ 파이프 렌치 사용시는 정지상태를 확실하게 할 것

33 타워 크레인 특별 안전점검의 주된 목적은?
① 위험요인을 사전에 발견하여 시정
② 법 기준의 적합여부를 점검
③ 안전작업 표준의 적합여부를 점검
④ 장비의 설계기준 적합여부를 점검

34 타워 크레인의 설치 작업 전 전원공급을 위한 준비작업 사항으로 틀린 것은?
① 메인 케이블은 타워 크레인 단독 선으로 가설
② 메인 케이블은 방호관을 설치
③ 지브 장착용 작업등 전선은 별도 분전반에서 가설
④ 1차 전원은 타워 크레인과 원거리 지점에 분전반을 설치

해설 타워 크레인에 전원 공급을 위한 시설에서 1차 전원은 타워 크레인의 근접 지점에 분전반을 설치하여 타워 크레인~T/R까지 약 5m 정도 결선 되어야 한다.

35 타워 크레인의 설치 작업 전 설치작업 팀원에 대한 안전 사항으로 틀린 것은?
① 장비매뉴얼과 제원은 사전 파악한다.
② 매뉴얼에 이해가 되지 않는 부분은 작업중에 토의하면서 설치한다.
③ 설치팀원의 역할과 임무를 숙지할 것
④ 안전교육을 받을 것

36 건설업 기초안전보건교육에 대한 내용이다. 틀린 것은?
① 건축,토목 시공 절차
② 산재유형별 위험요인 및 안전보건조치
③ 물질안전보건자료에 관한 사항
④ 안전보건관련 근로자 권리, 의무

해설 물질안전보건자료 교육은 건설업 기초안전보건 교육내용과는 직접적 관계가 없다.

37 건설업 기초안전보건교육에 대한 내용중 산업재해 유형별 위험요인 및 안전보건조치에 대한 법적 교육이수 시간이다. 맞는 것은?
① 30분 이상
② 1시간 이상
③ 2시간 이상
④ 3시간 이상

38 건설업 기초안전보건교육에 대한 내용중 안전보건관리체제 현황 및 산업안전보건 관련 근로자 권리, 의무에 대한 법적 교육이수 시간이다. 맞는 것은?
① 30분 이상
② 50분 이상
③ 1시간 이상
④ 2시간 이상

31.② 32.① 33.① 34.④ 35.② 36.③ 37.③ 38.③

39 토크 렌치의 사용법으로 틀린 것은?
① 렌치 크기는 구경의 치수로 표시한다.
② 렌치는 적당한 힘으로 볼트를 죄고 푼다.
③ 토크 렌치는 큰 토크를 요할 시 사용한다.
④ 오픈 렌치로 파이프 피팅시 사용한다.

해설 토크 렌치는 크고, 작은 회전 힘으로 조인다.

40 토크 렌치 공구에 관한 사항으로 틀린 것은?
① 정해진 토크 값으로 조인다.
② 렌치에 전달 토크양은 공구 보정이 중요하다.
③ 렌치 길이가 두 배이면 회전 힘도 두 배가 든다.
④ 안전보호구를 착용한다.

해설 토크 렌치 길이가 2배이면 돌리는 회전 힘은 절반(50%)으로 줄여든다.

41 체인 블록에 관한 사항으로 틀린 것은?
① 정격용량 초과 사용을 금지한다.
② 적은 힘으로 무거운 물체를 든다.
③ 자동 힘이 걸리는 곳에도 사용한다.
④ 체인 링크의 꼬임, 마모상태를 확인한다.

해설 체인 블록은 수동 힘이 걸리는 곳 이외에는 사용을 금지한다.

42 샤클에 관한 사항으로 틀린 것은?
① 작업반경내 출입금지
② 샤클 핀의 정확한 방향을 확인
③ 최대하중 이상에서 사용
④ 규정된 볼트, 너트, 핀을 사용

해설 샤클은 최대하중 이하에서 반드시 사용한다.

43 샤클 몸체 직경마모 사용한도 기준을 설명한 것으로 맞는 것은?
① 1% 이상 마모된 것 사용금지
② 3% 이상 마모된 것 사용금지
③ 5% 이상 마모된 것 사용금지
④ 10% 이상 마모된 것 사용금지

해설 샤클은 몸체 직경이 5% 이상 마모되면 사용을 금지한다.

44 와이어 로프 사용금지기준을 설명하였다. 틀린 것은?
① 로프 단말 고정부가 풀림
② 로프 직경의 감소가 7% 초과
③ 절단된 소선수가 7%이상
④ 아크열과 전기 충격으로 손상

해설 끊어진 소선의 수가 10%이상시 사용을 금지한다.

45 화물을 직접 지지하는 달기 로프, 체인의 안전계수는?
① 10 이상   ② 5 이상
③ 4 이상   ④ 3 이상

해설 작업자 탑승로프 안전계수는 10 이상, 훅, 샤클 등은 3 이상, 기타는 4 이상이다.

46 섬유로프의 안전사항으로 틀린 것은?
① 섬유로프 안전계수는 5 이상
② 봉제실의 끊어짐은 사용금지
③ 상온 초과 사용시 제작사의 기준 준수
④ 물에 묻으면 건조하여 사용 가능

해설 섬유로프 안전계수는 7 이상이어야 한다.

정답 39.③ 40.③ 41.③ 42.③ 43.③ 44.③ 45.② 46.①

47 훅에 대한 사용 금지사항이다 틀린 것은?
① 용접하여 재사용
② 훅에 기계가공 추가
③ 전기도금
④ 해지장치 제거

해설 훅은 열처리 또는 용접 등 개조작업을 엄격히 금지한다.

48 훅의 올바른 점검기준이 아닌 것은?
① 균열, 변형이 없을 것
② 국부마모는 원치수의 8% 이내일 것
③ 블록에 정격하중이 표기될 것
④ 볼트 등은 풀림이 없을 것

49 타워크레인에 대한 관련 법규를 설명하였다. 틀린 것은?
① 산업안전보건법과 건설기계관리법에서 규제하고 있다.
② 타워크레인은 건설현장에서 안전검사만 받으면 법적 문제는 없다.
③ 산업안전보건법에서 타워크레인의 안전인증 대상은 0.5톤 이상이다.
④ 건설기계관리법에서 형식신고, 확인검사를 받은 경우 산업안전보건법에서 안전인증을 면제한다.

해설 타워크레인은 고용부의 안전검사와 국토부의 정기검사 등을 각각 받도록 규제하고 있다.

50 건설기계관리법에 따라 3년의 범위에서 검사유효기간이 끝난 후 계속하여 운행검사를 받는 검사로 맞는 것은?
① 신규등록검사
② 구조변경검사
③ 정기검사
④ 수시검사

51 건설기계관리법 시행규칙에서 3톤미만 타워크레인은 교육기관에서 소형건설기계조종교육을 이수하고 지방자체단체장으로부터 면허증을 발급받아야만 운전자격이 인정된다. 이때 교육이수 시간으로 옳은 것은?
① 8시간　　② 10시간
③ 15시간　　④ 20시간

해설 소형건설기계조종교육 이수시간은 20시간이다.

52 타워크레인의 작동속도를 자동으로 제어하며 최대허용속도를 초과하는 경우 제한하는 장치로 맞는 것은?
① 속도제한장치
② 과부하방지장치
③ 유압상승장치
④ 선회장치

해설 속도제한장치는 운전중 작동속도를 자동으로 제동하는 기능이 없는 경우에 최대 허용 속도를 초과할 위험이 있는 경우 작동속도가 최대 허용 속도 내에서 제어하는 장치이다.

정답　47.①　48.④　49.②　50.③　51.④　52.①

부록

기출문제(2016년)
기출복원문제

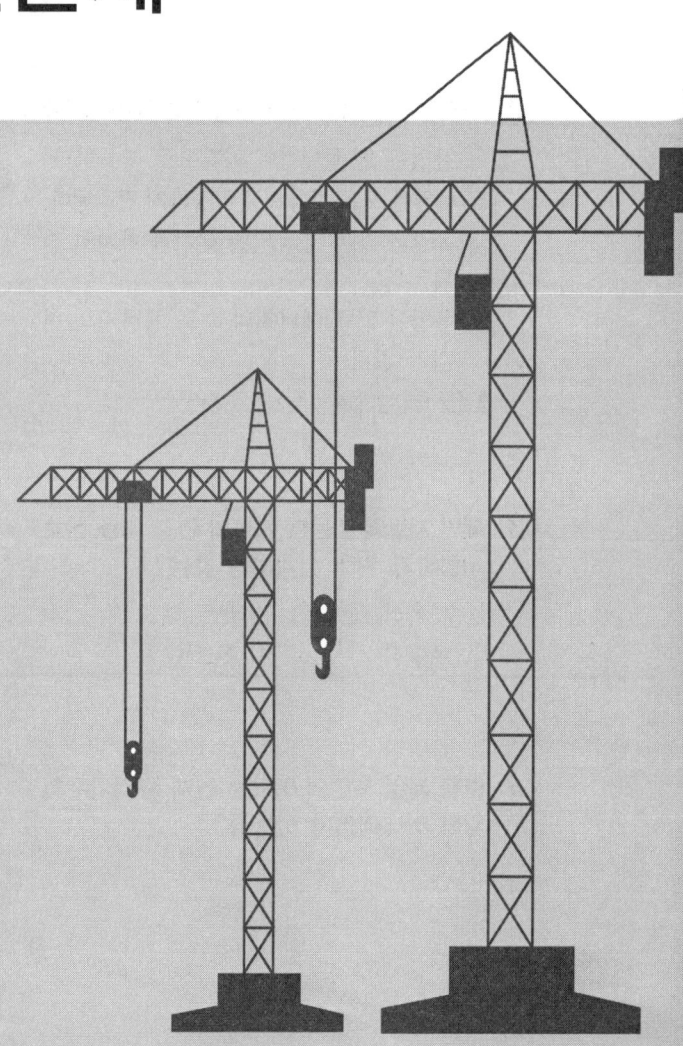

타워크레인 운전기능사

2016년 4월 2일

01 T형 타워크레인에서 마스트(Mast)와 캣 헤드(Cat Head) 사이에 연결되는 구조물의 명칭은?

① 지브
② 카운터 웨이트
③ 트롤리
④ 턴 테이블(선회장치)

02 파스칼의 원리에 대한 설명으로 틀린 것은?

① 유압은 면에 대하여 직각으로 작용한다.
② 유압은 모든 방향으로 일정하게 전달된다.
③ 유압은 각 부에 동일한 세기를 가지고 전달된다.
④ 유압은 압력 에너지와 속도 에너지의 변화가 없다.

해설 유압은 압력 에너지를 가진다.

03 메인 지브와 카운터 지브의 연결 바를 상호 지탱하기 위해 설치하는 것은?

① 카운터 웨이트 ② 캣트 헤드
③ 트롤리   ④ 훅크 블록

04 주행 레일 측면의 마모는 원래 규격치수의 얼마 이내이어야 하는가?

① 30%   ② 25%
③ 20%   ④ 10%

05 타워크레인 기초 앵커 설치 순서로 가장 알맞은 것은?

㉠ 터파기
㉡ 지내력 확인
㉢ 버림 콘크리트 타설
㉣ 크레인 설치 위치 선정
㉤ 콘크리트 타설 및 양생
㉥ 기초 앵커 세팅 및 접지
㉦ 철근 배근 및 거푸집 조립

① ㉣→㉡→㉠→㉢→㉥→㉦→㉤
② ㉣→㉠→㉡→㉢→㉥→㉦→㉤
③ ㉣→㉢→㉠→㉡→㉥→㉦→㉤
④ ㉣→㉡→㉠→㉦→㉢→㉥→㉤

06 재료에 작용하는 하중의 설명으로 적합하지 않은 것은?

① 수직하중이란 단면에 수직으로 작용하는 하중이며, 비틀림 하중과 압축하중으로 구분할 수 있다.
② 전단하중이란 단면적에 평행하게 작용하는 하중이다.
③ 굽힘하중이란 보를 굽히게 하는 하중이다.
④ 좌굴하중이란 기둥을 휘어지게 하는 하중이다.

해설 수직하중은 인장과 압축으로 구분한다.

정답 01.④ 02.④ 03.② 04.④ 05.① 06.①

07 마스트의 단면적이 300mm² 이상일 때 접지공사에 대한 설명으로 틀린 것은?

① 지상 높이 20m 이상은 피뢰접지를 한다.
② 접지저항은 10Ω 이하를 유지하도록 한다.
③ 접지판 연결 알루미늄선 굵기는 30mm² 이상을 한다.
④ 피뢰도선과 접지극은 용접 및 볼트 등의 방법으로 고정되도록 한다.

해설 접지판 연결 알루미늄 선의 굵기는 50mm² 이상으로 한다.

08 유압 펌프의 분류에서 회전 펌프가 아닌 것은?

① 플런저 펌프   ② 기어 펌프
③ 스크류 펌프   ④ 베인 펌프

09 다음 신호를 보았을 때 크레인 운전자는 어떻게 해야 하는가?

① 훅크를 위로 올린다.
② 훅크를 회전한다.
③ 훅크를 정지한다.
④ 훅크를 내린다.

10 권상장치에 속하지 않는 것은?

① 와이어로프   ② 훅 블록
③ 플랫폼   ④ 시브

해설 지브에 설치된 보도, 난간 등은 선회장치로 분류한다.

11 건설기계 안전기준에 관한 규칙에 규정된 레일의 정지기구에 대한 내용에서 ( )안에 들어갈 말로 옳은 것은?

> 타워크레인의 횡행 레일 양 끝부분에는 완충장치나 완충재 또는 해당 타워크레인 횡행 차륜 지름의 ( ) 이상 높이의 정지기구를 설치하여야 한다.

① 2분의 1   ② 4분의 1
③ 6분의 1   ④ 8분의 1

해설 횡행은 1분의 1, 주행은 2분의 1 이다.

12 타워크레인에 설치되어 있는 방호장치의 종류가 아닌 것은?

① 충전장치   ② 과부하 방지장치
③ 권과방지장치 ④ 훅크해지장치

13 배선용 차단기의 기본 구조에 해당되지 않는 것은?

① 개폐기구   ② 과전류 트립장치
③ 단자   ④ 퓨즈

해설 배선용 차단기는 과부하 및 단로 등의 이상 상태에서 자동적으로 전류를 차단하는 기구로 기본 구조는 개폐기구, 과전류 트립 장치, 단자, 스위치 등으로 되어 있다.

14 타워크레인에서 올바른 트롤리 작업을 설명한 것으로 틀린 것은?

① 지브의 양 끝단에서는 저속으로 운전한다.
② 트롤리를 이용하여 하물의 흔들림을 잡는다.
③ 역동작은 반드시 정지 후 동작한다.
④ 트롤리를 이용하여 하물을 끌어낸다.

15 저항이 250Ω인 전구를 전압 250V의 전원에 사용할 때 전구에 흐르는 전류는 몇 A인가?

① 10A ② 5A
③ 2.5A ④ 1A

해설 V= iR 관계식이다.

16 압력제어 밸브의 종류에 해당하지 않는 것은?

① 스로틀 밸브(교축 밸브)
② 리듀싱 밸브(감압 밸브)
③ 시퀀스 밸브(순차 밸브)
④ 언로드 밸브(무부하 밸브)

해설 스로틀밸브는 감압과 유량을 조절한다.

17 L형 크레인과 T형 크레인의 선회 반경을 결정하는 것은?

① 훅크 블록과 슬루잉 각도
② 슬루잉 기어와 선회 각
③ 지브 각과 트롤리 운행거리
④ 카운터 지브와 지브 각

18 지브를 상하로 움직여 작업물을 인양할 수 있는 크레인은?

① L형 타워크레인 ② T형 타워크레인
③ 겐트리 크레인 ④ 천장크레인

19 타워크레인의 기계식 과부하 방지장치 원리에 해당되지 않는 것은?

① 압축 코일 스프링의 압축 변형량과 스위치 동작
② 인장 스프링의 인장 변형량과 스위치 동작
③ 와이어로프의 신장량과 스위치 동작
④ 원환링(다이나모미터링)과 그 내측에 조합된 판 스프링의 변형과 스위치 동작

해설 전자식은 와이어 로프의 신장량을 로드셀 스트레인지의 전기식 저항값 변화를 감지한다.

20 다음 그림은 무엇을 나타내는가?

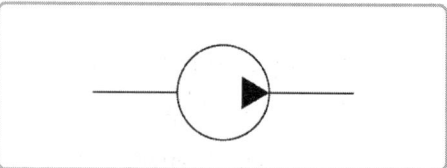

① 유압 펌프 ② 작동유 탱크
③ 유압 실린더 ④ 유압 모터

21 정격하중이 12톤, 4Fall이라고 할 때, 정격하중으로 인해 권상 와이어로프 한 가닥에 작용하는 최대하중은?

① 12톤 ② 6톤
③ 4톤 ④ 3톤

해설 로프 1가닥에 작용하중 = 정격하중 / 로프가닥수 이다.

22 타워크레인에서 과부하 방지장치 장착에 대한 설명으로 틀린 것은?

① 접근이 용이한 장소에 설치할 것
② 타워크레인 제작 및 안전기준에 의한 성능검정 합격품일 것
③ 정격하중의 1.1배 권상 시 경보와 함께 권상 동작이 최저 속도로 주행될 것
④ 과부하 시 운전자가 용이하게 경보를 들을 수 있을 것

해설 타워크레인은 정격하중의 1.05배(105%) 초과시 주 전원을 정지한다.

23 줄걸이용 체인(체인 슬링)의 링크 신장에 대한 폐기 기준은?

① 원래 값의 최소 3% 이상
② 원래 값의 최소 5% 이상
③ 원래 값의 최소 7% 이상
④ 원래 값의 최소 10% 이상

해설 체인은 늘어남 5%, 마모는 10%일 때 폐기한다.

24 타워크레인 권상 작업의 각 단계별 유의사항으로 틀린 것은?

① 권상작업 슬링 로프, 샤클, 줄걸이 체결 상태 등을 점검한다.
② 줄걸이 작업자는 권상 하물 직하부에서 권상 하물의 이상 여부를 관찰한다.
③ 매단 하물이 지상에서 약간 떨어지면 일단 정지하여 하물의 안정 및 줄걸이 상태를 재확인한다.
④ 줄걸이 작업자는 안전하면서도 타워크레인 운전자가 잘 보이는 곳에 위치하여 목적지까지 하물을 유도한다.

25 크레인용 와이어로프에 심강을 사용하는 목적이 아닌 것은?

① 인장하중을 증가시킨다.
② 스트랜드의 위치를 올바르게 유지한다.
③ 소선끼리의 마찰에 의한 마모를 방지한다.
④ 부식을 방지한다.

26 타워크레인의 선회 작업 구역을 제한하고자 할 때 사용하는 안전장치는?

① 와이어로프 꼬임 방지장치
② 선회 브레이크 풀림장치
③ 선회 제한 리미트 스위치
④ 트롤리 로프 긴장장치

27 지름이 2m, 높이가 4m인 원기둥 모양의 목재를 크레인으로 운반하고자 할 때, 목재의 무게는 약 kgf인가?(단, 목재의 1m³당 무게는 150kgf로 간주한다.)

① 542kgf
② 942kgf
③ 1,584kgf
④ 1,885kgf

28 타워크레인 운전자의 안전수칙으로 부적합한 것은?

① 30m/s 이하의 바람이 불 때까지는 크레인 운전을 계속할 수 있다.
② 운전석을 이석할 때는 크레인의 훅크를 최대한 위로 올리고 지브 안쪽으로 이동시킨다.
③ 운반물이 흔들리거나 회전하는 상태로 운반해서는 안 된다.
④ 운반물을 작업자 상부로 운반해서는 안 된다.

29 타워크레인이 선회 중인 방향과 반대되는 방향으로 급조작할 때 파손될 위험이 가장 큰 곳은?

① 릴리프 밸브
② 액추에이터
③ 디스크 브레이크 에어 캡
④ 링 기어 또는 피니언 기어

30 크레인의 와이어로프를 교환해야 할 시기로 적절한 것은?

① 지름이 공칭 직경의 3% 이상 감소했을 때
② 소선 수가 10% 이상 절단되었을 때
③ 외관에 빗물이 젖어 있을 때
④ 와이어로프에 기름이 많이 묻었을 때

정답 23.② 24.② 25.① 26.③ 27.④ 28.① 29.④ 30.②

31 타워크레인이 훅크로 하물을 인양하던 중 하물이 낙하하였을 때의 원인과 거리가 가장 먼 것은?
① 줄걸이 상태 불량
② 권상용 와이어로프의 절단
③ 지브와 달기 기구와의 충돌
④ 텔레스코핑 시 상부의 불균형

32 타워크레인 작업을 위한 무전기 신호의 요건이 아닌 것은?
① 간결   ② 단순
③ 명확   ④ 중복

33 크레인 안전 및 검사기준상 권상용 와이어로프의 안전율은?
① 4.0   ② 5.0
③ 6.0   ④ 7.0

34 타워크레인 신호와 관련된 사항으로 틀린 것은?
① 운전수가 정확히 인지할 수 있는 신호를 사용한다.
② 신호가 불분명할 때는 즉시 운전을 중지한다.
③ 비상시에는 신호에 관계없이 중지한다.
④ 두 사람 이상이 신호를 동시에 한다.
해설 신호는 크레인 1대당 1명이 원칙이다.

35 인양하고자 하는 화물의 중량을 계산할 때 일반적으로 사용하는 철강류의 비중은?
① 약 5   ② 약 6
③ 약 8   ④ 약 10

36 인양하는 중량물의 중심을 결정할 때 주의사항으로 틀린 것은?
① 중심이 중량물의 위쪽이나 전후좌우로 치우친 것은 특히 주의할 것
② 중량물의 중심 판단은 정확히 할 것
③ 중량물의 중심 위에 훅크를 유도할 것
④ 중량물 중심은 가급적 높일 것
해설 무게중심은 가급적 낮을수록 안정화된다.

37 마스트와 마스트 사이에 체결되는 고장력 볼트의 체결방법으로 옳은 것은?
① 볼트 머리를 위에서 아래로 체결
② 볼트 머리를 아래에서 위로 체결
③ 볼트 머리를 좌에서 우로 체결
④ 볼트 머리를 우에서 좌로 체결

38 렌치의 사용이 적합하지 않는 것은?
① 둥근 파이프를 조일 때는 파이프 렌치를 사용한다.
② 렌치는 적당한 힘으로 볼트와 너트를 조이고 풀어야 한다.
③ 오픈 렌치는 파이프 피팅 작업에 사용한다.
④ 토크 렌치는 큰 토크를 필요로 할 때만 사용한다.

39 마스트 연장 작업(텔레스코핑)의 준비사항에 해당하지 않는 것은?
① 텔레스코핑 케이지의 유압장치가 있는 방향에 카운터 지브가 위치하도록 한다.
② 유압 펌프의 오일량과 유압장치의 압력을 점검한다.
③ 과부하 방지장치의 작동상태를 점검한다.
④ 유압 실린더의 작동상태를 점검한다.

31.④ 32.④ 33.② 34.④ 35.③ 36.④ 37.② 38.④ 39.③

40 권상용 와이어로프는 달기 기구가 가장 아래쪽에 위치할 때 드럼에 몇 회 이상 감김 여유가 있어야 하는가?
① 1회　　② 2회
③ 3회　　④ 4회

41 설치 작업 시작 전 착안 사항이 아닌 것은?
① 기상 확인
② 역할 분담 지시
③ 줄걸이, 공구 안전점검
④ 타워크레인 기종 선정

해설 설치작업 시작 전 착안 사항
　① 출역인원 확인 및 신체 컨디션 점검
　② 작업자 안전교육 및 개인 보호구 착용
　③ 기상 확인(우천, 강풍시 작업 중지)
　④ 역할분담 지시, 설치 매뉴얼 지참
　⑤ 이동식 크레인 운전자와 공조체계 확인
　⑥ 줄걸이, 공구 등 안전 점검

42 타워크레인의 마스트 상승 작업 중 발생하는 붕괴 재해에 대한 예방대책이 아닌 것은?
① 핀이나 볼트 체결상태 확인
② 주요 구조부의 용접 설계 검토
③ 제작사의 작업지시서에 의한 작업 순서 준수
④ 상승 작업 중에는 권상, 트롤리 이동, 선회 등 일체의 작동 금지

43 현장에 설치된 타워크레인이 두 대 이상으로 중첩되는 경우 최소 안전 이격거리는 얼마인가?
① 1m　　② 2m
③ 3m　　④ 4m

44 4.8톤의 부하물을 4줄걸이(하중이 4줄에 균등하게 부하되는 경우)로 하여 인양각도 60°로 매달았을 때 한 줄에 걸리는 하중은 몇 톤인가?
① 약 1.04톤　　② 약 1.39톤
③ 약 1.45톤　　④ 약 1.60톤

해설 부득이하게 줄걸이 운반물이 불량한 경우에는 인양높이를 최대한 낮게 운반한다.

45 크레인으로 인양 시 물체의 중심을 측정하여 인양할 때에 대한 설명으로 잘못된 것은?
① 형상이 복잡한 물체의 무게중심을 확인한다.
② 인양 물체를 서서히 올려 지상 약 30cm 지점에서 정지하여 확인한다.
③ 인양 물체의 중심이 높으면 물체가 기울 수 있다.
④ 와이어로프나 매달기용 체인이 벗겨질 우려가 있으면 되도록 높이 인양한다.

46 줄걸이 작업 시 주의사항으로 틀린 것은?
① 여러 개를 동시에 매달 때는 일부가 떨어지는 일이 없도록 한다.
② 반드시 매다는 각도는 90°이상으로 한다.
③ 매단 짐 위에는 올라타지 않는다.
④ 핀 사용 시에는 절대 빠지지 않도록 한다.

해설 매단 각도는 60도 이하가 적정하다.

47 타워크레인 마스트 하강 작업 중 마지막 작업 순서에 해당하는 것은?
① 마스트와 볼 선회 링 서포트 연결 볼트를 푼다.
② 마스트와 마스트 체결 볼트를 푼다.
③ 실린더를 약간 올려 마스트에 롤러를 조립한다.
④ 마스트를 가이드 레일 밖으로 밀어낸다.

정답 40.② 41.④ 42.② 43.② 44.② 45.④ 46.② 47.④

48 샤클(Shackle)에 각인된 SWL의 의미는?
① 안전작업하중
② 제작회사의 마크
③ 절단하중
④ 재질

49 와이어 가잉으로 고정할 때 준수해야 할 사항이 아닌 것은?
① 등각에 따라 4-6-8가닥으로 지지 및 고정할 수 있다.
② 30~90°의 안전 각도를 유지한다.
③ 가잉용 와이어의 코어는 섬유심이 바람직하다.
④ 와이어 긴장은 장력조절장치 또는 턴버클을 사용한다.
해설 가잉 각도는 60도 이내가 적정하다.

50 타워크레인 본체의 전도 원인으로 거리가 먼 것은?
① 정격하중 이상의 과부하
② 지지 보강의 파손 및 불량
③ 시공상 결함과 지반 침하
④ 선회장치 고장

51 타워크레인 재해조사 순서 중 제1단계 확인에서 사람에 관한 사항이 아닌 것은?
① 작업명과 내용
② 재해자의 인적사항
③ 단독 혹은 공동 작업 여부
④ 작업자의 자세

52 타워크레인 해체 작업 시 이동식 크레인 선정에 고려해야 할 사항이 아닌 것은?
① 최대 권상 높이
② 가장 무거운 부재의 중량
③ 선회 반경
④ 기초 철근 배근도

53 수공구를 사용할 때 안전수칙으로 바르지 못한 것은?
① 톱 작업은 밀 때 절삭되게 작업한다.
② 줄 작업으로 생긴 쇳가루는 브러시로 털어낸다.
③ 해머 작업은 미끄러짐을 방지하기 위해서 반드시 면장갑을 끼고 한다.
④ 조정 렌치는 조정 조가 있는 부분이 힘을 받지 않게 하여 사용한다.

54 감전되거나 전기 화상을 입을 위험이 있는 곳에서 작업할 때 작업자가 착용해야 할 것은?
① 구명구   ② 보호구
③ 구명조끼   ④ 비상벨

55 전기 감전 위험이 생기는 경우로 가장 거리가 먼 것은?
① 몸에 땀이 베어 있을 때
② 옷이 비에 젖어 있을 때
③ 앞치마를 하지 않았을 때
④ 발밑에 물이 있을 때

56 위험기계·기구에 설치하는 방호장치가 아닌 것은?
① 하중 측정장치   ② 급정지장치
③ 역화 방지장치   ④ 자동 전격 방지장치

48.① 49.② 50.④ 51.④ 52.④ 53.③ 54.② 55.③ 56.①

해설 • 로울러기 : 급정지장치
• 아스틸렌가스집합장치 : 역화방지기
• 교류아크용접기 : 자동전격방지장치

57 다음 중 안전 제일 이념에 해당하는 것은?
① 품질 향상 ② 재산 보호
③ 인간 존중 ④ 생산성 향상

58 안전관리상 장갑을 끼면 위험할 수 있는 작업은?
① 드릴 작업 ② 줄 작업
③ 용접 작업 ④ 판금 작업

59 화재가 발생하여 초기 진화를 위해 소화기를 사용하고자 할 때, 소화기 사용 순서를 바르게 나열한 것은?

> a. 안전핀을 뽑는다.
> b. 안전핀 걸림 장치를 제거한다.
> c. 손잡이를 움켜잡아 분사한다.
> d. 불이 있는 곳으로 노즐을 향하게 한다.

① a → b → c → d
② c → a → b → d
③ d → b → c → a
④ b → a → d → c

60 작업 중 기계에 손이 끼어 들어가는 안전사고가 발생했을 경우 우선적으로 해야 할 것은?
① 신고부터 한다.
② 응급처치를 한다.
③ 기계 전원을 끈다.
④ 신경 쓰지 않고 계속 작업한다.

정답 57.③ 58.① 59.④ 60.③

타워크레인 운전기능사

2016년 7월 10일

01 타워크레인의 기초 및 상승방법에 대한 설명으로 옳은 것은?

① 지반에 콘크리트 블록으로 고정시켜 설치하는 방법을 "고정형"이라 하며, 초고층 건물에 주로 사용한다.
② 건물 외부에 브라켓을 달아서 타워크레인을 상승하는 방법을 "매달기식 타워기초"라 한다.
③ 타워크레인의 기초는 지내력과 관계없이 반드시 파일을 시공해야 한다.
④ 고층건물 자체의 구조물에 지지하여 상승하는 방법을 "상승식"이라 한다.

해설 콘크리트 블록으로 고정하는 방식은 상승식이며, 건물 외부에 브라켓을 지지하는 방식은 와이어 가잉방식이며, 타워크레인 기초는 콘크리트 타설 시 공방법을 적용한다.

02 T형 타워크레인의 메인지브를 이동하며 권상 작업을 위한 선회반경을 결정하는 횡행장치는?

① 트롤리 ② 훅크 블록
③ 타이 바 ④ 캣 헤드

03 우리나라에서 사용되고 있는 전력계통의 상용주파수는?

① 50Hz ② 60Hz
③ 70Hz ④ 80Hz

04 기초 앵커를 설치하는 방법 중 옳지 않은 것은?

① 지내력은 접지압 이상 확보한다.
② 앵커 세팅의 수평도는 ±5mm로 한다.
③ 콘크리트를 타설 또는 지반을 다짐한다.
④ 구조 계산 후 충분한 수의 파일을 항타한다.

해설 앵커 레벨의 측정값이 기준점과의 수평오차는 ±1mm이내 인 경우 설치판정은 합격이다.

05 타워크레인의 주요 구조부가 아닌 것은?

① 지브 및 타워 등의 구조부분
② 와이어 로프
③ 주요 방호장치
④ 레일의 정지 기구

06 타워크레인에서 권과방지 장치를 설치해야 되는 작업장치만 고른 것은?

ⓐ 권상장치	ⓑ 횡행장치
ⓒ 선회장치	ⓓ 주행장치
ⓔ 기복장치	

① ⓐ, ⓒ ② ⓐ, ⓔ
③ ⓓ, ⓑ ④ ⓑ, ⓒ, ⓔ

해설 권과방지장치는 기본적으로 화물을 상승 과권을 방지하는 데 목적이 있다.

01.④ 02.① 03.② 04.② 05.④ 06.② 07.③

07 유압펌프에서 캐비테이션(공동현상) 방지법이 아닌 것은?

① 흡입구의 양정을 낮게 한다.
② 오일 탱크의 오일점도를 적당히 유지한다.
③ 펌프의 운전속도를 규정속도 이상으로 한다.
④ 흡입관의 굵기는 유압펌프 본체 연결구의 크기와 같은 것을 사용한다.

해설 계획 이상의 토출량을 내지 않도록 해야 하며 양수량을 감소시켜 회전수가 높지 않도록 해야 한다.

08 유압장치에 관한 설명으로 틀린 것은?

① 유압펌프는 기계적인 에너지를 유체 에너지로 바꿔준다.
② 가압되는 유체는 저항이 최소인 곳으로 흐른다.
③ 유압력은 저항이 있는 곳에서 생성된다.
④ 고장 원인의 발견이 쉽고 구조가 간단하다.

해설 유압장치의 단점은 고장 발견이 난이하고 구조가 복잡하며 에너지 손실이 크다.

09 타워크레인의 과부하 방지장치는 정격하중의 얼마이상을 권상 시 동작되어야 하는가?

① 정격하중의 1배
② 정격하중의 1.05배
③ 정격하중의 1.25배
④ 정격하중의 1.5배

10 타워크레인에서 상·하 두 부분으로 구성되어 있으며, 그 사이에 회전 테이블이 위치하는 작업장치는?

① 권상장치   ② 횡행장치
③ 선회장치   ④ 주행장치

11 유압장치에서 제어밸브의 3대 요소로 틀린 것은?

① 유압 제어밸브 – 오일 종류 확인(일의 선택)
② 방향 제어밸브 – 오일 흐름 바꿈(일의 방향)
③ 압력 제어밸브 – 오일 압력 제어(일의 크기)
④ 유량 제어밸브 – 오일 유량 조정(일의 속도)

해설 유압제어밸브의 3대요소는 일의 방향, 크기, 속도이다.

12 타워크레인 방호장치와 연관성의 연결이 틀린 것은?

① 과부하 방지장치 – 인양하물
② 권과 방지장치 – 와이어로프
③ 충돌 방지장치 – 주행, 선회
④ 해지장치 – 충돌방지

해설 해지장치는 와이어로프와 관계된다.

13 옥외에 타워크레인을 설치 시 항공등(燈)의 설치는 지상 높이가 최소 몇 미터 이상일 때 설치하여야 하는가?

① 40m   ② 50m
③ 60m   ④ 70m

14 전동기 외함, 제어반의 프레임 접지저항에 대한 설명으로 옳은 것은?

① 200V에서는 50Ω 일 것
② 400V 초과 시에는 50Ω 일 것
③ 400V 이하일 때는 100Ω 이하 일 것
④ 방폭지역의 외함은 전압에 관계없이 100Ω 이하일 것

정답 08.④ 09.② 10.③ 11.① 12.④ 13.③ 14.③

15 타워크레인의 기초에 작용하는 힘에 대한 설명으로 틀린 것은?
① 작업 시 선회에 대한 슬루잉 모멘트가 기초에 전달된다.
② 타워크레인의 자중과 양중하중은 수직력으로 기초에 전달된다.
③ 카운터지브와 메인지브의 모멘트차이에 의한 전도모멘트가 기초에 전달된다.
④ 풍속에 의해 타워크레인의 기초는 영향을 받지 않고 양중작업에만 유의해야 한다.
해설 타워크레인의 기초 하중은 풍속에 민감하다.

16 선회 브레이크 풀림장치 자동에 대한 설명으로 틀린 것은?
① 크레인 본체가 바람의 영향을 최소로 받도록 한다.
② 크레인 가동 시 선회 브레이크 풀림장치를 작동시킨다.
③ 크레인 비가동 시 지브가 바람 방향에 따라 자유롭게 선회하도록 한다.
④ 태풍 등에 크레인 본체를 보호하고자 설치된 장치이다.
해설 선회 브레이크 풀림장치는 가동, 비가동시 관계없이 자동적으로 작동된다.

17 타워크레인을 자립고(Free Standing)보다 높게 설치할 경우 필요한 마스트의 고정 및 지지방식으로 옳은 것은?
① 벽체 지지방법
② H – 빔 지지방법
③ 브라켓 지지방법
④ 콘크리트 블록 지지방법

18 타워크레인의 제어반에 설치된 과전류 보호용 차단기의 차단용량은 해당 전동기의 정격 전류의 몇 % 이하 이어야 하는가?
① 100% 이하   ② 250% 이하
③ 300% 이하   ④ 350% 이하

19 다음 중 유압 실린더의 종류로 틀린 것은?
① 단동 실린더   ② 복동 실린더
③ 다단 실린더   ④ 회전 실린더

20 타워크레인의 콘크리트 기초앵커 설치 시 고려해야 할 사항으로 가장 거리가 먼 것은?
① 콘크리트 기초앵커 설치 시의 지내력
② 콘크리트 블록의 크기
③ 콘크리트 블록의 형상
④ 콘크리트 블록의 강도
해설 기초 앵커 설치는 지내력, 블록의 크기, 강도 등과 관련 있다.

21 타워크레인을 사용하여 아파트나 빌딩의 거푸집 폼 해체 시 안전작업 방법으로 가장 적절한 것은?
① 작업안전을 위해 이동식크레인과 동시 작업을 시행한다.
② 타워크레인의 훅크를 거푸집 폼에 걸고, 천천히 끌어당겨서 양중한다.
③ 거푸집 폼을 체인블록 등으로 외벽과 분리한 후에 타워크레인으로 양중한다.
④ 타워크레인으로 거푸집 폼을 고정하고 이동식크레인으로 당겨 외벽에서 분리하다

22 T형 타워크레인의 트롤리 이동작업 중 갑자기 장애물을 발견했을 때 운전자의 대처 방법으로 가장 적절한 것은?

① 비상정지 스위치를 누른다.
② 경보기를 작동시킨다.
③ 분전반 스위치를 끈다.
④ 재빨리 선회시킨다.

23 타워크레인 작업 전 조종사가 점검해야 할 사항이 아닌 것은?

① 마스트의 직진도 및 기초의 수평도
② 타워크레인의 작업 반경별 정격하중
③ 와이어로프의 설치상태와 손상 유무
④ 브레이크의 작동상태

24 와이어로프 꼬임 중 보통꼬임의 장점이 아닌 것은?

① 휨성이 좋으며 벤딩 경사가 크다.
② Kink(킹크)가 잘 일어나지 않는다.
③ 꼬임이 강하기 때문에 모양 변형이 적다.
④ 국부적 마모가 심하지 않아 마모가 큰 곳에 사용 가능하다.

25 와이어로프의 클립(Clip) 체결 방법으로 올바르지 않는 것은?

① 가능한 심블(Thimble)을 부착하여야 한다.
② 클립의 새들은 로프의 힘이 걸리는 쪽에 있어야 한다.
③ 하중을 걸기 전에 단단하게 조여 주고, 그 이후에는 조임이 필요 없다.
④ 클립 수량과 간격은 로프 직경의 6배 이상, 수량은 최소 4개 이상이어야 한다.

해설 로프의 클립은 하중작용 전 중, 후 구분없이 압축력이 유지되도록 조여준다.

26 육성 신호에 대한 설명으로 옳지 않은 것은?

① 육성메시지는 간결, 단순, 명확하여야 한다.
② 긴 물체, 중량물 등의 작업에서는 육성신호를 사용해야 한다.
③ 소음이 심한 작업 지역에서는 육성보다는 무선통신을 권장한다.
④ 신호를 접수한 운전자와 통신한 사람은 서로 완전하게 이해하였는지를 확인하여야 한다.

27 타워크레인 작업 시 수신호 기준서를 제공받을 필요가 없는 사람은?

① 조종사   ② 정비기사
③ 신호수   ④ 인양작업 수행원

28 타워크레인 인양작업 시 줄걸이 안전사항으로 적합하지 않은 것은?

① 신호수는 원칙적으로 1인다.
② 신호수는 타워크레인 조종사가 잘 확인할 수 있도록 정확한 위치에서 행한다.
③ 2인 이상이 고리 걸이 작업할 때는 상호간에 복창소리를 주고받으며 진행한다.
④ 인양 작업시 지면에 있는 보조자는 와이어로프를 손으로 꼭 잡아 하물이 흔들리지 않게 하여야 한다.

29 신호자가 한손을 들어 올려 주먹을 쥔 상태는 무슨 신호를 나타내는 것인가?

① 작업종료   ② 운전정지
③ 비상정지   ④ 운전자 호출

정답 22.① 23.① 24.④ 25.③ 26.② 27.② 28.④ 29.②

30 타워크레인 운전자의 의무사항으로 볼 수 없는 것은?

① 재해방지를 위해 사용 전 장비 점검
② 기어박스의 오일량 및 마모기어의 정비
③ 장비에 특이사항이 있을 시 교대 자에게 설명
④ 안전운전에 영향을 미칠 결함 발견 시 작업 중지

해설 기어박스의 오일량 및 마모 기어의 정비는 정비자의 임무로 볼 수 있다.

31 양손을 들어 올려 크게 2~3회 좌우로 흔드는 수신호는?

① 고속으로 주행   ② 고속으로 권상
③ 비상 정지   ④ 운전자 호출

32 취급이 용이하고 킹크발생이 적어 기계, 건설, 선박에 많이 사용되는 로프의 꼬임 모양은?

① 랭S 꼬임   ② 보통 꼬임
③ 특수 꼬임   ④ 랭Z 꼬임

33 줄걸이 용구의 안전계수를 나타낸 공식은?

① 안전계수 = 절단하중 ÷ 안전하중
② 안전계수 = 허용응력 ÷ 극한강도
③ 안전계수 = 극한강도 ÷ 절단하중
④ 안전계수 = 허용하중 ÷ 절단하중

34 와이어로프에서 소선을 꼬아 합친 것은?

① 심강   ② 트래드
③ 공심   ④ 스트랜드

해설 와이어로프의 구조
① 심강(또는 중심선) : 충격하중의 흡수, 부식방지, 소선간의 마찰에 의한 마모방지, 스트랜드의 올바른 위치로 유지

③ 공심 : 섬유 대신에 스트랜드 한 줄을 심강으로 사용한 것으로 가소성이 부족하여 굽힘 하중이 반복되는 곳에는 부적당하다.
④ 스트랜드 : 소선을 꼬아서 합친 것으로 3줄에서부터 18줄까지 있으나 일반적으로 6줄을 사용한다.

35 크레인으로 중량물을 인양하기 위한 줄걸이 작업을 할 때 주의사항으로 틀린 것은?

① 중량물의 중심위치를 고려한다.
② 줄걸이 각도를 최대한 크게 해준다.
③ 줄걸이 와이어로프가 미끄러지지 않도록 한다.
④ 날카로운 모서리가 있는 중량물은 보호대로 사용한다.

해설 크레인에서 줄걸이 와이어 로프를 이용하여 중량물을 인양할 때 줄걸이 각도에 따라 와이어 로프에 걸리는 하중이 다르며, 안전한 줄걸이 각도는 30°이다.

36 와이어로프의 교체 대상으로 옳지 않은 것은?

① 한 꼬임의 소선수가 10% 이상 단선 된 것
② 공칭 직경이 5% 감소 된 것
③ 킹크 된 것
④ 현저하게 변형되거나 부식 된 것

해설 교체시는 마모기준 7%이다.

37 줄걸이 용구에 해당하지 않는 것은?

① 슬링 와이어로프 ② 섬유 벨트
③ 받침대   ④ 샤클

38 와이어로프에서 심강의 종류가 아닌 것은?

① 섬유심   ② 강심
③ 와이어심 ④ 편심

39 3ton의 부하물을 4줄걸이로 하여 조각도 60°로 대달았을 경우 1줄에 걸리는 하중은 약 얼마인가?

① 0.566ton ② 0.666ton
③ 0.766ton ④ 0.866ton

해설 부하물의 하중 / (줄걸이 수 × 조각도) 관계식이다.

40 줄걸이용 와이어로프에 장력이 걸린 후, 일단 정지하고 줄걸이 상태를 점검할 때의 확인사항이 아닌 것은?

① 줄걸이용 와이어로프에 장력이 균등하게 작용하는지 확인한다.
② 줄걸이용 와이어로프의 안전율은 4이상 되는지 확인한다.
③ 화물이 붕괴 또는 추락할 우려는 없는지 확인한다.
④ 줄걸이용 와이어로프가 이탈할 우려는 없는지 확인한다.

해설 안전율은 주로 설계단계에서 확인사항이다.

41 타워크레인 해체 작업 시 준수사항으로 틀린 것은?

① 비상정지장치는 비상사태에 사용한다.
② 지브의 균형은 해체 작업과는 연관성이 없다.
③ 마스트를 내릴 대는 지상 작업자를 대피시킨다.
④ 순간풍속 10m/sec를 초과할 때에는 즉시 작업을 중지한다.

해설 지브의 균형 유지는 상승, 해체작업 모두 매우 중요한 관리요소이다.

42 타워크레인 지브에서 이동요령 중 안전에 어긋나는 것은?

① 2인 1조로 이동
② 지브 내부의 보도 이용
③ 트롤리의 점검대를 이용한 이동
④ 안전로프의 안전대를 사용하여 이동

43 텔레스코핑 요크의 핀 또는 홀의 변형을 목격했을 때 조치사항으로 틀린 것은?

① 핀이 다소 휘였으면 분해 및 교정 후 재사용한다.
② 홀이 변형된 마스트는 해체, 재사용하지 않는다.
③ 휘거나 변형된 핀은 파기하여 재사용하지 않는다.
④ 핀은 반드시 제작사에서 공급된 것으로 사용한다.

해설 요크의 핀은 재사용이 불가능하고 신품으로 교환한다.

44 타워크레인의 설치작업 중 추락 및 낙하 위험에 따른 대책에 해당하지 않는 것은?

① 설치작업 시 상하이동 중 추락방지를 위해 전용 안전벨트를 사용한다.
② 텔레스코핑 케이지의 상·하부 발판을 이용하여 발판에서 작업을 한다.
③ 기초 앵커 볼트 조립 시에는 반드시 안전벨트를 착용한 후 작업에 임한다.
④ 텔레스코핑 케이지를 마스트의 각 부재 등에 심하게 부딪치지 않도록 주의한다.

45 타워크레인의 설치작업 시 조종사가 확인해야 되는 설치계획 확인사항으로 틀린 것은?

① 기종 선정 적합성 여부를 확인한다.
② 타워크레인의 균형유지 여부를 확인한다.
③ 설치할 타워크레인의 종류 및 형식을 파악한다.
④ 설치할 타워크레인의 설치장소, 장애물 및 기초앵커 상태를 확인한다.

정답 39.④ 40.② 41.② 42.① 43.① 44.③ 45.②

46 텔레스코핑 케이지 설치방법에 대한 내용으로 틀린 것은?

① 베이직 마스트에 아래에서 위로 설치한다.
② 플랫폼이 떨어지지 않도록 단단히 조인다.
③ 슈가 흔들리는 것을 방지하고 고정장치를 제거한다.
④ 텔레스코핑 유압장치는 마스트이 텔레스코핑 사이드에 설치되도록 한다.

47 마스트를 분리한 후 하강 운전방법으로 가장 적절한 것은?

① 바닥에 긴급히 내린다.
② 지상 바닥에 고속으로 내린다.
③ 지상 바닥에 중속으로 스윙하면서 내린다.
④ 바닥에 놓기 전 일단 정지 후, 저속으로 내린다.

48 타워크레인의 마스트 연장(텔레스코핑) 작업 시 준수사항으로 틀린 것은?

① 비상정지장치의 작동상태를 점검한다.
② 작업과정 중 실린더 받침대의 지지상태를 확인한다.
③ 유압실린더의 동작상태를 확인하면서 진행한다.
④ 실린더 작동 전에는 반드시 타워크레인 상부의 균형 상태를 확인한다.

49 타워크레인 설치작업 시 인입전원의 안전대책에 대한 설명으로 틀린 것은?

① 타워크레인용 단독 메인케이블 전선을 사용한다.
② 케이블이 긴 경우 전압강하를 감안하여 케이블을 선정한다.
③ 작업이 용이하게 타워크레인 전원에서 용접기 및 공기압축기를 연결하여 사용한다.
④ 변압기 주위에 방호망을 설치하고 출입구를 만들어 관계자 이외에는 출입을 금지시킨다.

50 마스트 연장 시 균등하고 정확하게 볼트 조임을 할 수 있는 공구는?

① 토크 렌치   ② 해머 렌치
③ 복스 렌치   ④ 에어 렌치

51 벨트를 교체 할 때 기관의 상태는?

① 고속상태   ② 중속상태
③ 저속상태   ④ 정지상태

52 소화 작업의 기본요소가 아닌 것은?

① 가연물질을 제거하면 된다.
② 산소를 차단하면 된다.
③ 점화원을 제거시키면 된다.
④ 연료를 기화시키면 된다.

해설 연료를 기화시키면 점화작업에 해당된다.

53 크레인으로 무거운 물건을 위로 달아 올릴대 주의할 점이 아닌 것은?

① 달아 올릴 화물의 무게를 파악하여 제한 하중 이하에서 작업한다.
② 매달린 화물이 불안전하다고 생각될 때는 작업을 중지한다.
③ 신호의 규정이 없으므로 작업자가 적절히 한다.
④ 신호자의 신호에 따라 작업한다.

46.① 47.④ 48.① 49.③ 50.① 51.④ 52.④ 53.③

54 유류 화재시 소화방법으로 부적절한 것은?
① 모래를 뿌린다.
② 다량의 물을 부어 끈다.
③ ABC소화기를 사용한다.
④ B급 화재 소화기를 사용한다.

해설 유류화재는 수소 폭발 때문에 물을 사용하지 않는다.

55 화재 및 폭발의 우려가 있는 가스발생장치 작업장에서 지켜야 할 사항으로 맞지 않는 것은?
① 불연성 재료 사용금지
② 화기 사용금지
③ 인화성 물질 사용금지
④ 점화원이 될 수 있는 기계 사용금지

56 밀폐된 공간에서 엔진을 가동할 때 가장 주의해야 할 사항은?
① 소음으로 인한 추락
② 배출가스 중독
③ 진동으로 인한 직업병
④ 작업 시간

57 다음 중 드라이버 사용방법으로 틀린 것은?
① 날 끝 홈의 폭과 깊이가 같은 것을 사용한다.
② 전기 작업 시 자루는 모두 금속으로 되어 있는 것을 사용한다.
③ 날 끝이 수평이어야 하며 둥글거나 빠진 것을 사용하지 않는다.
④ 작은 공작물이라도 한손으로 잡지 않고 바이스 등으로 고정하고 사용한다.

58 해머 작업 시 틀린 것은?
① 장갑을 끼지 않는다.
② 작업에 알맞은 무게의 해머를 사용한다.
③ 해머는 처음부터 힘차게 때린다.
④ 자루가 단단한 것을 사용한다.

59 전기 기기에 의한 감전 사고를 막기 위하여 필요한 설비로 가장 중요한 것은?
① 접지 설비
② 방폭등 설비
③ 고압계 설비
④ 대지 전위 상승 설비

해설 전기재해로 인한 감전재해방지를 위해서는 전기기기 등에 반드시 접지시공을 한다.

60 진동 장애의 예방대책이 아닌 것은?
① 실외작업을 한다.
② 저진동 공구를 사용한다.
③ 진동업무를 자동화 한다.
④ 방진장갑과 귀마개를 착용 한다.

정답 54.② 55.① 56.② 57.② 58.③ 59.① 60.①

타워크레인 운전기능사

CBT기출복원문제 [2017년]

01 옥외에 설치된 주행 타워크레인에서 폭풍에 의한 이탈방지 조치는 순간 풍속이 얼마를 초과할 때 하여야 하는가?

① 10m/s ② 12m/s
③ 20m/s ④ 30m/s

해설 산업안전보건기준에 관한 규칙 제143조에 의거 순간풍속이 30미터 초과시 양중기에 대하여 이상 유무를 점검해야 한다.

02 1g의 물체에 작용하여 1cm/sec² 의 가속도를 일으키는 힘은?

① 1dyne(다인) ② 1HP(마력)
③ 1ft(피트)   ④ 1lb(파운드)

해설 1dyne은 질량 1g의 물체에 작용하여 1cm/s² 의 가속도가 생기게 하는 힘을 말하므로 이것은 1g×1cm/s² = 1g · cm/s² 로 쓸 수 있다.

03 타워크레인의 콘크리트 기초앵커 설치시 고려해야 할 사항이 아닌 것은?

① 콘크리트 기초앵커 설치시의 지내려
② 콘크리트 블록의 크기
③ 콘크리트 블록의 형상
④ 콘크리트 블록의 강도

04 타워크레인에서 권상시 트롤리와 훅(Hook)이 충돌하는 것을 방지하는 장치는?

① 권과방지 장치 ② 속도제한 장치
③ 충돌방지 장치 ④ 비상정지 장치

해설 권과방지장치는 호이스트 제한 스위치를 말한다. 권상작업시 훅크가 통과 제한구역에 도달하거나 근접시 작동하는 장치이다.

05 배선용 차단기의 특성이 아닌 것은?

① 운전반 및 인입구 등에 설치한다.
② 단락이나 과전류를 자동적으로 차단한다.
③ 전동기의 회전방향이나 속도를 제어한다.
④ 회로의 이상유무가 확인된 후 수동으로 폐로한다.

해설 전동기의 회전방향이나 속도를 제어하는 장치는 인버터, 컨버터 장치 등이다.

06 타워크레인의 설치형식 중 주로 철근 구조물 건축공사의 고층건물에 사용되며 건물 외곽에 타워크레인을 설치할 장소가 없는 경우에 사용되는 형식은?

① 상승형 ② 고정형
③ 주행형 ④ 러핑형

해설 상승형은 설치장소 제약을 받는 경우에 적합하다.

07 유압펌프의 분류에서 회전펌프가 아닌 것은?

① 플런저 펌프
② 기어 펌프
③ 스크류 펌프
④ 베인 펌프

정답 01.④ 02.① 03.③ 04.① 05.③ 06.① 07.①

08 체크 밸브를 나타내는 유압기호는?

① ⊔   ② ─◯─
③ ─◇─   ④ ⏣

해설 ① 유압탱크 ③ 체크밸브 ④ 언로더 밸브

09 과전류차단기에 요구되는 성능이 맞는 것은?
① 단시간 동안의 약간의 과전류에서도 동작할 것
② 과부하 등 과전류가 장시간 계속 흘렀을 때 동작하지 않을 것
③ 큰 단락 전류가 흘렀을 때는 순간적으로 동작할 것
④ 과전류가 흘렀을 때만 전동기를 동작시킬 것

해설 큰 단락 전류가 흐를 때에는 순간적으로 작동되어야 한다.

10 타워크레인의 지브가 그 지브의 수평면을 중심으로 상·하 운동하는 것을 무엇이라 하는가?
① 인임   ② 주행
③ 선회   ④ 기복

해설 용어의 정의에서 상, 하 운동은 기복이라 한다

11 텔레스코핑 장치 조작 시 사전 점검사항으로 적합하지 않은 것은?
① 유압장치의 오일량을 점검한다.
② 전동기의 회전방향을 점검한다.
③ 유압장치의 압력을 점검한다.
④ 선회장치의 회전방향을 점검한다.

12 정격하중이 12톤 4FALL 이라고 할 때, 정격하중으로 인한 권상 와이어로프 한 가닥에 작용하는 최대하중은?
① 12톤   ② 6톤
③ 4톤   ④ 3톤

13 저항 250Ω인 전구를 전압 250V의 전원에 사용할 경우 전구에 흐르는 전류는 몇 A인가?
① 10A   ② 5A
③ 2.5A   ④ 1A

해설 V=iR 식을 적용한다.

14 권상장치의 주요 구성요소가 아닌 것은?
① 전동기   ② 감속기
③ 훅 블록 ④ 경보장치

15 기둥(Column)을 휘어지게 하는 하중은?
① 좌굴 하중   ② 굽힘 하중
③ 비틀림 하중 ④ 전단 하중

16 타워크레인의 전동기 외압은 접지를 해야 하는데 사용전압이 440V일 경우의 접지저항은 몇 Ω 이하여야 하는가?
① 10Ω   ② 20Ω
③ 50Ω   ④ 100Ω

해설 440V미만은 100Ω, 이상은 10Ω 이하이어야 한다.

17 타워크레인에 설치되어 있는 방호장치의 종류가 아닌 것은?
① 충전장치   ② 과부하 방지장치
③ 권과방지장치 ④ 훅 해지장치

정답 08.③ 09.③ 10.④ 11.④ 12.④ 13.④ 14.④ 15.① 16.① 17.①

18 타워크레인의 방호장치에 대한 설명 중 틀린 것은?

① 일정한 운전범위를 제한한다.
② 위험상황의 발생 시 동작을 멈추게 한다.
③ 타워크레인의 제작 시 불량을 찾아낸다.
④ 운전 전반에 대한 안전성을 확보하기 위한 장치이다.

19 전기기계기구의 외함 구조로서 적당치 않은 것은?

① 충전부가 노출되어야 한다.
② 폐쇄함으로 잠금 장치가 있어야 한다.
③ 사용 장소에 적합한 구조여야 한다.
④ 강판으로 제작되거나 견고한 구조여야 한다.

20 타워크레인 주행장치의 주요 구성요소가 아닌 것은?

① 전동기
② 감속기
③ 미끄럼방지 고정장치
④ 브레이크

21 타워크레인의 구성신호 방법에 해당하지 않는 것은?

① 간결   ② 단순
③ 명학   ④ 중독

22 타워크레인 권상장치의 속도 제어방법으로 틀린 것은?

① 역제동   ② 와전류제동
③ 발전제동   ④ 극변환제동

해설 역제동은 일반적으로 주행장치의 속도제어 방식으로 적용 가능하다.

23 인양물이 자유로이 흔들리는 프리(Free) 현상을 잘못 설명한 것은?

① 슬루임 프리 : 인양물과 지브의 최초 위치가 운전석에서 돌 때 감은 상하 일직선상에 놓이지 않았을 경우 발생
② 트롤리 프리 : 트롤리 대차가 이동하는 과정에서 발생
③ 회전 프리(원 프리) : 지브가 선회하는 과정에서 주로 발생
④ 이동 프리(복합 프리) : 통제하기 가장 어려운 프리로 최초 인양을 권상시 많이 발생

해설 회전 프리(원프리)는 인양물만으로 회전하는 과정이다.

24 트롤리의 방호장치가 아닌 것은?

① 완충 스토퍼
② 와이어 꼬임 방지장치
③ 와이어 긴장장치
④ 저·고속 차단 스위치

해설 저·고속차단 스위치는 단순히 속도를 차단제어하는 전기장치이다.

25 다음은 타워크레인의 어떤 작업의 신호하고 있는가?

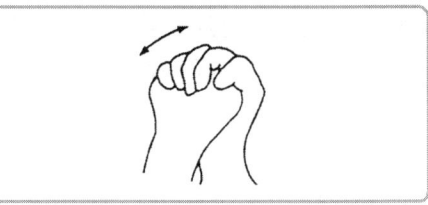

① 기다려라   ② 신호불명
③ 비상정지   ④ 작업완료

26 다음 중 타워크레인으로 작업 시 중량용의 흔들림(회전) 방지 조치가 아닌 것은?

① 길이가 긴 것이나 대형 중량물은 이동 중 회전하여 다른 물건과 접촉할 우려가 있는 경우 반드시 가이 로프로 유도한다.
② 작업 장소 및 매단 중량물에 따라서는 여러 개의 가이 로프로 유도할 수 있다.
③ 크레인의 선회동작 및 트롤리 이동시 가이 로프가 다른 장애물에 걸림 우려가 있기 때문에 이때는 가이 로프를 사용하지 않는 것이 좋다.
④ 중량물을 유도하는 가이 로프는 주로 섬유벨트를 이용하는 것이 좋다.

해설 장애물 등이 발견될 경우에는 가이로프를 사용해야만 충돌을 방지할 수 있다.

27 양중용구를 사용할 때의 주의사항과 관련 없는 것은?

① 용구의 접촉개소
② 하중 분포
③ 하중물의 내구성
④ 인양물의 반전방향

해설 양중 용구는 하중의 분포, 용구의 접촉개소, 인양물의 반전 방향에 주의하여 사용하여야 한다.

28 타워크레인 신호에 관련된 사항으로 틀린 것은?

① 신호수는 한 사람이어야 한다.
② 신호가 불분명 할 때는 즉시 중지한다.
③ 비상시엔 신호에 관계없이 중지한다.
④ 두 사람 이상이 신호를 동시에 한다.

해설 신호는 반드시 단독 1인으로 수행한다.

29 타워크레인 용접요령에서 작업을 종료하고 내려 올 때 운전자가 반드시 수행해야 할 사항은?

① 슬루밍(선회) 브레이크를 해제한다.
② 호이스팅(권상) 브레이크를 해제한다.
③ 훅(Hook)을 지면에 내려놓는다.
④ 트롤리 전, 후 제한 스위치를 해제한다.

해설 운전석을 비우는 경우 크레인 마스트, 지브 등은 바람 등으로부터 자유운동이 되도록 선회 브레이크를 해제시켜야 한다.

30 주행(Travelling)용 타워크레인의 상시 점검사항이 아닌 것은?

① 레일 지반의 평탄성
② 레일 클램프의 이상 유무
③ 주행 레일의 규격
④ 주행로의 장애물

해설 주행 레일의 규격은 주행 타워를 설치할 때 점검하여야 한다.

31 줄걸이 작업시의 일반 안전수칙과 가장 거리가 먼 것은?

① 인양할 물건의 중량 및 중심위치의 목측을 신중히 행한 후 작업을 실시한다.
② 줄걸이 로프의 걸린 상태를 확인할 때는 초기장력을 받지 않은 상태에서 행한다.
③ 로프의 직경 및 손상 유무를 확인한다.
④ 체인, 샤클 등의 줄걸이 작업용구의 적정선을 확인 후 작업을 실시한다.

해설 로프는 초기장력이 가해진 상태에서 육안점검 후 줄걸이 운반 작업을 실시한다.

32 가로 2m, 세로 2m, 높이 2m인 강괴(비중 8)의 무게는?

① 6톤   ② 16톤
③ 32톤 ④ 64톤

해설 중량(무게)은 체적과 비중의 곱이다.

정답 26.③ 27.③ 28.④ 29.① 30.③ 31.② 32.④

33 줄걸이 작업시의 안전작업 요령이 아닌 것은?
① 인양할 화물의 무게중심 위치를 정확히 잡아줄 것
② 줄걸이 로프에 걸리는 힘이 대칭인가, 비대칭인가를 확인할 것
③ 줄걸이 로프에 걸리는 각도에 따른 장력의 변화에 유의할 것
④ 인양할 화물의 무게중심과 훅과의 거리는 가능한 멀리 떨어지도록 할 것

해설 무게중심과 훅과의 거리는 가까울수록 안정된다.

34 보기 그림과 같은 크레인 수신호가 의미하는 것으로 가장 적합한 것은?

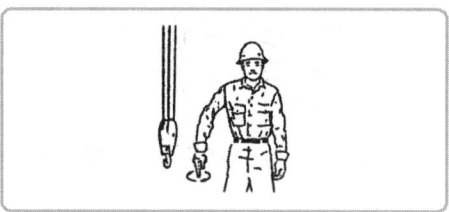

① 훅을 내린다.
② 운전수가 내려온다.
③ 운전수가 일을 자세히 본다.
④ 훅을 올린다.

35 와이어로프 클립 간의 간격은 로프 지름의 몇 배 이상으로 하여야 하는가?
① 3배   ② 4배
③ 5배   ④ 6배

36 2,000kgf의 짐을 두 줄걸이로 하여 줄걸이 로프의 각도를 60°로 매달았을 때, 한쪽 훅에 걸리는 하중은 약 몇 kgf인가?
① 2,310   ② 2,000
③ 1,155   ④ 578

해설 탄젠트 삼각함수 이론에 따른다.
$\tan\theta = \tan 60 = 1.732$
∴ 2,000(하중) / 1.732(각도) =1155kgf

37 근로자가 탑승하는 운반구를 지지하는 와이어로프의 안전율은 얼마 이상인 것을 사용하여야 하는가?
① 4 이상   ② 6 이상
③ 8 이상   ④ 10 이상

38 클립 체결시의 주의사항이 아닌 것은?
① 클립의 간격은 로프 지름의 6배 이상으로 한다.
② 클립과 클립 사이의 로프에 틈새가 생기지 않도록 한다.
③ 클립의 새들을 로프의 힘이 적게 걸리는 쪽으로 둔다.
④ 장력을 가할 수 있는 너트의 체결을 규정 토크로 체결한다.

39 절단하중이 1,200kgf인 와이어로프를 2중 걸리로 해서 600kgf의 화물을 인양할 때 이 와이어로프이 안전율은 얼마인가?
① 3   ② 4
③ 5   ④ 6

해설 안전율=(로프절단하중×로프 줄 수)/(사용하중×훅크자중)

40 와이어로프에서 심강의 종류가 아닌 것은?
① 섬유심   ② 스트랜드
③ 와이어심   ④ 편심

41 타워크레인의 설치 및 해체 작업시 작업자의 감전방지에 대한 대책으로 옳지 않은 것은?
① 당해 충전로를 이전한다.
② 감전을 방지하기 위한 방책을 설치한다.
③ 절연용 방호구를 설치한다.
④ 접지설비의 수량을 늘린다.

42 산업안전보건법과 관련된 유해·위험 작업의 취업제한에 관한 규칙상 자격, 면허, 기능 또는 경청이 필요한 작업에 해당되지 않은 작업은?
① 천장크레인 조종업무(조종석이 설치되어 있는 것)
② 컨테이너 크레인 조종업무(조종석이 설치되어 있는 것)
③ 거푸집의 조립 또는 해체업무
④ 갱폼의 설치 또는 해체업무

43 타워크레인의 설치를 위한 인양을 권상작업 중 화물낙하의 요인이 아닌 것은?
① 인양물의 재질과 성능
② 줄걸이(인양줄) 작업 잘못
③ 지브와 달기구와의 충돌
④ 권상용 로프의 절단

해설 인양물 권상 작업 중 화물 낙하의 요인으로는 줄걸이 작업 잘못, 지브와 달 기구와의 충돌, 권상용 로프의 절단 등이 있을 수 있으나 인양물의 재질과 성능은 화물 낙하의 요인과는 직접적인 관계가 없다.

44 산업안전보건법에 의한 중대재해에 해당되지 않는 것은?
① 태풍에 의해 타워크레인이 2대가 붕괴한 재해
② 사망자가 1인 이상 발생한 재해
③ 3개월 이상의 요양을 요하는 부상자가 동시에 2인 이상 발생한 재해
④ 부상 또는 직업성 질병자가 동시에 10인 이상 발생한 재해

45 타워크레인 해체시 타이 바를 분리하기 위해 권상장치를 이용하려 한다. 옳지 않은 것은?
① 권상장치의 풀림상태를 직·간접으로 확인해야 한다.
② 타이 바는 가벼우므로 분리 후에는 지지대까지 바로 내린다.
③ 타이 바는 블록의 반전 또는 와이어가 이탈되지 않도록 주의한다.
④ 와이어의 과풀림은 드럼에 엉킴이 발생하므로 긴장을 유지해야 한다.

46 타워크레인의 설치작업 시 준수사항이 아닌 것은?
① 사용조건에 충분히 견딜 수 있는 구조로 한다.
② 기초시공에 있어 부등침하가 생기지 않도록 한다.
③ 기초 상단의 레벨을 정확히 잡는다.
④ 크레인을 설치한 후 6월이 경과하면 볼트의 재조임을 행한다.

47 마스트 현장작업(텔레스코핑)의 준비사항에 해당되지 않는 것은?
① 텔레스코핑 케이지의 유압장치가 있는 방향에 카운터 지브가 위치하도록 한다.
② 유압펌프의 오일량과 유압장치의 압력을 점검한다.
③ 과부하방지장치의 작동상태를 점검한다.
④ 유압실린더의 작동상태를 점검한다.

정답 41.④ 42.④ 43.① 44.① 45.② 46.④ 47.③

48 타워크레인을 사용할 장소에 설치하고 관련 법에 의해 실시하는 최초 안전 인증은?
① 성능검사　② 정기검사
③ 서면심사　④ O. C검사
해설 산업안전보건법상 서면심사를 득한 후 사용하여야 한다.

49 타워크레인에서 텔레스코핑 작업의 순서 및 방법에 대한 설명으로 틀린 것은?
① 첫째, 조립할 마스트를 권상한다.
② 마스트를 케이지에 밀어 넣은 후 용접·체결한다.
③ 밸런스 웨이트는 규격용량을 사용한다.
④ 둘째, 마스트를 텔레스코핑 모노레일에 안착한다.

50 해체할 타워크레인의 용량 및 종류에 따라 이동식 크레인의 적정사양을 선정시 고려사항이 아닌 것은?
① 최대 권상높이
② 가장 무거운 부재의 중량
③ 이동식 크레인의 감속기 특성
④ 이동식 크레인의 작업 반경
해설 이동식 크레인의 감속기의 특성은 적정 사양을 선정하는 것과는 무관하다.

51 재해 방지를 위하여 설치하는 방호장치의 종류에 해당되지 않는 것은?
① 격리형 방호장치
② 위치 제한형 방호장치
③ 벌집형 방호장치
④ 접근거부형 방호장치

52 렌치 사용시 주의 사항이 옳은 것은?
① 징이 가해지는 방향은 확인하지 않아도 된다.
② 렌치를 잡아 당겨 볼트나 너트를 풀거나 조여야 한다.
③ 산화되어 부식된 볼트라도 기름을 스며들게 하여 풀면 안된다.
④ 볼트나 너트를 풀 때는 고무망치로 렌치를 두들기며 풀어야 한다.

53 진동 장애의 예방대책이 아닌 것은?
① 심외작업을 한다.
② 저진 톱 공구를 사용한다.
③ 진통업무를 자동화 한다.
④ 방진장갑과 귀마개를 착용한다.

54 일반가연성 물질의 화재로서 물질이 연소된 후에 재를 남기는 일반적인 화재는?
① A급 화재　② B급 화재
③ C급 화재　④ D급 화재

55 재해 방지를 위해 선풍기, 날개에 대한 위험 방지조치로 가장 적합한 것은?
① 역회전 방지장치 부착
② 망 또는 울 설치
③ 과부하 방지장치 부착
④ 반발 방지장치 설치

56 금지표지를 설명한 것 중 잘못된 것은?
① 관련부호는 청색모로 한다.
② 관련그림은 검정색으로 한다.
③ 기름 모양은 흰색바탕에 빨간색으로 한다.
④ 금지표지란 출입금지, 보행금지 등을 말한다.

48.② 49.② 50.③ 51.③ 52.② 53.① 54.① 55.② 56.①

57 다음 중 수공구 사용 방법으로 옳지 않은 것은?

① 무리한 공구 취급을 금한다.
② KS 품질규격에 맞는 것을 사용한다.
③ 정확한 힘으로 조여야 할 때는 토크렌치를 사용한다.
④ 알맞은 것이 없으면 유사한 것을 사용해도 무방하다.

58 장비 점검시 일반적으로 운전 상태에서 해야 하는 것은?

① 그리스 주유
② 벨트의 장력상태 점검
③ 클러치의 작동 상태 점검
④ 볼트, 너트의 품질 상태 점검

59 운반하는 물건에 2줄 걸이 로프를 매달 때 로프에 하중이 가장 크게 걸리는 2줄 사이의 각도는?

① 30° ② 45°
③ 60° ④ 75°

60 하인러히의 사고예방처리 5단계를 순서대로 나열한 것은?

① 조직, 사실의 발견, 평가분석, 시정책의 선정, 시정책의 적용
② 시정책의 적용, 조직, 사실의 발견, 평가분석, 시정책의 선정
③ 사실의 발견, 평가분석, 시정책의 선정, 시정책의 적용, 조직
④ 시정책의 선정, 시정책의 적용, 조직, 사실의 발견, 평가분석

정답 57.④ 58.③ 59.④ 60.①

타워크레인 운전기능사

CBT기출복원문제 [2018년] (1)

01 타워크레인의 지브가 바람에 의해 영향을 받는 면적을 최소로 하여 타워크레인의 본체를 보호하는 방호장치는?

① 충돌방지 장치
② 와이어로프 이탈방지 장치
③ 선회브레이크 풀림 장치
④ 트롤리정지 장치

해설 선회브레이크 풀림장치는 크레인의 모든 작동을 멈추고 비가동시에 선회풀림장치를 작동시켜 지브가 바람에 자유운동하며 바람의 영향을 받는 면적을 최소화하여 본체를 보호하는 장치

02 유압 탱크에서 오일을 흡입하여 유압밸브로 이송하는 기기는?

① 액추에이터
② 유압 펌프
③ 유압 밸브
④ 오일 쿨러

해설 기기의 기능
① 액추에이터 : 작동유의 압력과 유량으로 기계를 실제 작동시키는데 필요한 기계적인 에너지로 바꾸는 기기로 직선 운동을 하는 유압 실린더와 회전운동을 하는 유압 모터로 분류된다.
② 유압 펌프 : 기계적 에너지를 받아서 유체 에너지로 변환 작용을 하는 유압 발생원으로서 유압 탱크에서 오일을 흡입 가압하여 유압 밸브로 이송하는 기기이다.
③ 유압 밸브 : 유압 실린더가 하는 일의 목적에 따라 이에 알맞은 기계적 작동을 하기 위해서 오일의 흐름을 조절(control)하는 것으로 제어밸브에는 압력 제어 밸브(pressure control valve), 유량 제어 밸브(flow control valve), 방향 제어 밸브(directional control valve)의 3가지 밸브가 기본 회로를 이룬다.
④ 오일 쿨러 : 오일의 온도 상승을 방지하기 위한 냉각기로서 오일의 온도를 40~60℃ 정도로 유지하는 역할을 한다.

03 타워크레인 위의 조명등, 항공장애 등의 외함구조는?

① 방우형
② 내수형
③ 방말형
④ 수주형

해설 방우형은 옥외용변압기, 배전반 등에 해당되고, 수주형은 수중 전용장소 펌프 등에 해당된다.

04 타워크레인의 사용전압에 따른 접지 종류 및 허용 접지 저항에 대한 내용이 틀린 것은?

① 저압 400V 미만은 제3종 접지이고, 접지저항이 100Ω 이하이다.
② 저항 400V 이상은 특별 제3종 접지이고, 접지저항이 10Ω 이하이다.
③ 고압(특별고압)은 제1종 접지이고, 접지저항이 10Ω 이하이다.
④ 저압 400V 이상은 특별 제3종 접지이고, 접지저항이 100Ω 이하이다.

해설 접지종류 및 접지선 굵기는 전압 종류에 따라 적용된다.

05 유압의 특징 설명으로 틀린 것은?

① 액체는 압축률이 커서 쉽게 압축할 수 있다.
② 액체는 운동을 전달할 수 있다.
③ 액체는 힘을 전달할 수 있다.
④ 액체는 작용력을 증대 시키거나 감소시킬 수 있다.

해설 액체는 비압축성이다.

01.③ 02.② 03.③ 04.④ 05.①

06 다음에서 타워크레인의 전자식 과부하 방지 장치의 동작 방식으로 적합하지 않은 것은?

① 인장형 로드셀
② 압축형 로드셀
③ 시프트 핀 형 로드셀
④ 외팔보형 로드셀

07 기초 앵커를 설치하는 방법 중 옳지 않은 것은?

① 지내력은 접지압 이상 확보한다.
② 콘크리트 타설 또는 지반을 다짐한다.
③ 구조 계산 후 충분한 수의 파일을 항타 한다.
④ 앵커 세팅 수평도는 ±5㎜로 한다.

해설 앵커조립 후 레벨 허용오차는 ±1mm, 앵커사거리 오차는 ±3mm이다.

08 다음 중 과전류 차단기가 아닌 것은?

① 절연 케이블   ② 퓨즈
③ 배선용 차단기   ④ 누전 차단기

09 4℃의 순수한 물은 1m³ 일 때 중량이 얼마인가?

① 1000kg   ② 2000kg
③ 3000kg   ④ 4000kg

해설 4℃ 물의 단위중량 단위는 1ton/m³이다.

10 선회하는 리미트는 양방향 각각 얼마의 회전을 제한하는가?

① 2바퀴   ② 1.5바퀴
③ 2.5바퀴   ④ 1바퀴

해설 선회장치 내 리미트의 세팅은 선회 양방향으로 각각 1.5바퀴(360°×1.5)까지 지브의 회전을 제한한다.

11 타워크레인의 선회 브레이크 라이닝이 마모되었을 때의 교체시기로 가장 적절한 것은?

① 원형의 50% 이내일 때
② 원형의 60% 이내일 때
③ 원형의 70% 이내일 때
④ 원형의 80% 이내일 때

12 배선용 차단기는 퓨즈에 비하여 장점이 많은데, 그 장점이 아닌 것은?

① 개폐 기구를 겸하고, 개폐 속도가 일정하며 빠르다.
② 과전류가 1극에만 흘러도 각 극이 동시에 트립되므로 결상 등과 같은 이상이 생기지 않는다.
③ 전자 제어식 퓨즈이므로 복구 시에 교환 시간이 많이 소요된다.
④ 과전류로 동작하였을 때 그 원인을 제거하면 즉시 사용할 수 있다.

해설 배선용 차단기(NFB, MCCB)는 퓨즈가 없다.

13 트레인의 기복(Luffing)장치에 대한 설명으로 틀린 것은?

① 최고·최저각을 제한하는 구조로 되어 있다.
② 타워크레인의 높이를 조절하는 기계장치이다.
③ 지브의 기복 각으로 작업 반경을 조절한다.
④ 최고 경계각을 차단하는 기계적 제한 장치가 있다.

해설 타워 마스트는 타워크레인을 지지하는 기둥으로 한 부재의 단위 길이가 3~8m인 마스터를 핀 또는 볼트로 연결시켜 나가면서 타워크레인의 높이를 조절하게 된다.

정답   06.④   07.④   08.①   09.①   10.②   11.①   12.③   13.②

14 크레인 높이가 높아지게 되면 항공 장애등을 설치하여야 하는데, 그 설치 높이로 맞는 것은?

① 옥외의 지상 20m 이상 높이로 설치되는 크레인
② 옥외에 지상 30m 이상 높이로 설치되는 크레인
③ 옥외에 지상 40m 이상 높이로 설치되는 크레인
④ 옥외에 지상 60m 이상 높이로 설치되는 크레인

해설 항공법에 따른 항공장애등 설치제한은 60m이다.

15 전압의 종류에서 특별 고압은 최소 몇 V를 초과하는 것을 말하는가?

① 600V 초과 ② 750V 초과
③ 7,000V 초과 ④ 2,000V 초과

해설 우리나라의 전기규격 기준은 저압 AC600V, DC750V 이하, 고압 AC601~7000V 이하, DC751V~7000V 이하이며, 특고압은 AC, DC 7001V 이상 또는 7000V 초과하는 것을 의미

16 권상장치의 와이어드럼에 와이어로프가 감길 때 홈이 없는 경우의 플리트(Fleet) 허용 각도는?

① 4°이내 ② 3°이내
③ 2°이내 ④ 1°이내

17 타워크레인의 주요 구조부가 아닌 것은?

① 지브 및 타워 ② 와이어로프
③ 방호 울 ④ 설치 기초

해설 타워 크레인의 주요 구조부는 설치기초, 베이직 마스트, 마스트, 유압 상승장치, 선회실, 운전실, 카운터, 권상장치, 균형추, 지브, 트롤리 등이다.

18 모멘트 $M = P \times L$ 일 때, P와 L의 설명으로 맞는 것은?

① P : 힘, L : 길이
② P : 길이, L : 면적
③ P : 무게, L : 체적
④ P : 부피, L : 넓이

19 타워크레인의 텔레스코핑 작업 전 유압장치 점검사항이 아닌 것은?

① 유압 탱크의 오일 레벨을 점검한다.
② 유압 모터의 회전 방향을 점검한다.
③ 유압 펌프의 작동 압력을 점검한다.
④ 유압장치의 자중을 점검한다.

20 타워크레인에서 정격하중 이상의 하중을 부과하여 권상하려고 할 때 권상동작을 정지시키는 안전장치는?

① 과권방지 장치
② 과부하 방지 장치
③ 과속도 방지 장치
④ 과트림 방지 장치

21 크레인 운전 중 작업신호에 대한 설명으로 가장 알맞은 것은?

① 운전자가 신호수의 육성신호를 정확히 들을 수 없을 때에는 반드시 수신호를 사용한다.
② 신호수는 위험을 감수하고서라도 임무를 수행하여야 한다.
③ 신호수는 전적으로 크레인 동작에 필요한 신호에만 전념하고 인접 지역의 작업자는 무시하여도 좋다.
④ 운전자는 어떠한 경우라도 신호수의 지시에 따라 운전하여야 한다.

22 타워크레인의 양중작업에서 권상 작업을 할 때 지켜야 할 사항이 아닌 것은?

① 지상에서 약간 떨어지면 매단 화물과 줄걸이 상태를 확인한다.
② 권상작업은 가능한 한 평탄한 위치에서 실시한다.
③ 타워크레인의 권상용 와이어로프의 안전율은 4 미만이어야 한다.
④ 권상된 화물이 흔들릴 때는 이동전에 반드시 흔들림을 정지시킨다.

해설 권상용 와이어로프의 안전율은 5.0이상이다.

23 선회 브레이크 풀림장치를 설명한 것으로 틀린 것은?

① 컨트롤 전원을 차단한 상태에서 동작된다.
② 지브를 바람에 따라 자유롭게 움직이게 한다.
③ 바람이 불 경우 역방향으로 작동되는 것을 방지한다.
④ 지상에서는 브레이크 해제 레버를 당겨서 작동시킨다.

24 타워크레인의 일반적인 양중작업에 대한 설명으로 틀린 것은?

① 화물 중심선에 훅크가 위치하도록 한다.
② 로프가 장력을 받으면 바로 주행을 시작한다.
③ 로프에 충분한 장력이 걸릴 때까지 서서히 권상한다.
④ 화물은 권상 이동 경로를 생각하여 지상 2m 이상의 높이에서 운반하도록 한다.

25 트롤리 이동 내·외측 제어장치의 제어위치로 맞는 것은?

① 지브 섹션의 중간
② 지브 섹션의 시작과 끝 지점
③ 카운터 지브 끝 지점
④ 트롤리 정지장치

해설 트롤리 내·외측 정지장치는 트롤리가 작동할 때 훅이 지브 피벗 영역 및 지브 영역과의 충돌을 방지하기 위한 장치로 지브 섹션의 시작 또는 끝 지점에서 전원 회로를 제어한다.

26 타워크레인 운전자의 장비 점검 및 관리에 대한 설명으로 옳지 않은 것은?

① 각종 제한 스위치를 수시로 조정해야 한다.
② 간헐적인 소음 및 이상 징후에 즉시 조치를 받아야 한다.
③ 작업 전·후 기초 배수 및 침하 등의 상태를 점검한다.
④ 윤활부에 주기적으로 급유하고 발열체에 대해 점검한다.

27 타워크레인 작업(양중작업)을 제한하는 풍속의 기준은?

① 평균풍속이 12m/s를 초과
② 순간풍속이 12m/s를 초과
③ 평균풍속이 20m/s를 초과
④ 순간풍속이 15m/s를 초과

해설 양중작업시 풍속 제한을 받는 작업금지기준은 순간풍속이 15m/s를 초과하는 경우를 말한다.

28 타워크레인으로 중량물을 운반하는 방법 중 가장 적합한 운전방법은?

① 전하중 전속력 운전
② 시동 후 급출발 운전
③ 빈번한 정지 후 급속 운전
④ 정격하중 정속 운전

29 타워크레인 작업에서 신호에 대한 설명으로 맞는 것은?

① 신호수는 재킷, 안전모 등을 착용하여 일반 작업자와 구별해야 한다.
② 타워크레인 운전 중 신호 장비는 신호수의 의도에 따라 변경될 수 있다.
③ 1대의 타워크레인에는 2인 이상의 신호수가 있어야 하며, 각기 다른 식별방법을 제시하여야 한다.
④ 신호 장비는 우천 시 변경되어도 무방하다.

30 다음의 수신호는 무엇을 뜻하는가?

> 오른손을 펴서 하늘을 향해 원을 그린다.

① 훅크 와이어가 심하게 꼬였다.
② 훅크에 매달린 화물이 흔들린다.
③ 원을 그리는 방향으로 선회한다.
④ 훅크를 상승하라는 신호이다.

31 크레인에 사용되는 와이어로프의 안전율 계산방법은?(단, S : 안전율, Q : 인양하중, N : 와이어로프 수, P : 와이어로프의 절단하중)

① S = (N×P) / Q
② S = (Q×P) / N
③ S = N×Q×P
④ S = (Q×N) / P

32 다음은 크레인용 와이어로프(wire rope)에 심강을 사용하는 목적을 설명한 것으로 틀린 것은?

① 충격하중을 흡수한다.
② 소선끼리의 마찰에 의한 마모를 방지한다.
③ 충격하중을 분산시킨다.
④ 부식을 방지한다.

해설 심강 소선의 충격하중을 감소시킨다.

33 시징(seizing)은 와이어로프 지름의 몇 배를 기준으로 하는가?

① 1   ② 3
③ 5   ④ 7

해설 시징(seizing)의 길이는 와이어 로프 길이의 3배 정도가 적당하다.

34 다음 중 와이어로프 사용시 일반적으로 나타나는 현상이 아닌 것은?

① 마모 및 부식에 의한 로프의 단면적 감소
② 표면경화 및 부식에 의한 로프의 질적 변화
③ 충격 또는 과하중
④ 장기간 사용으로 로프의 길이 감소

해설 로프의 장기간 사용시 오히려 로프 길이는 늘어난다.

35 크레인으로 하중을 취급할 때 아래 그림 중 로프의 장력 "T"의 값이 가장 크게 요구되는 것은?

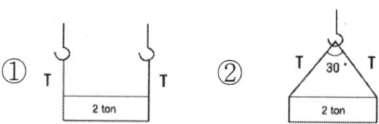
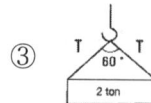 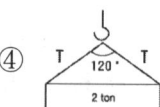

해설 매달린 각도가 클수록 장력 값이 크다.

36 크레인에 사용되는 와이어로프의 사용 중 점검항목으로 적합하지 않는 것은?

① 마모 상태 검사
② 부식 상태 검사
③ 소선의 인장강도 검사
④ 엉킴, 꼬임 및 킹크 상태 검사

해설 인장강도검사는 제조사에서 실시한다.

37 줄걸이 작업에 사용하는 호킹용 핀 또는 봉의 지름은 줄걸이용 와이어로프 직경의 얼마 이상을 적용하는 것이 바람직한가?

① 1배 이상
② 2배 이상
③ 4배 이상
④ 6배 이상

38 굵은 와이어로프(단, 로프 지름은 16mm 이상)일 때 가장 적합한 어깨걸이 방법은?

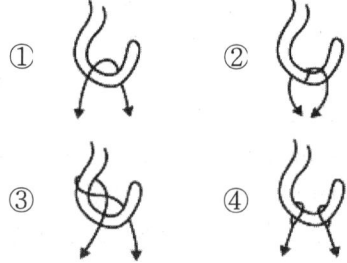

해설 굵은 로프는 훅의 홈에 이탈하려는 성질이 강하므로 훅을 감싸는 방식이 안전하다.

39 천장크레인의 권상 작업으로 가장 좋은 방법은?

① 훅크는 짐의 권상 작업을 정확히 맞추고 주행과 횡행을 동시 작동한다.
② 줄걸이 와이어로프가 완전히 힘을 받아 팽팽해지면 일단 정지한다.
③ 권상 작동은 흔들릴 위험이 없으므로 항상 최고 속도로 운전한다.
④ 훅크를 짐의 중심 위치에 정확히 맞추었으면 권상을 계속하여 2m이상 높이에서 맞춘다.

해설 권상작업은 훅의 중심점(0)에서 이루어져야 진동 혹은 후리를 최소화 할 수 있다.

40 고온에서 사용되는 와이어로프는?

① 철심 로프
② 마심 로프
③ 철심 또는 마심
④ 마심에 도금한 로프

41 마스트 연장작업시 준수사항으로 틀린 것은?

① 순간 풍속 10m/sec 이내에서 실시한다.
② 선회 링 써포트와 마스트 사이의 체결 볼트를 푼다.
③ 작업 중에는 선회, 트롤리 이동을 한다.
④ 텔레스코핑 케이지와 선회 링 써포트는 핀으로 조립한다.

해설 연장작업시는 그 어떠한 운전 작동을 금지한다.

42 타워크레인 설치(상승 포함), 해체 작업자가 특별안전보건교육을 이수해야 하는 최소시간은?

① 1시간 이상   ② 2시간 이상
③ 3시간 이상   ④ 4시간 이상

해설 타워크레인 설치(상승포함), 해체하는 작업자는 특별 안전·보건 교육을 2시간 이상 이수하여야 한다.

43 수직볼트를 사용하는 마스트의 볼트 체결방법으로 맞는 것은?

① 대각선 방향으로 아래, 위로 향하게 조립한다.
② 볼트의 헤드부가 전체 위로 향하게 조립한다.
③ 볼트의 헤드부가 전체 아래로 향하게 조립한다.
④ 왼쪽부터 하나씩 아래, 위로 향하게 조립한다.

정답 37.④ 38.③ 39.② 40.① 41.③ 42.② 43.③

44 타워크레인 메인 지블(앞 지브)의 절손 원인으로 가장 적합한 것은?

① 호이스트 모터 소손
② 트롤리 로프의 파단
③ 정격하중의 과부하
④ 슬로잉 모터 소손

해설 굽힘모멘트에 의한 원인이 대부분이다.

45 타워크레인 최초 설치 시 반드시 검토해야 할 사항이 아닌 것은?

① 타워의 설치 방향
② 기초 앵커의 레벨
③ 양중 크레인의 위치
④ 갱폼의 인양거리

46 타워크레인 검사 중 근로자 대표의 요구가 있는 경우에 근로자 대표로 입회하여야 하는 검사는?

① 완성검사
② 설계검사
③ 성능검사
④ 자체검사(자율안전검사)

해설 2009.1.1산안법 개정으로 자체검사가 자율검사프로그램에 따른 안전검사로 변경되었다.

47 타워크레인의 클라이밍 작업 시 사전에 검토를 실시하는데 반드시 포함하여야 할 사항이 아닌 것은?

① 클라이밍 타워크레인의 설계개요 검토
② 클라이밍 타워크레인 가설 지지 프레임의 구성 검토
③ 카운터 지브의 밸러스트 중량 가감 여부
④ 클라이밍 부재 및 접합부의 검토

48 다음 보기에서 타워크레인 설치·해체작업에 관한 설명으로 옳은 것을 모두 골라 나열한 것은?

[보기]
ㄱ. 작업 순서는 시계방향으로 작업을 실시할 것.
ㄴ. 작업 구역에는 관계근로자의 출입을 금지시키고 그 취지를 항상 크레인 상단 좌측에 표시할 것.
ㄷ. 폭풍·폭우 및 폭설 등의 악천후 작업에 있어서 위험에 미칠 우려가 있을 때에는 당해 작업을 중지시킬 것.
ㄹ. 작업 장소는 안전한 작업이 이루어질 수 있도록 충분한 공간을 확보하고 장애물이 없도록 할 것.
ㅁ. 크레인의 능력, 사용조건에 따라 충분한 내력을 갖는 구조의 기초물을 설치하고 지반 침하 등이 일어나지 않도록 할 것

① ㄱ, ㄴ, ㄷ, ㄹ, ㅁ
② ㄷ, ㄹ, ㅁ
③ ㄱ, ㄴ, ㄷ
④ ㄴ, ㄷ, ㄹ

해설 보기의 ㄱ, ㄴ은 타워크레인의 설치·해체작업과는 무관하다.

49 타워크레인의 와이어로프 지지·고정방식에서 중요하지 않는 것은?

① 작업자 숙련도
② 지지 각도
③ 프레임의 재질
④ 지브의 종류

50 타워크레인의 설치, 해체 작업시 안전대책이 아닌 것은?
① 지휘계통의 명확화
② 추락재해 방지
③ 풍속의 확인
④ 크레인 성능과 디자인

51 수공구 사용시 주의사항이 아닌 것은?
① 작업에 알맞은 공구를 선택하여 사용한다.
② 공구는 사용 전에 기름 등을 닦은 후 사용한다.
③ 공구는 취급할 때는 올바른 방법으로 사용한다.
④ 개인이 만든 공구는 일반적인 작업에 사용한다.

52 소화하기 힘들 정도로 화재가 진행된 현장에서 제일 먼저 취하여야 할 조치사항으로 올바른 것은?
① 소화기 사용
② 화재 신고
③ 인명 구조
④ 경찰서에 신고
해설 작업자의 구조가 최우선 조치되어야 한다.

53 사고의 결과로 인하여 사람이 입는 인명 피해와 재산상의 손실을 무엇이라 하는가?
① 재해 ② 안전
③ 사고 ④ 부상
해설 재해와 달리 사고의 의미는 광의의 개념으로 여러 가지 불상사를 모두 사고라 칭한다.

54 다음 중 안전 보호구가 아닌 것은?
① 안전모 ② 안전화
③ 안전가드레일 ④ 안전장갑
해설 가드레일은 안전시설물이다.

55 도로에 가스배관을 매설할 때 지켜야 할 사항으로 잘못된 것은?
① 자동차 등의 하중에 대한 영향이 적은 곳에 매설한다.
② 배관은 외면의 로부터 도로 밑의 다른 매설물과 0.1m 이상의 거리를 유지한다.
③ 포장되어 있는 차도에 매설하는 경우 배관의 외면과 노반의 최하부와의 거리는 0.5m 이상으로 한다.
④ 배관의 외면에서 도로 경계까지는 1m 이상의 수평거리를 유지한다.

56 방호장치의 일반원칙으로 옳지 않은 것은?
① 작업방해의 제거
② 작업점의 방호
③ 외관상의 안전화
④ 기계특성에의 부적합성

57 현장에서 작업자가 작업 안전상 꼭 알아두어야 할 사항은?
① 장비의 가격
② 종업원의 작업환경
③ 종업원의 기술 정도
④ 안전 규칙 및 수칙
해설 현장에서 안전수칙은 항상 철칙이 되어야 한다.

정답 50.④ 51.④ 52.③ 53.① 54.③ 55.② 56.④ 57.④

58 목재, 종이, 석탄 등 일반 가연물의 화재는 어떤 화재로 분류하는가?

① A급 화재
② B급 화재
③ C급 화재
④ D급 화재

59 보안경을 사용하는 이유로 틀린 것은?

① 유해 약물의 침입을 막기 위하여
② 떨어지는 중량물을 피하기 위하여
③ 비산되는 칩에 의한 부상을 막기 위하여
④ 유해 광선으로부터 눈을 보호하기 위하여

60 건설기계 작업시 주의사항으로 틀린 것은?

① 운전석을 떠날 경우에는 기관을 정지시킨다.
② 작업시에는 항상 사람의 접근에 특별히 주의한다.
③ 주행시는 가능한 한 평탄한 지면으로 주행한다.
④ 후진시는 후진 후 사람 및 장애물 등을 확인한다.

해설 후진운전하기 전 작업자 등의 유무를 확인해야 한다.

58.① 59.② 60.④

타워크레인 운전기능사

CBT기출복원문제 [2018년] (2)

01 타워크레인의 접지에 대한 설명으로 옳은 것은?
① 주행용 레일에는 접지가 필요 없다.
② 전동기 및 제어반에는 접지가 필요 없다.
③ 접지판과의 연결 도선으로 동선을 사용할 경우 그 단면적은 30㎟ 이상이어야 한다.
④ 타워크레인 접지저항은 녹색 연동선을 사용하며 20Ω 이상이다.

해설 접지판과의 연결 도선은 동선 사용은 단면적은 30㎟ 이상, 알루미늄 선의 사용은 50㎟ 이상이다.

02 크레인의 균형을 유지하기 위하여 카운터지브에 설치하는 것으로 여러 개의 철근 콘크리트 등으로 만들어진 블록은?
① 메인 지브   ② 카운터 웨이트
③ 타이 바   ④ 타워 헤드

03 타워크레인의 전기장치가 아닌 것은?
① 전동기   ② 치차류
③ 계전기   ④ 저항기

해설 치차류는 기계장치이다.

04 고정식 지브형 타워크레인이 할 수 있는 동작이 아닌 것은?
① 권상동작   ② 주행동작
③ 기복동작   ④ 선회동작

해설 주행동작은 주행식 타워크레인이 해당된다.

05 주행식 타워크레인의 레일 점검기준으로 틀린 것은?
① 연결부 틈새는 10mm 이하일 것
② 균열 및 두부의 변형이 없을 것
③ 레일 부착 볼트는 풀림 및 탈락이 없을 것
④ 완충장치는 손상이나 어긋남이 없을 것

해설 연결부의 틈새는 5mm이하이다.

06 주행용 타워크레인에만 부착되어 있는 방호장치는?
① 러핑 각도 지시계
② 주행 리미트 스위치
③ 러핑 권과방지 장치
④ 권상 권과방지 장치

07 옥외에 설치되는 타워크레인용 전기·기계기구의 외함 구조로 가장 적절한 것은?
① 분진 방호가 가능하고 모든 방향에서 물이 뿌려졌을 때 침입하지 않는 구조이다.
② 소음 차단이 가능하고 모든 진동에 견딜 수 있는 구조이다.
③ 고열 차단이 가능하고 겨울철 혹한기에 견딜 수 있는 구조이다.
④ 선회 시 충격과 강풍에 견딜 수 있는 구조이다.

정답 01.③ 02.② 03.② 04.② 05.① 06.② 07.①

08 기초 앵커를 콘크리트로 고정시키는 타워크레인으로 철골 구조물 건축과 아파트공사 등에 적합한 형식은?
① 주행식 ② 고정식
③ 유압식 ④ 상승식

09 동력의 값이 가장 큰 것은?
① 1PS ② 1HP
③ 1Kw ④ 75kg · m/s

해설 HP는 영국 단위로 1HP=1.013 × PS 가 되어 HP가 PS보다 1.3% 큰 값이다.
즉, 1HP=746W이고 1Kw=1.34HP
1PS=735.5W이고 1Kw=1.36PS이다.

10 타워크레인 운전에 영향을 주는 안정도 설계조건에 대한 설명으로 틀린 것은?
① 하중은 가장 불리한 조건으로 설계한다.
② 안정도는 가장 불리한 값으로 설계한다.
③ 안전 모멘트 값은 전도 모멘트 값 이하로 한다.
④ 비가동 시에는 지브의 회전이 자유로워야 한다.

해설 안정도 설계 = 안정모멘트 〉 전도모멘트 관계식으로 설계되어야 안정하다.

11 동하중에 해당하지 않는 것은?
① 위치하중
② 반복하중
③ 교번하중
④ 충격하중

해설 동하중은 하중의 크기와 방향이 변화하는 하중으로 반복하중, 교번하중, 충격하중, 풍압하중, 지진하중 등이 있다.

12 유압실린더에 대한 요구사항이 아닌 것은?
① 단동 실린더를 사용하는 경우 로드의 수축 안전을 보장하여야 한다.
② 로드는 장비의 작업환경 및 비활성 기간을 고려하여 부식으로부터 보호하여야 한다.
③ 실린더에는 동력 손실이나 공급관 결함이 생겼을 때 작동을 중지할 수 있도록 정지 밸브가 있어야 한다.
④ 정지 밸브는 위험한 과압을 유지할 수 있어야 한다.

13 텔레스코핑 작업 준비사항 중 유입장치에 관한 설명으로 틀린 것은?
① 에어 벤트(air vent)를 닫는다.
② 유압실린더의 작동상태 및 모터의 회전 방향을 점검한다.
③ 유압장치의 압력과 오일량을 점검한다.
④ 유압실린더와 카운터 지브를 동일 방향으로 한다.

해설 에어벤트를 열어 놓아야 상승작업이 가능하다.

14 타워크레인의 설치방법에 따른 분류가 아닌 것은?
① 선회형 ② 주행형
③ 상승형 ④ 고정형

15 트롤리 로프 안전장치에 대한 설명으로 옳은 것은?
① 트롤리 로프의 올바른 선정을 위한 장치
② 트롤리 로프 파손 시 트롤리를 멈추게 하는 장치
③ 트롤리 로프의 긴장을 유지하는 장치
④ 트롤리 로프의 성능을 보호하는 장치

08.② 09.③ 10.③ 11.① 12.① 13.① 14.① 15.②

16 과전류 차단기의 종류가 아닌 것은?
① 퓨즈
② 배선용 차단기
③ 누전차단기(과전류 차단 겸용인 경우)
④ 저항기

해설 저항기는 저항을 얻기 위해 사용하는 부품으로 고정저항기와 가변저항기 등이 있다.

17 타워크레인의 트롤리와 관련된 안전장치가 아닌 것은?
① 트롤리 내·외측 위치 제어장치
② 트롤리 로프 파손 안전장치
③ 트롤리 정지장치
④ 트롤리 각도 제한장치

18 유압장치에 사용되는 제어밸브의 3요소가 아닌 것은?
① 압력제어밸브   ② 방향제어밸브
③ 유량제어밸브   ④ 가속도제어밸브

19 전기 수전반에서 인입 전원을 받을 때의 내용이 아닌 것은?
① 기동 전력을 충분히 감안하여 수전 받아야 한다.
② 지브의 길이에 따라서 기동 전력이 달라져야 한다.
③ 변압기를 설치하는 경우 방호망을 설치하여 작업자를 보호할 수 있도록 한다.
④ 타워크레인용으로 단독으로 가설하여 전압강하가 발생하지 않도록 한다.

해설 기동전력이 달라지면 크레인의 운전에 방해가 발생될 수 있다.

20 저압전로에 사용되는 배선용 차단기의 규격에 적합하지 않은 것은?
① 정격전류 1배의 전류로는 자동적으로 동작하지 않을 것
② 정격전류 1.25배의 전류가 통과하였을 경우에는 배선용 차단기의 특성에 따른 동작시간 내에 자동적으로 동작할 것.
③ 정격전류 2배의 전류가 통과하였을 경우에는 배선용 차단기의 특성에 따른 동작시간 내에 자동적으로 동작할 것.
④ 배선용 차단기 동작시간이 정격전류의 2배 전류가 통과할 때가 정격전류의 1.25배 전류가 통과할 때보다 더 길 것.

해설 답안의 ①,②,③항은 전기설비기술기준 제38조 3항에 따라 배선용 차단기 규격으로 정해있다.

21 타워크레인 운전업무에 필요한 자격증(면허)은 어느 법에 근거한 것인가?
① 근로기준법
② 건설기계관리법
③ 산업안전보건법
④ 건설표준하도급법

22 트롤리의 기능을 옳게 설명한 것은?
① 와이어로프에 매달려 권상 작업을 한다.
② 카운터 지브에 설치되어 크레인의 균형을 유지한다.
③ 메인 지브에서 전·후로 이동하며, 작업반경을 결정하는 횡행장치이다.
④ 마스트의 높이를 높이는 유압 구동장치이다.

해설 와이어로프에 매달려 권상작업을 하는 장치는 훅 또는 시브이며, 카운터 지브에 설치되어 균형유지를 하여 주는 기구는 타이-바이이며, 마스트의 높이를 높이는 유압 구동장치는 텔레스코픽 장치이다.

정답   16.④ 17.④ 18.④ 19.② 20.④ 21.② 22.③

23 지름이 2m, 높이가 4m인 원기둥 모양의 목재를 크레인으로 운반하고자 할 때 목재의 무게는 약 몇 kgf인가?(단, 목재의 1㎥당 무게는 150kgf으로 간주한다.)

① 542kgf
② 942kgf
③ 1,584kgf
④ 1,885kgf

해설 원기둥 물체의 체적은
(지름/2)2×높이×3.14이므로
목재의 중량은 {150/(2/2)2×4×3.14} 식이 성립한다.

24 타워크레인 작업 시 신호수에 대한 설명으로 틀린 것은?

① 특별히 구분될 수 있는 복장 및 식별장치를 갖춰야 한다.
② 소정의 신호수 교육을 받아 신호 내용을 숙지해야 한다.
③ 현장의 각 공정별로 한 사람씩 차출하여 신호수로 배치한다.
④ 신호수는 항상 크레인 동작을 볼 수 있어야 한다.

25 타워크레인의 작업신호 중 무선통신에 관한 설명으로 틀린 것은?

① 조용한 지역에서 활용된다.
② 무선통신이 만족스럽지 못하면 수신호로 한다.
③ 통신 및 육성은 간결, 단순, 명확해야 한다.
④ 수신호와 함께 꼭 무선통신을 하도록 한다.

26 무게가 0.5톤인 물건을 아래 그림과 같이 로프로 걸어 올릴 때 로프의 안전계수는?

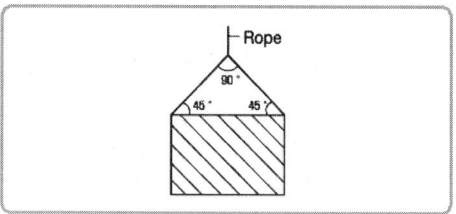

① 1.43   ② 4.52
③ 6.43   ④ 9

해설 안전계수 = 절단하중 / 사용하중
절단하중을 3215kg으로 가정하면,
안전율은 6.43이다.

27 크레인으로 지상의 화물을 들어 올릴 때 올바른 방법은?

① 무거운 화물은 들어올리기 전에 트롤리를 화물의 위치보다 타워 가까이에 이동시켜 들어 올린다.
② 화물과 훅크의 중심이 맞지 않을 때는 양중하면서 조절을 한다.
③ 균형이 잡히지 않은 평면 위의 화물은 인양하면 안된다.
④ 시야에서 벗어난 화물을 들어 올릴 때에는 지브의 기울기로 판단한다.

28 타워크레인 양중 작업 시 줄걸이 작업자의 기본적인 자세로 틀린 것은?

① 줄걸이 작업 중에 불안이나 의문이 있으면, 다시 한 번 고쳐 작업하고 안전을 확인한다.
② 화물의 결속이 불안전할 경우에는 작업자 중 한사람이 화물 위에 올라가 관찰하면서 화물을 권상한다.
③ 권상화물 밑에는 절대로 들어가지 않는다.
④ 흩어질 수 있는 화물은 잘 묶은 상태로 만들어 줄걸이를 한다.

29 작업이 끝난 후 타워크레인을 정지시킬 때의 운전자 유의 사항으로 거리가 먼 것은?

① 화물을 내리고 훅크를 높이 올린 다음 트롤리를 최소작업 반경으로 움직인다.
② 브레이크와 비상 리미트 스위치 작동상태를 점검한다.
③ 슬루잉 기어의 회전을 자유롭게 하는 것에 유의한다.
④ 크레인이 레일에서 이탈하는 것을 방지하기 위하여 레일 클램프를 작동한다.

30 붐이 있는 크레인 작업에서 다음과 같은 수신호는 무엇을 뜻하는가?

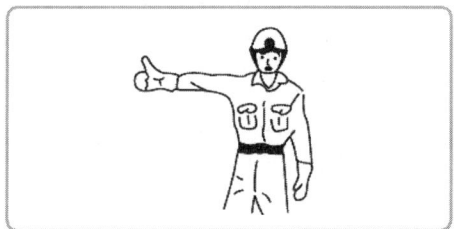

① 붐 위로 올리기
② 붐 아래로 내리기
③ 붐은 올리고 짐은 아래로 내리기
④ 붐은 내리고 짐은 올리기

31 타워크레인으로 훅크를 하강시켜 줄걸이 용구를 분리할 때의 작업방법으로 잘못된 것은?

① 훅크를 분리할 때는 가능한 한 낮은 위치에서 훅크를 유동하여 분리한다.
② 직경이 큰 와이어로프는 비틀림이 작용하여 흔들림이 생기기 때문에 1인이 작업하는 것이 좋다.
③ 크레인 등으로 와이어로프를 잡아당겨 빼지 않는다.
④ 손으로 빼기 곤란한 대형 와이어로프를 크레인 등으로 빼야 할 때는 천천히 신호를 하면서 신중히 작업한다.

32 타워크레인 설치 및 해체 작업에서 마스트를 상승 또는 하강할 때 안전한 운전방법은?

① 카운터 지브 방향으로 약간 기울도록 평형상태를 조정한다.
② 마스트 전 길이에 걸쳐 수직도 상태를 유지한다.
③ 마스트 상승 또는 하강 시 선회 운전을 금한다.
④ 마스트 상승 또는 하강 중이라도 필요시에는 트롤리를 이동하여 균형을 조정한다.

33 타워크레인 설치·해체 시 이동식 크레인의 선정조건에 해당되지 않는 것은?

① 최대 권상 높이
② 가장 무거운 부재의 중량
③ 이동식 크레인의 선회 반경
④ 건축물의 높이

34 와이어로프를 선정할 때 주의해야 할 사항이 아닌 것은?

① 용도에 따라 손상이 적게 생기는 것을 선정한다.
② 하중의 중량이 고려된 강도를 갖춘 로프를 선정한다.
③ 심은 사용 용도에 따라 결정한다.
④ 높은 온도에서 사용할 경우 도금한 로프를 선정한다.

35 마스트 연장 작업 전 운전자가 반드시 조치 또는 확인해야 할 사항과 관계가 먼 것은?

① 새로 설치될 마스트의 지브 방향 정렬
② 턴 테이블과 가이드 섹션과의 핀 고정 여부
③ 연장 작업에 참여한 작업자의 건강진단 여부
④ 주위의 타 장비와의 충돌 및 간섭 여부

정답 29.② 30.① 31.② 32.③ 33.④ 34.④ 35.③

해설 작업자의 건강진단 여부는 보건관리자가 확인해야 한다.

36 와이어로프의 꼬임 방식에서 스트랜드와 로프의 꼬임 방향이 같은 꼬임은?
① 보통꼬임 ② 랭꼬임
③ 요철꼬임 ④ 시브꼬임

37 산업안전기준에 관한 규칙상 타워크레인을 와이어로프로 지지할 때 사업주의 준수 사항에 해당하지 않는 것은?
① 와이어로프 설치 각도는 수평면에서 60° 이내로 할 것.
② 와이어로프가 가공전선(架空電線)에 근접하지 않도록 할 것.
③ 와이어로프는 지상의 이동용 고정장치에 신속히 해체할 수 있도록 고정할 것.
④ 와이어로프의 고정 부위는 충분한 강도와 장력을 갖도록 설치할 것

38 와이어로프 구성으로 맞지 않는 것은?
① 심강 ② 랭꼬임
③ 스트랜드 ④ 소선

39 크레인 권상 작업 시 신호수와 운전수의 작업방법을 설명한 것으로 틀린 것은?
① 신호수는 안전거리를 확보한 상태에서 가능한 한 하중 가까이서 신호를 하는 것이 좋다.
② 신호수는 운전수가 잘 보이는 곳에서 신호를 하는 것이 좋다.
③ 신호수는 하중의 흔들림을 방지하기 위해 훅크 바로 위의 와이어를 삽고 신호하는 것이 좋다.
④ 운전수는 신호수의 신호가 불분명할 때는 운전을 하지 말아야 한다.

해설 신호수가 움직이는 와이어로프를 잡고 신호를 하면 재해가 발생되는 결과를 초래하므로 매우 위험하다.

40 타워크레인 본체의 전도 원인으로 거리가 먼 것은?
① 정격하중 이상의 과부하
② 지지 보강의 파손 및 불량
③ 시공상 결함과 지반 침하
④ 접지상태 상태

해설 접지의 상태는 감전재해와 관련 있다.

41 철심으로 된 와이어로프의 내열 온도는 얼마인가?
① 100~200℃
② 200~300℃
③ 300~400℃
④ 700~800℃

42 매다는 체인에 균열이 발생한 경우 용접하여 사용할 수 있는가?
① 사용할 수 있다.
② 사용하면 안 된다.
③ 체인의 여유가 없는 불가피한 경우 1회에 한하여 용접하여 사용할 수도 있다.
④ 일반적으로 미소한 균열일 경우 용접사용이 가능하다.

43 오른손으로 왼손을 감싸고 2~3회 흔드는 신호방법은 무슨 뜻인가?
① 천천히 이동
② 기다려
③ 신호 불명
④ 기중기 이상 발생

36.② 37.③ 38.② 39.③ 40.④ 41.② 42.② 43.②

해설 신호 방법
① 천천히 이동 : 방향을 가리키는 손바닥 밑에 집게 손가락을 위로 해서 원을 그린다.
② 기다려라 : 오른손으로 왼손을 감싸 2~3회 작게 흔든다.
③ 신호 불명 : 운전자는 사이렌을 울리거나 손바닥을 안으로 하여 얼굴 앞에서 2~3회 흔든다.
④ 기중기 이상 발생 : 운전자는 사이렌을 울리거나 한쪽 손의 주먹을 다른 손의 손바닥으로 2~3회 두드린다.

44 타워크레인의 마스트를 해체하고자 할 때 실시하는 작업이 아닌 것은?

① 마스트와 턴 테이블 하단의 연결 볼트 또는 핀을 푼다.
② 해체할 마스트와 하단 마스트의 연결볼트 또는 핀을 푼다.
③ 마스트에 가이드 레일의 롤러를 끼워 넣는다.
④ 마스트를 가이드 레일의 안쪽으로 밀어 넣는다.

해설 마스트를 가이드 레일 안쪽으로 밀어넣기 작업은 상승작업에 해당한다.

45 와이어로프의 클립 고정법에서 클립 간격은 로프 직경의 몇 배 이상으로 장착하는가?

① 3배
② 6배
③ 9배
④ 12배

46 그림과 같이 물건을 들어 올리려고 할 때 권상한 후에 어떤 현상이 일어나는가?

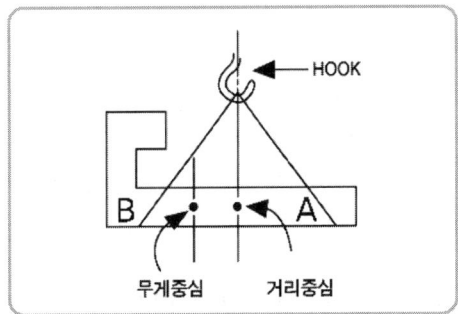

① 수평상태가 유지된다.
② A쪽이 밑으로 기울어진다.
③ B쪽이 밑으로 기울어진다.
④ 무게중심과 훅크중심이 수직으로 만난다.

해설 그림의 방향이 좌측이 B쪽이라면 B쪽이 아래로 기울어진다.

47 유류로 발생한 화재에 부적합한 소화기는?

① 포말 소화기
② 이산화탄소 소화기
③ 물 소화기
④ 탄산수소염류 소화기

48 재해사고의 직접 원인으로 옳은 것은?

① 유전적인 요소
② 성격 결함
③ 사회적 환경요인
④ 불안전한 행동 및 상태

49 동력장치에서 가장 재해가 많이 발생할 수 있는 장치는?

① 기어
② 커플링
③ 벨트
④ 차축

정답 44.④ 45.② 46.③ 47.③ 48.④ 49.③

50 텔레스코핑 케이지는 무슨 역할을 하는 장치인가?
① 권상장치
② 선회장치
③ 타워크레인의 마스트를 설치·해체하기 위한 장치
④ 횡행장치

51 건설산업 현장에서 재해를 예방하는 방법으로 옳지 않은 것은?
① 해머의 타격면이 찌그러진 것은 사용하지 않는다.
② 타격할 때 처음은 큰 타격을 가하고 점차 적은 타격을 가한다.
③ 공동작업 시 주위를 살피면서 공작물의 위치를 주시한다.
④ 장갑을 끼고 작업하지 말아야 하며 자루가 빠지지 않게 한다.

52 리프트의 방호장치가 아닌 것은?
① 해지장치 ② 출입문 인터록
③ 권과방지장치 ④ 과부하 방지장치

해설 해지장치는 크레인에 해당한다.

53 유해·위험 작업의 취업 제한에 관한 규칙에 의해 타워크레인 조종 업무의 적용 대상에서 제외되는 것은?
① 조종석이 설치된 정격하중이 1톤인 타워크레인
② 조정석이 설치된 정격하중이 2톤인 타워크레인
③ 조정식이 실치된 성격하중이 3톤인 타워크레인
④ 조종석이 설치되지 않은 정격하중 3톤인 타워크레인

해설 조종석이 설치되지 않은 정격하중 5톤 이상은 조종업무 대상에 해당된다.

54 타워크레인 동작 시 예기치 못한 상황이 발생했을 때 긴급히 정지하는 장치는?
① 트롤리 내·외측 제어장치
② 트롤리 정지장치
③ 속도제한장치
④ 비상정지장치

55 방호장치를 기계설비에 설치할 때 철저히 조사해야 하는 항목이 맞게 연결된 것은?
① 방호정도 - 어느 한계까지 믿을 수 있는지 여부
② 적용범위 - 위험 발생을 경고 또는 방지하는 기능으로 할지 여부
③ 유지관리 - 유지관리를 하는 데 편의성과 적정성 여부
④ 신뢰도 - 기계설비의 성능과 기능에 부합되는지 여부

56 작업자의 정리정돈에 대한 설명으로 틀린 것은?
① 사용이 끝난 공구는 즉시 정리한다.
② 공구 및 재료는 일정한 장소에 보관한다.
③ 폐자재는 지정된 장소에 보관한다.
④ 통로 한쪽에 물건을 보관한다.

57 산업안전의 의의가 아닌 것은?
① 인도주의
② 대외 여론 개선
③ 생산능률의 저해
④ 기업의 경제적 손실 방지

정답 50.③ 51.② 52.① 53.④ 54.④ 55.③ 56.④ 57.③

58 산업안전보건 표지의 종류가 아닌 것은?

① 금지표지
② 허가표지
③ 경고표지
④ 지시표지

59 용접 작업과 같이 불티나 유해광선이 나오는 작업을 할 때 착용해야 할 보호구는?

① 차광 안경
② 방진 안경
③ 산소마스크
④ 보호마스크

60 다음 중 안내표지에 속하지 않는 것은?

① 녹십자 표지
② 응급구호 표지
③ 비상구
④ 출입금지

타워크레인 운전기능사

CBT기출복원문제 [2019년]

01 압력에 대한 설명으로 틀린 것은?
① 대기압력은 절대압력과 계기압력을 합한 것이다.
② 계기압력은 대기압을 기준으로 한 압력이다.
③ 절대 압력은 완전 진공을 기준으로 한 압력이다.
④ 진공압력은 대기압 이하의 압력 즉, 음(-)의 계기압력이다.

해설 진공압력은 대기압력 보다 낮으나 음(-)의 계기압력은 아니다.

02 타워크레인에서 화물이동 작업에 사용하는 기계장치와 거리가 먼 것은?
① 연결 바(Tie Bar)
② 트롤리
③ 훅크 블록
④ 권상 와이어로프

03 타워크레인 방호장치의 종류로 틀린 것은?
① 권과방지장치
② 과부하방지장치
③ 제동장치
④ 조향장치

해설 타워크레인의 방호장치에는 권과 방지, 과부하 방지, 훅 해지, 비상 정지, 선회 브레이크 풀림 방지, 트롤리 정지, 트롤리 내외측 제어, 트롤리 로프 파단 방지, 충돌 방지, 로프 꼬임 방지장치, 선회 제한 리미트 스위치 등이 있다.

04 타워크레인에서 들어 올릴 수 있는 최대하중은?
① 권상하중
② 정격하중
③ 인양하중
④ 양중하중

05 플레밍의 오른손 법칙에서 엄지손가락은 무엇을 가리키는가?
① 도체의 운동 방향
② 자력선의 방향
③ 전류의 방향
④ 전압의 방향

해설 엄지손가락에 자력선이 생기는 방향은 플레밍의 왼손법칙이다.

06 크레인에서 트롤리 장치가 필요 없는 형식은?
① 해머 헤드 크레인
② 케이블 크레인
③ 러핑형 타워크레인
④ T형 타워크레인

07 산업안전보건기준에 관한 규칙에 의거해 크레인 사용 전에 정상 작동될 수 있도록 조정해 두어야 하는 방호 장치가 아닌 것은?
① 과부하 방지 장치
② 슬루잉 장치
③ 권과방지 장치
④ 비상정지 장치

정답 01.④ 02.① 03.④ 04.① 05.① 06.③ 07.②

08 과전류 차단기에 요구되는 성능에 관한 설명 중 틀린 것은?

① 전동기의 시동 전류와 같이 단시간 동안 약간의 과전류가 흘렀을 때에도 동작할 것
② 과부하 등 낮은 과전류가 장시간 계속 흘렀을 때에도 동작할 것
③ 과전류가 커졌을 때에도 동작할 것
④ 큰 단락 전류가 흘렀을 때는 순간적으로 동작할 것

해설 전동기의 기동전류와 같이 단시간 동안 약간의 과전류에서도 절대 동작하지 않아야 한다.

09 권과방지장치 검사에 대한 내용으로 틀린 것은?

① 권과를 방지하기 위하여 자동적으로 동력을 차단하고 작동을 정지시킬 수 있는지 확인
② 달기기구(훅크 등) 상부와 접촉우려가 있는 시브(도르래)와의 간격이 최소 안전거리 이하로 유지되고 있는지 확인
③ 권과방지 장치 내부 캠의 조정상태 및 동작상태 확인
④ 권과방지 장치와 드럼 축의 연결부분 상태 점검

해설 달기구 등 상부와 시브 등 하부와의 간격이 0.25m이상(직동식은 0.05m이상)유지되는지 확인한다.

10 러핑(Luffing)형 타워크레인에서 일반적으로 많이 사용하는 지브의 경사각은?

① 10°~ 60°
② 20°~ 70°
③ 20°~ 90°
④ 30°~ 80°

11 유압탱크 세척 시 사용하는 세척제로 가장 바람직한 것은?

① 엔진오일　② 경유
③ 휘발유　　④ 시너

해설 작동유 탱크는 경유로 세척한 후 압축공기로 탱크 내부를 치환시켜야 한다.

12 과전류 차단기에 대한 설명 중 틀린 것은?

① 일반적으로 제어반에 설치한다.
② 과전류 발생 시 진로를 차단한다.
③ 차단기의 차단 용량은 정격 전류의 250%를 초과하여야 한다.
④ 접지선이 아닌 진로에 직렬로 연결한다.

13 어떤 물질의 비중량(또는 밀도)을 물의 비중량(또는 밀도)으로 나눈값은?

① 비체적　② 비중
③ 비질량　④ 차원

해설 비중이란 표준 대기압력 하에서 4℃인 물의 단위 체적당의 비중량을 1로 하여 다른 액체나 고체의 단위 체적당의 비중량을 나누는 값을 말한다.

14 트롤리 로프 안전장치의 설명으로 옳은 것은?

① 메인 지브에 설치된 트롤리가 지브 내측의 운전실에 충돌하는 것을 방지하는 장치이다.
② 동작 시 예기치 못한 상황이나 동작을 멈추어야 할 상황이 발생하였을 때 정지시키는 장치이다.
③ 트롤리가 최소 반경 또는 최대 반경에서 동작 시 트롤리의 충격을 흡수하는 장치이다.
④ 트롤리 이동에 사용되는 와이어로프 파단 시 트롤리를 멈추게 하는 장치다.

정답　08.①　09.②　10.④　11.②　12.④　13.②　14.④

15 타워크레인을 이용하여 화물을 권하 및 착지시키려 할 때 틀린 것은?

① 권하 할 때는 일시에 내리지 말고 착지 전에 침목 위에서 일단 정지하여 안전을 확인한다.
② 화물의 흔들림을 정지시킨 후에 권하한다.
③ 화물을 내려놓아야 할 위치와 침목상태(수평도, 지내력 등)를 확인한다.
④ 화물의 권하 위치 변경이 필요한 경우에는 매단 상태에서 침목 위치를 수정하고, 화물을 천천히 손으로 잡아당겨 적당한 위치에 내려놓는다.

해설 매단화물 위치변경 필요시 매단화물을 현 위치에서 안전한 방향과 장소로 이동시켜 안전을 확인 후 침목위치를 수정한다.

16 신호수가 무전기를 사용할 때 주의할 점으로 틀린 것은?

① 메시지는 간결·단순·명확해야 한다.
② 신호수의 입장에서 신호한다.
③ 무전기 상태를 확인한 후 교신한다.
④ 은어·속어·비어를 사용하지 않는다.

17 달기 기구의 중량을 제외한 하중을 무엇이라 하는가?

① 끝단하중 ② 정격하중
③ 임계하중 ④ 수직하중

18 기복장치가 있는 타워크레인을 주로 사용하는 장소는?

① 대단위 아파트 건설현장 등 작업 장소가 넓은 곳
② 도시지역 고층건물 공사 등 작업 장소가 협소한 곳
③ 교량의 주탑 공사장으로 바람이 많이 부는 곳
④ 작업 반경 내에 장애물이 없는 곳

19 신호수가 양손을 머리 위로 올려 크게 2~3회 좌우로 흔드는 동작을 하였다면 무슨 뜻인가?

① 고속의 선회 ② 고속의 주행
③ 운전자 호출 ④ 비상정지

20 타워크레인 메인 지브의 절손 원인과 거리가 먼 것은?

① 인접 시설물과의 충돌
② 트롤리의 이동
③ 정격하중 이상의 과부하
④ 지브의 달기 기구와의 충돌

해설 일반적으로 트롤리 이동만으로 절손은 발생하지 않는다.

21 기어펌프의 폐입 현상에 대한 설명으로 틀린 것은?

① 폐입된 부분의 기름은 압축이나 팽차을 받는다.
② 폐입 현상은 소음과 진동 발생의 원인이 된다.
③ 기어의 맞물림 부분의 극간으로 기름이 폐입되어 토출 쪽으로 되돌려지는 현상이다.
④ 보통 기어 측면에 접하는 펌프 측판(side plate)에 릴리프 홈을 만들어 방지 한다.

해설 폐입현상은 2개의 기어 사이의 틈새에 가두어진 유압유가 회전으로 가두어진 상태에서 용적이 좁아지고 넓어지기도 하여 압축, 팽창를 반복하는 밀폐현상으로 즉, 2개의 기어가 동시에 맞물릴 때 기어 홈 사이에 갇힌 작동유가 앞뒤로 출구가 막혀 갇히게 되는 현상으로 기어의 진동, 소음의 원인이 된다.

정답 15.④ 16.② 17.② 18.② 19.④ 20.② 21.③

22 기계장치에서 많이 사용하는 유압장치의 구성품 중 제어 밸브의 3요소에 해당하지 않는 것은?

① 압력제어 밸브
② 방향제어 밸브
③ 속도제어 밸브
④ 유량제어 밸브

해설 유압제어밸브의 기능은 일의 크기(압력), 속도(유량), 방향(방향)을 제어한다.

23 타워크레인의 마스트 텔레스코핑(상승 작업)시 크레인의 균형을 잡고 안전하게 작업하는 방법으로 옳은 것은?

① 타워크레인 제작사에서 정하는 무게를 들고 주어진 반경으로 이동시키는 방법
② 카운터 웨이트를 일시적으로 증대시키는 방법
③ 트롤리를 지브의 최대 끝단에 고정시키는 방법
④ 카운터 웨이트를 일시적으로 증대하고, 트롤리를 운전실에 가장 가까운 쪽으로 고정하는 방법

24 타워크레인 트롤리에 대한 설명으로 옳은 것은?

① 선회할 수 있는 모든 장치를 말한다.
② 권상 윈치와 조립되어 이동할 수 있는 장치이다.
③ 메인 지브를 따라 이동하며 권상 작업을 위한 선회 반경을 결정하는 횡행 장치이다.
④ 지브를 원하는 각도로 들어 올릴 수 있는 장치이다.

25 타워크레인에 사용되는 유압장치의 주요 구성요소가 아닌 것은?

① 유압 펌프
② 유압 실린더
③ 텔레스코핑 케이지
④ 유압 탱크

26 타워크레인의 선회장치에 대한 설명으로 옳은 것은?

① 일반적으로 마스트의 가장 위쪽에 위치하고, 메인 지브와 카운터 지브가 선회장치 위에 부착되며 캣트 헤드가 고정된다.
② 메인 지브를 따라 훅크에 걸린 화물을 수평으로 이동해 원하는 위치로 화물을 이동시킨다.
③ 선회장치의 직상부에는 권상장치와 균형추가 설치되어 작업 시 타워크레인의 안정성을 확보한다.
④ 선회장치의 형식에는 유압식과 전동식이 있으며, 속도 변속이 안 되기 때문에 작업 시 안전을 확보할 수 있다.

27 타워크레인에서 훅 하강 작업 시 준수사항으로 틀린 것은?

① 목표에 근접하면 최고 속도에서 단계별 저속 운전을 실시한다.
② 적당한 위치에 화물을 내려놓기 위해 흔들어서 내린다.
③ 장애물과의 충돌 위험이 예상되면 즉시 작업을 중지한다.
④ 부피가 큰 화물을 내릴 때에는 풍속, 풍향에 특히 주의한다.

해설 줄걸이 및 운반작업은 안정된 운동이 절대적이다.

정답 22.③ 23.④ 24.③ 25.③ 26.① 27.②

28 기복 지브형 타워크레인에서 기복 로프에 장력을 발생시키는 하중이 아닌 것은?
① 지브(붐) 자중
② 권상 하중
③ 훅크 하중
④ 기복 윈치 자중

29 주행식 타워크레인의 주행 레일 설치에 대한 설명으로 틀린 것은?
① 주행 레일에도 반드시 접지를 설치한다.
② 레일 양끝에는 정지 장치(Buffer Stop)를 설치한다.
③ 해당 타워크레인 주행 차륜 지름의 $\frac{1}{4}$의 이상 높이의 정지 기구를 설치한다.
④ 정지 기구에 도달하기 전의 위치에 리미트 스위치 등 전기적 정지 장치를 설치한다.

해설 주행식 타워크레인의 레일 정지기구는 주행 차륜 지름의 2분의 1이상에 적합해야 한다.

30 안전계수가 6이고, 안전하중이 30톤인 기중기 와이어로프의 절단하중은 몇 톤인가?
① 5톤   ② 36톤
③ 120톤   ④ 180톤

해설 안전계수는 절단하중과 안전하중의 비이다.

31 힘의 모멘트가 M=P×L일 때 P와 L은 무엇을 뜻하는가?
① P=힘, L=길이
② P=길이, L=면적
③ P=무게, L=체적
④ P=부피, L=넓이

32 다음 중 크레인을 운전할 때 안전운전을 위하여 가장 중요한 것은?
① 운전실 내의 정리정돈 상태
② 주행로 상의 장애물 대처 방법
③ 운전자와 신호수와의 신호
④ 권상 상한 거리

33 조종석이 설치되지 않은 정격하중 5톤 이상의 무인 타워크레인(지상 리모컨)의 운전 자격을 규정하고 있는 법규는?
① 건설기계관리법 시행규칙
② 산업안전보건기준에 관한 규칙
③ 유해·위험 작업의 취업 제한에 관한 규칙
④ 건설기계 안전기준에 관한 규칙

34 와이어로프의 손상상태로 가장 거리가 먼 것은?
① 부식   ② 마모
③ 피로   ④ 굴곡

35 주먹을 머리에 대고 떼었다 붙였다 하는 신호는 무슨 뜻인가?
① 운전자 호출
② 천천히 조금씩 위로 올리기
③ 크레인 이상 발생
④ 주권 사용

36 옥외에 설치되는 주행식 타워크레인이 레일 위를 주행할 때 주행 저항의 요소가 아닌 것은?
① 회전저항   ② 구배저항
③ 가속저항   ④ 윤활저항

28.① 29.③ 30.④ 31.① 32.③ 33.③ 34.③ 35.④ 36.①

37 클립 고정이 가장 적합하게 된 것은?

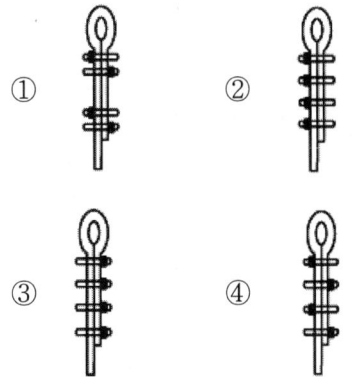

해설 클립의 체결방향은 로프 장력이 걸리는 쪽에 위치해야 안전하다.

38 와이어로프의 점검사항이 아닌 것은?
① 소선의 단선 여부
② 킹크, 심함 변형, 부식 여부
③ 지름의 감소 여부
④ 지지 애자의 과다 파손 혹은 마모 여부

39 줄걸이 작업자가 양중물의 무게중심을 잘못 확인하고 훅크에 로프를 걸었을 때 발생할 수 있는 일과 관계가 없는 것은?
① 양중물이 생각하지도 않은 방향으로 간다.
② 매단 양중물이 회전하여 로프가 비틀어진다.
③ 크레인에 전혀 영향이 없다.
④ 양중물이 한쪽방향으로 쏠려 넘어진다.

40 신호수가 준수해야 할 사항으로 틀린 것은?
① 신호수는 지정된 방법으로 신호한다.
② 두 대의 타워크레인으로 동시에 작업할 때는 화물 좌우에서 두 사람의 신호수가 동시에 신호한다.
③ 신호수는 그 자신이 신호수로 구별될 수 있도록 눈에 잘 띄는 표시를 한다.
④ 신호장비는 밝은 색상에 신호수에게만 적용되는 특수색상으로 한다.

41 와이어로프 안전율에 대한 설명으로 옳은 것은?
① 보조 로프 및 고정용 와이어로프의 안전율은 6이다.
② 권상용 와이어로프의 안전율은 5이다.
③ 지브 지지용 와이어로프의 안전율은 6이다.
④ 횡행용 와이어로프 및 케이블 크레인의 주행용 와이어로프의 안전율은 7이다.

42 와이어로프의 내·외부 마모 방지방법이 아닌 것은?
① 도유를 충분히 할 것
② 두드리거나 비비지 않도록 할 것
③ S 꼬임을 선택할 것
④ 드럼에 와이어로프를 바르게 감을 것

43 크레인 작업방법으로 틀린 것은?
① 경우에 따라서 수직 방향으로 달아 올린다.
② 신호수의 신호에 따라 작업한다.
③ 제한하중 이상의 것은 달아 올리지 않는다.
④ 항상 수평으로 달아 올려야 한다.

정답 37.② 38.④ 39.③ 40.② 41.② 42.③ 43.④

44 가스 및 인화성 액체에 의한 화재 예방조치로 틀린 것은?

① 가연성 가스는 대기 중에 자주 방출시킬 것
② 인화성 액체의 취급은 폭발한계의 범위를 초과한 농도로 할 것
③ 배관 또는 기기에서 가연성 증기의 누출 여부를 철저히 점검할 것
④ 화재를 진화하기 위한 방화 장치는 위급 상황 시 눈에 잘 띄는 곳에 설치할 것

해설 인화성 가스 및 인화성 액체는 폭발한계 범위 내에서 가스 감지기의 농도를 설정한다.

45 타워크레인을 와이어로프로 지지하는 경우 준수할 사항으로 틀린 것은?

① 와이어로프를 고정하기 위한 전용 지지 프레임을 사용할 것
② 와이어로프의 설치 각도는 수평면에서 60° 이내로 할 것
③ 와이어로프의 지지점은 2개소 이상 등각도로 설치할 것
④ 와이어로프가 가공전선에 근접하지 않도록 할 것

해설 가잉 와이어 로프 지지는 수평면과 이루는 실각도 60도 이내이어야 한다.

46 마스트 연장 작업 시 주의사항으로 틀린 것은?

① 제조사가 제시한 작업절차를 준수한다.
② 작업 전에 반드시 타워크레인의 균형을 유지한다.
③ 마지막 마스트를 안착한 후, 볼트를 체결하기 전에 시범적 선회 작동을 한다.
④ 작업 중 트롤리의 이동 및 권상 작업 등 일체의 작동을 금지한다.

해설 연장작업시 모든 작동을 금지한다.

47 폭발의 우려가 있는 가스 또는 분진이 발생하는 장소에서 지켜야 할 사항으로 틀린 것은?

① 가연성 가스는 대기 중에 자주 방출시킬 것
② 인화성 액체의 취급은 폭발한계의 범위를 초과한 농도로 할 것
③ 배관 또는 기기에서 가연성 증기의 누출 여부를 철저히 점검할 것
④ 화재를 진화하기 위한 방화장치는 위급 상황 시 눈에 잘 띄는 곳에 설치할 것

해설 가스 또는 분진발생 폭발위험장소는 가연성가스 등의 농도는 폭발한계 범위 내에서 관리하여야 한다.

48 불안전한 행동으로 인한 산업재해가 아닌 것은?

① 불안전한 자세
② 안전구 미착용
③ 방호장치 결함
④ 안전장치 기능 제거

49 타워크레인 설치 작업 중 운전자가 확인할 사항이 아닌 것은?

① 설치 작업 중 타워크레인의 균형 유지 여부를 확인한다.
② 설치 작업장에 작업자 이외의 자가 출입하는지의 여부를 확인한다.
③ 설치 작업계획서의 내용에 관하여 안전교육 실시 여부를 확인한다.
④ 신호자와 줄걸이 작업자의 배치상태 및 의견 교환이 되는지를 확인한다.

44.② 45.③ 46.③ 47.② 48.③ 49.③

50 타워크레인의 해체 작업 과정에 대한 설명으로 틀린 것은?

① 지브를 분리하기 전에 카운터 웨이트를 해체한다.
② 마지막 순서로 운전실을 해체한다.
③ 운전실보다 타워 헤드를 먼저 해체한다.
④ 카운터 지브에서 권상장치를 해체한다.

해설 최종적으로 베이직 마스트 분리작업이다.

51 해머 작업의 안전수칙으로 틀린 것은?

① 목장갑을 끼고 작업한다.
② 해머를 사용하기 전 주위를 살핀다.
③ 해머 머리가 손상된 것은 사용하지 않는다.
④ 불꽃이 생길 수 있는 작업에는 보호 안경을 착용한다.

52 타워크레인의 설치·해체 작업 시의 주의 사항과 거리가 가장 먼 것은?

① 해당 매뉴얼에서 인양 무게중심과 슬링 포인트를 확인한다.
② 설치·해체 시 각 부재의 유도용 로프는 반드시 와이어로프만을 사용한다.
③ 사용 중인 공구는 낙하 방지를 위해 연결 끈 등을 부착해둔다.
④ 이동식 크레인은 반드시 인양 여유를 감안하여 적절한 용량의 크레인을 선정한다.

53 텔레스코핑 작업 시 순간풍속이 초당 얼마를 초과하면 작업을 중단해야 하는가?

① 10미터   ② 8미터
③ 5미터   ④ 2미터

54 타워크레인의 유압실린더가 확장되면서 텔레스코핑 되고 있을 때 준수 사항으로 옳은 것은?

① 선회 작동만 할 수 있다.
② 트롤리 이동 동작만 할 수 있다.
③ 권상 동작만 할 수 있다.
④ 선회, 트롤리 이동, 권상 동작을 할 수 없다.

해설 유압상승 작업중에는 선회, 트롤리 이동, 권상 등 어떠한 작동을 금지해야 한다.

55 타워크레인의 마스트 해체 작업 과정에 대한 설명으로 틀린 것은?

① 메인 지브와 카운터 지브의 평형을 유지한다.
② 마스트와 선회 링 서포트 연결 볼트를 푼다.
③ 마스트에 롤러를 끼운 후 마스트 간의 체결 볼트를 조인다.
④ 마스트를 가이드 레일 밖으로 밀어낸다.

56 적색 원형을 바탕으로 만들어지는 안전표지판은?

① 경고표시   ② 안내표시
③ 지시표시   ④ 금지표시

57 스패너 작업방법으로 안전상 옳은 것은?

① 스패너로 볼트를 조일 때는 앞으로 당기고 풀 때는 뒤로 민다.
② 스패너의 입이 너트의 치수보다 조금 큰 것을 사용한다.
③ 스패너 사용 시 몸의 중심을 항상 옆으로 한다.
④ 스패너로 조이고 풀 때는 항상 앞으로 당긴다.

정답 50.② 51.① 52.② 53.① 54.④ 55.③ 56.④ 57.④

58 안전모의 관리 및 착용방법으로 틀린 것은?
① 큰 충격을 받은 것은 사용을 피한다.
② 사용 후 뜨거운 스팀으로 소독하여야 한다.
③ 정해진 방법으로 착용하고 사용하여야 한다.
④ 통풍을 목적으로 모체에 구멍을 뚫어서는 안된다.

59 엔진 오일을 급유하면 안 되는 부위는?
① 습식 공기 청정기
② 크랭크 축 저널 베어링 부위
③ 피스톤 링 부위
④ 차동기어장치

60 작업장 외에 직접 사람이 접촉하여 말려들거나 다칠 위험이 있는 장소를 덮어씌우는 방호장치는?
① 격리형 방호장치
② 위치 제한형 방호장치
③ 포집형 방호장치
④ 접근 거부형 방호장치

58.② 59.① 60.①

타워크레인 운전기능사

CBT기출복원문제 [2020년]

01 타워크레인 재료에 사용되는 재질로 틀린 것은?
① 볼트, 너트는 고장력강 재질을 사용
② 주요 구조부는 일반구조용 강재사용
③ 기계부분은 탄소강 주강품 사용
④ 지브는 탄소성이하 재질사용

해설 지브는 탄소성에 견디는 강성재질을 사용한다.

02 타워크레인 기계장치 베어링 합금의 구비조건으로 옳은 것은?
① 마찰계수가 클 것
② 내마모성이 적을 것
③ 내부식성이 적을 것
④ 열전도성이 클 것

해설 베어링합금은 열전도성이 크고, 내마모성, 내부식성, 마찰계수가 작아야(적어야)한다.

03 타워크레인을 설명한 것으로 틀린 것은?
① X, Y, Z축 방향 운동기계이다.
② KS B 0127 규격에 따른다.
③ 클라이밍 크레인을 말한다.
④ 권상, 선회동작만을 한다.

해설 타워크레인의 운동은 권상, 선회, 횡행동작을한다.

04 T형 타워크레인의 단점을 보완한 타워크레인의 형상은?
① L형   ② H-H형
③ U형   ④ OHC형

05 인장력이 가장 크게 작용하는 부재는?
① 타이 바(tie bar)   ② 시브
③ 드럼   ④ 기어

해설 타이 바는 메인지브와 카운터 지브를 지지하면서 타워 헤드에 연결된 운동기능상 인장하중이 가장 크게 작용한다.

06 텔레스코핑 작업에 해당되지 않는 구조부는?
① 유압실린더
② 플랫폼과 가이드레일
③ 충돌방지장치
④ 유압모터

07 산업안전보건기준에 관한 규칙에 의거해 타워크레인 사용 전에 정상 작동될 수 있도록 조정해 두어야 하는 방호 장치는?
① 슬루잉 장치   ② 권과방지 장치
③ 마그넷스위치   ④ 방호덮개

08 과전류 차단기에 요구되는 성능에 관한 설명 중 틀린 것은?
① 전동기의 시동 전류와 같이 단시간 동안 약간의 과전류가 흘렀을 때에도 동작할 것
② 과부하 등 낮은 과전류가 장시간 계속 흘렀을 때에도 동작할 것
③ 과전류가 커졌을 때에도 동작할 것
④ 큰 단락 전류가 흘렀을 때는 순간적으로 동작할 것

정답 01.④ 02.④ 03.④ 04.① 05.① 06.③ 07.② 08.①

해설 전동기의 기동전류와 같이 단시간 동안 약간의 과전류에서도 절대 동작하지 않아야 한다.

09 작업전에 과부하방지장치를 사전 조정하는 내용으로 틀린 것은?

① 트롤리 일정경로 최대허용하중 110% 조정
② 트롤리 일정경로 최대허용하중 115% 조정
③ 토오크 장치 세팅 확인
④ 토오크 장치 불량 교체

해설 작업전 트롤리 일정경로마다 최대허용하중 110%에서 토오크 장치를 세팅한다.

10 트롤리로프 꼬임 방지장치의 구성 요소가 아닌 것은?

① 고정볼트   ② 베어링
③ 연결기구   ④ 피니언기어

11 유압탱크 세척 시 사용하는 세척제로 가장 바람직한 것은?

① 권과방지장치
② 비상정지장치
③ 과부하방지장치
④ 모멘트제한장치

해설 비상정지장치는 비상시 모든 동작을 정지해야할 상황일때 모든 전원 회로를 차단한다.

12 과전류 차단기에 대한 설명 중 틀린 것은?

① 일반적으로 제어반에 설치한다.
② 과전류 발생 시 진로를 차단한다.
③ 차단기의 차단 용량은 정격 전류의 250%를 초과하여야 한나.
④ 접지선이 아닌 진로에 직렬로 연결한다.

13 타워크레인 훅에 줄걸이된 하물의 하중의 크기와 방향이 음(-), 양(+)으로 반복적 변화하는 하중은?

① 충격하중   ② 교번하중
③ 반복하중   ④ 정하중

해설 교번하중은 크기, 방향이 변화하면서 인장, 압축이 상호 교번되는 하중. 충격하중은 단시간에 급격히 작용하는 하중. 반복하중은 크기와 방향이 같은 하중이 되풀이 되는 하중. 정하중은 정지상태에서 가해진 불변하중을 말한다.

14 로프와 체인의 설명으로 틀린 것은?

① 로프는 운동중 미끄럼이 많다.
② 체인은 길이 조절이 쉽다.
③ 체인은 속도비가 일정하다.
④ 로프는 양정이 비교적 가까운 곳에 사용한다.

해설 와이어 로프는 양정이 비교적 먼곳에 사용한다.

15 전동기(Motor)의 온도 상승원인으로 틀린 것은?

① 권선의 단락
② 베어링 손상으로 마찰열
③ 용량 부족
④ 전류감소

해설 전동기의 단상운전에 의한 전류증가로 온도가 상승한다.

16 EOCR(Electric Over Current Relay)의 내용으로 틀린 것은?

① 모터의 과부하로 인한 코일소손 방지
② 크레인의 보호대상이다.
③ 전동기 정격전류의 125% 설정
④ 2상이상에서 전류 검출

09.② 10.④ 11.② 12.④ 13.② 14.④ 15.④ 16.②

17 달기 기구의 중량을 제외한 하중을 무엇이라 하는가?

① 정하중 ② 정격하중
③ 전단하중 ④ 수직하중

18 러핑이 있는 타워크레인을 주로 사용하는 장소는?

① 대단위 아파트 건설현장 등 작업 장소가 넓은 곳
② 도심지역 고층건물 작업 장소가 협소한 곳
③ 교량의 주탑 공사장으로 바람이 많이 부는 곳
④ 작업 반경 내에 장애물이 없는 곳

19 신호수가 양손을 머리 위로 올려 크게 2~3회 좌우로 흔드는 동작은?

① 고속의 주행 ② 고속의 횡행
③ 작업자 호출 ④ 비상정지

20 와이어로프 구성에서 IWRC를 설명한 것중 맞는 것은?

① 로프의 구성 ② 와이어심
③ 소선수 ④ 소선의 인장강도

21 와이어로프의 구성요소가 아닌 것은?

① 심강
② 피치
③ 소선
④ 가닥

해설 와이어로프는 고탄소강 소재를 인발한 소선을 집합하여 꼬아서 가닥(strand)로 만들고 이 가닥을 심(core)주위에 일정한 피치로 감아서 제작한 용구이다.

22 소선을 꼬아 만든 연선에 대한 설명으로 맞는 것은?

① 코어 ② 소선
③ 가닥(strand) ④ 와이어심

해설 와이어로프의 가닥은 소선을 꼬아 만든 연선을 말한다.

23 체인의 크기를 표시하는 설명으로 옳은 것은?

① 환강의 길이
② 환강의 단면적
③ 환강의 인장강도
④ 환강의 호칭경(mm)

24 합성 섬유 로프의 장점으로 옳은 것은?

① 고온에 강하다.
② 특수 약품에 접촉시 강하다.
③ 물에 젖어도 경직되지 않는다.
④ 변형이 적다.

해설 합성 섬유 로프의 장점은 물에 젖어도 경직되지 않는다. 고온에 약하며, 특수 약품에 접촉시 변질이 일어난다. 각도가 있는 곳에 걸면 변형이 일어난다. 인장강도가 3배 정도 좋다. 충격 하중시 쇼크가 적다. 같은 경도의 것은 직경이 적고 가볍다.

참고로 천연 섬유 로프의 장점은 고온에 다소 우수하며, 마찰열이 거의 없다. 변형이 적고, 미끄럼이 적다. 침해, 변질 등이 적다.

25 바우 샤클(bow shackle)의 종류와 기호를 나타낸 것으로 틀린 것은?

① BC
② BD
③ CB
④ SB

26 타워크레인의 선회장치에 대한 설명으로 옳은 것은?

① 일반적으로 마스트의 가장 위쪽에 위치하고, 메인 지브와 카운터 지브가 선회장치 위에 부착되며 캣트 헤드가 고정된다.
② 보조 지브를 따라 훅크에 걸린 화물을 수평으로 이동해 원하는 위치로 화물을 이동시킨다.
③ 선회장치의 직하부에는 권상장치와 균형추가 설치되어 작업 시 타워크레인의 유연성을 확보한다.
④ 선회장치의 형식에는 유압식과 직동식이 있으며, 속도 변속이 안 되기 때문에 작업 시 안전을 확보할 수 있다.

27 타워크레인에서 훅 하강 작업 시 준수사항으로 틀린 것은?

① 목표에 근접하면 최고 속도에서 단계별 낮은 속도로 운전을 실시한다.
② 적당한 위치에 화물을 내려놓기 위해 흔들어서 내린다.
③ 물체와의 충돌 위험이 우려되면 즉시 작업을 중지한다.
④ 덩치가 큰 화물을 내릴 때에는 풍속, 풍향에 특히 주의하면서 내린다.

해설 줄걸이 및 운반작업은 안정된 운동이 절대적이다.

28 타워크레인 훅(hook)의 검사에서 주요 육안 확인사항이 아닌 것은?

① 몸체의 크랙
② 비틀림
③ 회전상태
④ 몸체 홈의 마모

29 주행식 타워크레인의 주행 레일 설치에 대한 설명으로 틀린 것은?

① 주행 레일에도 반드시 접지를 설치한다.
② 레일 양끝에는 정지 장치(Buffer Stop)를 설치한다.
③ 해당 타워크레인 주행 차륜 지름의 $\frac{1}{4}$ 의 이상 높이의 정지 기구를 설치한다.
④ 정지 기구에 도달하기 전의 위치에 리미트 스위치 등 전기적 정지 장치를 설치한다.

해설 주행식 타워크레인의 레일 정지기구는 주행 차륜 지름의 2분의 10이상에 적합해야 한다.

30 안전계수가 7이고, 안전하중이 50톤인 기중기 와이어로프의 절단하중은 몇 톤인가?

① 5톤   ② 36톤
③ 120톤 ④ 350톤

해설 안전계수는 절단하중과 안전하중의 비이다.

31 힘의 모멘트가 M=P×L일 때 P와 L은 무엇을 뜻하는가?

① P=힘, L=길이
② P=각도, L=면적
③ P=중량, L=체적
④ P=힘, L=넓이

32 다음 중 크레인을 운전할 때 안전운전을 위하여 가장 중요한 것은?

① 운전실내의 청결 상태
② 횡행로 상의 장애물 대처 방법
③ 운전반경내 근로자 출입금지 요청
④ 권상 상,하한 거리

26.① 27.② 28.① 29.③ 30.④ 31.① 32.③

33 조종석이 설치되지 않은 정격하중 5톤 이상의 무인 타워크레인(지상 리모컨)의 운전 자격을 규정하고 있는 법규는?

① 타워크레인 조종업무 규칙
② 산업안전보건법
③ 유해·위험 작업의 취업 제한에 관한 규칙
④ 건설기계 안전기준에 관한 규칙

34 와이어로프의 손상상태로 가장 거리가 먼 것은?

① 부식　　② 마모
③ 조임　　④ 굴곡

35 주먹을 머리에 대고 떼었다 붙였다 하는 신호는 무슨 뜻인가?

① 운전방향 지시
② 천천히 조금씩 아래로 내리기
③ 물건 걸기
④ 주권 사용

36 옥외에 설치되는 주행식 타워크레인이 레일 위를 주행할 때 주행 저항의 요소가 아닌 것은?

① 회전저항
② 구배저항
③ 가속저항
④ 무게저항

37 와이어로프의 클립 고정이 가장 적합하게 된 것은?

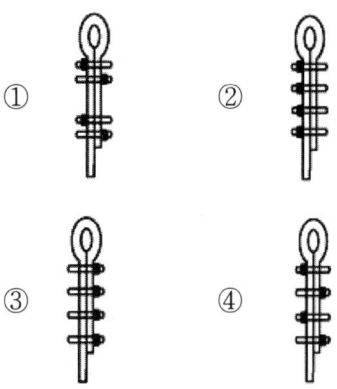

해설 클립의 체결방향은 로프 장력이 걸리는 쪽에 위치해야 안전하다.

38 와이어로프의 점검사항이 아닌 것은?

① 소선의 단선 여부
② 킹크, 심함 변형, 부식 여부
③ 지름의 감소 여부
④ 재료의 인장강도 확인 여부

39 줄걸이 작업자가 양중물의 무게중심을 잘못 확인하고 훅크에 로프를 걸었을 때 발생할 수 있는 일과 관계가 없는 것은?

① 양중물이 생각하지도 않은 방향으로 간다.
② 매단 양중물이 회전하여 로프가 비틀어진다.
③ 크레인 몸체에는 전혀 영향이 없다.
④ 양중물이 한쪽방향으로 쏠려 넘어진다.

정답 33.③ 34.③ 35.④ 36.① 37.② 38.④ 39.③

40 신호수가 준수해야 할 사항으로 틀린 것은?

① 신호수는 지정된 방법으로 신호한다.
② 필요에 따라 신호 깃발로 운전방향으로 가르키는 표준신호방법을 사용한다.
③ 신호수는 그 자신이 신호수로 구별될 수 있도록 눈에 잘 띄는 표시를 한다.
④ 신호장비는 밝은 색상에 신호수에게만 적용되는 특수색상으로 한다.

해설 타워 크레인의 표준신호방법에서 운전방향 지시 신호방법은 집게손가락으로 운전방향을 가르키는 신호방법이 올바르다.

41 와이어로프 안전율에 대한 설명으로 옳은 것은?

① 보조 로프 및 고정용 와이어로프의 안전율은 8이다.
② 권상용 와이어로프의 안전율은 5 이다.
③ 지브 지지용 와이어로프의 안전율은 9 이다.
④ 횡행용 와이어로프 및 케이블 크레인의 주행용 와이어로프의 안전율은 7 이다.

42 와이어로프의 내·외부 마모 방지방법이 아닌 것은?

① 윤활유를 도포할 것
② 두드리거나 비비지 않도록 할 것
③ S 꼬임을 선택할 것
④ 드럼에 와이어로프를 올바르게 감을 것

43 크레인 작업방법으로 틀린 것은?

① 필요시 수직 방향으로 달아 올린다.
② 신호수의 신호에 따라 작업한다.
③ 제한하중 이상의 것은 달아 올리지 않는다.
④ 항상 수평으로 달아 올린다.

44 가스 및 인화성 액체에 의한 화재 예방조치로 틀린 것은?

① 인화성 가스는 대기 중에 자주 밴트시킬 것
② 인화성 액체의 취급은 폭발한계의 범위를 벗어난 농도에서 안전작업할 것
③ 배관 또는 기기에서 가연성 증기의 누출 여부를 철저히 점검할 것
④ 화재를 진화하기 위한 방화 장치는 위급 상황 시 눈에 잘 띄는 곳에 설치할 것

해설 인화성 가스 및 인화성 액체는 폭발한계 범위 내에서 가스 감지기의 농도를 설정한다.

45 타워크레인을 와이어로프로 지지하는 경우 준수할 사항으로 틀린 것은?

① 와이어로프를 고정하기 위한 전용 지지 프레임을 사용할 것
② 와이어로프의 설치 각도는 수평면에서 60° 이내로 할 것
③ 와이어로프의 지지점은 2점 이상 등각도로 설치할 것
④ 와이어로프가 가공전선에 근접하지 않도록 할 것

해설 가잉 와이어 로프 지지는 수평면과 이루는 실각도 60도 이내이어야 한다.

46 마스트 상승 작업 시 안전사항으로 틀린 것은?

① 메이커가 제시한 표준작업매뉴얼을 준수한다.
② 작업 전에 반드시 타워크레인의 균형을 맞춘다.
③ 마지막 마스트를 안착한 후, 볼트를 체결하기 전에 선회 조정작동을 한다.
④ 작업 중 트롤리의 이동 및 권상 작업 등 일체의 작동을 금지한다.

해설 연장작업시 모든 작동을 절대 금지한다.

47 폭발의 우려가 있는 가스 또는 분진이 발생하는 장소에서 지켜야 할 사항으로 틀린 것은?

① 가연성 가스 취급시는 주변 가연성 물질을 제거할 것.
② 인화성 기체, 액체의 취급은 폭발상,하한계의 범위를 초과한 농도로 할 것.
③ 배관 또는 기기에서 인화성 가스의 누출여부를 점검할 것.
④ 화재를 진화하기 위한 소방기구는 위급 상황 시 눈에 잘 띄는 곳에 설치할 것.

해설 가스 또는 분진발생 폭발위험장소는 가연성가스 등의 농도는 폭발한계 범위 내에서 관리 및 작업하여야 한다.

48 불안전한 행동으로 인한 산업재해가 아닌 것은?

① 불안전한 자세
② 안전구 미착용
③ 작업자 방호장치 해체
④ 안전장치 기능 제거

49 외국제조사 러핑형 타워크레인에서 균형추 설치작업으로 틀린 것은?

① 지브가 완전히 조립된 후에 설치한다.
② 균형 추 스톤의 최대허용중량 오차는 ±2%이다.
③ 균형추 스톤은 바깥쪽에서 안쪽으로 설치한다.
④ 균형추 스톤은 트레스틀 사이에 설치한다.

해설 스톤은 안쪽에서 바깥쪽 방향으로 설치한다.

50 타워크레인의 해체 작업 과정에 대한 설명이다. 틀린 것은?

① 지브를 분리하기 전에 카운터 웨이트를 분리한다.
② 마지막 순서로 운전실을 해체한다.
③ 운전실보다 타워 헤드를 먼저 분리한다.
④ 카운터 지브에서 권상장치를 분리한다.

해설 최종적으로 베이직 마스트 분리작업이다.

51 해머 작업의 표준안전수칙으로 틀린 것은?

① 목장갑을 끼고 작업한다.
② 해머를 사용하기 전 주위를 살핀다.
③ 해머 머리가 금이 간 것은 사용 않는다.
④ 불꽃이 생길 수 있는 작업에는 보호 안경을 착용한다.

52 타워크레인의 설치·해체 작업 시 주의 사항과 거리가 가장 먼 것은?

① 해당 매뉴얼에서 인양 무게중심과 슬링 포인트를 먼저 확인한다.
② 설치·해체 시 각 부재의 유도용 로프는 반드시 와이어로프만을 사용한다.
③ 사용 중인 공구는 낙하 방지를 위해 연결 끈 등으로 부착해 둔다.
④ 이동식 크레인은 반드시 인양 여유를 감안하여 적절한 용량의 크레인을 선정해야 한다.

53 텔레스코핑 작업 시 순간풍속이 초당 얼마를 초과하면 작업을 중단해야 하는가?

① 10미터
② 12미터
③ 15미터
④ 20미터

정답 47.② 48.③ 49.③ 50.② 51.① 52.② 53.①

54 타워크레인의 유압실린더가 확장되면서 텔레스코핑 되고 있을 때 준수 사항으로 옳은 것은?
① 선회 작동만 할 수 있다.
② 트롤리 이동 동작만은 할 수 없다.
③ 권상 동작만은 할 수 있다.
④ 선회, 트롤리 이동, 권상 동작을 절대 할 수 없다.
해설 유압상승 작업중에는 선회, 트롤리 이동, 권상 등 어떠한 작동을 금지해야 한다.

55 타워크레인의 마스트 분리 작업 과정에 대한 설명으로 틀린 것은?
① 메인 지브와 카운터 지브의 평형을 유지한다.
② 마스트와 선회 링 서포트 연결 볼트를 푼다.
③ 마스트와 마스트 체결 볼트는 분리후 조건에 따라 조인다.
④ 마스트를 가이드 레일 밖으로 밀어낸다.

56 적색 원형을 바탕으로 만들어지는 안전표지판은?
① 인화성물질 경고표시
② 들것안내표시
③ 보안경지시표시
④ 출입금지표시

57 스패너 작업방법으로 안전상 옳은 것은?
① 스패너로 볼트를 조일 때는 앞으로 당기고 풀 때는 뒤로 민다.
② 스패너의 입이 너트의 치수보다 조금 큰 것을 사용한다.
③ 스패너 사용 시 몸의 중심을 항상 옆으로 한다.
④ 스패너로 조이고 풀 때는 항상 앞으로 당긴다.

58 안전모의 관리 및 착용방법으로 틀린 것은?
① 큰 충격을 받은 것은 사용을 피한다.
② 사용 후 면체에 기름 등은 뜨거운 물로 세척하여야 한다.
③ 구비조건으로 착용하고 사용하여야 한다.
④ 무더위 통풍을 목적으로 모체에 구멍을 내어서는 안된다.

59 타워 크레인의 과전류 차단기의 종류가 아닌 것은?
① 저항기
② 퓨즈
③ 배선용 차단기
④ 누전 차단기(과전류 차단 겸용 경우)
해설 저항기는 저항을 얻기 위해 사용하는 부품이다.

60 작업장 외에 근로자가 접촉하여 말려들거나 다칠 위험이 있는 동력기계 회전부에 덮어 씌우는 방호장치 종류는?
① 격리형 방호장치
② 위치 제한형 방호장치
③ 포집형 방호장치
④ 접근 거부형 방호장치

타워크레인 운전기능사

CBT기출복원문제 [2022년]

01 타워크레인의 운동 특성으로 적합하지 않은 것은?
① 선회+횡행
② 선회+주행
③ 선회+기복
④ 선회+굽힘

해설 타워크레인의 운동 특성: 주행, 횡행, 선회 및 기복운동 등의 조합으로 작동되는 장비

02 타워 크레인을 지지해 주는 기둥(몸체)역할을 하는 구조물은?
① 마스트(Mast)
② 지브(Jib)
③ 카운터 웨이트(Counter Weight)
④ 캣트 헤드(Cat Head)

해설 타워 크레인을 지지해 주는 기둥 역할을 하는 구조물은 마스트이다.

03 타워크레인은 정격하중이 걸리는 방향과 반대방향으로 수직동하중이 걸릴 때, 전도 모멘트 값 이상의 후방 안정도를 갖추어야 하는데 이때, 수직동하중의 몇 배에 상당하는 하중이 걸리는가?
① 0.3배
② 0.5배
③ 1.0배
④ 1.5배

해설 타워크레인은 수직동하중의 0.3배에 상당하는 하중이 정격하중이 걸리는 방향과 반대방향으로 걸렸을 때, 당해 크레인 각각의 전도지점에 있어서의 안정모멘트 값은 전도지점에서의 전도 모멘트 값 이상의 후방 안정도를 가져야 한다.

04 마스트 조립에 사용되는 고장력 볼트의 사용 기준이다. 틀린 것은?
① 고장력 또는 동등이상의 재질을 사용할 것
② 볼트에 너트를 조립 후 2산 이상의 여유 나사산을 가질 것
③ 와셔를 삽입할 것
④ 로크너트는 반드시 사용할 것

해설 고장력 볼트로 조립시는 로크너트를 반드시 사용하지 않아도 기계적 강도가 유지된다.

05 과전류 차단기는 적은 과전류가 (A) 계속 흘렀을 때 차단하고, 큰 과전류가 발생했을 때는 (B)에 차단할 수 있어야 한다. ( )에 알맞은 말로 짝지어진 것은?
① A : 장시간, B : 장시간
② A : 단시간, B : 단시간
③ A : 장시간, B : 단시간
④ A : 단시간, B : 장시간

06 부재에 하중이 가해지면 외력에 대응하는 내력이 부재 내부에서 발생하는데, 이것을 무엇이라 하는가? (단위는 kgf/cm^2)
① 응력
② 변형
③ 하중
④ 모멘트

정답 01.④ 02.① 03.① 04.④ 05.③ 06.①

07 선회 기어 브레이크 풀림장치에 대한 설명으로 틀린 것은?

① 비 가동시에 선회 기어 브레이크 풀림장치를 작동한다.
② 작동시 지브가 바람에 따라 자유롭게 움직인다.
③ 크레인 본체가 바람에 영향을 받는 면적을 최소로 하여 보호한다.
④ 컨트롤 볼 테이지(Control Voltage)가 투입된 상태에서 동작된다.

해설 선회 기어 브레이크 풀림장치는 컨트롤 볼 테이지(Control Voltage)가 차단된 상태에서 동작된다.

08 유압펌프의 종류에 해당하지 않는 것은?

① 기어식　　② 베인식
③ 플런저식　　④ 헬리컬식

해설 유압펌프에는 기어식, 베인식, 플런저식 등이 있다.

09 건설기계 안전기준에 관한 규칙에서 (　)안에 들어갈 말로 알맞은 것은?

> 조종실에는 지브 길이별 정격하중 표시판(Load Chart)을 부착하고, 지브에는 조종사가 잘 보이는 곳에 구간별 (　) 및 (　)을(를) 부착하여야 한다.

① 정격하중, 거리 표시판
② 안전하중, 정격하중 표시판
③ 지브 길이, 거리 표시판
④ 지브 길이, 정격하중 표시판

10 타워 크레인에 작용되는 하중으로 잘못 설명하고 있는 것은?

① 360°전 방향에 수평력 작용
② 360°전 방향에 수직력 작용
③ Over Turning Moment(오버 터닝 모멘트)
④ Slewing Torque(슬루잉 토크)

11 타워크레인을 자립고 이상의 높이로 설치하는 경우 와이어로프 지지방법으로 맞지 않는 것은?

① 와이어로프를 고정하기 위한 전용 지지 프레임을 사용할 것
② 와이어로프 설치 각도는 수평면에서 75° 이내로 할 것
③ 와이어로프의 고정 부위는 충분한 강도와 장력을 갖도록 설치할 것
④ 와이어로프가 가공전선(架空戰線)에 근접하지 않도록 할 것

해설 실각도는 60도 이내이다.

12 러핑 타워 크레인의 선회 감속기 브레이크의 정비사항을 설명한 것으로 옳지 않은 것은?

① 매일 작동상태를 확인할 것
② 브레이크 효과가 감소하면 확인할 것
③ 브레이크 디스크가 최대값이면 교환할 것
④ 에어 갭이 최대값이면 조정할 것

해설 브레이크 디스크는 최소값이면 교환하여야 한다.

13 타워크레인의 과부하 방지장치 검사에 대한 내용이 아닌 것은?

① 과부하 시 운전자가 용이하게 경보를 들을 수 있을 것
② 권상 과부하 차단 스위치의 작동상태가 정상일 것
③ 정격하중의 1.2배에 해당하는 하중적재 시부터 경보와 함께 작동될 것
④ 성능 검정 대상품이므로 성능 검정 합격품인지 점검할 것

해설 정격하중의 1.05배(105%)로 권상으로 경보와 함께 권상이 정지된다.

07.④　08.④　09.④　10.①　11.②　12.③　13.③

14 주행 중 동작을 멈추어야 할 긴급한 상황일 때 가장 먼저 해야 할 것은?

① 충돌방지장치 작동
② 권상·권하 레버 정지
③ 비상정지장치 작동
④ 트롤리 정지장치 작동

15 저항이 10Ω일 경우 100V의 전압을 가 할 때 흐르는 전류는?

① 0.1A   ② 10A
③ 100A   ④ 1000A

해설 V = iR 관계식 이다.

16 동절기에 기초 앵커를 설치할 경우 콘크리트 타설 작업 후 콘크리트 양생기간으로 가장 적절한 것은?

① 1일 이상   ② 3일 이상
③ 5일 이상   ④ 10일 이상

해설 동절기에는 10일 이상의 양생 기간을 두어야 한다.

17 타워크레인에서 권상 시 트롤리와 훅크가 충돌하는 것을 방지하는 장치는?

① 권과방지장치   ② 속도제한장치
③ 충돌방지장치   ④ 비상정지장치

18 텔레스코핑 작업에 관한 내용으로 틀린 것은?

① 텔레스코핑 작업 중 선회 동작 금지
② 연결 볼트 또는 연결 핀을 체결하기 전에는 크레인의 동작 금지
③ 연결 볼트 체결 시에는 토크 렌치 사용
④ 유압실린더 상승 중에 트롤리를 전후로 이동

해설 상승 중에는 일체의 동작을 금지한다.

19 1개의 출구와 2개 이상의 입구가 있고, 출구가 최고 압력 축 입구를 선택하는 기능이 있는 밸브는?

① 체크밸브   ② 방향조절밸브
③ 포트밸브   ④ 셔틀밸브

20 와이어로프 사용에 대한 설명 중 가장 거리가 먼 것은?

① 길이 30mm 이내에서 소선이 10% 이상 절단되었을 때 교환한다.
② 고온에서 사용되는 로프는 절단되지 않아도 3개월 정도 지나면 교환한다.
③ 활차의 최소경은 로프 소선 직경의 6배이다.
④ 통상적으로 운반물과 접하는 부분은 나뭇조각 등을 사용하여 로프를 보호한다.

해설 1개 스트랜드에서 10%이상 소선절단시 교체한다.

21 5톤의 하물을 4줄걸이 하여 조각도 60°매달았을 때 한쪽 로프에 걸리는 하중은?

① 1.44톤   ② 0.44톤
③ 1.54톤   ④ 0.54톤

해설 로프 한 줄에 걸리는 하중은
= 부하 하물/(줄걸이 수×조각도)이므로,
5 / (4×0.866)=1.44톤이다.

22 타워크레인에서 트롤리 로프의 처짐을 방지하는 장치는?

① 트롤리 로프 안전장치
② 트롤리 로프 긴장장치
③ 트롤리 로프 정지장치
④ 트롤리 내·외측 제어장치

정답 14.③ 15.② 16.④ 17.① 18.④ 19.④ 20.① 21.① 22.②

23 러핑 타워 크레인의 와전류 브레이크에 대한 설명으로 옳지 않은 것은?

① 디스크 브레이크로 설계되어 있다.
② 전압이 와전류를 생성하여 자극의 자기장과 작용하여 제동 토크를 발생시킨다.
③ 제동 토크는 활성 전류의 증가 속도와 수준이 증가함에 따라 감소한다.
④ 휠은 디스크에 열 발생을 제거하기 위해 송풍기 역할을 한다.

해설 제동 토크는 활성 전류의 증가 속도와 수준이 증가함에 따라 증가한다.

24 트롤리의 방호장치가 아닌 것은?

① 완충 스토퍼
② 와이어로프 꼬임 방지장치
③ 와이어로프 긴장장치
④ 저·고속 차단 스위치

25 타워크레인 작업 시 사고 방지를 위한 조치로 틀린 것은?

① 태풍 시기가 아닐 경우에는 타워크레인의 자립 가능 높이보다 마스트를 1개 초과하여 작업을 실시할 수 있다.
② 타워크레인의 작업 반경별 정격하중 이내에서 양중 작업을 하여야 한다.
③ 장풍의 영향을 감소시키기 위하여 간판 등 크레인에 불필요한 구조물은 부착하지 않는다.
④ 기초의 부등 침하 방지를 위하여 지하수 및 지표수의 유입을 차단해야 한다.

26 타워크레인의 표준 신호방법에서 양쪽 손을 몸 앞에 대고 두 손을 깍지 끼는 것은 무엇을 뜻하는가?

① 물건 걸기
② 수평 이동
③ 비상 정지
④ 주권 사용

27 무선기를 이용하여 신호를 할 때 옳지 않은 것은?

① 혼성 상태일 때는 일방적으로 크게 말한다.
② 작업 시작 전 신호수와 운전자 간에 작업의 형태를 사전에 협의하여 숙지한다.
③ 공유 주파수를 사용함으로써 짧고 명확한 의사 전달이 되어야 한다.
④ 운전자와 신호수 간에 완전한 이해가 이루어진 것을 상호 확인해야 한다.

28 타워크레인의 운전 속도에 대한 설명으로 틀린 것은?

① 주행은 가능한 한 저속으로 한다.
② 위험물 운반 시에는 가능한 한 저속으로 운전한다.
③ 권상 작업 시 양정이 짧은 것은 빠르게, 긴 것은 느리게 운전한다.
④ 권상 작업 시 하물의 하중이 가벼우면 빠르게, 무거우면 느리게 운전한다.

29 지브를 기복하였을 때 변하지 않은 것은?

① 작업 반경
② 인양 가능한 하중
③ 지브의 길이
④ 지브의 경사각

30 타워크레인의 훅 상승 시 줄걸이용 와이어로프에 장력이 걸렸을 때 일단 정지하고 확인할 사항이 아닌 것은?

① 줄걸이용 와이어로프에 걸리는 장력이 균등한지 확인
② 하물이 붕괴될 우려는 없는지 확인
③ 보호대가 벗겨질 우려는 없는지 확인
④ 권과방지장치가 정상 작동하는지 확인

정답 23.③ 24.④ 25.① 26.① 27.③ 28.③ 29.③ 30.④

31 타워크레인에서 안전 작업을 위해 신호할 때 주의사항이 아닌 것은?

① 신호수는 절도 있는 동작으로 간단명료하게 신호한다.
② 신호는 운전자가 보기 쉽고 안전한 장소에서 실시한다.
③ 운전자에 대한 신호는 반드시 정해진 한 사람의 신호수가 한다.
④ 신호수는 항상 운전자만 주시하면서 신호한다.

해설 신호수는 주변의 작업상황도 살펴야 한다.

32 크레인 운전 신호방법 중 거수경례 또는 양손을 머리 위에서 교차시키는 것은 무엇을 뜻하는가?

① 수평 이동
② 기다려라
③ 크레인의 이상 발생
④ 작업 완료

33 와이어로프 단말 가공법 중 이음 효율이 가장 좋은 것은?

① 합금 및 아연고정법
② 클립고정법
③ 쐐기고정법
④ 님블붙이 스플라이스법

34 지름이 2m, 길이가 4m인 철재 원기둥을 줄걸이하여 인양하고자 할 때 이 기둥의 무게는 얼마인가?(단, 철의 비중은 7.8이다)

① 62.4톤   ② 74.8톤
③ 81.6톤   ④ 97.9톤

해설 구하면 {(2/2)2×4×3.14}×7.8이다.

35 4.8톤의 부하물을 4줄걸이로 하여 60°로 매달았을 때 한 줄에 걸리는 하중은 약 몇 톤인가?

① 0.69톤   ② 1.23톤
③ 1.39톤   ④ 1.46톤

해설 한 줄 로프에 작용하는 하중 = 부하물의 하중 /줄 걸이 수×매단각도(sin60°) 이다.

36 와이어로프의 열 영향에 의한 재질 변형의 한계는?

① 50℃   ② 100℃
③ 200~300℃   ④ 500~600℃

해설 로프를 구성하고 있는 탄소강선은 고온에서 사용할 때 특성변화가 급하게 일어난다. 탄소강선은 약 200~300℃의 고온범위에서 인장특성의 변화가 급격하게 발생되면서 인화되어 연소된다.

37 크레인용 와이어로프에 대한 설명 중 틀린 것은?

① 와이어로프의 구조는 스트랜드와 심강으로 구분한다.
② 와이어로프 클립 고정 시 로프 직경이 30mm일 때 클립 수가 최소 4개는 되어야 한다.
③ 와이어로프의 심강으로는 섬유심이 가장 많다.
④ 와이어로프의 심강으로 철심을 이용할 수 있다.

해설 로프의 지름이 28mm초과시 클립의 수는 최소 6개이다.

38 훅크 걸이 중 가장 위험한 것은?

① 눈걸이   ② 어깨걸이
③ 이중걸기   ④ 반걸이

해설 반걸이는 미끄러지기 쉬우므로 금지한다.

39 와이어로프 KS 규격에 '6×7', '6×24'라고 구성 표기가 되어 있다. 여기서 6은 무엇을 표시하는가?

① 6개의 묶음(연)
② 6개의 소선
③ 6개의 섬유
④ 6개의 클램프

해설 6은 로프의 스트랜드 수(가닥 혹은 묶음), 7 혹은 24는 스트랜드의 구성(소선의 수)이다.

40 와이어 가잉 클립 결속 시 준수사항으로 옳은 것은?

① 클립의 새들은 로프의 힘이 많이 걸리는 쪽에 있어야 한다.
② 클립의 새들은 로프의 힘이 적게 걸리는 쪽에 있어야 한다.
③ 클립의 너트 방향을 섣피수의 1/2씩 나누어 조인다.
④ 클립의 너트 방향을 아래·위로 교차가 되게 조인다.

해설 와이어 가잉에서 중요한 요소는 장력이므로 클립(Clip)의 새들은 로프의 힘이 많이 걸리는 쪽에 있어야 로프가 풀리지 아니한다.

41 마스트 상승 작업에서 메인 지브와 카운터 지브의 균형 유지방법으로 옳은 것은?

① 작업 전 주행 레일을 조정하여 균형을 유지한다.
② 작업 시 권상 작업을 통하여 균형을 유지한다.
③ 작업 시 선회 작업을 통하여 균형을 유지한다.
④ 작업 전 하중을 인양하여 트롤리 위치를 조정하면서 균형을 유지한다.

42 무선 원격 조종작업중 즉시 중지사항으로 틀린 것은?

① 전원 램프가 갑자기 불이 들어오지 않을 때
② 크레인의 누전현상이 있을 때
③ 안전장치 기능이 상실되었을 때
④ 보호장치의 기능이 상실되었을 때

해설 단순 전기기기 고장은 즉시 작업중지 사항이 아니다.

43 와이어로프 줄걸이 방법에 관한 설명 중 옳지 않은 것은?

① 각이 진 예리한 물건을 옮길 때는 로프가 손상되지 않도록 보호대를 사용하여 보호한다.
② 둥근 물건은 이중걸이를 하여 미끄러지지 않도록 한다.
③ 줄걸이 각도는 60°이내이며, 되도록 30~45° 이내로 하는 것이 좋다.
④ 주권과 보권을 동시에 사용하여 작업한다.

해설 주권과 보권을 동시 사용시는 오동작, 오판단 등으로 재해위험이 있다.

44 기중기 운전 시 주의 사항으로 거리가 먼 것은?

① 하중을 경사지게 당겨서는 안 된다.
② 안전장치를 해지하고 작업을 해서는 안 된다.
③ 정격하중의 1.6배까지는 초과하여 작업을 할 수 있다.
④ 작업 개시 전에 이상 유무를 점검한 후 작업에 임해야 한다.

해설 정격하중 초과운전을 산안법으로 금지하고 있다.

45 기초앵커 설치 시 재해예방에 관한 사항으로 옳지 않은 것은?

① 1.5kgf/cm² 이상의 지내력 확보
② 기초 크기 확정
③ 기초 앵커의 수평 레벨 확인
④ 콤비 앵커 사용 금지

해설 일반적으로 요구되는 지내력은 2.5kgf/cm² 이상이다.

46 훅에 긴 자재를 내려놓을 때 올바른 운전 방법은?

① 지면위에 서서히 내려놓는다.
② 권하시는 충격여유가 있으므로 급하게 내려놓는다.
③ 권하시는 지브위의 드럼과는 상관성이 없다.
④ 권하시 다른 부하 모멘트가 작용하는 경우에는 비상 정지장치 작동 대신 신속히 화물을 내려놓는다.

47 타워 크레인을 이용하여 안전하중에 근접하는 화물을 매달고자 하는 경우의 안전하중의 계산근거는?

① 줄걸이 수×파단하중 / 안전계수
② 줄걸이 수×파단하중 / 안전계수×장력계수
③ 줄걸이 수×파단하중 / 안전계수×압축계수
④ 줄걸이 수×파단하중 / 장력계수

48 벨트에 의한 안전사항으로 틀린 것은?

① 벨트의 이음쇠는 돌기가 없는 구조로 한다.
② 벨트를 걸 때나 벗길 때에는 기계가 정지한 상태에서 한다.
③ 벨트가 풀리에 감겨 돌아가는 부분은 커버나 덮개를 설치한다.
④ 바닥면으로부터 2m 이내에 있는 벨트는 덮개를 제거한다.

해설 회전체 방호덮개는 임의해체를 금지한다.

49 크레인 조립·해체 작업 시 준수사항이 아닌 것은?

① 작업 순서를 정하고 그 순서에 의하여 작업을 실시한다.
② 작업 장소는 안전한 작업이 이루어질 수 있도록 충분한 공간을 확보한다.
③ 들어 올리거나 내리는 기자재는 균형을 유지하면서 작업한다.
④ 조립용 볼트는 나란히 차례대로 결합하고 분해한다.

50 타워크레인 설치 당일 작업 전 준비사항 및 최종 점검사항이 아닌 것은?

① 줄거리 공구 등 안전점검
② 작업자 안전교육
③ 지휘 계통 확립
④ 설치계획서 작성

51 작업을 위한 공구관리의 요건으로 가장 거리가 먼 것은?

① 공구별로 장소를 지정하여 보관할 것
② 공구는 항상 최소 보유량 이하로 유지할 것
③ 공구 사용 점검 후 파손된 공구는 교환할 것
④ 사용한 공구는 항상 깨끗이 한 후 보관할 것

정답 45.① 46.① 47.② 48.④ 49.④ 50.④ 51.②

52 타워 크레인의 설치·해체 작업시 공동 안전 대책이 아닌 것은?
① 지휘 명령계통의 명확화
② 볼트, 너트, 고정 핀 등의 수량 확인
③ 협착재해의 방지
④ 보조 로프의 사용

53 가스 용접 시 사용되는 산소용 호스는 어떤 색인가?
① 적색   ② 황색
③ 녹색   ④ 청색

54 타워크레인의 설치를 위한 인양물 권상 작업 중 화물 낙하 요인이 아닌 것은?
① 인양물의 재질과 성능
② 잘못된 줄걸이(인양줄) 작업
③ 지브와 달기 기구와의 충돌
④ 권상용 로프의 절단

55 마스트 상승 작업(텔레스코핑) 시 반드시 준수해야 할 사항이 아닌 것은?
① 제조자 및 설치 업체에서 작성한 표준작업 절차에 의해 작업한다.
② 텔레스코핑 작업 시 타워크레인 양쪽 지브이 균형은 반드시 유지해야 한다.
③ 텔레스코핑 작업 시 유압 실린더 위치는 카운터 지브의 반대 방향이어야 한다.
④ 텔레스코핑 작업은 반드시 제한풍속(순간최대풍속은 10m/s)을 준수해야 한다.
해설 유압장치와 카운터 지브의 위치를 동일방향으로 맞춘다.

56 산업안전보건법령상 안전·보건표지에서 색채와 용도가 옳지 않게 짝지어진 것은?
① 파란색 – 지시
② 녹색 – 안내
③ 노란색 – 위험
④ 빨간색 – 금지, 경고
해설 노랑색 : 경고의 용도이다.

57 산업안전보건법상 중량물을 취급하는 작업과 관련된 사항으로 틀린 것은?
① 작업지휘자를 지정하여 배치
② 특히 안전모만 착용하여 배치
③ 2명 이상의 중량물 운반은 신호자 배치
④ 작업계획의 내용을 교육

58 소화 방식의 종류 중 주된 작용이 질식 소화에 해당하는 것은?
① 강화액   ② 호스 방수
③ 에어 폼   ④ 스프링클러

59 소화설비 선택 시 고려하여야 할 사항이 아닌 것은?
① 작업의 성질
② 작업자의 성격
③ 화재의 성질
④ 작업장의 환경

60 감전의 위험이 많은 작업현장에 적절한 보호구로 맞는 것은?
① 보호안경   ② 구명조끼
③ 보호장갑   ④ 구급용품

52.③ 53.③ 54.① 55.③ 56.③ 57.② 58.③ 59.② 60.③

CBT기출복원문제 [2024년]

타워크레인 운전기능사

01 타워크레인의 운동 방향으로 틀린 것은?
① 선회 ② 주행
③ 기복 ④ 굽힘

해설 타워크레인의 운동방향은 주행, 횡행, 선회 및 기복운동을 한다. 굽힙은 동작형태로 볼수 없다.

02 파스칼의 원리에 대한 설명으로 틀린 것은?
① 유압은 면에 대하여 직각으로 작용한다.
② 유압은 모든 방향으로 일정하게 전달된다.
③ 유압은 각 부에 동일한 세기를 가지고 전달된다.
④ 유압은 압력 에너지와 속도 에너지의 변화가 없다.

해설 유압은 압력 에너지를 가진다.

03 메인 지브와 카운터 지브의 연결 바를 상호 지탱하기 위해 설치하는 것은?
① 카운터 웨이트 ② 캣트(타워) 헤드
③ 트롤리 ④ 훅크 블록

해설 캣트(타워)헤드는 메인지브와 카운터 지브의 타이 바(Tie bar)를 상호 지탱하기 위해 설치되며 트러스(Truss) 또는 A-frame 구조이다.

04 타워크레인의 구조부분에 적용되는 하중으로 틀린 것은?
① 수직하중 ② 수평하중
③ 풍하중 ④ 전달하중

해설 타워크레인 주요 구조부에 작용되는 하중은 양중 능력을 말하므로 전달하중과는 거리가 멀다.

05 고장력 볼트를 재 사용할 수 없는 경우는?
① 나사산이 손상된 경우
② 규정된 토크 값으로 사용된 경우
③ 도금볼트로 사용된 경우
④ 볼트에 이물질이 있는 경우

해설 고장력 볼트의 나사산은 재 사용시는 손상, 마멸된 것을 사용해서는 안 된다.

06 감속기어의 특성으로 틀린 것은?
① 운동전달이 확실하다.
② 충격을 흡수한다.
③ 낮은 속도에서 전동력이 크다.
④ 베어링에 미치는 압력이 작다.

해설 기어는 충격을 흡수하지 못하므로 소음이 발생한다.

07 선회 기어 브레이크 풀림장치에 대한 설명이다. 틀린 것은?
① 비 가동시에 브레이크 풀림장치가 작동한다.
② 가동시 지브가 바람에 따라 움직인다.
③ 크레인 본체가 바람에 영향을 받는 면적을 최소로 하여 보호한다.
④ 제어전압이 투입 상태에서 동작된다.

해설 선회 기어 브레이크 풀림장치는 제어전압이 차단된 상태에서 동작된다.

정답 01.④ 02.④ 03.② 04.④ 05.① 06.② 07.④

08 고장력 볼트의 조임 토크 값에 대하여 가장 적합한 조임 값은?

① 조임 압력이 최대가 된 값
② 제조사가 제시한 값
③ 필요한 수치에 의해 계산된 값
④ 임의로 조임 값

09 훅 재료의 안전계수로 맞는 것은?

① 3 이상   ② 4 이상
③ 5 이상   ④ 6 이상

10 타워크레인의 시브(Sheave)에 대한 설명 중 틀린 것은?

① 재질은 주로 철강 또는 고분자재료가 사용된다.
② 더블(Sheave)도 설치된다.
③ 시브 직경이 클수록 로프 수명은 길다.
④ 홈에 걸친 로프는 직경이 작아야 한다.

해설 시브 홈에 걸쳐진 로프 직경은 작거나 너무 커도 안 되며 적당하게 물려져야 수명이 오래간다.

11 체인의 중점 점검사항으로 틀린 것은?

① 마멸   ② 크랙
③ 변형   ④ 주유

해설 체인은 마멸, 균열, 변형 유무 등을 점검한다.

12 타워 크레인에서 와전류 브레이크의 기능을 설명하였다. 옳은 것은?

① 주행 속도용으로 사용
② 횡행 속도용으로 사용
③ 인상, 횡행 속도용으로 사용
④ 인상 속도용으로 사용

해설 인상장치의 속도를 제어하는 데 사용된다.

13 축의 점검 및 관리사항이 틀린 것은?

① 변형이 없을 것
② 키는 풀림이 없을 것
③ 축심은 진동이 없을 것
④ 회전시 급유가 적정 할 것

14 베어링의 온도가 상승하는 원인을 설명하였다. 틀린 것은?

① 속도계수가 윤활제의 한계를 초과함
② 기본하중에 비해 사용하중이 큼
③ 윤활제의 점성이 낮음
④ 베어링의 조립 불량임

해설 윤활제의 점성이 높으면 베어링의 온도가 올라간다.

15 전동기의 절연저항의 측정에 사용되는 장비이다. 옳은 것은?

① 스모그 테스터
② 옴 메타
③ 라인 스피드 미트
④ 메가 테스터

16 크레인에서 전기적 스파크가 발생하기 어려운 곳은?

① 전자 접촉점
② 전자 접촉기
③ 스위치 접점
④ 전동기 베이스

08.② 09.③ 10.④ 11.④ 12.④ 13.③ 14.③ 15.④ 16.④

17 타워 크레인의 작동시 권상기어 전동기가 1단에서 2단으로 작동하는 경우에 회전속도의 상태를 설명하였다. 맞는 것은?

① 저속으로 작동된다.
② 고속으로 작동된다.
③ 초 저속으로 작동된다.
④ 중속으로 작동된다.

18 전기기계·기구의 적정설치 요건으로 틀린 것은?

① 충분한 전기적 용량 및 기계적 강도
② 높은 액체에 의한 습윤장소의 감도
③ 습기 등 사용 장소의 주위 환경
④ 전기적·기계적 방호수단의 적정성

19 누전차단기의 정격감도 전류의 기준치를 올바르게 설명한 것은?

① 5mA 이하
② 10mA 이하
③ 20mA 이하
④ 30mA 이하

20 전기 배선작업을 할 때 전선의 굵기는 무엇에 의해 결정되는가. 맞는 것은?

① 절연저항
② 기계적 강도
③ 전압강하
④ 허용전류

해설 전선의 굵기는 전선을 잘랐을 때 면적의 크기(mm²)이다. 따라서 전선의 굵기는 전압(V)이 중요하지 않고 전류(A)가 중요하다.

21 제어 컨트롤러에서 인터록 시스템(Inter Lock System)을 설치하는 근본적인 이유는?

① 전자 접촉기의 원활한 동작을 위함
② 스파크 발생 방지를 위함
③ 원활한 전원의 공급을 위함
④ 전자접속의 안전을 확보하기 위함

22 다음 중 전기장치 부품에서 스파크가 발생될 수 있는 경우를 예를 들었다. 맞는 것은?

① 주파수가 비교적 낮은 경우이다.
② 접촉점간에 전압이 낮을 때이다.
③ 접촉점에 흐르는 전류가 많을 때이다.
④ 전기회로를 ON상태로 한 경우이다.

23 타워크레인 권상장치 속도제어용으로 주로 사용되며 마모가 없고 저속도를 얻는 데 용이한 브레이크는?

① 디스크 브레이크
② 마그넷 브레이크
③ 스러스트 브레이크
④ E.C 브레이크

해설 E.C 브레이크는 와전류 브레이크라고 부르며, 권상속도 제어용 브레이크로 구조가 간단하고, 마모가 없으며 저속도를 얻을 수 있는 장점이 있다. 특히, 이것은 금속제 원판이 회전하면, 이 회전을 멈추고자 하는 쪽으로 제동이 작용하는 성질을 이용한다.

정답 17.④ 18.④ 19.④ 20.④ 21.③ 22.③ 23.④

24 무선 원격조정기로서 기본 부가장치로 틀린 것은?

① 비상정지버튼을 갖춘 경우 잠금 스위치는 선택사양이다.
② 비상정지 버튼은 적색 돌출형 수동복귀 형식이다.
③ 잠금 스위치는 착탈식이다.
④ 비상회로와 연동되는 회로로 구성된다.

해설 송신기에는 비상정지버튼과 잠금 스위치를 동시에 갖추어야 한다.

25 타워 크레인의 과부하 방지장치는 정격하중을 초과하여 인상시는 인상동작이 정지된다. 이때 정격하중의 비율 초과기준으로 맞는 것은?

① 1.01배 이상
② 1.03배 이상
③ 1.05배 이상
④ 1.10배 이상

해설 과부하 방지장치는 정격하중의 1.05배 이상 인상 시 인상동작을 정지하는 안전장치이다.

26 바람에 대한 안전장치에 대하여 올바르게 설명한 것은?

① 바람이 불 경우 역방향으로 작동되는 것을 방지
② 바람이 불 경우 정 방향으로 작동되는 것을 방지
③ 바람이 불 경우 전원회로를 차단
④ 바람이 불 경우 훅의 충돌을 방지

해설 바람에 대한 안전장치는 바람이 불 경우 역방향으로 작동되는 것을 방지하는 장치이다.

27 트롤리 동작시 훅이 지브 섹션(Section)과의 충돌을 방지하기 위한 장치는?

① 트롤리 로프 안전장치
② 트롤리 정지장치
③ 트롤리 내·외측 제어장치
④ 선회제한 리미트 스위치

해설 트롤리 내·외측 제어장치는 트롤리가 동작시 훅이 지브 섹션(Section)과의 충돌을 방지하기 위한 장치로서 각 섹션의 시작과 끝 지점에서 전원회로를 제어한다.

28 트롤리 정지장치를 올바르게 설명한 것은?

① 훅의 충격을 흡수하는 고무 완충제
② 마스트의 충격을 흡수하는 고무 완충제
③ 트롤리의 충격을 흡수하는 고무 완충제
④ 트롤리의 속도를 제한하는 고무 완충제

해설 트롤리 정지장치는 트롤리의 충격을 흡수하는 고무 완충제 즉, 정지 기구를 말한다.

29 전자식 과부하 방지장치의 하중 감지방법으로 옳은 것은?

① 전단 로드 셀 방법
② 압축 로드 셀 방법
③ 인장+압축 로드 셀 방법
④ 인장 로드 셀 방법

30 선회 제한 리미트 스위치에서 일정 선회 반경 범위까지 세팅(Setting)을 하는 이유로 옳은 것은?

① 마스트 등의 비틀림 방지
② 지브 등의 비틀림 방지
③ 와이어로프 등의 꼬임 방지
④ 전기공급 케이블(Cable) 등의 비틀림 방지

31 비상정지용 누름 버튼의 규격품 사용에 대하여 옳은 것은?

① 적색으로 머리부분이 돌출되지 않고 수동 복귀되는 형식일 것
② 황색으로 머리부분이 돌출되지 않고 수동 복귀되는 형식일 것
③ 적색으로 머리부분이 돌출되고 수동 복귀되는 형식일 것
④ 황색으로 머리부분이 돌출되고 수동 복귀되는 형식일 것

32 비상 정지장치에 대한 작동구조를 설명으로 옳은 것은?

① 돌발 상황이 발생한 경우에는 1차 측 조작 제어회로를 차단시키는 구조일 것
② 돌발 상황이 발생한 경우에는 2차 측 조작 제어회로를 차단시키는 구조일 것
③ 돌발 상황이 발생한 경우에만 제어 회로를 차단시키는 구조일 것
④ 돌발 상황이 발생한 경우에 모든 제어 회로를 차단시키는 구조일 것

33 와이어 드럼의 권과방지장치 작동 서술 중 틀린 것은?

① 중추식은 훅의 접촉으로 작동된다.
② 스크루식, 캠식, 중추식이 있다.
③ 스크루식은 드럼회전으로 작동된다.
④ 캠식은 시브의 회전으로 작동된다.

해설 캠식은 캠의 전 양정에 대해 회전각도에 따라 작동된다.

34 중추식 권과방지장치의 직접 작동과 관계되는 장치로 옳은 것은?

① 훅　　　② 드럼
③ 전동기　④ 감속기

해설 중추식은 훅의 직접 접촉으로 과상승을 방지한다.

35 리미트 스위치의 역할로 옳은 것은?

① 운전작업 중의 비상스위치 역할
② 횡행장치 등에 대한 급제동 역할
③ 인상장치 등에 대한 속도 조절
④ 선회장치 등에 대한 과행 방지

해설 리미트 스위치는 타워크레인의 주행, 인상, 횡행, 선회 운동에 대한 과행을 방지하는 기능을 가진다.

36 크레인 비상정지장치의 색상으로 옳은 것은?

① 황색　　② 청색
③ 적색　　④ 흑색

37 윤활유의 성질 중 가장 중요한 것은?

① 온도　　② 점도
③ 건도　　④ 습도

38 러핑 타워 크레인의 유압 상승 장치 작동에 대한 설명으로 틀린 것은?

① 유압 작동유의 색상이 밝으면 장기간 사용하지 않은 경우라도 사용할 수 있다.
② 저장기 바닥에 오일 침전물이 있으면 저장기를 세척한다.
③ 전동기의 회전방향을 점검한다.
④ 유압 전원함 작동시 벤트(Vent) 밸브를 잠근다.

정답　31.③　32.④　33.④　34.①　35.④　36.③　37.②　38.④

해설 유압상승장치를 작동할 때 벤트 밸브를 열어놓아야 유압 시스템의 원활한 작동과 함께 유압상승장치가 작동한다.

39 텔레스코핑 작업 전 유압장치의 점검 사항으로 틀린 것은?

① 유압펌프의 오일량을 점검
② 유압전동기의 회전방향을 점검
③ 유압장치의 압력을 점검
④ 유압장치의 품질 및 미관을 점검

해설 유압장치의 점검사항으로 유압장치 품질과 미관은 해당사항이 없다.

40 유압장치의 작동불량의 원인으로 틀린 것은?

① 오일의 열화   ② 온도차
③ 오일의 습기   ④ 실린더의 재료 결함

41 유압 장치 내에서 기포가 생기는 경우를 설명하였다. 틀린 것은?

① 오일의 양이 적을 때
② 오일에 물이 들어갔을 때
③ 오일이 누출될 때
④ 오일펌프의 속도가 너무 빠를 때

42 중량물이 1000kg인 물체를 파단하중 11000kg을 가진 와이어로프를 이용하여 들어 올리려고 한다. 이때 와이어로프의 안전계수로 옳은 것은?

① 3.0   ② 5.5
③ 11.0   ④ 15.0

해설 와이어로프의 안전계수는 파단하중/안전하중과의 관계이다.

43 와이어로프의 수명으로 가장 옳은 것은?

① 로프의 수명은 사용법에 달려 있다.
② 제조자가 로프의 성능을 명시할 수 있는 것은 판단력뿐이다.
③ 제조자는 로프의 수명을 보증하는 표시를 명시하여야 한다.
④ 로프를 굽히게 되면 수명이 떨어진다.

해설 제조자는 로프의 성능을 명시하여야 한다.

44 와이어로프와 체인을 재사용(수리 및 용접실시)하기 위한 판단 여부를 설명하였다. 맞는 것은?

① 와이어로프만 재사용 가능하다.
② 체인만 재사용 가능하다.
③ 둘 다 사용이 불가능 하다.
④ 체인은 미소 균열인 경우 용접 사용가능 하다.

45 와이어로프의 소선의 지름을 측정하고자 한다. 가장 알맞은 측정기구는?

① 버니어 캘리퍼스
② 실린더 게이지
③ 마이크로미터
④ 다이얼 게이지

46 5톤의 화물을 4줄걸이 하여 조각도 60°로 매달은 경우에 1줄에 걸리는 하중은?

① 1.44톤   ② 1.55톤
③ 1.25톤   ④ 1.11톤

해설 로프에 작용하는 하중을 구하는 식으로는 안전하중 = 작용하물 / 줄걸이 수 × 조각도로 나타낼 수 있다.

$$\left[(5톤/4줄걸이)/\cos\frac{60°}{2}\right] = 1.44톤$$

47 운반물을 들어 올릴 경우 양중방법으로 틀린 것은?

① 운반물이 지상에서 이격되지 않은 채 로프장력이 걸릴 때까지 감고 일단 정지한다.
② 권상과 주행동작은 동시에 행하지 않는다.
③ 운반물은 지상 이격과 동시에 계속 적당 높이까지 올려 주행한다.
④ 훅은 운반물 중심선 상부에 오도록 한다.

해설 운반물을 양중 작업시는 ①, ②, ④항으로 해야 안전한 작업방법이다.

48 양중 작업시 준수사항으로 틀린 것은?

① 제한 하중이하에서 작업한다.
② 권상물이 불안시는 내린다.
③ 신호자의 신호에 따른다.
④ 신호규정은 없고 작업은 한다.

해설 양중 작업시는 신호 규정에 따라 신호자의 지시에 의거 작업을 하여야 한다.

49 무선 원격 조종작업중 즉시 중지사항으로 틀린 것은?

① 전원 램프가 갑자기 불이 들어오지 않을 때
② 크레인의 누전현상이 있을 때
③ 안전장치 기능이 상실되었을 때
④ 보호장치의 기능이 상실되었을 때

해설 단순 전기기기 고장은 즉시 작업중지 사항이 아니다.

50 타워 크레인을 정지시킬 때 주의사항이다. 옳은 것은?

① 화물을 내린 후 훅을 높이 올린 다음 최대 작업반경에 트롤리를 고정시킨다.
② 선회기어의 회전은 구속시켜 둔다..
③ 운전석을 이석시는 주 전원을 끈다.
④ 훅은 지면에 내려놓는다.

51 산업안전보건법령상 안전·보건표지에서 색채와 용도가 틀린 것은?

① 파란색 - 지시
② 녹색 - 안내
③ 노란색 - 위험
④ 빨간색 - 금지, 경고

해설 노랑색 : 경고의 용도이다.

52 운전자가 운전 작업 도중 갑자기 가슴에 통증을 느끼고 더 이상 운전을 할 수 없는 경우의 긴급 운전조치 사항은?

① 최고 속도로 화물을 신속히 내린다.
② 지상에 연락을 빨리 취한다.
③ 통증부위를 누르면서 계속 운전한다.
④ 비상정지 스위치를 누른다.

53 타워 크레인 신호작업 일용근로자가 산업안전보건법에 따라 받아야 하는 특별교육 시간으로 맞는 것은?

① 4시간 미만
② 4시간 이상
③ 8시간 미만
④ 8시간 이상

정답 47.③ 48.④ 49.① 50.③ 51.③ 52.④ 53.③

54 거수경례 또는 양손을 머리위에 교차시키는 신호내용의 의미로 옳은 것은?

① 작업완료
② 수평이동
③ 비상 작업중지
④ 비상 운전요청

해설 크레인 운전신호 방법 중 거수경례 또는 양손을 머리위에 교차시키는 신호내용은 ①항이 해당된다.

55 타워 크레인 신호작업 일용근로자가 산업안전보건법에 따라 특별교육을 받을 필요가 없는 경우로 맞는 것은?

① 신규 현장에 배치된 경우
② 사업주가 변경되고 다른 현장에 채용
③ 회사 사직 후 재입사 한 경우
④ 동일회사 소속으로 현장만 변경

56 토크 렌치 공구에 관한 사항으로 틀린 것은?

① 정해진 토크 값으로 조인다
② 렌치에 전달 토크양은 공구 보정이 중요하다.
③ 렌치 길이가 두배이면 회전 힘도 두배가 든다.
④ 안전보호구를 착용한다.

57 체인 블록에 관한 사항으로 틀린 것은?

① 정격용량 초과 사용을 금지한다.
② 적은 힘으로 무거운 물체를 든다.
③ 자동 힘이 걸리는 곳에도 사용한다.
④ 체인 링크의 꼬임, 마모상태를 확인한다.

58 타워 크레인 해체작업시 장비 안전관리사항으로 틀린 것은?

① 설치, 인상, 해체작업 서류를 확인
② 작업인력 자격서류는 작업중 확인
③ 작업과정 영상기록 및 대여서류확인
④ 신호자 교육 이수여부 확인

해설 장비 설치, 해체작업자 자격서류는 작업전 반드시 확인해야 한다.

59 타워 크레인의 하차 안전사항으로 틀린 것은?

① 하차시는 안전모 착용
② 하차시는 안전대 착용
③ 필요시 가설자재 등으로 이용 하차
④ 하차시는 천천히 하차

60 타워크레인 장비 사용설명서의 주요내용으로 틀린 것은?

① 주요 제원표
② 안전수칙
③ 운전조작, 점검요령
④ 운전자 정보사항

54.① 55.④ 56.③ 57.③ 58.② 59.③ 60.④

류 중 북 〔現〕포항대학교 자동차계열 공학박사
E-mail : jbryoo@naver.com

확 바뀐 패스
타워크레인 운전기능사 필기

초판인쇄 | 2025년 1월 3일
초판발행 | 2025년 1월 10일

지 은 이 | 류 중 북
발 행 인 | 김 길 현
발 행 처 | (주)골든벨
등   록 | 제 1987-000018호
I S B N | 979-11-5806-748-9
가   격 | 22,000원

이 책을 만든 사람들

편 집 · 디 자 인 | 조경미, 박은경, 권정숙   제 작 진 행 | 최병석
웹 매 니 지 먼 트 | 안재명, 양대모, 김경희   오 프 마 케 팅 | 우병춘, 이대권, 이강연
공 급 관 리 | 오민석, 정복순, 김봉식   회 계 관 리 | 김경아

㈜ 04316 서울특별시 용산구 원효로 245(원효로1가 53-1) 골든벨빌딩 5~6F
• TEL : 도서 주문 및 발송 02-713-4135 / 회계 경리 02-713-4137
        내용 관련 문의 02-713-7452 / 해외 오퍼 및 광고 02-713-7453
• FAX : 02-718-5510   • http : // www.gbbook.co.kr   • E-mail : 7134135@ naver.com

이 책에서 내용의 일부 또는 도해를 다음과 같은 행위자들이 사전 승인없이 인용할 경우에는
저작권법 제93조 「손해배상청구권」에 적용 받습니다.
  ① 단순히 공부할 목적으로 부분 또는 전체를 복제하여 사용하는 학생 또는 복사업자
  ② 공공기관 및 사설교육기관(학원, 인정직업학교), 단체 등에서 영리를 목적으로 복제·배포하는 대표, 또는 당해 교육자
  ③ 디스크 복사 및 기타 정보 재생 시스템을 이용하여 사용하는 자

※ 파본은 구입하신 서점에서 교환해 드립니다.